Reinforced Concrete Design

철근 콘크리트 공학

윤영철 · 성덕룡 · 장성규 공저

도서출판 구미서관

Preface

철근콘크리트(Reinforced Concrete)는 아파트, 주택, 도로, 교량, 댐 등 다양한 형태로 우리 생활 곳곳에 적용되고 있다. 이러한 철근콘크리트 구조물을 설계하고 시공하기 위해서는 철근 및 콘크리트의 재료적 특성과 역학적 개념을 기반으로 한 철근콘크리트공학을 이해해야한다. 이 책의 주요 특징은 다음과 같다.

1. 철근콘크리트공학을 처음 배우는 학생 및 직장인을 위한 기본 지침서
   철근콘크리트공학은 역학적인 계산과 경험적인 설계 규정이 상당히 복잡하게 얽혀 있어서 처음 접하는 학생들이 흥미를 느끼지 못하고 어려워할 수 있는 요소를 상당 부분 포함하고 있다. 이 책에는 철근콘크리트공학을 처음 배우는 학생들도 이론적으로 쉽게 접근하고 이해할 수 있도록 최대한 복잡한 내용은 버리고 꼭 필요한 내용만 간추려 담았으며, 그림 및 도표를 활용하여 이해도를 높였다.

2. 최신 콘크리트구조 설계기준(KDS 14 20 00) 적용
   이 책은 철근콘크리트 구조물의 설계 및 시공 실무에 활용할 수 있도록 2022년에 개정된 최신 콘크리트구조 설계기준(KDS 14 20 00)을 준용하였다.

3. 국가자격증(토목기사 등) 취득 및 공기업 취업 준비
   토목기사 시험을 준비하는 학생들을 위해 철근콘크리트에 대한 기초지식과 역학적 개념을 이해하고, 예제 및 연습문제를 수록하여 시험을 대비할 수 있도록 하였다.

저자들은 이 책을 통해 토목 및 건축을 전공하는 학생과 직장인들이 철근콘크리트공학을 좀 더 쉽게 이해하여 실무에 적용할 수 있는 능력을 가질 수 있기를 희망하며, 이를 통해 한국의 토목 및 건축 기술력을 한 단계 높일 수 있는 인재들이 많이 배출되기를 간절히 바라는 마음이다. 저자들은 이 책의 내용 중 학문적 · 실무적으로 부족하고 잘못된 부분이 있다면 지속적인 수정보완을 약속하며, 이 책이 출판되기까지 많은 도움을 준 구미서관에 감사의 마음을 전하고 싶다.

2023. 12.

저자 일동

Contents

CHAPTER 03 보의 휨 해석과 설계

CHAPTER 04 보의 전단설계

Contents

CHAPTER 07 기둥

Contents

CHAPTER 10 옹벽

Appendix 부 록

Reinforced Concrete Design

CHAPTER

01 서론

1.1 철근콘크리트

외력에 대해 철근과 콘크리트가 일체로 거동하게 하고, 규정된 최소 철근량 이상으로 철근을 배치한 콘크리트를 철근콘크리트(RC, Reinforced Concrete)라고 한다. 예를 들어 그림 1-1과 같은 보를 콘크리트만으로 만들었을 경우에는 압축을 받는 상단에 비해 인장을 받는 하단에서 파괴가 쉽게 발생하게 되는데, 그것은 콘크리트가 압축력에는 강하지만 인장력에는 약하기 때문이다. 따라서 그림 1-1과 같이 인장력을 받는 곳에 철근을 배근하여 철근이 인장력을 받도록 하면, 콘크리트만으로 만들었을 때 보다는 더 강한 부재가 된다.

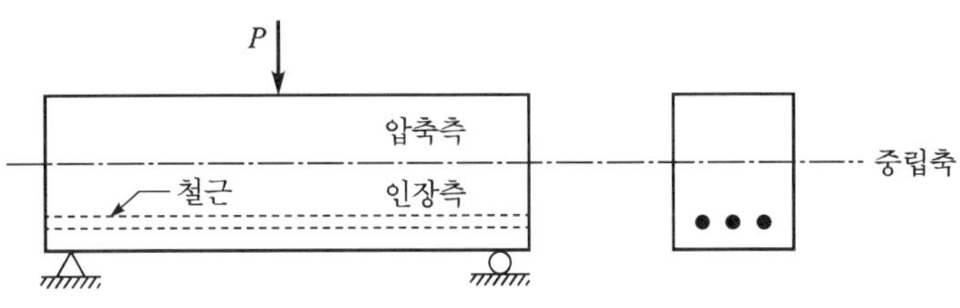

(a) 철근 콘크리트 보　　(b) 보의 단면

그림 1-1 철근콘크리트 보

철근콘크리트가 만들어질 수 있는 것은 철근과 콘크리트가 다음과 같은 몇 가지 사항들이 만족되는 것으로 가정하기 때문이다.

철근콘크리트가 성립되는 이유

(1) 철근과 콘크리트 사이의 부착강도가 크다.
(2) 콘크리트 속에 묻힌 철근은 녹슬지 않는다.
(3) 철근과 콘크리트의 열팽창계수가 거의 같다.
(4) 철근은 인장에 강하고, 콘크리트는 압축에 강하다.

굳은 콘크리트 속에 있는 철근은 힘을 받아도 그 주변 콘크리트와의 큰 부착력 때문에 잘 빠져 나오지 않는다. 따라서 철근콘크리트는 하나의 합성체가 되어 외력에 잘 견딜 수 있게 된다. 그리고 콘크리트 속에 묻힌 철근은 부식이 잘 되지 않으며, 또 열팽창계수는 콘크리트가 $1.0\times10^{-5}\sim1.3\times10^{-5}$, 철근이 1.2×10^{-5} 정도로서 온도 변화에 의해 콘크리트와 철근이 팽창하고 수축하는 것은 거의 같다. 따라서 철근콘크리트로 만들어진 부재는 온도 변화로 인해 일어나는 두 재료 사이의 응력이 비교적 작고, 장기간 사용될 수 있다.

한편 구조물을 만드는 재료로서 다른 재료에 비해 철근콘크리트는 다음과 같은 장점과 단점을 가지고 있다.

철근콘크리트의 장점

(1) 형상과 치수에 크게 제약을 받지 않고 자유로이 구조물을 만들 수 있다.
(2) 복잡한 여러 조각의 구조물을 하나로 만들 수 있다.
(3) 구조물을 경제적으로 만들 수 있다.
(4) 내구성(耐久性)이 좋다.
(5) 내화성(耐火性)이 좋다.
(6) 진동과 소음이 적다.
(7) 유지관리비가 저렴하다.

철근콘크리트의 단점

(1) 중량이 비교적 크다(보통 콘크리트 $W_c=2.3\,\mathrm{tonf/m^3}$)
(2) 콘크리트에 균열이 발생하기 쉽다.
(3) 부분적인 파손이 일어나기 쉽다.
(4) 검사하기가 어렵다.
(5) 개조(改造)하거나 보강(補强)하기가 어렵다.
(6) 시공이 조잡해지기 쉽고 시공기간이 길다.
(7) 인장에 약하다.

예제 1.1

다음 중 철근콘크리트가 성립되는 조건으로 옳지 않은 것은?

㉮ 철근은 콘크리트 속에서 녹이 슬지 않는다.
㉯ 철근은 콘크리트의 탄성계수가 거의 같다.
㉰ 철근과 콘크리트의 열팽창계수가 거의 같다.
㉱ 철근과 콘크리트와의 부착력이 크다.

정답 ㉯

1.2 콘크리트의 성질

구조물을 설계하기 위해서는 사용되는 재료의 성질을 충분히 이해하고 있어야 하므로 철근콘크리트 구조물의 해석과 설계에 대해 논의하기에 앞서 사용되는 재료에 대해 알아 보기로 하자. 먼저 이 절에서는 철근콘크리트의 주 재료중 하나인 콘크리트에 대해 알아보고, 철근에 대해서는 다음 절에서 다루기로 한다. 콘크리트는 시멘트, 물, 자갈, 모래 등과 같은 여러 가지 재료를 혼합하여 굳힌 것으로서 비탄성적이고, 크리프, 건조수축과 같은 현상을 일으킨다.

1.2.1 콘크리트의 재료

[1] 시멘트

시멘트는 물과 반응하여 굳어지는 성질을 갖고 있기 때문에 자갈이나 모래 등과 혼합하여 구조물을 만드는데 이용된다. 시멘트가 물과 반응하여 굳는 현상을 수화작용(hydration)이라고 하며, 수화작용이 일어날 때에는 열이 발생되는데 이 열을 수화열이라고 한다.

시멘트는 물과 반응하여 굳어진다고 하여 수경성 시멘트(hydraulic cement)라고도 한다. 수경성 시멘트로는 포틀랜드 시멘트(portland cement)가 있는데, 포틀랜드 시멘트는 석회석, 점토, 규석, 슬래그 및 석고를 원료로 만들어지며, KS L 5201에 그 품질이 규정되어 있다.

일반적으로 시멘트가 완전히 수화하는데 필요한 물의 양은 시멘트 질량의 25%정도라고 한다. 그러나 물이 시멘트 입자에 도달할 수 있기 위해서는 유동성을 가지고 있어야 하기 때문에 10~15%정도의 물이 더 필요하다. 따라서 수화를 위해 필요한 최소의 물-시멘트비(W/C)[1]는 35~40% 정도이다.

[2] 골재

콘크리트용 골재(aggregate)에는 강모래, 강자갈, 부순자갈과 같은 천연골재와 플라이 애쉬, 점토 등을 소성팽창시킨 인공 경량골재 및 '건설폐기물의 재활용 촉진에 관한 법률'의 품질기준에 부합하는 순환골재로 구분된다. 모래와 같이 그 크기가 작은 것을 잔골재(fine aggregate), 자갈과 같이 굵은 것을 굵은골재(coarse aggregate)라고 한다. 콘크리트 표준시방서[2]에서는 잔골재와 굵은 골재를 다음과 같이 규정하고 있다.

잔골재는 10mm체(호칭 치수)를 전부 통과하고 5mm체를 거의 다 통과하며 0.08mm체에 거의 다 남는 골재, 또는 5mm체를 다 통과하고 0.08mm체에 남는 골재이며, 굵은골재는 5mm체에 거의 다 남는 골재, 또는 5mm체에 다 남는 골재이다.

골재는 적당한 경도나 입도를 가지며 깨끗하고 내구성이 있는 것으로, 점토 덩어리, 유기물, 세장석편 등과 같은 해로운 물질을 포함하지 않아야 한다. 특히 굵은 골재는 얇은 석편, 가느다란 석편 등을 함유해서는 안되며, 내화성을 요하는 경우에는 내화적인 굵은 골재를 사용해야 한다. 그리고 부득이 바다모래를 쓰는 경우는 물 세척이나 기타 다른 방법으로 염화물 함유량을 허용한도 이하로 낮추어 사용해야 한다. 그러나 바다모래를 다른 잔골재와 혼합해서 사용하는 경우에는 혼합된 잔골재의 염화물 함유량이 허용한도 이하이면 된다. 시방서에 규정된 염화물 이온량의 허용 한도는 질량 백분율로 0.02%이며, 이것은 잔골재의 절대건조질량에 대한 백분율로서 염화나트륨으로 환산하면 약 0.04%에 해당된다.

일반적으로 굵은 골재와 잔골재의 알이 고르게 잘 섞여서 빈틈없이 골재가 치밀하게 채워질수록 콘크리트의 강도, 내구성, 경제성 등이 좋아지기 때문에 골재의 입도가 중요한 요소로 고려되며, 이를 위해 골재의 입도를 시방서에 규정하고 있다.

굵은골재의 최대치수는 굵은골재 전체 중량의 90% 이상이 통과한 체 중에서 최소치수인 체눈의 호칭치수로 나타내며, 철근콘크리트 구조물을 만들 때 사용하는 굵은골재의 공칭최대치수는 다음 세 가지 값을 초과하지 않아야 한다.

---

1) 물-시멘트비(W/C)는 콘크리트를 배합할 때 사용한 물의 질량과 시멘트 중량의 비율이다. 그리고 콘크리트를 배합할 때 사용하는 물은 유기물, 기름, 염류 등과 같은 이물질을 함유하지 않은 순수한 것이라야 한다.

2) 이 책에서는 시방서라고 약칭한다.

(1) 거푸집 양 측면 사이의 최소거리의 1/5이하

(2) 슬래브 두께의 1/3이하

(3) 개별철근 또는 다발철근 사이의 최소 순간격의 3/4배 이하

그러나 이러한 제한은 콘크리트를 공극 없이 타설할 수 있는 시공년도[3]나 다짐방법을 사용할 경우에는 책임구조기술자의 판단에 따라 적용하지 않을 수 있다.

[3] 혼화 재료

콘크리트의 성질을 개선할 목적으로 시멘트, 물, 골재 이외의 재료로서 콘크리트를 혼합할 때 더 넣는 재료를 혼화재료(admixture)라고 한다. 혼화재료 중에서 사용량이 비교적 많아서 그 자체의 부피가 콘크리트의 배합 계산에서 고려되는 것을 혼화재(混和材), 사용량이 비교적 적어서 무시되는 것을 혼화제(混和劑)라고 구분하기도 한다.

혼화재료로서 쓰이는 혼화재 및 혼화제는 품질이 확인된 것이 아니면 사용해서는 안되며, 혼화재로는 플라이애시, 규조토, 화산회, 규산백토, 고로슬래그 미분말, 팽창제, 착색제, 폴리머, 실리카흄 등이 있으며, 혼화제로는 공기연행제(AE제), 공기연행 감수제(AE감수제), 감수제, 유동화제, 촉진제, 방수제[4], 방청제[5] 등이 있다. 여기서는 대표적인 몇 가지만 살펴보기로 한다.

(1) 플라이애시(fly ash)

플라이애시는 석탄을 연료로 하는 화력발전소에서 미분탄을 고온으로 연소시켰을 때 회분이 용융되어 고온의 연소가스와 더불어 굴뚝으로 배출되는 도중에 급격히 냉각되어 생성되는 미세한 구형의 분말로서 전기식 또는 기계식 집진장치로 모은 것이다. 플라이애시는 시멘트에 섞어 사용함으로써 콘크리트의 워커빌리티[6]를 좋게 하고, 사용하는 물의 양을 감

---

3) 시공년도(施工軟度)는 콘크리트를 시공할 때의 유동성, 점성, 비분리성과 같은 것을 나타내는 수치를 말하며, 골재와 시멘트의 성질에 의하여 정해진다. 워커빌리티와 비슷한 뜻을 가지고 있다.

4) 방수제(water-proofing admixtures)는 모르터나 콘크리트의 흡수성과 투수성을 줄일 목적으로 사용되는 혼화제이다.

5) 방청제(corrosion-inhibiting admixtures)는 해사를 잔골재로 사용하는 경우와 염화칼슘을 섞는 경우 또 염분이 포함된 흙에 접촉하는 경우 등의 철근콘크리트에 방청을 목적으로 사용되는 혼화제이다.

6) 워커빌리티(workability)는 재료분리를 일으키는 일 없이 운반, 타설, 다지기, 마무리 등의 작업이 용이하게 될 수 있는 정도를 나타내는 굳지 않은 콘크리트의 성질을 말한다. 즉, 아직 굳지 않은 콘크리트의 작업의 난이도(難易度)를 뜻하며, 통상은 슬럼프 시험이나 블리딩 시험 등으로 판정한다.
블리딩(bleeding)은 아직 굳지 않은 콘크리트, 모르타르 등에서 다른 재료에 비해 비중이 낮은 물이 분리되어 상승하는 현상이다.

소시켜 주며, 장기재령[7]의 강도를 상당히 증가시켜 준다. 그리고 콘크리트의 수밀성[8]을 크게 개선하며, 건조, 습윤에 따른 체적 변화와 동결융해에 대한 저항성을 향상시켜 준다.

(2) 공기연행제(AE제, air-entraining admixtures)

공기연행제(AE제)는 콘크리트용 계면활성제(surface active agent)의 일종으로 콘크리트 내부에 미세한 기포를 많이 발생시키고 이를 콘크리트 속에 고르게 분포시켜 워커빌리티의 개선과 동결융해에 대한 저항성을 갖도록 하기 위해 사용되는 혼화제이다. 공기연행제(AE제)에 의한 미소하고 독립된 기포를 연행공기(AE공기, entrained air)라 하며, 연행공기(AE공기)를 함유하고 있는 콘크리트를 공기연행 콘크리트(AE콘크리트)라 한다.

(3) 감수제, 공기연행 감수제(AE감수제, water-reducing admixtures)

감수제는 시멘트 입자에 대한 습윤·분산작용이 있으며, 콘크리트의 워커빌리티를 향상시켜서 적은 단위수량[9]으로 소요의 슬럼프와 강도를 얻기 위하여 사용되는 혼화제이다. 감수제, 공기연행 감수제(AE감수제)를 사용함으로써 소요의 워커빌리티를 얻기 위하여 필요한 단위수량을 10~16%정도 감소시킬 수 있으며, 동일 워커빌리티 및 강도의 콘크리트를 얻기 위하여 필요한 단위시멘트량[10]을 감소시킬 수 있다. 그리고 동결융해에 대한 저항성이 증대되고, 수밀성이 향상되며, 투수성이 감소된다. 또 건조수축을 감소시킨다.

1.2.2 콘크리트의 단위질량

시멘트를 물에 반죽한 것을 시멘트 페이스트(cement paste)이라고 하며, 시멘트, 물, 모래를 반죽한 것을 모르타르(mortar)라고 한다. 콘크리트는 시멘트, 물, 모래, 자갈 또는 쇄석을 혼합하여 굳힌 것으로[11] 철근을 배근하지 않은 것을 무근콘크리트, 철근을 배근한 것을 철근콘크리트라고 한다. 한편, 골재를 결속시키는데 시멘트 대신에 아스팔트를 사용한 것을 아스팔트 콘크리트(아스콘)라고 하며, 아스팔트 콘크리트는 아스팔트, 쇄석, 모래, 석

7) 재령(材齡, age)은 콘크리트나 모르타르 등이 만들어진 후부터의 기간을 일수(日數)로 나타낸 것이다.

8) 수밀성(watertightness)은 투수성이나 투습성이 작은 것을 말한다.

9) 단위수량(單位水量)은 콘크리트를 비벼서 타입한 직후의 콘크리트 $1\,m^3$중에 포함되어 있는 수량(水量)이며, 골재 중의 수량은 포함되지 않는다.

10) 단위시멘트량은 콘크리트 $1\,m^3$를 만드는데 소요되는 시멘트의 양을 말한다.

11) 쳐 놓은 콘크리트나 모르타르가 충분히 경화될 수 있도록 적절한 습도와 온도를 유지시키면서 보호하는 것을 양생(養生, curing)이라고 한다.

분으로 만들어진다. 이들의 대략적인 단위질량은 표 1-1에 정리해 두었으나 실제로는 콘크리트의 배합, 골재의 최대크기, 입도, 물-시멘트 비, 콘크리트의 강도 등에 따라 달라진다.

표 1-1 콘크리트의 단위질량

종류	단위질량
시멘트 모르타르	2150kg/m^3
무근콘크리트	2350kg/m^3
철근콘크리트, 프리스트레스트 콘크리트	2500kg/m^3
아스팔트 콘크리트(아스콘)	2300kg/m^3

1.2.3 콘크리트의 압축강도(f_{cu})

콘크리트는 인장응력에 약하여 균열이 잘 발생하고, 한번 균열이 발생하면 더 이상 인장응력에는 저항할 수 없는 반면에 큰 압축응력에는 잘 견디는 성질을 가지고 있다. 따라서 실제 콘크리트로 된 부재를 설계할 때에는 콘크리트는 압축응력에는 저항하고 인장응력에는 저항하지 못한다고 가정한다. 그러므로 굳은 콘크리트의 성질 중에서 가장 중요한 것은 압축강도[12)]이다.

콘크리트의 압축강도는 ϕ150×300mm(직경이 150mm이고, 높이가 300mm)인 원주형 공시체를 사용하는 것을 기준으로 하고, 높이 방향으로 압축을 가하여 시험한다.[13)]

콘크리트 공시체는 KS F 2403의 규정에 따라 제조하고 양생하되, 21~25℃인 상태에서 28일 동안 습윤양생을 하여 제작해야 한다.[14)] 이렇게 만들어진 공시체의 압축강도를 f_{28}로

12) 강도(strength)라고 하는 것은 어떤 물체에 하중이 작용할 때, 그 물체가 하중에 저항할 수 있는 능력을 말하는데, 어떤 재료의 단면에 충분한 하중을 가하여 그 재료가 파괴되도록 할 때, 그때 작용한 하중을 그 재료의 최초 단면적으로 나눈 값을 사용하며 공칭응력(nominal stress)이라고도 한다.
단위는 일반적으로 Pa(= N/m^2, 파스칼), MPa(= 1×10^6 Pa)등으로 나타낸다.

13) ϕ100×200mm의 원주형 공시체를 사용할 경우는 강도보정계수 0.97을 사용하며, 이것은 같은 형상의 공시체일 때, 공시체의 치수가 작을수록 압축강도는 크게 나타나는 경향이 있기 때문이다.
우리나라와 미국, 일본 등에서는 위에서 설명한 원주형 공시체를 사용하고 있으나, 영국에서는 한 변이 150mm인 정육면체(正六面體) 공시체를, 독일은 한 변이 200mm인 정육면체 공시체를 사용하고 있으며, 200mm 정육면체 공시체는 원주형 공시체의 압축강도의 1.2배 정도의 강도를 나타내고, 150mm정육면체 공시체는 원주형 공시체 강도의 1.28배 정도의 강도를 나타낸다.

14) 강도시험용 시료는 KS F 2401(굳지 않은 콘크리트의 시료채취방법)에 따라 채취해야 하며, 콘크리트 공시체의 제작 및 양생방법은 KS F 2403(콘크리트 강도시험용 공시체 제작방법)에 따라야 한다. 이렇게 만들어진 공시체는 KSF 2405에 따라 압축강도를 시험하고, 그 결과 얻어진 콘크리트의 압축강도를 f_{28}로 표시하며, 설계를 할 때 기준으로 삼는다.

표시하며, 설계를 할 때 기준으로 삼는다. 즉, 재령 28일인 공시체가 압축하중에 의해 항복할 때 작용한 하중을 P, 하중이 작용한 단면적을 A, 공시체의 직경을 d 라고 하면, 그 압축강도는 다음 식과 같다.

$$f_{28} = \frac{P}{A} = \frac{P}{\left(\frac{\pi d^2}{4}\right)} \tag{1.1}$$

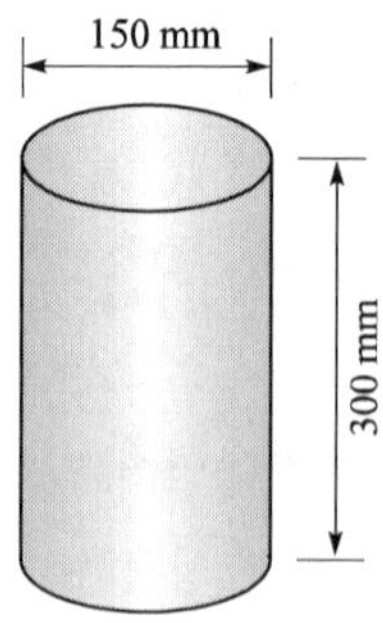

그림 1-2 원주형 공시체

그림 1-3 압축강도시험

예제 1.2

압축강도 시험을 실시한 결과 재령이 28일인 콘크리트 표준공시체(ϕ 150 × 300mm)가 315,000N의 압축하중에서 파괴되었다. 이 콘크리트 공시체의 압축강도 f_{28}을 구하시오.

풀이

$$f_{28} = \frac{P}{A} = \frac{P}{\left(\frac{\pi d^2}{4}\right)} = \frac{315000}{\left(\frac{\pi \times 0.15^2}{4}\right)} = 17.83 \times 10^6 \text{N/m}^2 = 17.83 \text{MPa}$$

콘크리트의 최종적인 강도는 물-시멘트비(W/C)와 초기재령에서의 양생조건의 영향을 받는다. 그림 1-4는 물-시멘트비가 콘크리트의 압축강도에 큰 영향을 미친다는 것을 잘 보여 주고 있는데, 물-시멘트비가 증가하면 콘크리트의 압축강도가 크게 감소하는 것을 알 수 있다. 따라서 꼭 필요한 양 외에 더 많은 물을 사용해서는 안 된다.

그림 1-5는 재령에 따른 콘크리트의 강도를 나타내고 있으며, 그림에서처럼 콘크리트는 친 후 처음 몇 주일 동안은 수화작용이 왕성하게 일어나기 때문에 매우 빠르게 콘크리트의 강도가 증가된다. 그러므로 콘크리트는 초기재령에서의 양생이 매우 중요하며, 처음 1~2

주 동안은 습기를 잃지 않도록 콘크리트를 잘 보호해야 하고, 특히 겨울에는 동해(凍害)를 입지 않도록 해야 한다.

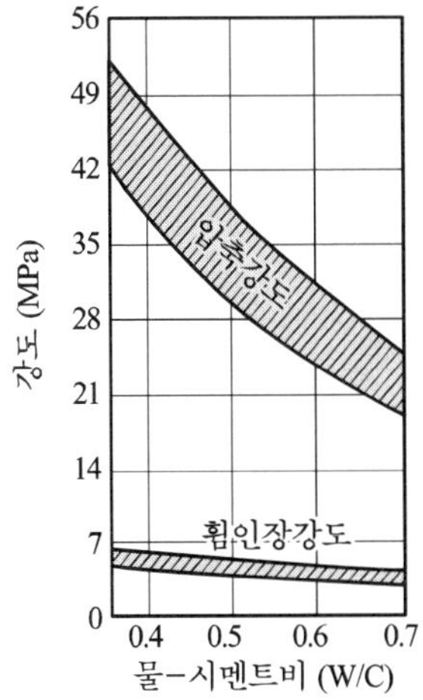

그림 1-4 물-시멘트비와 콘크리트의 강도

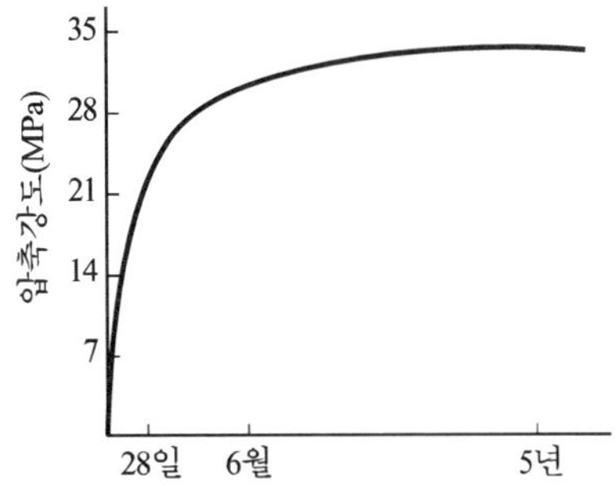

그림 1-5 재령과 콘크리트의 압축강도

1.2.4 콘크리트의 인장강도(f_{sp}) 및 휨인장강도(f_r)

[1] 인장강도

직접인장시험으로는 인장강도를 구하기 어렵기 때문에 인장강도는 주로 KS F 2423에 규정되어 있는 할렬시험(split cylinder test)으로 구한다.

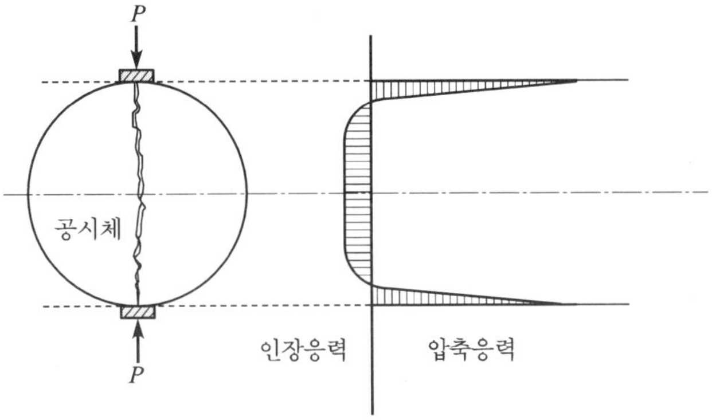

그림 1-6 할렬시험

할렬시험은 그림 1-6과 같이 원주형 공시체(ϕ150×300mm)를 옆으로 뉘어 놓고 압축을 가하여 쪼개는 방법으로 시험하며, 쪼갬인장강도(할렬강도, splitter strength)라고도 한다. 공시체가 쪼개어 질 때 가해진 하중을 P라 하고, 공시체의 직경을 d , 길이를 l 이라고 하면, 쪼갬인장강도 f_{sp} 는 다음 식으로 구할 수 있다.

$$f_{sp} = \frac{2P}{\pi d l} \tag{1.2}$$

보통 콘크리트의 인장강도는 압축강도의 $1/9 \sim 1/13$배 정도로 매우 작다. 실험결과를 근거로 보통 중량 골재 콘크리트의 쪼갬인장강도를 28일 압축강도 f_{ck}로 표시하면 다음과 같다.

$$f_{sp} = (0.5 \sim 0.6)\sqrt{f_{ck}} \tag{1.3}$$

또한 경량골재를 사용한 콘크리트의 f_{sp}는 아래와 같다.

$$f_{sp} = (0.33 \sim 0.41)\sqrt{f_{ck}} \tag{1.4}$$

[2] 휨인장강도(파괴계수)

콘크리트의 휨강도 시험방법은 KS F 2407(단순보의 중앙점 하중법)과 KS F2408(단순보의 3등분점 하중법)에 규정되어 있으며, 그림 1-7과 같이 장방형의 무근콘크리트 공시체를 사용하여 휨시험을 한다. 휨인장강도는 휨시험에서 공시체가 파괴될 때 공시체의 하단에 작용한 인장응력을 말하며, 휨인장강도를 파괴계수(modulus of rupture)라고도 한다. 휨인장강도 f_r 은 탄성재료로 만들어진 보에 적용되는 휨 공식을 이용하여 구할 수 있으며, 보통 콘크리트의 휨인장강도는 압축강도의 $1/5 \sim 1/7$배 정도로 매우 작다.

$$f_r = \frac{M}{I} y \tag{1.5}$$

여기서, M : 파괴된 단면에 작용한 모멘트
I : 단면2차모멘트
y : 단면의 도심으로부터 하단까지의 거리

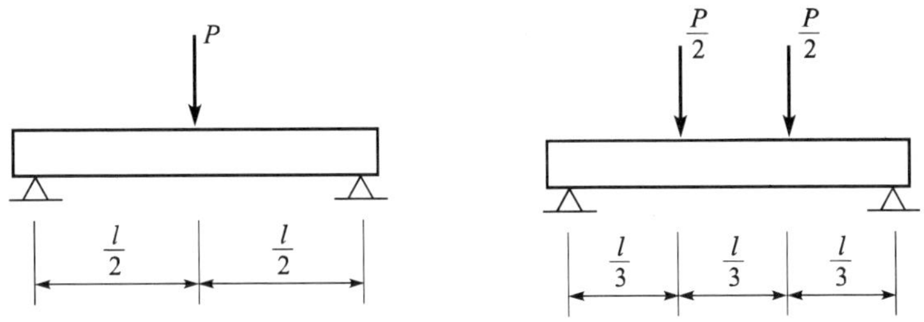

(a) 중앙점 하중법 (b) 3등분점 하중법

그림 1-7 휨인장강도 시험

한편, 콘크리트구조기준에서는 설계시에 휨인장강도 시험을 하지 않고도 콘크리트의 휨인장강도 f_r을 구해서 사용할 수 있도록 다음 식을 주고 있다.

$$\text{보통중량 콘크리트 : } f_r = 0.63\sqrt{f_{ck}} \ \text{(MPa)}$$

$$\text{경량 콘크리트 : } f_r = 0.63\lambda\sqrt{f_{ck}} \ \text{(MPa)} \tag{1.6}$$

여기서, f_{ck} (MPa)는 콘크리트 부재를 설계할 때 기준으로 삼는 콘크리트의 압축강도로서 콘크리트의 설계기준압축강도라고 하며, 재령이 28일인 콘크리트 공시체의 압축강도를 사용한다. λ는 경량 콘크리트 계수이며, 표 1-2와 같다.

표 1-2 경량콘크리트계수(λ)

<table>
<tr><th colspan="3">구분</th><th>경량콘크리트계수</th></tr>
<tr><td colspan="3">보통(일반) 콘크리트</td><td>1.0</td></tr>
<tr><td rowspan="4">경량 콘크리트</td><td colspan="2">f_{sp}가 주어진 경우</td><td>$f_{sp}/(0.56\sqrt{f_{ck}}) \le 1.0$</td></tr>
<tr><td rowspan="3">f_{sp}가 규정되어 있지 않은 경우</td><td>전경량 콘크리트</td><td>0.75</td></tr>
<tr><td>모래 경량 콘크리트</td><td>0.85</td></tr>
<tr><td>일부의 모래만이 치환된 경우</td><td>0.75에서 0.85 사이값은 보통중량 콘크리트의 잔골재를 경량 잔골재로 치환하는 체적비에 따라 직선보간하고, 0.85에서 1.0 사이값은 보통중량의 잔골재와 경량 및 굵은 골재의 치환되는 체적비에 따라 직선 보간한다.</td></tr>
</table>

1.2.5 콘크리트의 응력-변형률 곡선과 탄성계수

[1] 콘크리트의 응력-변형률 곡선

응력-변형률곡선(stress-strain curve)은 어떤 재료에 하중을 가할 때, 재료가 외력에 의해 받는 응력[15]과 재료에 발생되는 변형률[16]과의 관계를 나타낸 것으로 시험을 통해 얻을 수 있다. 즉, 콘크리트 공시체에 하중을 점점 증가시키면서 가할 때, 그 변형률을 측정함으로써 콘크리트에 대한 응력-변형률곡선을 구할 수 있다.

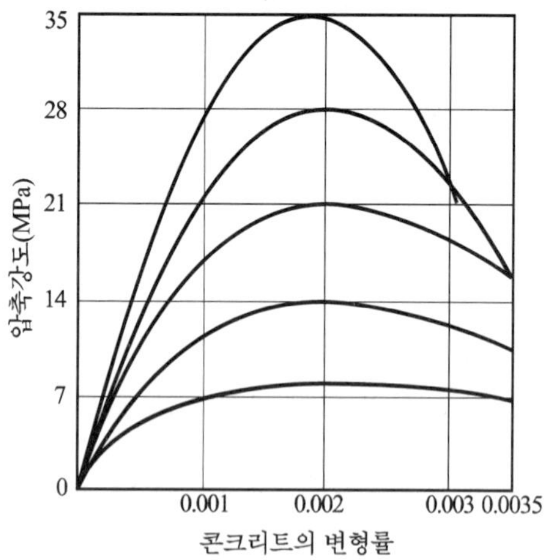

그림 1-8 콘크리트의 응력-변형률 곡선

그림 1-8은 콘크리트 공시체 5개를 사용하여 각각 압축강도 시험을 할 때 얻어진 응력-변형률곡선을 나타낸 것이며, 변형률이 0.003~0.004의 범위에서 콘크리트가 대부분 파괴된다는 것을 알 수 있다.

[2] 콘크리트의 탄성계수

탄성계수(modulus of elasticity, 보통 E로 표기한다.)는 탄성한계[17] 내에서 재료의 응력 f와 변형률 ε의 비로써 단위변형률을 일으키기 위하여 필요한 응력의 크기를 말하며, 응력-변형률곡선도에서는 직선의 기울기를 의미한다.

---

15) 응력(應力, stress, 보통 f 또는 σ로 표기한다.)은 물체에 외력이 작용했을 때 물체의 단면에 생기는 내력(內力) P를 원래의 단면적 A로 나눈 값을 말하며 단위는 Pa(= N/m^2, 파스칼) 또는 MPa(= 10^6 Pa) 등으로 나타낸다. 다시 말해서, 응력은 단위면적에 작용하는 힘으로 $f = P/A$이다.

16) 변형률(strain, 보통 ε으로 잘 표기한다.)은 물체가 외력을 받아 변형된 길이 Δl을 물체의 길이 l로 나눈 것이며, 이 값은 무차원으로 나타낸다. 즉, 단위길이 당의 변형량을 말하는 것이며, $\varepsilon = \Delta l / l$이다.

17) ① 탄성한계(彈性限界, elastic limit)는 물체가 탄성을 가지고 있어 주어진 응력을 제거하면 변형이 완전히 회복되어 영구변형이 발생되지 않는 응력의 최대크기를 말한다.
② 탄성(彈性, elasticity)은 물체에 외력이 작용하여 변형이 생긴 후, 이 외력을 제거하면 원래의 모양과 크기로 되돌아가는 성질을 말하며,
③ 소성(塑性, plasticity)은 외력을 제거하여도 변형이 그대로 남아 있어, 모양과 크기가 원형으로 되돌아가지 않는 성질을 말한다. 엄밀한 의미에서 대부분의 재료는 위의 두 가지 성질을 다 가지고 있어 완전한 탄성체 또는 완전한 소성체라고 하는 것은 드물다. 그러나 공학에 사용되는 많은 재료는 일정한 범위 내에서 탄성체로 취급되는 경우가 많다.
④ 취성(脆性, brittleness)은 재료가 과도한 하중을 받을 때 소성 변형을 거의 동반하지 않고 갑자기 파괴 상태에 도달하는 재료의 성질을 말하며, 콘크리트는 취성재료에 해당된다.

$$E = \frac{f}{\varepsilon}$$

그런데 그림 1-8에 나타낸 시험 결과로부터 알 수 있는 바와 같이 콘크리트의 응력과 변형률의 관계는 곡선이다. 그러므로 탄성계수를 하나의 정해진 수(數)로 나타낼 수 없다. 따라서 다음과 같은 세 가지 방법으로 콘크리트의 탄성계수 E_c를 근사적으로 구해서 사용한다.

그림 1-9의 응력-변형률도에서 $f_{ck}/2$ 정도 되는 점을 P라고 할 때, 원점 O와 점 P를 연결한 현 OP의 기울기를 할선탄성계수(secant modulus of elasticity)라고 한다.

일반적으로 별도의 언급이 없는 한 콘크리트의 탄성계수는 할선탄성계수(E_c)를 말한다. 그림 1-9의 응력-변형률도의 원점 O에서 콘크리트의 응력-변형률 곡선에 접선을 그을 때 그 접선의 기울기를 초기접선탄성계수(E_{ci})(initial tangent modulus of elasticity)라고 하며, 응력-변형률 곡선상에 있는 임의점에서 접선을 그었을 때 그 접선의 기울기를 접선탄성계수(tangent modulus of elasticity)라고 한다.

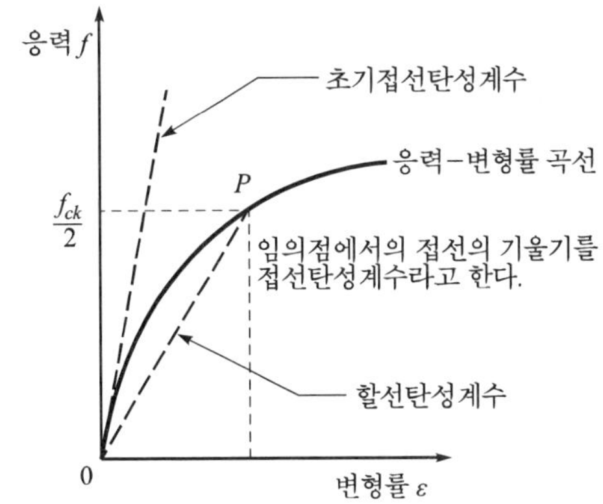

그림 1-9 콘크리트의 탄성계수

[3] 콘크리트구조기준에서의 탄성계수

콘크리트구조기준에는 콘크리트 단위 질량과 강도에 따라 구할 수 있도록 하였다. 구조기준 3.4.3에 따르면 단위 질량(m_c)이 $1{,}450 \sim 2{,}500\text{kg/m}^3$ 인 콘크리트의 할선탄성계수(E_c)는 아래 식으로 계산 할 수 있다.

$$E_c = 0.077 m_c^{\ 1.5} \sqrt[3]{f_{cm}} \ \ (\text{MPa}) \tag{1.7}$$

위 식에서 f_{cm}는 아래와 같다.

$$f_{cm} = f_{ck} + \Delta f \ \ (\text{MPa}) \tag{1.8}$$

f_{ck} (MPa)	40이하	40 초과 60 미만	60 이상
Δf (MPa)	4	직선 보간	6

보통중량골재를 사용한 콘크리트의 경우 콘크리트 단위 중량이 $m_c = 2{,}300\text{kg/m}^3$ 이므로 식 (1.7)은 다음과 같이 된다.

$$E_c = 8{,}500\ \sqrt[3]{f_{cm}}\ \ (\text{MPa}) \tag{1.9}$$

여기서, Δf는 2012년 개정된 콘크리트구조기준에서 새롭게 추가된 내용으로서 f_{ck}가 40MPa 이하면 4MPa, 60MPa 이상이면 6MPa이며, 그 사이는 직선보간으로 구한다.

예제 1.3

보통중량골재를 사용한 콘크리트의 할선탄성계수(E_c)를 구하시오. (단, 콘크리트의 설계기준압축강도 f_{ck} =24MPa이다.)

풀이

보통중량골재를 사용했을 때의 콘크리트의 단위질량 m_c는 $2{,}300\text{kg/m}^3$ 정도이므로 탄성계수는 다음과 같이 구해진다.

$$E_c = 0.077 m_c^{1.5}\ \sqrt[3]{f_{cm}}$$
$$= 0.077 \times 2{,}300^{1.5} \times \sqrt[3]{24+4}$$
$$= 25{,}791\ \text{MPa}$$

또는

$$E_c = 0.077 m_c^{1.5}\ \sqrt[3]{f_{cm}}$$
$$= 0.077 \times 2{,}300^{1.5} \times \sqrt[3]{24+4}$$
$$\fallingdotseq 8{,}500 \times \sqrt[3]{24+4}$$
$$= 25{,}811\ \text{MPa}$$

예제 1.4

콘크리트의 설계기준압축강도 f_{ck}가 32MPa이고, 콘크리트의 단위질량 m_c가 $2{,}500\text{kg/m}^3$일 때, 콘크리트의 할선탄성계수(E_c)를 구하시오.

풀이

보통중량골재를 사용했을 때의 콘크리트의 단위질량 m_c는 $2{,}300\text{kg/m}^3$ 정도이므로 탄성계수는 다음과 같이 구해진다.

$$E_c = 0.077 m_c^{1.5}\ \sqrt[3]{f_{cm}} = 0.077 m_c^{1.5}\ \sqrt[3]{f_{ck} + \Delta f}$$
$$= 0.077 \times 2{,}500^{1.5} \times \sqrt[3]{32+4}$$
$$= 31{,}781\ \text{MPa}$$

콘크리트의 초기접선탄성계수(크리프 변형 계산 시 적용) : $E_{ci} = 10{,}000\ \sqrt[3]{f_{cm}}$

초기접선탄성계수와 할선탄성계수의 관계 : $E_{ci} = 1.18 E_c$

1.2.6 크리프(Creep)

콘크리트에 응력이 장시간 계속하여 작용하고 있으면, 콘크리트의 변형이 계속 증가하는 현상이 발생하는데, 이러한 현상을 크리프(creep)라고 한다.

구조물에 오랜 시간 동안 지속적으로 작용하는 하중을 지속하중(sustained load, 장기하중)이라고 하는데, 콘크리트 구조물에서는 주로 고정하중[18]이 지속하중으로 작용하고, 건조수축[19]과 온도변화 등도 지속하중으로 작용한다. 이러한 지속하중에 의하여 콘크리트에 크리프가 일어나게 되며, 구조물의 변형이 시간의 경과와 더불어 증가하게 된다. 따라서 일시적으로 실리는 하중에 비하여 지속하중이 큰 구조물에 있어서는 크리프의 영향을 설계에 반영해야 한다. 그림 1-10은 재령 28일에 일정한 응력이 콘크리트에 작용하도록 하중을 재하했을 때, 재령이 지남에 따라 콘크리트에 발생되는 변형률을 나타낸 것인데, ε_c는 하중이 실리는 즉시 발생한 탄성변형률(또는 즉시변형률)이며, 그 이후에 발생된 변형률이 크리프변형률(creep strain) ε_{creep}이다.

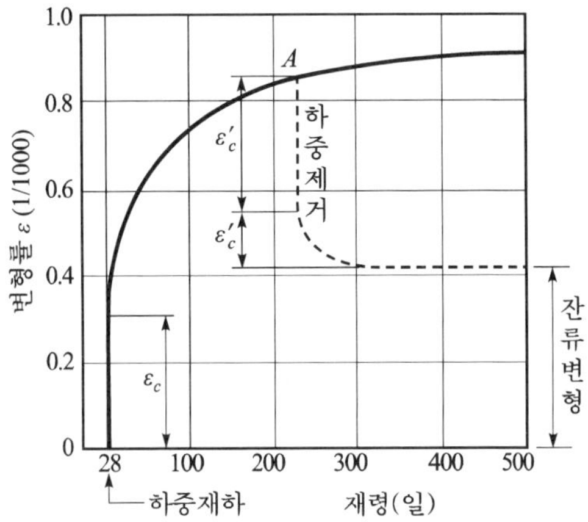

그림 1-10 콘크리트의 크리프

작용하는 응력이 콘크리트의 강도에 비해 비교적 작을 경우, 크리프변형률은 탄성변형률에 비례하는 경향이 있으며, 보통 탄성변형률의 1.5~3.0배 정도에 이른다. 따라서 초기에 발생된 탄성변형률 ε_c와 크리프변형률 ε_{creep}의 비를 크리프계수(C_t)라 하고, 식으로 나타내면 다음과 같다.

18) 고정하중(dead load)은 구조물의 수명 기간 중 구조물에 항상 작용하는 하중으로서 자중(自重)은 물론 고정된 사용장비 등을 포함한 하중을 말한다.

19) 건조수축은 콘크리트 속의 습기가 증발함에 따라 콘크리트가 수축하는 현상으로 다음 절에서 다룬다.

크리프계수(creep coefficient) C_t

$$C_t = \frac{\varepsilon_{creep}}{\varepsilon_c} = \frac{\text{크리프변형률}}{\text{탄성변형률}} \tag{1.10}$$

옥외(屋外)에 있는 구조물 : $C_t = 2.0$

옥내(屋内) 구조물 : $C_t = 3.0$

수중에 있는 콘크리트의 경우 : $C_t = 1.0$ 이하

만일 어떤 콘크리트 구조물의 크리프계수(C_t)가이고, 콘크리트에 작용하는 응력이 f_c, 콘크리트의 탄성계수가 E_c이면, 식 (1.10)과 후크의 법칙(Hooke's law)에 의해 크리프변형률은 다음과 같이 구할 수 있다.

$$\varepsilon_{creep} = C_t \cdot \varepsilon_c = C_t \cdot \frac{f_c}{E_c} \tag{1.11}$$

크리프에 영향을 미치는 요인을 요약하면 다음과 같다.

(1) 콘크리트의 물-시멘트비가 클수록 크리프가 크게 일어난다.
(2) 단위시멘트량이 많을수록 크리프는 크게 발생한다.
(3) 하중을 재하하는 시기가 콘크리트의 재령이 작을 때일수록 크리프는 크게 일어난다.
(4) 콘크리트에 가해지는 응력이 클수록 크리프는 크다.
(5) 하중이 재하되는 기간중의 습도가 낮을수록 크리프는 크다.
(6) 조직이 치밀하지 않은 콘크리트일수록 크리프는 크게 일어난다.
(7) 온도가 높을수록 크리프 변형은 커진다.
(8) 많은 철근량이 효과적으로 배근 되면 크리프는 작게 발생한다.
(9) 고온 증기 양생을 하면 크리프는 작게 발생한다.

예제 1.5

길이가 3.5m인 콘크리트 기둥의 초기 탄성변형량이 5mm이고, 크리프변형량이 15mm일 때, 크리프계수를 구하시오.

풀이

$$C_t = \frac{\varepsilon_{creep}}{\varepsilon_c} = \frac{\text{크리프 변형률}}{\text{탄성 변형률}} = \frac{\left(\frac{15}{3,500}\right)}{\left(\frac{5}{3,500}\right)} = 3.0$$

예제 1.6

콘크리트의 할선탄성계수가 $E_c = 21,000\text{MPa}$이고, 크리프계수가 $C_t = 2.5$이며, 콘크리트에 작용하고 있는 응력은 $f_c = 8\text{MPa}$일 때, 크리프변형률을 구하시오.

풀이

$$\varepsilon_{creep} = C_t \cdot \varepsilon_c = C_t \cdot \frac{f_c}{E_c} = 2.5 \times \frac{8}{21,000} = 0.0009524$$

예제 1.7

$f_{ck} = 21\text{MPa}$인 보통중량콘크리트로 된 기둥이 9MPa의 응력을 장기하중으로 받을 때, 기둥은 크리프로 인하여 그 길이가 얼마나 줄어들겠는가? (단, 기둥의 길이는 5m이고, 옥외에 있다.)

풀이

보통중량콘크리트임으로 콘크리트의 할선탄성계수(E_c)는 다음과 같고,

$$E_c = 8,500\sqrt[3]{f_{cm}}$$

위 식에서

$$f_{cm} = f_{ck} + \Delta f = 21 + 4 = 25\,\text{MPa}$$

콘크리트의 탄성변형률(ε_c)은 다음과 같이 구해진다.

$$\varepsilon_c = \frac{f_c}{E_c} = \frac{f_c}{8,500\sqrt[3]{f_{cm}}} = \frac{9}{8,500 \times \sqrt[3]{25}} = 0.0003621$$

옥외 구조물이므로 크리프계수 C_t가 2.0이라고 하면,

크리프변형률은 다음과 같이 된다.

$$\varepsilon_{creep} = C_t \cdot \varepsilon_c = 2.0 \times 0.0003621 = 0.0007242$$

따라서 기둥의 줄어든 길이 Δl 은 다음과 같이 구해진다.

$$\Delta l = \varepsilon_{creep} \times l = 0.0007242 \times 5,000\text{mm} = 3.621\ \text{mm}$$

1.2.7 건조수축(Dry shrinkage)

굳은 시멘트 페이스트[20]는 주변의 습도가 높을 때에는 수분을 흡수하여 그 부피가 팽창하고, 주변이 건조하면 수분을 방출하면서 그 부피가 줄어드는 성질이 있다. 따라서 콘크리트 역시 수분을 흡수하면 팽창하고, 건조해지면 수축하는 성질을 가지고 있다.

> 건조수축(Dry shrinkage)은 콘크리트에 함유된 수분이 방출되면서 콘크리트의 부피가 줄어드는 것을 말한다.

실제로 콘크리트를 배합할 때에는 소요의 워커빌리티(workability)를 얻기 위해 수화에 필요한 양보다 더 많은 물을 사용하기 때문에 수화작용에 사용되고 남은 물이 증발하면서 콘크리트는 건조수축을 일으키게 된다. 보통중량콘크리트의 최종적인 건조수축률은 일반적으로 $0.2\times10^{-3}\sim0.7\times10^{-3}$정도이며, 건조수축은 재령 초기에 빠른 속도로 발생하고, 점차적으로 작게 발생한다.

수분의 증발은 표면에서 일어나므로 건조수축은 표면으로부터 내부로 진행된다. 따라서 콘크리트 부재의 표면에는 인장응력이 발생하고 내부에는 압축응력이 발생하게 되며, 콘크리트 부재의 표면에는 건조수축에 의한 균열이 발생하기도 한다. 또 부재의 변형이 구속된 경우에는 건조수축으로 인해 부재에 큰 응력을 발생되기도 하며, 균열을 일으키기도 하는데, 이와 같은 균열을 수축균열(shrinkage crack)이라고 한다.

마지막으로 건조수축에 영향을 주는 요인으로는 아래의 (1)~(3)을 들 수 있으며, 이 밖에도 골재, 시멘트의 종류와 품질, 콘크리트가 양생된 조건, 부재의 단면치수 등의 영향도 받는다. 그리고 부재에 철근이 적절하게 배근된 경우에는 철근의 저항에 의해 콘크리트의 수축이 작아진다.

20) 시멘트 페이스트(cement paste)는 시멘트와 물을 혼합하여 만든 것을 말하며, 물 이외에 혼합재료를 넣는 것도 있다. 시멘트액이라고도 한다.

건조수축에 영향을 미치는 요인

(1) 건조수축을 일으키는 것은 시멘트이므로 단위시멘트량이 많으면 건조수축은 크게 일어난다. 일반적으로 모르타르는 콘크리트의 2배 정도의 건조수축이 발생한다.
(2) 단위수량이 많으면 건조수축은 크게 일어난다.
(3) 경화된 시멘트 페이스트 속의 공극이 많을수록 팽창과 수축은 크게 일어난다.
(4) 수중 양생을 하게 되면 수화작용이 촉진되어 건조수축이 거의 없다.
(5) 철근을 많이 사용한 콘크리트는 건조수축이 작아진다.
(6) 상재 하중과 무관하다.

예제 1.8

철근이 단면 도심에 대하여 대칭으로 배치되어 있고, 보의 양단이 구속되어 있는 경우, 콘크리트의 건조수축으로 인해 콘크리트에 발생하는 응력을 구하시오.

풀이

양단이 고정되어 부재의 신축이 구속되어 있으면, 철근에 작용하는 압축변형률 $\varepsilon_{sc}=0$이고, 철근에 일어나는 압축응력 $f_{sc}=0$이다. 그리고 건조수축으로 인한 콘크리트의 인장변형률 ε_{ct}와 콘크리트의 건조수축변형률 ε_{ds}가 같게 된다. 즉, $\varepsilon_{ct}=\varepsilon_{ds}$이다. 그러므로, 콘크리트에 발생하는 인장응력은 다음과 같이 된다.

$f_{ct}=E_c \cdot \varepsilon_{ds}$

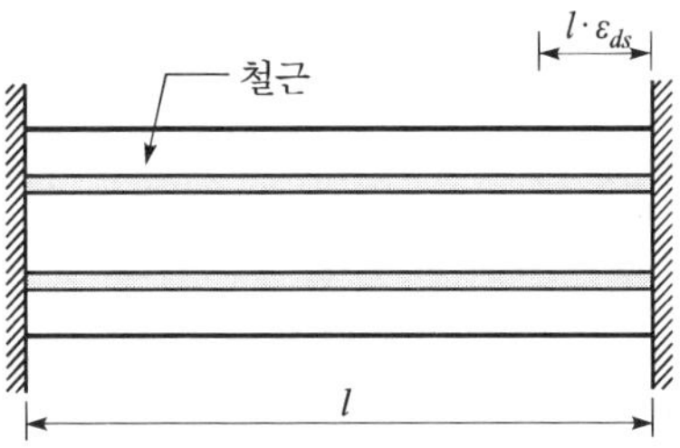

그림 1-11

예제 1.9

콘크리트의 건조수축에 대한 설명 중 잘못된 것은?

㉮ 탄성변형 외에 시간에 따라 생기는 변형으로 반드시 하중이 재하되어야만 한다.
㉯ 수화에 필요한 수량을 초과하여 배합설계시 워커빌리티를 위해 많은 수량을 넣기 때문에 생긴다.
㉰ 부재가 구속된 부정정 구조에서는 건조수축으로 인해 인장력이 발생되고 그 결과 균열이 생긴다.
㉱ 최종 건조수축 크기는 W/C(물-시멘트비), 상대습도, 온도, 골재형태 및 구조물의 크기와 형상에 따라 다르다.

정답 ㉮

1.2.8 설계기준압축강도(Specified Compressive Strength, f_{ck})와 배합강도(Required Average Compressive Strength, f_{cr})

콘크리트 부재를 설계할 때 기준으로 하는 콘크리트의 압축강도를 콘크리트의 설계기준압축강도(specified compressive strength of concrete)라고 하며, 콘크리트의 배합[21]을 정할 때 목표로 하는 콘크리트의 압축강도를 평균배합강도(required average compressive strength)라고 한다. 그리고 설계기준압축강도와 배합강도는 일반적으로 재령 28일의 압축강도 f_{28}을 기준으로 한다.

콘크리트의 배합은 소요의 강도, 내구성, 수밀(水密)성, 균열저항성, 철근을 보호하는 성능 및 적당한 워커빌리티를 갖는 범위 내에서 단위수량이 될 수 있는 대로 적게 되도록 해야 한다. 그리고 구조물에 시공된 콘크리트의 압축강도가 설계기준압축강도보다 작아지지 않도록 콘크리트의 품질변동을 고려하여 콘크리트의 배합강도(f_{cr})를 설계기준압축강도(f_{ck})보다 충분히 크게 정하여야 한다. 구조기준에서는 다음과 같은 방법으로 배합강도를 산정하도록 하고 있다.

30회 이상의 현장강도 시험기록을 근거로 표준편차 s를 구할 수 있는 경우 배합강도 f_{cr}은 $f_{ck} = 35$ MPa를 기준으로 각각 다음의 두 식에 의한 값 중에서 큰 값을 적용한다.

$$f_{ck} \leq 35\text{ MPa인 경우} \begin{cases} f_{cr} = f_{ck} + 1.34\,s \\ f_{cr} = (f_{ck} - 3.5) + 2.33\,s \end{cases} \tag{1.12}$$

$$f_{ck} > 35\text{ MPa인 경우} \begin{cases} f_{cr} = f_{ck} + 1.34\,s \\ f_{cr} = 0.9 f_{ck} + 2.33\,s \end{cases} \tag{1.13}$$

여기서, s는 콘크리트 압축강도의 표준편차인데, 콘크리트 생산설비의 시험기록이 있을 경우, 그 시험기록을 이용하여 산정해야 한다.

이때 시험기록은 예상되는 실제 상황과 비슷한 조건하에서 작성된 것이어야 하고, 계획된 공사에서 요구하는 설계기준압축강도와 같거나 혹은 설계기준압축강도에서 그 차이가 7 MPa 이내의 강도를 갖는 콘크리트에 의해 구해진 값이어야 하며, 적어도 30회의 연속시험을 실시한 것이어야 한다.

---

21) 배합(配合, mix)은 콘크리트 또는 모르타르를 만들 때 사용되는 시멘트, 잔 골재, 굵은 골재, 물 및 혼합재료의 사용량 또는 그 비율을 말한다.

그러나 만일 시험기록을 15~29회 밖에 갖고 있지 않은 경우라면, 시험결과로부터 계산된 표준편차에 표 1-3의 보정계수를 곱하여 구한 표준편차를 사용할 수 있다.

표 1-3 표준편차에 대한 보정계수

시험횟수	보정계수
14회 이하	표(1-4) 이용
15회	1.16
20회	1.08
25회	1.03
30 또는 그 이상	1.00
표에 명시되지 않은 시험횟수에 대해서는 직선보간하여 구한다.	

압축강도에 대한 시험기록이 없거나 시험기록이 있어도 14회 이하인 경우에는 표 1-4에 따라 결정해야 한다.

표 1-4 시험기록이 없거나 시험횟수가 14회 이하인 경우의 배합강도

설계기준압축강도 f_{ck} (MPa)	배합강도 f_{cr} (MPa)
21 미만	$f_{ck}+7$
21 ~ 35	$f_{ck}+8.5$
35 초과	$1.1f_{ck}+5.0$

콘크리트의 압축강도를 기준으로 하여 물-시멘트비(W/C)[22]를 정할 경우에는 압축강도와 물-시멘트비와의 관계는 시험에 의하여 정하는 것을 원칙으로 하고, 이 때 사용되는 공시체는 재령 28일을 표준으로 한다.

예제 1.10

콘크리트의 설계기준압축강도가 $f_{ck} = 25\,\text{MPa}$일 때, 소요배합강도 f_{cr}을 구하시오.
(단, 압축강도의 시험횟수가 14회 이하인 경우이다.)

풀이

소요배합강도 f_{cr}은 압축강도에 대한 시험기록이 없거나 시험기록이 있어도 14회 이하인 경우에는 표 1-4에 따라 결정한다.

$f_{cr} = f_{ck} + 8.5 = 25 + 8.5 = 33.5\,\text{MPa}$

22) 물-시멘트비(water cement ratio)는 굳지 않은 콘크리트 또는 모르타르에 포함되어 있는 물과 시멘트의 중량비를 말한다.

1.3 철근

철근은 콘크리트 속에 매입하여 콘크리트를 보강하고 작용하는 외력에 대해 콘크리트와 일체가 되어 저항하도록 사용된 봉강을 말한다.

1.3.1 철근의 종류 및 제원

철근은 표면에 요철(凹凸)이 없는 원형철근과 요철이 있는 이형철근으로 구분되는데, 원형철근(round bar)은 표면에 요철이 없고 단면이 원형인 봉강을 말하고, 이형철근(deformed bar)은 그림 1-12와 같이 표면에 마디와 리브 같은 돌기를 가지고 있는 봉강을 말한다. 이형철근의 공칭지름, 공칭단면적, 공칭둘레는 동일한 길이와 질량을 가진 원형철근의 지름, 단면적, 둘레로 나타내며, 설계에서는 이 값이 사용된다.

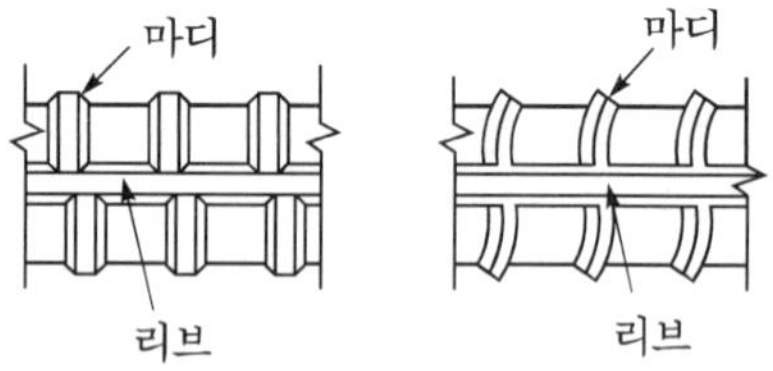

그림 1-12 이형철근의 마디와 리브

표 1-5는 KS D 3504에 규정되어 있는 철근의 종류와 항복점을 나타낸 것이고, 표 1-6는 이형철근의 공칭치수를, 표 1-7은 원형철근의 치수를 나타낸 것이다.

표 1-5 철근의 종류

종류	기호		항복점(MPa)	인장강도(MPa)
원형철근 (Steel Round bar)	SR 240		240 이상	390~530
	SR 300		300 이상	490~630
이형철근 (Steel Deformed bar)	일반용	SD 300	300~420	항복강도의 1.15배 이상
		SD 400	400~520	항복강도의 1.15배 이상
		SD 500	500~650	항복강도의 1.08배 이상
		SD 600	600~780	항복강도의 1.08배 이상
		SD 700	700~910	항복강도의 1.08배 이상
	용접용 (Weldable)	SD400W	400~520	항복강도의 1.15배 이상
		SD500W	500~650	항복강도의 1.15배 이상
	특수내진용 (Seismic)	SD400S	400~520	항복강도의 1.25배 이상
		SD500S	500~620	항복강도의 1.25배 이상
		SD600S	600~720	항복강도의 1.25배 이상
		SD700S	700~820	항복강도의 1.25배 이상

표 1-6 이형철근의 제원

호칭	단위질량(kg/m)	공칭지름(mm)	공칭단면적(mm^2)	공칭둘레(mm)
D6	0.249	6.35	31.67	20
D10	0.560	9.53	71.33	30
D13	0.995	12.7	126.7	40
D16	1.56	15.9	198.6	50
D19	2.25	19.1	286.5	60
D22	3.04	22.2	387.1	70
D25	3.98	25.4	506.7	80
D29	5.04	28.6	642.4	90
D32	6.23	31.8	794.2	100
D35	7.51	34.9	956.6	110
D38	8.95	38.1	1140	120
D41	10.50	41.3	1340	130
D51	15.9	50.8	2027	160

표 1-7 원형철근의 제원

지름(mm)	단위질량(kg/m)	단면적(mm^2)	둘레(mm)
ϕ6	0.222	28.3	18.85
ϕ7	0.302	38.5	21.99
ϕ8	0.395	50.3	25.13
ϕ9	0.499	63.6	28.27
ϕ10	0.617	78.5	31.42
ϕ11	0.726	95.0	34.56
ϕ12	0.888	113.1	37.70
ϕ13	1.04	132.7	40.84
ϕ16	1.58	201.1	50.27
ϕ19	2.33	283.5	59.69

예제 1.11

철근콘크리트 부재에 이형철근 SD300을 사용한다고 하였을 때,
SD300에서 300은 무엇을 의미하는가?

㉮ 철근의 공칭지름
㉯ 철근의 인장강도
㉰ 철근의 연신율
㉱ 철근의 항복점 응력

정답 ㉱

1.3.2 철근의 탄성계수(E_S) 및 탄성계수비(n)

철근의 탄성계수는 $2.0 \times 10^5 \sim 2.2 \times 10^5\,\mathrm{MPa}$의 범위에서 거의 모든 철근이 비슷한 값을 나타내며, 콘크리트구조설계기준에서는 철근의 탄성계수로서 다음 값을 표준으로 사용하도록 하고 있다.

철근의 탄성계수 E_s

$$E_s = 2.0 \times 10^5\,\mathrm{MPa} \tag{1.14}$$

탄성계수비(n)는 철근의 탄성계수와 콘크리트의 탄성계수의 비를 말하며, 탄성이론으로 철근콘크리트 부재를 해석할 때 사용되므로 미리 알아 두는 것이 좋다.

탄성계수비 n

$$n = \frac{\text{철근의 탄성계수}}{\text{콘크리트의 탄성계수}} = \frac{E_s}{E_c} \tag{1.15}$$

보통골재를 사용한 콘크리트에 대한 철근의 탄성계수비 n은 계산된 값에서 가까운 정수를 사용하고, 6보다 작지 않아야 한다.

예를 들어, 보통중량골재를 사용한 콘크리트의 탄성계수는

$$E_c = 8,500\sqrt[3]{f_{cm}}\ \text{MPa}$$

이므로 이 경우 철근과 콘크리트의 탄성계수비는 다음과 같이 구해진다.

$$n = \frac{E_s}{E_c} = \frac{2.0\times 10^5}{8,500\sqrt[3]{f_{cm}}} = \frac{23.53}{\sqrt[3]{f_{cm}}} \tag{1.16}$$

이때 계산된 n의 값은 가까운 정수를 취해서 사용하고, 6보다 작지 않아야 한다.

표 1-8은 일반적으로 많이 사용되는 콘크리트의 설계기준압축강도에 대한 탄성계수비를 나타낸 것이다.

표 1-8 탄성계수비

f_{ck}(MPa)	18	21	24	27	30	33
n	10~8	9~8	9~8	8~7	7	7

예제 1.12

보통중량골재를 사용하여 만들어진 콘크리트의 설계기준압축강도가 21MPa이면 탄성계수비는 얼마인가?

풀이

보통골재를 사용하는 콘크리트의 탄성계수 E_c는 다음과 같다.

$E_c = 8,500\sqrt[3]{f_{cm}} = 8,500\sqrt[3]{f_{ck}+4} = 8,500\sqrt[3]{25} = 24,854\,\text{MPa}$

그리고 철근의 탄성계수 $E_s = 2.0\times 10^5\,\text{MPa}$이므로

탄성계수비 n은 다음과 같이 구해진다.

$n = \dfrac{E_s}{E_c} = \dfrac{2.0\times 10^5}{24,854} = 8.05 \fallingdotseq 8$

탄성계수비는 계산된 값에서 가까운 정수를 사용한다.

$\therefore\ n = 8$

1.3.3 철근의 용도에 따른 분류

(1) 주철근

설계하중에 의하여 그 단면적이 정해지는 철근

(2) 정철근

슬래브 또는 보에서 정(+)의 휨모멘트에 의해 생기는 인장응력을 받도록 배치한 주철근

(3) 부철근

슬래브 또는 보에서 부(−)의 휨모멘트에 의해 생기는 인장응력을 받도록 배치한 주철근

(4) 배력철근

응력을 분포시킬 목적으로 정철근 또는 부철근과 직각 또는 직각에 가까운 방향으로 배치한 보조적인 주철근

(5) 전단철근(전단보강 철근, 사인장 철근, 복부 철근)

전단력 또는 사인장 응력에 저항하도록 배치하는 철근으로 스터럽과 굽힘(절곡) 철근이 이에 해당한다.

(6) 스터럽

보의 주철근을 둘러싸고 주철근에 직각되게 또는 경사지게 배근한 복부 보강근으로서 전단력 및 비틀림 모멘트에 저항한다.

(7) 굽힘철근

부재의 길이 방향으로 배근된 철근 중에서 구부려 올리거나 내린 철근

(8) 옵셋 굽힘철근

상하 기둥 연결부에서 단면치수가 변하는 경우에 구부린 주철근

(9) 축방향 철근

기둥에서 부재의 축방향으로 배치한 주철근

(10) 띠철근

축방향 철근을 소정의 간격마다 둘러싼 횡방향 철근

(11) 나선철근

축방향 철근을 나선형으로 둘러싼 철근

(12) 비틀림철근

비틀림 모멘트에 의한 사인장응력에 저항하기 위하여 배치하는 철근으로 종방향 철근과 횡방향 철근으로 구성된다.

(13) 갈고리

철근의 정착을 위하여 철근의 끝을 구부린 부분

(14) 조립용 철근

철근을 조립할 때 철근의 위치를 확보하기 위하여 사용하는 보조적인 철근

(15) 가외 철근

콘크리트의 건조수축, 크리프, 온도변화, 기타 여러 가지 원인에 의하여 콘크리트에 발생되는 응력에 대비하기 위해서 더 넣은 보조적인 철근

(16) 수축 및 온도철근

건조수축 또는 온도변화에 의하여 콘크리트에 발생하는 균열을 방지하기 위한 목적으로 배치되는 철근

(17) 표피철근

전체 깊이가 900mm를 초과하는 휨부재 복부의 양 측면에 부재 축방향으로 배치하는 철근

예제 1.13

다음과 같은 철근의 정의 중에서 옳지 않은 것은?

㉮ 주철근 : 설계하중에 의해 그 단면이 정해지는 철근

㉯ 정철근 : 슬래브 또는 보에서 정(+)의 휨모멘트에 의해서 일어나는 인장응력을 받도록 배치한 주철근

㉰ 부철근 : 슬래브 또는 보에서 정(+)의 휨모멘트가 작용할 때 부재의 하단에 배치하는 철근

㉱ 배력철근 : 응력을 분포시킬 목적으로 정철근 또는 부철근과 직각에 가까운 방향으로 배치하는 보조철근

정답 ㉰

예제 1.14

다음은 배력 철근을 배치하는 이유이다. 옳지 않은 것은?

㉮ 응력을 분포시켜 균열 폭을 최소화하기 위함이다.
㉯ 주철근의 부착력을 확보하기 위함이다.
㉰ 주철근의 간격을 유지하기 위함이다.
㉱ 콘크리트의 건조수축이나 온도변화에 의한 콘크리트의 신축을 억제하기 위함이다.

정답 ㉯

연습문제

1-1 콘크리트 재령 28일 표준공시체($\phi 150\text{mm} \times 300\text{mm}$)의 압축강도 시험을 실시한 바 0.35MN의 압축 하중에서 파괴되었다. 콘크리트 공시체의 압축강도는?

1-2 보통중량골재를 사용한 콘크리트의 할선탄성계수(E_c)는? (단, 콘크리트의 설계기준압축강도 $f_{ck} = 40\text{MPa}$ 이다.)

1-3 $f_{ck} = 21\text{MPa}$인 보통중량콘크리트로 된 기둥이 9.5MPa의 응력을 장기하중으로 받을 때, 기둥은 크리프로 인하여 그 길이가 얼마나 줄어들겠는가? (단, 기둥의 길이는 5m이고, 옥외에 있다.)

1-4 보통중량골재를 사용하여 콘크리트를 만들었으며, 설계기준압축강도 $f_{ck} = 40\text{MPa}$이면 탄성계수비(n)는? (단, $E_s = 2.0 \times 10^5\text{MPa}$)

CHAPTER

02 철근콘크리트 부재의 설계법

2.1 철근콘크리트공학의 기본가정

철근콘크리트 부재의 대표적인 설계법으로는 허용응력설계법, 강도설계법, 한계상태설계법이 있다. 설계법에 대한 이해에 앞서 그림 2-1(a)와 같이 휨하중에 의해 인장이 발생한 부분에 철근을 보강한 철근콘크리트 보의 거동을 고려해 보기로 한다.

그림 2-1(a)와 같이 보에 작용하는 하중 P를 0에서부터 보가 파괴될 때까지 점진적으로 증가시킬 때 보의 거동을 그림 2-1(c)에서 보는 것과 같이 몇 단계로 구분할 수 있다. 그림 2-1(c)의 각 단계에서 왼쪽은 보에 발생되는 균열 상태를, 오른쪽은 콘크리트가 받는 응력분포를 나타낸다. 단계 I 은 하중이 충분히 작은 단계로서 하중에 의해 유발되는 휨모멘트 역시 작아 단면에 휨응력이 직선으로 분포하는 것으로 볼 수 있는 단계이다. 따라서 이 단계에서 보는 탄성거동을 한다고 볼 수 있으며, 단면에 작용하는 휨응력(부록 E)은 다음 식으로 계산할 수 있다.

$$f = \frac{M}{I} y$$

여기서, M : 단면에 작용하는 휨모멘트

I : 단면2차모멘트

y : 중립축으로부터의 거리

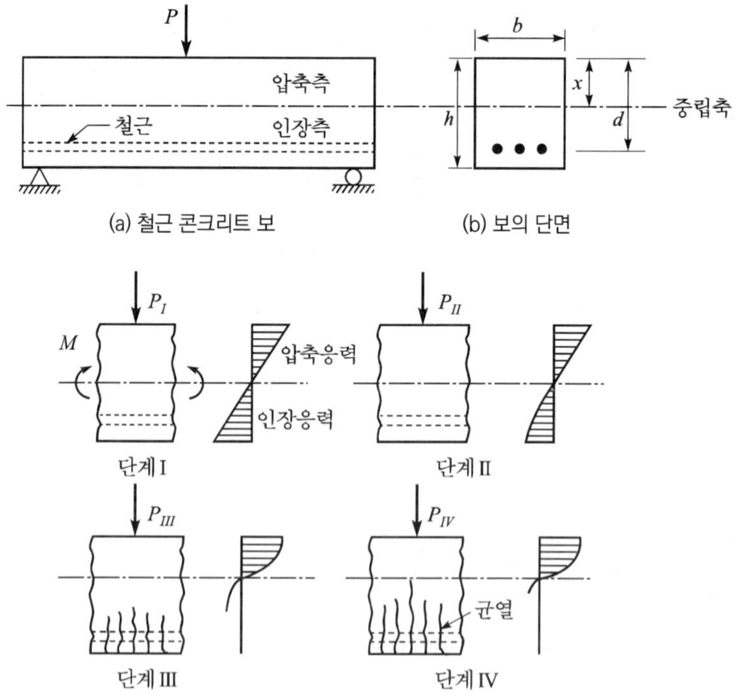

(c) 하중 증가에 따른 콘크리트의 응력

그림 2-1 휨을 받는 부재의 거동

단계 Ⅰ을 지나 하중이 점차적으로 증가하면 인장측 하단에 균열 발생이 시작되려고 하는 단계 Ⅱ에 이르며, 인장측 콘크리트가 받는 응력의 분포는 곡선 형태로 나타난다. 단계 Ⅱ를 지나 하중이 더 증가하여 인장측 하단의 응력이 콘크리트의 휨인장강도(파괴계수)를 넘게 되면 균열이 발생하기 시작하고 균열이 발생한 콘크리트는 더 이상 인장에 저항하지 못하게 되는 단계 Ⅲ에 도달한다. 이때부터 인장력은 철근이 부담하게 되고 압축측 콘크리트의 응력은 곡선으로 분포한다.

단계 Ⅲ을 지나 하중이 계속 증가할 때 일반적으로 배근된 보라면 보는 균열에 의해 파괴에 이르게 되는 단계 Ⅳ에 도달한다. 결국, 곡선 분포를 갖는 압축측 콘크리트에 작용하는 응력도 콘크리트 재료가 갖는 파괴값에 이르게 된다.

허용응력설계법(Working Stress Design method ; WSD)은 온전히 선형탄성해석에 근거하여 콘크리트 부재가 단계 Ⅲ을 넘지 않고 탄성거동 하는 것으로 가정하여 설계하는 방법이다. 극한강도설계법(Ultimate Strength Design method ; USD)은 비선형(비탄성)해석에 근거한 부재단면해석을 통해 재료가 항복하고 파괴되는 단계 Ⅳ까지 도달하는 상황을 고려한 설계법이다. 국내에서 콘크리트 구조물의 설계는 극한강도설계법이 주로 사용되고 있고, 허용응력설계법은 보완적으로 사용되고 있다. 한편, 한계상태설계법(Limit State Design method ; LSD)은 구조물이 안전성이나 기능을 나타내는 강도, 사용성, 피로와 같은 설계요구조건들이 만족되지 못하는 상태를 나타내는 한계상태를 넘지 않고 만족시키도록 구조물의 성능을 제어하는 설계법이다. 한계상태로는 구조물이 파괴되어 기능을 상실하는 상태를 나타내는 극한한계상태, 처짐, 균열 등이 과대하여 정상적인 사용상태를 벗어난 것을 나타내는 사용한계상태, 반복하중에 의해 철근이나 콘크리트가 피로파괴되는 상태를 나타내는 피로한계상태 등이 있다.

앞서 설명한 철근콘크리트 보의 거동에서 보듯이 철근콘크리트 구조물은 철근과 콘크리트를 합성하여 만든 복합 구조물로서 하중이 작용할 때 재료가 비선형 거동을 할뿐만 아니라 균열의 발생으로 인해 역학적 거동이 매우 복잡하다. 따라서 철근콘크리트 구조물의 거동을 수식으로 정확하게 묘사하는 것은 매우 어렵기 때문에 역학적인 해석을 간략화하기 위해 다음과 같은 몇 가지 가정을 도입한다.

(1) 철근과 콘크리트의 부착은 완벽하여 일체(一體)로 거동한다. 즉, 콘크리트 속에 묻혀있는 철근의 변형률은 그 주변 콘크리트의 변형률과 같다.
(2) 변형되기 전에 평면인 단면은 변형된 후에도 평면을 유지한다.
(3) 콘크리트의 인장강도는 무시한다.

2.2 허용응력설계법

2.2.1 허용응력설계법의 가정

허용응력설계법의 가정

(1) 응력은 변형률에 비례한다. (Hooke의 법칙)
(2) 단면내 임의의 위치에서의 변형률은 중립축으로부터의 거리에 비례한다.
(3) 콘크리트의 인장강도는 무시할 수 있다.

허용응력설계법은 선형탄성해석 이론에 바탕을 두고 있는 설계법이다. 철근은 항복점 이하의 응력에서 Hooke의 법칙을 따르는 탄성거동을 하고, 콘크리트는 일정 수준 이하의 응력 상태에서 근사적으로 탄성거동을 한다고 볼 수 있으므로 이와 같은 범위의 응력이 작용하는 콘크리트 구조물을 탄성이론으로 설계할 수 있다.

콘크리트 내에 묻혀 있는 철근은 콘크리트에 완전히 부착되어 일체(一體)로 거동하는 것과 변형되기 전에 평면인 단면이 변형된 후에도 평면을 유지한다고 가정하면, 단면내 임의의 수직위치에의 변형률은 중립축으로부터의 거리에 비례한다고 볼 수 있다. 또한, 콘크리트의 인장강도는 압축강도에 비해 훨씬 작을 뿐만 아니라, 공용중 철근콘크리트 구조물의 인장측 콘크리트에 발생하는 균열을 모두 제어할 수 없기 때문에 콘크리트 인장강도를 무시하여 계산을 간편하게 할 수 있다.

2.2.2 허용응력설계법의 설계방법

허용응력설계법은 사용하중이 구조물에 작용할 때, 구조물의 단면에 작용하는 응력을 탄성이론으로 계산하여 그 응력이 사용된 재료의 허용응력 이하로 되게 하는 설계법이다.

허용응력설계법은 구조물의 각 부분이 다음 식을 만족하도록 설계하며, 허용응력은 재료가 견딜 수 있는 최대 응력에 안전율을 고려하여 감소시킨 값이다.

$$f_c \leqq f_{ca} \tag{2.1}$$

$$f_s \leqq f_{sa} \tag{2.2}$$

여기서, f_c : 구조물의 콘크리트가 받고 있는 응력

f_{ca} : 콘크리트의 허용응력

f_s : 구조물의 철근이 받고 있는 응력

f_{sa} : 철근의 허용응력

표 2-1과 표 2-2에는 철근과 콘크리트의 허용응력을 각각 참고로 정리했다.[23)]

표 2-1 철근의 허용응력

철근의 종류 또는 조건	허용응력(MPa)
SD300 ($f_y = 300$MPa)	$f_{sa} = 150$
SD350 ($f_y = 350$MPa)	$f_{sa} = 175$
SD400 ($f_y = 400$MPa)	$f_{sa} = 180$
경간이 4m 이하인 1방향 슬래브에 배근된 지름 10mm 이하의 휨철근	$f_{sa} = 0.5 f_y \leq 200$

* f_y는 철근의 설계기준항복강도이다.

표 2-2 콘크리트의 허용응력

응력	부재 또는 조건		허용응력(MPa)
휨압축	휨부재(f_{ca})		$f_{ca} = 0.40 f_{ck}$
전단	보, 1방향 슬래브 및 확대기초	콘크리트가 부담하는 전단응력(v_{ca})	$v_{ca} = 0.08\sqrt{f_{ck}}$
		콘크리트와 전단철근이 부담하는 전단응력(v_a)	$v_a = v_{ca} + 0.32\sqrt{f_{ck}}$
	2방향 슬래브 및 확대기초	콘크리트가 부담하는 전단응력(v_{ca})	$v_{ca} = 0.08\left(1 + \dfrac{2}{\beta_c}\right)\sqrt{f_{ck}} \leq 0.16\sqrt{f_{ck}}$
지압	전체 단면에 재하될 때(f_{ba})		$f_{ba} = 0.25 f_{ck}$
	부분적으로 재하될 때(f_{ba})		$f_{ba} = 0.25 f_{ck}\sqrt{\dfrac{A_2}{A_1}}\left(\sqrt{\dfrac{A_2}{A_1}} \leq 2\right)$
휨인장	무근의 확대기초 및 벽체(f_{ta})		$f_{ta} = 0.13\sqrt{f_{ck}}$

* f_{ck}는 콘크리트의 설계기준압축강도이고, β_c는 집중하중 또는 반력의 작용면에서 단변에 대한 장변의 비이며, $A_1(\text{cm}^2)$는 재하면적, $A_2(\text{cm}^2)$는 재하면적과 기하적으로 유사하고 같은 중심을 가지는 받침면의 부분 중 최대면적이다.

---

23) 허용응력설계법을 별도설계법이라는 이름으로 부록 I에 수록했으며, 프리스트레스를 가하지 않은 일반적인 철근콘크리트 부재에 대해 부록 I에 따라 설계할 수 있도록 하고 있다.

2.2.3 허용응력설계법에 의한 보의 해석

[1] 단철근 직사각형 보

단철근 직사각형 보는 콘크리트로 된 직사각형 단면 보에서 인장응력을 받는 곳에만 철근을 배치하여 보강한 보를 말한다. 그림 2-2에는 허용응력설계법의 기본가정에 토대로 단순지지 되어 있고 상부에 집중하중 P가 작용하여 정(正, +)의 휨모멘트를 받고 있는 단철근 직사각형 보의 한 단면과 그 단면에 대한 변형률, 응력, 작용력을 나타내고 있다. 그림 2-2(b)는 보의 중립축에 직각인 한 단면을 나타낸 것인데, 중립축[24)]은 휨을 받는 부재에서 부재의 길이 방향을 따라 압축도 인장도 받지 않는 축을 말한다. 이 경우, 중립축 상부의 압축부 길이는 감소하고, 중립축 하부의 인장부 길이는 증가하는 반면, 중립축을 따라서는 길이의 변화가 없다. 그리고 d는 압축측 윗면으로부터 철근의 도심까지의 거리인데 유효깊이(effective depth)라 부른다.

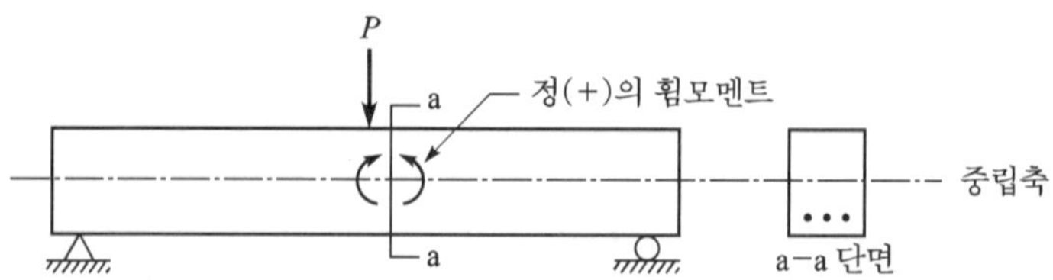

(a) 철근콘크리트 보

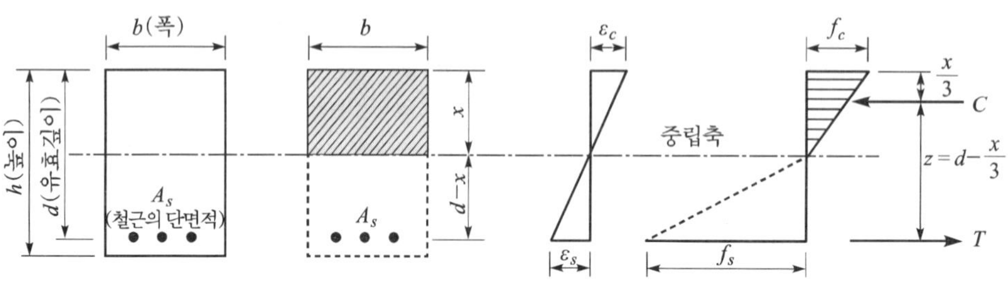

(b) 보의 단면 (c) (d) 변형률 (e) 응력

그림 2-2 허용응력설계법에 의한 철근콘크리트 보의 해석

24) 좀더 상세하게 정의하면, 중립축(中立軸, neutral axis)은 부재의 길이 방향 단면과 중립면이 교차하여 이루는 축을 말하며, 중립면(中立面, neutral plane)은 휨을 받은 부재에서 압축도 인장도 받지 않는 면을 말한다.

보의 단면에 정(+) 모멘트가 작용하면, 중립축 아래의 단면에는 인장응력이 작용하고 중립축 위의 단면에는 압축응력이 작용하게 되는데, 콘크리트의 인장강도는 무시할 수 있다는 가정에 의해 인장응력이 작용하는 중립축 아래의 콘크리트는 역학적으로 무시되고, 모든 인장력은 철근이 받는 것으로 고려한다. 따라서 계산시 그림 2-2(c)와 같이 빗금친 부분의 콘크리트와 철근만 고려한다. 또한, 단면 내 임의의 위치에서의 변형률은 중립축으로부터의 거리에 비례한다는 가정에 따라 콘크리트의 변형률(ε_c)과 철근의 변형률(ε_s)은 그림 2-2(d)와 같이 직선분포를 갖는 것으로 본다. 이와 같이 부재의 변형과 변형률의 관계를 적합방정식으로 부르는데, 앞서 가정된 변형률 분포가 실제 변형률과는 차이가 있겠지만, 보의 높이가 심하게 크지 않은 일반적인 휨부재의 경우에는 이와 같은 가정하에 해석을 해도 충분히 실용적으로 정확한 결과를 얻을 수 있다.

그리고 응력(stress)은 변형률(strain)에 비례한다(Hooke의 법칙)는 가정에 의해 콘크리트의 응력 f_c와 철근의 응력 f_s는 철근과 콘크리트의 변형률과 탄성계수를 각각 곱하여 구할 수 있으며 이와 같은 응력과 변형률의 관계를 구성방정식이라 부른다. 그림 2-2(d)와 그림 2-2(e)를 참조하여 콘크리트와 철근의 응력을 다음과 같이 계산할 수 있다.

$$f_c = E_c \varepsilon_c \tag{2.3a}$$

$$f_s = E_s \varepsilon_s \tag{2.3b}$$

그림 2-2(e)에서 C는 콘크리트가 받고 있는 압축응력의 합력이고, T는 철근이 받고 있는 인장응력의 합력이며, 이 경우 압축력과 인장력의 크기가 같다는 힘의 관계를 평형방정식이라 부른다. 이와 같은 합력들의 작용점은 각 응력도의 도심인데, 압축응력의 경우는 응력이 삼각형 형태로 분포되어 있으므로 C의 작용점은 단면 상단으로부터 $x/3$되는 지점이고 T는 철근의 도심에 작용한다. 응력은 힘의 크기를 작용면적으로 나눈 개념이므로 압축력 C와 인장력 T의 크기는 다음과 같이 계산할 수 있다.

$$C = \frac{1}{2} f_c b x \tag{2.4}$$

$$T = f_s A_s \tag{2.5}$$

예제 2.1

단철근 직사각형보에서 보의 폭 $b = 200\ \mathrm{mm}$, 압축측 상단으로부터 중립축까지의 거리 $x = 200\ \mathrm{mm}$이고, 압축측 상단의 콘크리트가 받고 있는 휨압축응력은 $f_c = 11.2\ \mathrm{MPa}$일 때, 콘크리트에 작용하는 압축력 C를 구하시오.

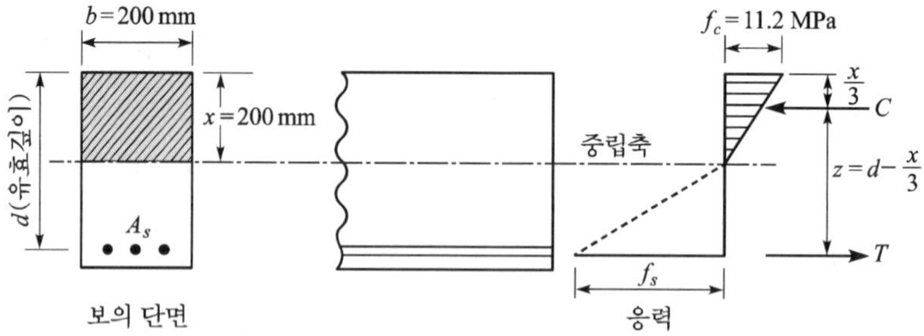

그림 2-3

풀이

$$C = \text{응력} \times \text{작용 면적} = \left(\frac{1}{2} f_c\right) \times (bx) = \frac{1}{2} \times 11.2 \times 0.2 \times 0.2 = 0.224\ \mathrm{MN}$$

[2] 중립축의 위치

허용응력설계법으로 보의 단면에 작용하는 응력과 작용력을 구하기 위해서는 먼저 중립축의 위치를 알아야 한다. 단면의 상단으로부터 중립축까지의 거리 x를 구하기 위해 힘에 관한 평형방정식을 이용한다. 그림 2-2에 나타낸 단면이 평형상태에 있기 위해서는 압축력과 인장력의 합력이 0이 되어야 하므로,

$$C - T = 0$$

$$\frac{1}{2} f_c b x - f_s A_s = 0 \tag{2.6}$$

이 성립하며, 이 때, A_s는 철근의 단면적이다. 위 식으로부터

$$\frac{f_s}{f_c} = \frac{bx}{2A_s} \tag{2.7}$$

를 얻는다. 한편 그림 2-2(d)에서 삼각형의 닮음으로 표현된 적합방정식을 이용하면 다음과 같은 비례식을 얻을 수 있다.

$$\varepsilon_c : x = \varepsilon_s : (d - x)$$

$$\frac{\varepsilon_s}{\varepsilon_c} = \frac{d-x}{x} \tag{2.8}$$

Hooke의 법칙으로 표현된 선형탄성재료에 대한 구성방정식을 이용하면 아래의 식을 얻는다.

$$\varepsilon_s = \frac{f_s}{E_s},\ \varepsilon_c = \frac{f_c}{E_c}$$

위의 두 식을 식 (2.8)에 대입한 후 정리하면

$$\frac{f_s}{f_c} = \frac{E_s}{E_c} \cdot \frac{d-x}{x} \tag{2.9}$$

이다. 그리고 탄성계수비($n = \frac{E_s}{E_c}$)에 대한 정의를 이용하여 식 (2.9)를 다음과 같이 다시 쓸 수 있다.

$$\frac{f_s}{f_c} = n\frac{d-x}{x} \tag{2.10}$$

이제, 식 (2.7)을 (2.10)에 대입하면 다음과 같이 x에 관한 2차 방정식을 얻을 수 있으며, 이 방정식을 풀어 중립축의 위치(x)를 구할 수 있다.

$$\frac{1}{2}bx^2 - nA_s(d-x) = 0 \tag{2.11}$$

[3] 단면에 작용하는 응력

부재의 외부에서 작용하는 외력(外力, external force)에 의해 부재의 내부에 발생한 힘을 내력(內力, internal force)라고 한다. 보의 단면 내부에 작용하는 내력 휨모멘트 M에 의해 그 단면에 발생하는 응력을 구하려면, 단면에 수직방향으로 작용하는 내력 C와 T에 의한 우력 모멘트와 외력에 의해 발생한 모멘트 M이 평형을 이룬다는 조건을 고려한다. 그림 2-5와 같이 다음의 관계식을 세운다.

$$M = Cz \tag{2.12}$$

$$M = Tz \tag{2.13}$$

콘크리트에 작용하는 압축력 C의 작용위치는 응력 삼각형의 도심으로서 상단으로부터 $\frac{x}{3}$ 되는 지점이므로 우력의 팔길이 $z = d - \frac{x}{3}$ 이다. 식 (2.4)와 (2.5)에 제시된 $C = \frac{1}{2}f_c bx$와 $T = f_s A_s$를 식 (2.12), (2.13)에 각각 대입하고 정리하면 다음 식들을 얻는다.

$$M = \frac{1}{2} f_c b x \left(d - \frac{x}{3} \right) \tag{2.14}$$

$$M = f_s A_s \left(d - \frac{x}{3} \right) \tag{2.15}$$

위의 식으로부터 콘크리트와 철근에 작용하는 응력을 아래와 같이 계산할 수 있다.

$$f_c = \frac{2M}{bx\left(d - \frac{x}{3} \right)} \tag{2.16}$$

$$f_s = \frac{M}{A_s\left(d - \frac{x}{3} \right)} \tag{2.17}$$

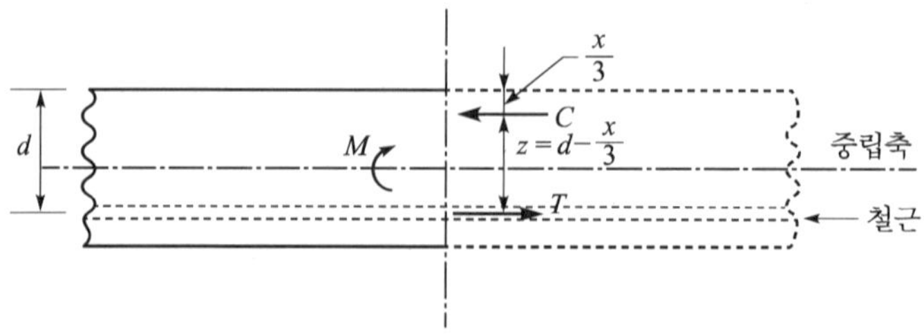

그림 2-5 보의 단면에 작용하는 외력과 내력

예제 2.3

단면의 폭 $b = 350\text{mm}$, 유효깊이 $d = 500\text{mm}$ 인 단철근직사각형보가 $M = 140\text{kN}\cdot\text{m}$ 의 휨모멘트를 받을 때, 콘크리트에 작용하는 최대 압축응력 f_c를 구하시오. (단, 중립축의 위치 $x = 240\text{mm}$ 이다.)

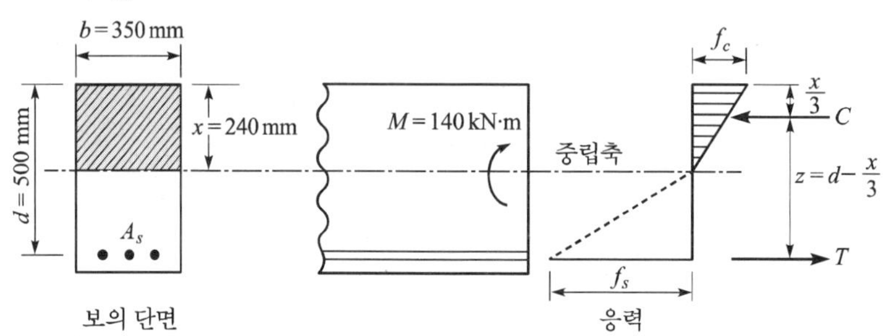

그림 2-6

풀이

$$M = C \cdot z = \frac{1}{2} f_c b x \left(d - \frac{x}{3} \right)$$

이므로 압축측 상단에 작용하는 압축응력은 다음과 같다.

$$f_c = \frac{2M}{bx\left(d - \frac{x}{3}\right)} = \frac{2 \times 140}{0.35 \times 0.24\left(0.5 - \frac{0.24}{3}\right)} = 7937\text{kPa} = 7.937\text{MPa}$$

예제 2.4

어떤 보의 단면이 그림과 같이 되어 있다. 이 단면에는 $D25$의 철근 3개가 배치되어 있으며, 그 단면적은 $A_s = 1520\,\text{mm}^2$ 이고, 휨모멘트 $M = 120\,\text{kN}\cdot\text{m}$가 작용하여 인장측에 미세한 균열이 발생하였다. 콘크리트의 설계기준압축강도는 $f_{ck} = 28\,\text{MPa}$ 이고, 철근의 항복강도는 $f_y = 400\,\text{MPa}$ (SD40)일 때, 이 단면이 휨에 대해 안전한지 검토하시오. (단, 탄성계수비 $n = 8$)

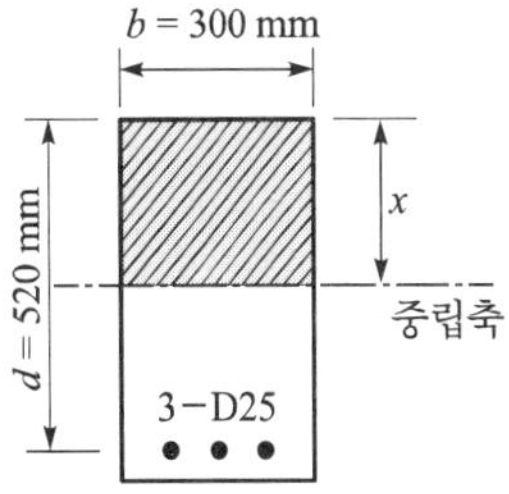

그림 2-7

풀이

(1) 중립축의 위치 x

$$\frac{1}{2}bx^2 - nA_s(d - x) = 0$$

$$\frac{1}{2} \times 300x^2 - 8 \times 1520(520 - x) = 0$$

$\therefore \; x = 168.7\text{mm}$

$x = -249.8\text{mm}$

두 개의 근 중에서 유효한 것은 양의 값이다.

$\therefore$ 중립축의 위치 $x = 168.7\text{mm}$

(2) 압축측 상단의 콘크리트가 받는 압축응력 f_c

응력의 단위로 MPa(MN/m²)이 사용되고 있으므로 아래의 계산에서 모든 단위는 MN과 m로 통일해서 다루기로 한다.

$$M = \frac{1}{2}f_c bx\left(d - \frac{x}{3}\right)$$

$$120 \times 10^{-3} = \frac{1}{2}f_c \times 0.3 \times 0.1687\left(0.52 - \frac{0.1687}{3}\right)$$

$\therefore \; f_c = 10.2\text{MPa}$

(3) 철근이 받는 인장응력 f_s

$$M = f_s A_s\left(d - \frac{x}{3}\right)$$

$$120 \times 10^{-3} = f_s \times 1520 \times 10^{-6}\left(0.52 - \frac{0.1687}{3}\right)$$

$\therefore \; f_s = 170.2\text{MPa}$

(4) 허용응력과 비교검토

표 2-1과 표 2-2로부터 허용응력을 구하여 단면에 작용하는 응력과 비교한다.

$f_{ca} = 0.40 f_{ck} = 0.40 \times 28 = 11.2\,\text{MPa} > 10.2\,\text{MPa} = f_c$

$\therefore\ f_c < f_{ca}$

$f_{sa} = 180\text{MPa} > 170.2\,\text{MPa} = f_s$

$\therefore\ f_s < f_{sa}$

그러므로 안전하다.

[4] 균열환산 단면2차모멘트와 단면의 응력

균열환산단면은 허용응력설계법의 가정들이 그대로 성립하지만 일정수준 이상의 외력이 작용하여 콘크리트에 균열이 발생하고 인장측 콘크리트의 인장강도는 고려할 수 없게 되고, 계산상 편의를 위해 콘크리트 재료로 환산한 철근의 인장강도만 남아 콘크리트의 압축력과 평형을 이루는 상태이다. 그림 2-8(b)에서 빗금친 단면의 중립축에 대한 단면1차모멘트는 식 (2.11)에서 유도한 중립축 위치에 관한 식과 동일하다는 것을 알 수 있다. 즉, 철근의 단면적 A_s를 등가의 콘크리트 단면적인 nA_s로 환산하고, nA_s와 압축을 받는 콘크리트 단면적의 중립축에 대한 단면1차모멘트를 취하여 이것이 0이라는 조건으로부터 중립축 위치에 관한 식을 유도할 수 있다. 이때, nA_s를 철근의 환산단면적이라 하고, 그림 2-8(b)와 같은 단면을 균열환산단면(cracked transformed section)이라 한다.

철근과 콘크리트의 응력은 휨공식(flexture formula)으로부터 다음과 같이 계산한다.

$$f_c = \frac{M}{I} x \tag{2.18}$$

$$\frac{f_s}{n} = \frac{M}{I}(d - x) \tag{2.19}$$

여기서, I는 단면2차모멘트인데, 그림 2-8(b)의 균열환산단면으로부터 구한 I_{cr}을 사용하며 균열환산 단면2차모멘트라고 부른다. 균열환산단면에 대한 단면2차모멘트는 중립축에 대해 다음과 같이 계산한다.

$$I_{cr} = \frac{bx^3}{3} + nA_s(d - x)^2 \tag{2.20}$$

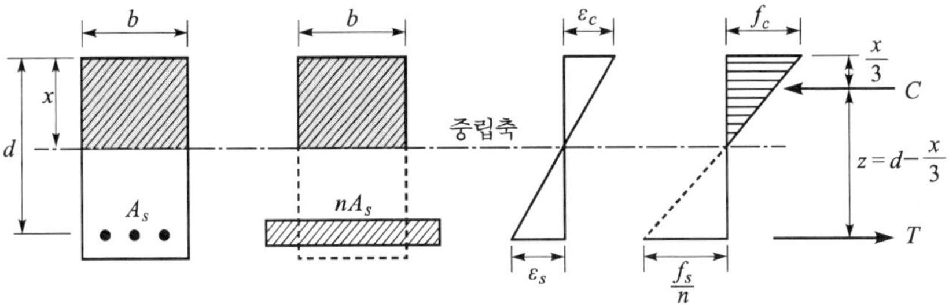

그림 2-8 균열환산단면과 응력

예제 2.5

균열환산단면을 이용하여 예제 2.4를 다시 푸시오.

풀이

식 (2.18)과 (2.19)를 이용하여 단면에 작용하는 응력을 구하며, 중립축의 위치 x와 허용응력 f_{ca}, f_{sa}는 예제 2.5에서 계산한 값을 사용하기로 한다.

(1) 중립축에 대한 균열환산단면2차모멘트 I_{cr}

$$
\begin{aligned}
I_{cr} &= \frac{bx^3}{3} + nA_s(d-x)^2 \\
&= \frac{1}{3} \times 0.3 \times 0.1687^3 + 8 \times 1520 \times 10^{-6}(0.52 - 0.1687)^2 \\
&= 1981 \times 10^{-6}\,\mathrm{m}^4
\end{aligned}
$$

(2) 콘크리트 및 철근의 응력과 허용응력의 비교검토

$$
f_c = \frac{M}{I_{cr}}x = \frac{120 \times 10^{-3}}{1981 \times 10^{-6}} \times 0.1687 = 10.2\mathrm{MPa} < 11.2\ \mathrm{MPa} = f_{ca}
$$

$$
\frac{f_s}{n} = \frac{M}{I_{cr}}(d-x)
$$

$$
\begin{aligned}
f_s &= n\frac{M}{I_{cr}}(d-x) \\
&= 8 \times \frac{120 \times 10^{-3}}{1981 \times 10^{-6}} \times (0.52 - 0.1687) = 170.2\,\mathrm{MPa} < 180\mathrm{MPa} = f_{sa}
\end{aligned}
$$

따라서 $f_c < f_{ca}$ 이고, $f_s < f_{sa}$ 임으로 안전하다.

2.3 강도설계법(극한강도설계법)

2.3.1 강도설계법의 개요와 가정사항

하중을 받고 있는 철근콘크리트보에서 인장측에 균열이 발생하여 인장응력은 모두 철근이 부담하고 압축응력은 압축 측 콘크리트가 감당할 때 하중이 증가함에 따라 철근은 항복하고 콘크리트는 압축파괴에 이르게 되는데 이와 같은 상태를 극한강도상태 또는 파괴상태라고 말한다. 실제 부재의 강도를 가리키는 공칭강도(nominal strength)에 강도감소계수를 곱해 얻은 설계강도(design strength)가 하중계수가 곱해진 계수하중 또는 극한하중을 구조물에 작용시켜 계산한 소요강도(required strength)보다 작지 않도록 단면을 결정하는 것을 강도설계법이라 부른다.

본격적인 강도설계법의 설계원리에 대한 설명에 앞서 휨과 축하중[25)]을 받는 부재의 강도설계에 적용되는 몇 가지 기본적인 가정사항들에 대해 살펴본다.

강도설계법 가정사항

(1) 철근과 콘크리트의 변형률은 중립축으로부터 떨어진 거리에 비례하는 것으로 가정할 수 있다. 그러나 다음 ①, ②에 해당되는 깊은 보의 경우에는 비선형 변형률 분포를 고려해야 한다.
① 순경간 l_n이 부재깊이 h의 4배 이하인 부재
② 받침부 내면에서 부재깊이의 2배 이하인 위치에 집중하중이 작용하는 경우, 집중하중과 받침부 사이의 구간

(2) 콘크리트의 인장강도는 철근콘크리트 부재 단면의 축하중 강도와 휨모멘트 강도 계산시 무시한다.

(3) 압축측 연단에서 콘크리트의 극한변형률은 0.0033으로 가정한다.

(4) 철근의 응력이 설계기준 항복강도[26)] f_y 이하일 때, 철근의 응력은 변형률에 탄성계수 E_s를 곱한 값으로 한다. 철근의 변형률이 f_y에 대응하는 항복변형률 ε_y보다 큰 경우에는 철근의 응력은 변형률에 관계없이 f_y로 한다.

25) 부재의 길이 방향과 나란한 방향으로 부재에 작용하는 하중을 말한다.

26) 부재를 설계할 때 기준으로 하는 항복강도를 말한다. 즉, 실제 부재를 만들 때 사용할 철근이 미리 정한 강도를 가진 것을 쓸 것이라는 전제하에 설계하게 되는데, 이때 미리 정해두고 설계에 반영한 철근의 항복강도가 설계기준항복강도가 된다.

(5) 콘크리트의 압축응력의 분포는 직사각형, 사다리꼴, 포물선형 등과 같이 어떤 형상으로도 가정할 수 있으나, 적절한 실험의 결과와 잘 일치해야 한다.

(6) 가정 (5)의 내용은 다음에 정의되는 등가직사각형 응력분포를 통해 나타낼 수 있다. 등가직사각형 응력블록을 적용할 때에는 $0.85f_{ck}$에 응력블록의 크기를 나타내는 계수 η를 곱하여 응력의 크기를 구하고, 등가직사각형 응력의 깊이($a = \beta_1 c$)는 중립축 깊이에 β_1을 곱하여 구한다. 계수 η와 β_1은 다음 값을 적용한다.

f_{ck} (MPa)	≤40	50	60	70	80	90
η	1.00	0.97	0.95	0.91	0.87	0.84
β_1	0.80	0.80	0.76	0.74	0.72	0.70

깊은 보가 아닌 일반적인 얕은 보의 경우, 그림 2-9(b)와 같이 부재의 단면에 발생하는 변형률을 직선분포로 가정할 수 있다. 깊은 보의 경우에는 단면에 발생하는 변형률을 직선분포로 가정할 수 없으며, 실제 발생되는 변형률을 반영할 수 있는 곡선분포를 정의해 주어야 한다.

콘크리트가 압축을 받아 파괴될 때 발생하는 극한변형률을 정확한 하나의 값으로 나타내는 것은 콘크리트의 특성상 어려움이 있지만, 많은 실험에 의해 압축에 의해 파괴되기 직전의 극한변형률은 0.003 ~ 0.004 정도의 범위인 것이 밝혀져 있으며, 우리나라의 현행 구조기준에서는 압축에 의한 콘크리트의 극한변형률을 0.0033으로 채택하고 있다.

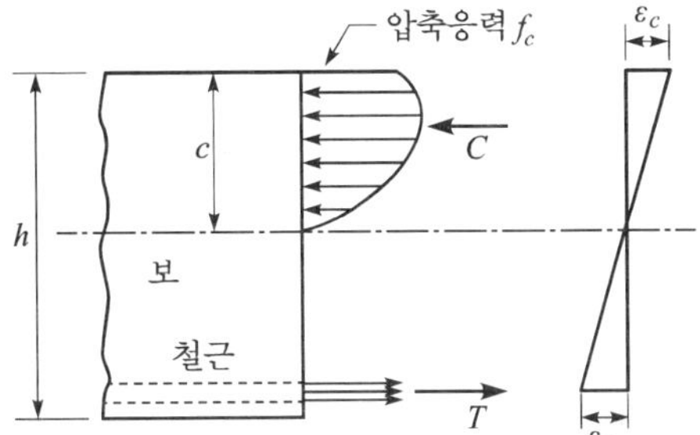

그림 2-9 보 단면의 응력과 변형률 분포

가정(4)는 구성방정식에 관한 것으로서 철근의 응력과 변형률의 관계를 응력-변형률 곡선도로 나타내면 그림 2-10과 같다. 콘크리트구조기준(KDS 14 20 22, 2022년)은 휨부재나 압축부재 주철근의 설계기준항복강도(f_y)가 600 MPa을 초과하지 않도록(전단은 500 MPa) 하고 있다.

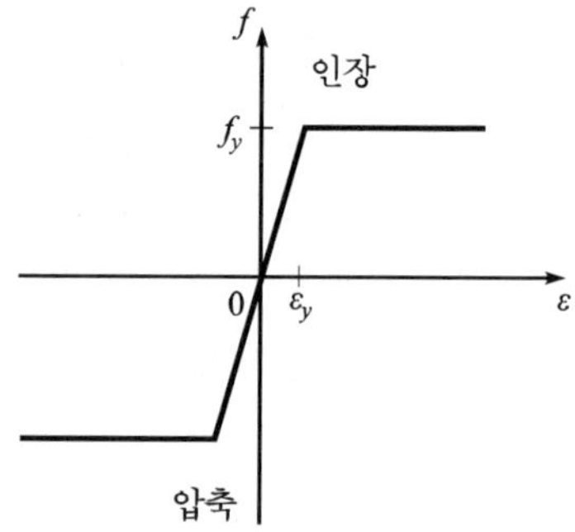

그림 2-10 철근의 응력과 변형률

그림 2-11(b)는 보의 단면에 충분한 크기의 휨모멘트가 작용할 때, 실제 발생되는 극한상태의 응력분포를 보인 것인데, 일부 형상에서는 단면 해석이나 설계시 필요한 압축력의 크기와 작용위치를 알아내는 것은 쉽지 않다. 따라서 손쉬운 설계 적용을 위해 실제 응력분포와 동등한 크기와 작용위치를 가지면서 단순한 형태를 갖는 압축응력 분포가 필요하고 또 많은 실험과 연구를 통해 다양한 형상의 응력분포가 제안되었다. 그 중에서 그림 2-11(f)에 제시된 등가직사각형 응력분포는 매우 실용적이어서 일반적으로 널리 사용되고 있다.

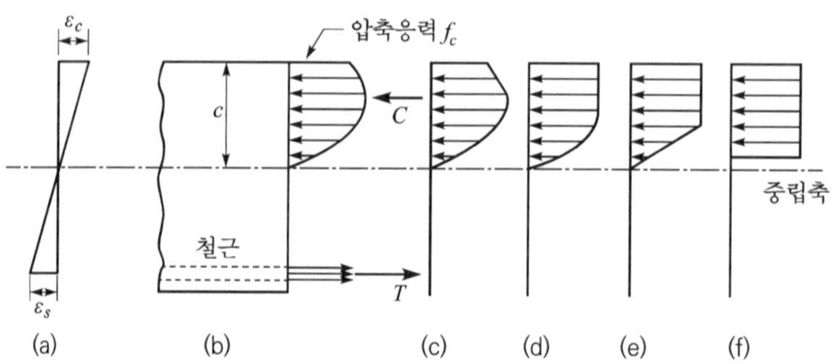

그림 2-11 다양한 형상의 등가응력분포

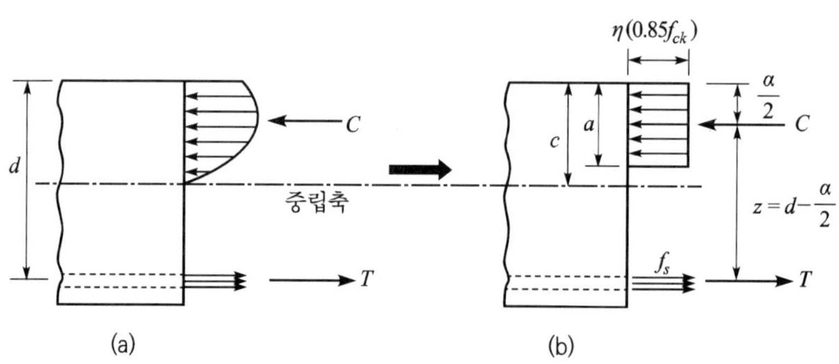

그림 2-12 등가직사각형 응력분포

가정(6)은 Whitney에 의해 제안된 것이며, 등가직사각형 응력블록(rectangular stress block)이라고 부른다. 그림 2-12(b)와 같이 콘크리트의 압축응력은 $\eta(0.85 f_{ck})$의 크기로 등분포 한다고 보며, 이 등가직사각형 응력분포의 깊이 a는 압축측 상단으로부터 중립축까지의 거리 c에 계수 β_1을 곱하여 구하며, 계수 η와 β_1은 다음과 같이 정리된다.

표 2-3 콘크리트의 설계기준압축강도에 따른 계수 η와 β_1

f_{ck} (MPa)	≤40	50	60	70	80	90
η	**1.00**	0.97	0.95	0.91	0.87	0.84
β_1	**0.80**	0.80	0.76	0.74	0.72	0.70

예제 2.6

콘크리트의 설계기준압축강도 $f_{ck} = 32\text{MPa}$일 때 β_1은 얼마인가?

풀이

$f_{ck} \le 40\text{MPa}$ 인 경우이므로 β_1은 0.80이다.

예제 2.7

보의 폭 $b = 200\text{mm}$, 유효깊이 $d = 400\text{mm}$이고, 압축측 상단으로부터 중립축까지의 거리 $c = 200\text{mm}$인 단철근 직사각형보의 한 단면에서 압축측 콘크리트가 극한상태에 있다. 이때 압축측 콘크리트가 받는 등가압축응력을 구하고, 이 압축응력이 작용하는 등가직사각형 응력분포의 깊이 a를 구하시오. (단, 콘크리트의 설계기준압축강도 $f_{ck} = 30\text{MPa}$이다.)

풀이

$\beta_1 = 0.80$

$a = \beta_1 c = 0.80 \times 200 = 160.0\text{mm}$ 이고,

$\eta(0.85 f_{ck}) = 1 \times 0.85 \times 30 = 25.5\,\text{MPa}$

이다. 그러므로 강도설계법의 가정에 따라 보의 압축측 콘크리트에는 등가압축응력 25.5MPa이 압축측 상단으로부터 $a = 160.0\text{mm}$까지 등분하는 것으로 본다.

2.3.2 강도설계법에 의한 보의 해석

강도설계법은 부재의 공칭강도(nominal strength)를 토대로 구한 설계강도(design strength)를 극한하중(ultimate load)을 작용시켜 얻은 소요강도(required strength)와 비교하여 단면을 설계하는 방법이다. 과도한 하중으로 인해 파괴에 근접하거나 파괴되는 상태를 극한강도상태, 더 간단히, 극한상태 또는 파괴상태라고 부른다. 즉, 극한상태는 부재에 극한하중이 작용하고 있는 상태이고, 극한하중은 계수하중(factored load)이라고도 부르는데, 실제 하중에 하중계수(load factor)를 곱해서 만든 극한상태를 구현하기 위한 가상의 하중이다. 결과적으로 강도설계법은 구조물이 실제로 경험하지 않는 최악의 상황을 극한하중을 작용시켜 구현하고, 그러한 극한상태를 견딜 수 있도록 단면을 설계하는 것이다. 참고로 허용응력설계법에서는 하중계수가 곱해지지 않는 실제하중을 사용하중(service load)이라는 이름으로 사용했다.

강도설계법의 가정사항과 관련된 규정들은 부재의 공칭강도를 산정할 수 있도록 해준다. 공칭강도는 보가 갖고 있는 실제 강도를 가리키는데, 실제 부재에 파괴될 때까지 하중을 가하는 시험을 통해 구할 수 있다. 그러나 설계할 때마다 매번 이와 같은 시험을 반복한다는 것이 현실적으로도 어렵기 때문에 적절한 역학이론과 실험적 검증을 통해 정립된 공칭강도 추정방법이 구조기준에 제시되어 있고, 이 방법으로 콘크리트 부재를 설계하게 된다.

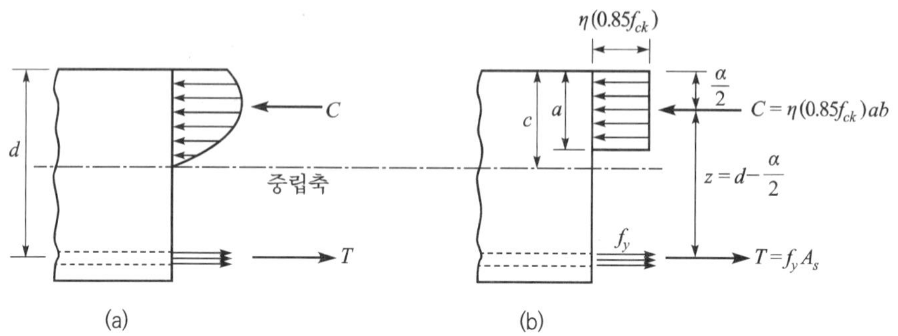

그림 2-13 등가직사각응력 분포

그림 2-13(a)는 단철근 보[27]의 단면에 충분한 크기의 휨모멘트가 작용하여 극한상태가 되었을 때, 실제 발생되는 응력분포를 나타낸 것이고, 그림 2-13(b)는 실제 응력분포에 대응되는 등가직사각형 응력분포를 강도설계법의 가정에 부합되도록 구현한 것을 나타낸다.

27) 단철근 보는 인장응력을 받고 있는 곳에만 철근을 배치하여 보강한 보를 말한다.

그림 2-13(b)에서 압축응력의 합력 C는 등가응력 $\eta(0.85f_{ck})$에 이 응력이 작용하는 콘크리트의 면적 A_c를 곱하여 다음과 같이 계산한다.

$$C = (\text{응력}) \times (\text{작용 면적}) = \eta(0.85f_{ck})A_c$$

여기서, 보의 단면이 폭이 b인 직사각형이라고 하면 $A_c = ab$이고, a는 등가직사각형 응력분포의 깊이를 나타낸다. C는 아래와 같이 다시 쓸 수 있고,

$$C = \eta(0.85f_{ck})ab \tag{2.24}$$

합력 C의 작용점은 압축측 상단으로부터 $\frac{a}{2}$이 되는 지점이다.

인장력 T는 철근에 작용하는 응력 f_s에 철근의 단면적 A_s를 곱해 다음과 같이 계산할 수 있다.

$$T = (\text{응력}) \times (\text{작용 면적}) = f_sA_s$$

극한상태에서 철근이 항복했다고 가정하면, T는 다음과 같이 쓸 수 있다.

$$T = f_yA_s \tag{2.25}$$

여기서, f_y는 철근의 설계기준 항복강도이다.

보의 단면은 압축력 C와 인장력 T에 의한 우력모멘트로 외력에 의한 모멘트 하중에 저항한다. 힘에 대한 평형방정식에 의해 압축력 C와 인장력 T는 항상 같도록 되어 있지만 그렇다고 해서 압축측 콘크리트 상단과 철근의 파괴시점이 항상 같지는 않다. 추후에 자세한 설명이 따르겠지만, 보강된 철근의 양에 따라 먼저 파괴를 일으키는 주체가 바뀔 수 있다. 결과적으로 단면의 공칭휨강도 M_n은 압축을 받는 콘크리트와 인장을 받는 철근 중에서 먼저 파괴 또는 항복하는 것에 의해 지배된다. 콘크리트의 파괴는 매우 취성[28]적인 반면, 철근의 파단은 항복 후에도 큰 연성[29]을 나타내는 거동을 보이기 때문에 보의 갑작스런 파괴를 방지하기 위해서는 콘크리트 보다 철근이 먼저 항복하도록 설계하는 것이 바람직하다.[30]

---

28) 취성(脆性, brittleness)은 재료가 과도한 하중을 받을 때 소성변형을 거의 동반하지 않고 갑자기 파괴상태에 도달하는 재료의 성질을 말하며, 콘크리트는 대표적인 취성재료에 해당된다.

29) 연성(延性, ductility)은 물질이 탄성한계 이상의 힘을 받았을 때 부서지지 않고 길게 늘어나면서 변형하는 성질을 말한다. 원래 길이에 대한 파단시 늘어난 길이의 비로 표시가 가능하며, 금속은 일반적으로 연성이 큰 재료이다.

30) 이와 같은 파괴를 연성파괴라고 하는데, 다시 정리하면, 연성파괴(ductile failure)는 어떤 구조물이나 재료가 과도한 하중을 받을 때 급작스럽게 파괴되지 않고 상당한 소성변형을 동반하면서 서서히 파괴에 도달하는 현상을 말한다.

보의 단면이 외력에 의해 휨 파괴될 때 파괴가 철근의 항복으로부터 시작된다면, 이 단면의 공칭휨강도 M_n 은 다음과 같이 구해진다.

$$M_n = Tz = f_y A_s \left(d - \frac{a}{2} \right) \tag{2.26}$$

이때, 등가직사각응력의 깊이 a는 힘에 대한 평형방정식으로부터 구할 수 있다. 즉, 주어진 단면에 작용하는 내력 C와 T는 평형($C = T$)을 이루어야 하므로

$$\eta(0.85 f_{ck}) ab - f_y A_s = 0 \tag{2.27}$$

이 성립해야 한다. 위의 식을 a에 대해 정리하면 다음과 같다.

$$a = \frac{f_y A_s}{\eta(0.85 f_{ck}) b} \tag{2.28}$$

콘크리트 부재의 해석시 f_{ck}, f_y, b, A_s는 미리 주어지므로 a는 산술적으로 쉽게 계산할 수 있다.

예제 2.8

어떤 보의 한 단면이 그림과 같다. 이 단면에는 D25의 철근 3개가 배치되어 있어, 철근의 총 단면적 $A_s = 1520\,\text{mm}^2$ 이고, 콘크리트의 설계기준압축강도 $f_{ck} = 30\,\text{MPa}$, 철근의 항복강도 $f_y = 400\text{MPa}$이다. 과도한 하중에 의해 보가 파괴될 때는 압축측 콘크리트 보다 인장측 철근이 먼저 항복한다고 할 때, 이 단면의 공칭휨강도를 구하시오.

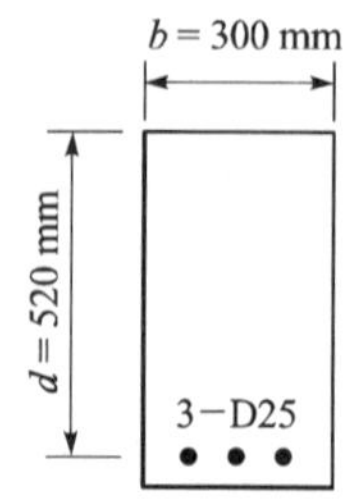

그림 2-14

풀이

주어진 단면에 수평 방향으로 작용하는 내력 C와 T는 평형을 이루어야 한다. 즉, $C = T$가 되어야 한다. 그러므로

$\eta(0.85 f_{ck}) ab = f_y A_s$

이다. 따라서 등가직사각응력의 깊이 a는 다음과 같이 구해진다.

$$a = \frac{f_y A_s}{\eta(0.85 f_{ck}) b} = \frac{400 \times 1520 \times 10^{-6}}{1 \times 0.85 \times 30 \times 0.3} = 0.0795\,\text{m}$$

철근이 먼저 항복하므로 단면의 공칭휨강도 M_n 은 다음과 같이 된다.

$$
\begin{aligned}
M_n &= Tz \\
&= f_y A_s \left(d - \frac{a}{2} \right) \\
&= 400 \times 1520 \times 10^{-6} \left(0.52 - \frac{0.0795}{2} \right) \\
&= 0.2920 \, \mathrm{MN \cdot m}
\end{aligned}
$$

2.3.3 강도설계법에 의한 부재의 설계

강도설계법에 의한 구조물의 설계는 아래와 같이 구조물의 모든 단면에서 설계강도(S_d) 가 소요강도(S_u) 보다 크도록 단면을 설계하는 것이다.

$$S_u \leq S_d = \phi S_n \tag{2.29}$$

여기서, 설계강도 S_d 는 공칭강도 S_n 에 강도감소계수 ϕ 를 곱하여 구하며, 부재의 공칭강도 S_n 은 강도설계법의 규정과 가정에 기초하여 구할 수 있다. 강도감소계수 ϕ 는 설계와 시공 등에서 발생되는 오차와 불확실성을 고려하여 안전을 확보하기 위해 1보다 작게 정해진 값으로 단면력의 종류와 특성에 따라 서로 다르게 정해진다. 소요강도 S_u 는 계수하중을 구조물에 작용시켰을 때 구조물의 각 단면이 지탱하기 위해 필요한 강도이며, 계수하중은 사용하중에 하중계수와 하중조합을 고려하여 정한 하중을 말한다. 하중계수는 구조물이 사용되는 도중 구조물에 가해질 수 있는 과도한 하중으로부터 소정의 안전도를 확보하기 위해 정해진 값이며, 서로 다른 종류의 하중에 대해서는 하중의 특성을 반영하여 각각 다르게 정해진다.

부재의 한 단면에서 고려해야 하는 강도는 휨강도(M), 전단강도(V), 축하중강도(P), 비틀림강도(T) 가 대표적이다. 강도설계법에서는 이들 각각에 대해 설계강도가 소요강도보다 크도록 단면을 설계해야 한다.

$$M_u \leqq M_d = \phi M_n,\ V_u \leqq V_d = \phi V_n,\ P_u \leqq P_d = \phi P_n,\ T_u \leqq T_d = \phi T_n$$

한편, 구조물에 재하되는 사용하중에는 고정하중과 활하중 등이 있는데, 고정하중(dead load, 사하중)은 구조물의 수명기간 중 상시 작용하는 하중으로서 자중(自重)[31]은 물론 벽, 바닥, 지붕, 계단 및 고정된 사용 장비 등을 포함한 하중이고, 활하중(live load)은 풍하중, 지진하중과 같은 환경하중이나 고정하중을 포함하지 않고 사용 및 점용에 의해 발생되는 하중으로서 사람, 가구, 창고의 저장물, 차량 등에 의한 하중이다.

31) 구조물 또는 부재 자체의 무게를 말한다.

콘크리트구조기준에서 제시하는 강도감소계수 ϕ를 표 2-4에 정리했다. 또한, 하중계수와 하중조합은 표 2-4에 정리했다. 표 2-5를 참고하여 아래와 같은 대표적인 하중계수와 하중조합을 예로 들 수 있다.

$$U = 1.2D + 1.6L$$

즉, 고정하중 D, 활하중 L을 포함하는 하중조합[32]에 의한 계수하중 U의 구성을 보여준다. 여기서, 1.2와 1.6은 각각 고정하중과 활하중에 대한 하중계수이다.

표 2-4 강도감소계수(ϕ)

부재와 하중의 종류		강도감소계수 ϕ
인장지배단면 (휨모멘트, 또는 휨모멘트와 축인장력이 동시에 작용하는 부재)		0.85
압축지배단면 (축압축력 또는 휨모멘트와 축압축력이 동시에 작용)	나선철근 부재	0.70
	그 이외의 부재	0.65
	공칭강도에서 최외단 인장철근의 순인장변형률이 압축지배와 인장지배단면 사이에 있는 경우	순인장변형률이 압축지배 변형률 한계에서 0.005까지 증가할 때 ϕ값은 압축지배단면에 대한 값에서 0.85까지 선형적으로 증가
전단력과 비틀림 모멘트		0.75
축인장력을 받는 부재		0.85
콘크리트의 지압력(포스트텐션 정착부나 스트럿-타이모델은 제외)		0.65
포스트텐션 정착구역		0.85
스트럿-타이모델에서 스트럿, 절점부 및 지압부		0.75
스트럿-타이모델에서 타이		0.85
긴장재 묻힘 길이가 정착길이보다 작은 프리텐션 부재의 휨단면	부재의 단부에서 절단길이 단부까지	0.75
	절단길이 단부에서 정착길이 단부사이	0.75에서 0.85까지 선형적으로 증가
무근콘크리트의 휨모멘트, 압축력, 전단력, 지압력		0.55

32) D와 L을 사용하중에 의해 부재의 단면에 작용하는 단면력으로 보면, U는 소요강도를 나타낸다. 콘크리트구조기준에서는 U를 계수하중뿐만 아니라 소요강도를 의미하는 기호로도 사용하고 있다.

표 2-5 하중계수와 하중조합

하중조건	하중계수 및 하중조합	
고정하중 D, 액체하중 F	$U=1.4(D+F)$	(a)
온도 영향 T, 적설하중 S, 강우하중 R, 풍하중 W	$U=1.2(D+F+T)+1.6(L+\alpha_H H_v+H_h)+0.5(L_r$ 또는 S 또는 $R)$	(b)
	$U=1.2D+1.6(L_r$ 또는 S 또는 $R)+(1.0L$ 또는 $0.65W)$	(c)
	$U=1.2D+1.3W+1.0L+0.5(L_r$ 또는 S 또는 $R)$	(d)
	$U=1.2(D+F+T)+1.6(L+\alpha_H H_v)+0.8H_h+0.5(L_r$ 또는 S 또는 $R)$	(e)
	$U=0.9(D+H_v)+1.3W+(1.6H_h$ 또는 $0.8H_h)$	(f)
지진하중 E	$U=1.2(D+H_v)+1.0E+1.0L+0.2S+(1.0H_h$ 또는 $0.5H_h)$	(g)
	$U=0.9(D+H_v)+1.0E+(1.6H_h+0.5H_h)$	(h)
기본 (b)의 단순식	$U=1.2D+1.6L$	

여기서, U : 소요강도
D : 고정하중(사하중) 또는 이에 의해 발생한 단면력
L : 활하중 또는 이에 의한 단면력
F : 유체의 중량 또는 압력에 의한 단면력
H_v : 흙, 지하수 또는 기타 재료의 자중에 의한 연직방향 하중 또는 이에 의한 단면력
H_h : 흙, 지하수 또는 기타 재료의 횡압력에 의한 수평방향 하중 또는 이에 의한 단면력
T : 온도, 크리프, 건조수축 및 부등침하의 영향 등에 의한 단면력
L_r : 지붕활하중 또는 이에 의한 단면력
S : 적설하중 또는 이에 의한 단면력
E : 지진하중 또는 이에 의한 단면력
W : 풍하중 또는 이에 의한 단면력
R : 강우하중 또는 이에 의한 단면력
α_H : 표피의 두께에 따른 연직방향 하중 H_v에 대한 보정계수
$h \leqq 2m$에 대해서, $\alpha_H=1.0$
$h > 2m$에 대해서, $\alpha_H=1.05-0.025h \geqq 0.875$

예제 2.9

그림과 같이 단순 지지된 철근콘크리트 보를 만들려고 한다. 지간 $l = 6\text{m}$ 이고, 활하중 $w_L = 25\,\text{kN/m}$ 일 때, 다음 물음에 답하시오. 단, 철근콘크리트의 단위질량 $w_{rc} =$ $= 2{,}500\text{kg/m}^3$ 이고, 보의 단면들은 동일한 규격으로 만든다.

(1) 계수하중(w_u)을 구하시오.

(2) 소요휨강도(M_u)를 구하시오.

(3) 보가 안전하기 위해서는 보의 공칭휨강도(M_n)가 얼마 이상 되어야 하는가?

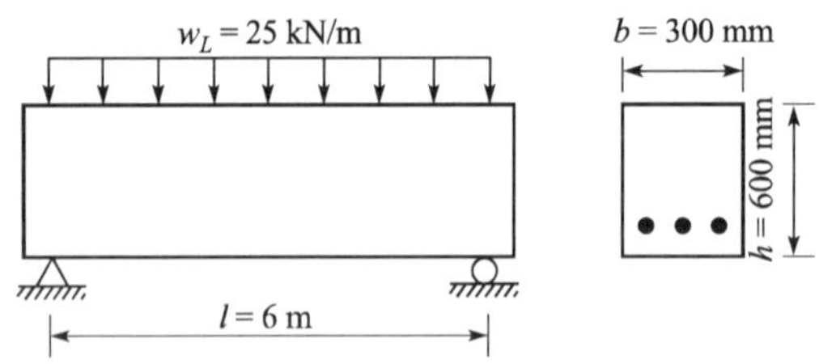

그림 2-15

풀이

(1) 먼저 고정하중 w_D를 구한다. 이때 중력가속도 $g = 9.81\text{m/sec}^2$을 사용한다.

$$w_D = w_{rc} g b h = 2{,}500 \times 9.81 \times 0.3 \times 0.6 = 4415\text{N/m} = 4.415\text{kN/m}$$

계수하중 w_u 는 하중계수를 고려하여 다음과 같이 구해진다.

$$w_u = 1.2D + 1.6L = 1.2w_D + 1.6w_L$$
$$= 1.2 \times 4.415 + 1.6 \times 25 = 45.297\text{kN/m}$$

(2) 보의 각 단면이 동일한 규격으로 만들어지는 경우이므로 보에 작용하고 있는 휨모멘트의 최대값에 대해 단면을 설계하면 된다. 그리고 보가 단순 지지 될 경우에는 지간의 중앙에 있는 단면이 최대 휨모멘트를 받는다. 따라서 소요휨강도 M_u 는 계수하중에 의해 지간의 중앙에 작용하는 휨모멘트가 된다. 등분포하중이 작용하는 단순보의 최대 휨모멘트는 다음과 같이 구할 수 있다.

$$M_u = \frac{w_u l^2}{8} = \frac{45.297 \times 6^2}{8} = 203.84\text{ kN}\cdot\text{m}$$

(3) 휨모멘트를 받는 부재이므로 강도감소계수 $\phi = 0.85$ 를 적용해야 하며, 설계강도 ($M_d = \phi M_n$)가 소요강도(M_u) 보다 크게 되도록 설계해야 한다. 즉 다음 식을 만족해야 한다.

$$M_d = \phi M_n \geq M_u$$

따라서

$$0.85 M_n \geq 203.84\text{ kN}\cdot\text{m}$$

$$M_n \geq \frac{203.84}{0.85} = 239.81\text{ kN}\cdot\text{m}$$

이다. 그러므로 보는 공칭강도 M_n 이 $239.81\text{kN}\cdot\text{m}$ 보다 크게 설계되어야 안전하다.

[참고]

다음과 같이 소요휨강도 M_u 를 구해도 동일한 결과를 얻을 수 있다.

사용하중에 의해 지간 중앙에서 발생되는 휨모멘트는 다음과 같이 구해지는데, M_D는 고정하중에 의한 휨모멘트이고, M_L은 활하중에 의한 휨모멘트이다.

$w_D = 4.415\ \text{kN/m}$

$$M_D = \frac{w_D l^2}{8} = \frac{4.415 \times 6^2}{8} = 19.868\ \text{kN} \cdot \text{m}$$

$w_L = 25\ \text{kN/m}$

$$M_L = \frac{w_L l^2}{8} = \frac{25 \times 6^2}{8} = 112.500\ \text{kN} \cdot \text{m}$$

소요휨강도 M_u 는 하중계수를 고려하여 다음과 같이 구해진다.

$$\begin{aligned} M_u &= 1.2D + 1.6L = 1.2M_D + 1.6M_L \\ &= 1.2 \times 19.87 + 1.6 \times 112.5 = 203.84\ \text{kN} \cdot \text{m} \end{aligned}$$

연습문제

(1) 허용응력설계법

2-1 단철근 직사각형보에서 $b = 200\text{mm}$, $x = 200\text{mm}$, 콘크리트의 허용압축응력은 8MPa일 때 압축측 콘크리트가 받을 수 있는 전 압축력의 크기는? (허용응력설계법)

2-2 직사각형 단면으로 된 철근콘크리트 보에서 단면의 폭 $b = 300\text{mm}$, 유효깊이 $d = 600\text{mm}$ 이고, 인장측에 $3 - \text{D}\,29$가 배근되어 있을 때 중립축의 거리 x는 허용응력설계법으로 계산하면 얼마인가? (단, 탄성계수비 $n = 9$)

2-3 단철근 직사각형보가 $M = 0.14\,\text{MN} \cdot \text{m}$ 의 휨모멘트를 받을 때 압축측 콘크리트의 최대 압축응력(f_c)은? (단, $b = 350\text{mm}$, $d = 500\text{mm}$, $x = 240\text{mm}$ 이고 허용응력 설계법으로 계산)

(2) 강도설계법

2-4 강도설계법에서 콘크리트의 설계기준압축강도 $f_{ck} = 35\text{MPa}$ 일 때 β_1 은 얼마인가?

2-5 단면의 폭 $b = 350\text{mm}$, 유효깊이 $d = 580\text{mm}$, 인장철근량 $A_s = 1800\text{mm}^2$인 단철근 직사각형보의 등가응력사각형의 깊이 a 는 얼마인가? (단, $f_{ck} = 21\text{MPa}$, $f_y = 300\text{MPa}$)

2-6 $b = 400\text{mm}$, $d = 650\text{mm}$ 인 단면의 공칭휨강도는 얼마인가? (단, $f_{ck} = 21\text{MPa}$, $f_y = 300\text{MPa}$ 이고, 인장철근량 $A_s = 2480\text{mm}^2$ 이다.)

2-7 지간 $l = 6\text{m}$ 되는 단순보에 고정하중에 의한 등분포하중 $w_d = 20\text{kN/m}$ 와 활하중에 의한 등분포하중 $w_l = 25\text{kN/m}$ 가 작용할 때 부재의 소요휨강도를 구하시오.

2-8 단면의 폭 $b = 380\text{mm}$, 단면의 전체높이 $h = 620\text{mm}$ 이고, 경간 $l = 6.5\text{m}$ 인 단순보의 경간 중앙에 작용하는 자중에 의한 계수모멘트 M_u 는? (단, 직사각형 단면으로 된 보이며, 철근콘크리트의 단위질량 $w_{rc} = 2500\text{kg/m}^3$ 이다.)

2-9 단순 지지된 직사각형 단면의 철근콘크리트 부재가 자중에 의한 고정하중만 받을 때 부재의 공칭휨강도 M_n은 얼마 이상이어야 하는가? (단, 경간은 6.8m 이며, $b = 500\text{mm}$, $h = 1000\text{mm}$, $d = 950\text{mm}$ 이고, 철근콘크리트의 단위질량은 2500kg/m^3 이다.)

Reinforced Concrete Design

CHAPTER

03 보의 휨 해석과 설계

3.1 휨 설계의 기본개념

축방향력을 받지 않거나 또는 그 영향이 무시될 수 있을 정도로 작은 축방향력만을 받는 부재로서 주로 휨모멘트와 전단력에 저항하는 부재를 휨부재(flexural member) 또는 보(beam)라고 한다. 외력에 의해 보의 단면에는 휨에 의한 수직응력과 전단응력이 작용하고, 철근콘크리트 단면은 이러한 응력들에 충분히 저항할 수 있어야 한다. 콘크리트는 큰 압축강도에 비해 작은 인장강도를 갖고 있어 휨에 저항하기 위해 인장응력이 작용하는 위치에 철근을 적절하게 배근하여 보강해야 한다. 철근콘크리트 보는 인장측에만 철근을 배근하여 보강한 단철근보와 인장측과 압축측 모두에 철근을 배근한 복철근보가 있으며, 길이방향에 수직인 단면의 형상에 따라 직사각형보, T형보 등으로 나눌 수 있다. 이 단원에서는 강도설계법에 기초하여 각종 보의 해석과 설계를 다룬다.

강도설계법의 설계원리를 그림 3-1과 같이 단순지지된 보를 예로 들어 간단히 복습한다. 그림 3-1(a)에는 상부에 등분포하중을 받고 있고 단순지지된 보가 주어져 있다. 그림 3-1(b)는 사용하중에 하중계수와 하중조합을 고려하여 구한 계수하중을 보에 재하했을 때 작용하는 휨모멘트의 분포를 나타낸다. 극한상태에서도 보가 파괴되지 않고 안전하게 사용되기 위해서는 보의 모든 단면이 작용하는 외력에 대해 충분히 견딜 수 있어야 한다. 즉, 보의 길이방향에 대해 수직인 모든 단면의 강도가 그 단면에 작용하는 휨모멘트에 충분히 저항할 수 있어야 한다. 즉, 그림 3-1(a)의 단면 a-a를 포함한 보의 모든 단면의 설계강도[33] M_d는 계수하중에 의해 단면에 작용하는 계수모멘트 하중 M_u에 견딜 수 있도록 설계되어야 한다.

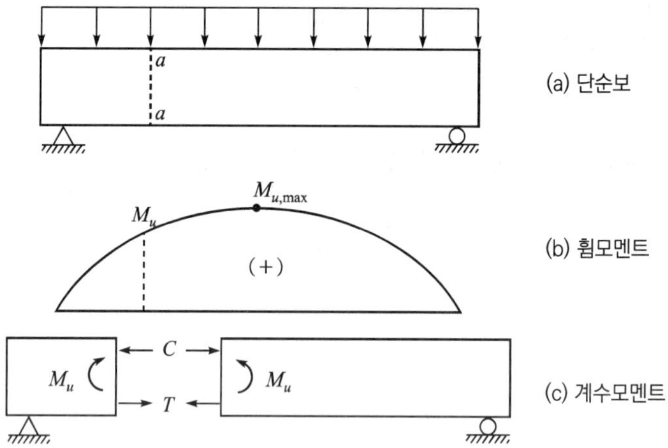

그림 3-1 단순보의 소요 휨강도

휨부재는 아래의 식이 만족되도록 설계되어야 한다.

$$M_d = \phi M_n \geq M_u \tag{3.1}$$

여기서, M_d는 설계 휨강도, M_u는 소요휨강도[34], M_n는 공칭휨강도, ϕ는 강도감소계수[35]를 가리킨다.

단순보의 경우 상부에 등분포하중이 작용하면, 보의 중앙에서 최대 휨모멘트가 발생하기 때문에 중앙 단면이 최대의 계수모멘트($M_{u,\max}$)를 받게 된다. 만일 그림 3-1(a)에 나타낸 단순보가 길이방향에 수직인 모든 단면이 동일한 규격으로 만들어진다면, 이 보는 $M_{u,\max}$에 견딜 수 있도록 설계하면 된다.

보의 해석을 위해서는 탄성론에 근거하여 고체역학문제를 풀 때와 마찬가지로 제2장에서 설명된 바와 같이 힘에 대한 평형방정식(equilibrium equation), 단면에서의 변형률 분포를 표현한 적합방정식(compatibility equation), 응력과 변형률의 관계를 묘사하는 구성방정식(constitutive equation)을 모두 풀어야 한다.

---

33) 설계강도는 공칭강도에 강도감소계수ϕ를 곱한 강도로서 공칭강도가 부재가 외력에 저항할 수 있는 실제적인 최대 강도인데 반해, 설계강도는 공칭강도에 적절한 강도감소계수를 곱하여 감소시켜 안전에 대한 여유도를 확보하기 위한 수정된 강도이다.

34) 소요강도는 부재가 안전성과 사용성을 만족할 수 있도록 요구되는 강도로서 적절한 안전에 대한 여유도를 확보하면서 외력을 저항하기 위해 필요한 강도를 말한다.

35) 강도감소계수는 강도의 종류, 부재의 중요성, 순 인장변형률 등에 의해 정해지는 1보다 작은 값을 갖는다.

(1) 평형방정식

$$C = T$$

여기서, $C(=\eta(0.85f_{ck})ab)$는 콘크리트에 작용하는 압축력, $T(=A_s f_y)$는 철근에 작용하는 인장력을 나타낸다. (모든 단면에서 압축력과 인장력의 합은 0, 등가사각형 응력분포 사용)

(2) 적합방정식

$$\frac{c}{\varepsilon_{cu}} = \frac{d-c}{\varepsilon_t}$$

여기서, ε_{cu}는 압축측 콘크리트의 극한변형률, ε_t는 철근의 인장변형률, c는 중립축 깊이, d는 철근의 유효깊이를 나타낸다. (압축을 받는 콘크리트 상단에서의 변형률과 중립축 깊이의 비는 철근의 변형률과 중립축에서 철근까지의 거리의 비와 동일, 단면의 깊이 방향으로 선형분포하는 변형률에 대한 가정 사용)

(3) 구성방정식

$$\sigma = E\,\varepsilon$$

여기서, σ는 응력, E는 탄성계수(Young 계수), ε은 변형률을 나타낸다. (콘크리트 또는 철근의 응력과 변형률의 관계, Hooke의 법칙 사용)

평형방정식은 고체역학 문제에서 가장 기본이 되는 힘의 평형을 정의한다. 등가사각형 응력분포를 가정한 철근콘크리트 해석시 고려하고 있는 단면에서 평형방정식을 적용하면 일반적으로 등가사각형 응력의 분포깊이 a를 얻는다. 식 (2.32)에서 보듯이 주어진 설계 조건을 평형방정식에 대입하여 a값을 손쉽게 계산할 수 있다. 더 나아가 식 (2.25)~(2.27)에 주어진 β_1 값을 이용하여 중립축 깊이 $c\left(=\frac{a}{\beta_1}\right)$를 곧바로 계산할 수 있다.

고체역학 문제 해석시 적합방정식은 일반적으로 변형과 변형률의 관계를 정의하지만, 강도설계법을 이용한 철근콘크리트 보의 해석에서는 단면의 깊이 방향을 따라 선형으로 분포하는 변형률의 기울기를 이용하여 콘크리트와 철근의 인장변형률을 계산할 수 있도록 해준다. 즉, 압축측 콘크리트의 극한변형률 ε_{cu}가 구조기준으로부터 미리 주어지기 때문에 철근의 유효깊이 d와 중립축 깊이 c를 이용하여 철근의 인장변형률 ε_t를 계산할 수 있는 비례식(삼각형의 닮음 이용)을 세울 수 있다. 계산된 철근의 인장변형률을 이용하여 압축측 콘크리트가 파괴되는 순간의 철근의 항복여부를 알 수 있다.

강도설계법을 이용한 철근콘크리트 보의 해석시 구성방정식은 평형방정식이나 적합방정식과 같은 필수조건식은 아니다. 식 (2.31)의 평형방정식이나 식 (2.20)의 설계모멘트 강도 계산식에서 나타나는 응력에 관한 표현은 콘크리트와 철근의 재료특성에 관한 설계조건으로부터 주어지기 때문이다. 그러나 적합방정식으로부터 계산된 철근의 인장변형률로부터 응력을 알고 싶거나, 콘크리트와 철근의 변형률로 표현된 균형철근비 계산식을 응력으로 표현하고 싶다면 구성방정식을 사용해야 한다. 예를 들어 콘크리트의 응력과 철근의 응력은 각각 $f_{ck} = E_c \varepsilon_c$과 $f_s = E_s \varepsilon_s$로 계산되며, 여기서 아래첨자 c와 s는 각각 콘크리트와 철근을 가리킨다. 만약 철근이 항복했다면 $f_y = E_s \varepsilon_y$로 계산해야 하며, ε_y는 철근의 항복변형률이다. 철근의 탄성계수는 항상 주어지므로 경우에 따라서 $\varepsilon_y = f_y / E_s$와 같이 철근의 항복강도로부터 항복변형률을 계산하기 위해 구성방정식을 사용할 수도 있다.

3.2 단철근 직사각형 보

단철근 직사각형 보는 그림 3-2와 같이 콘크리트로 된 직사각형 단면 보에서 인장응력을 받고 있는 곳에만 철근을 배치하여 보강한 보를 말한다. 인장응력을 받고 있는 쪽에 배치되어 인장력에 저항하는 철근을 인장철근이라고 하며, 인장철근만 사용한 보를 단철근보(singly reinforced beam)라고 부른다.

그림 3-2(a)와 같이 단순지지된 보는 상부에 작용하는 하중에 의해 정(+)의 휨모멘트를 받아 아래로 휘면서 철근에는 인장응력(f_s)과 인장변형률(ε_s)이 발생하고, 단면 상부의 콘크리트에는 압축응력(f_c)과 압축변형률(ε_c)이 발생한다. 보에 가해지는 하중이 점점 증가될 때 보의 중앙 단면이 최대 휨모멘트를 받으므로 결국 보의 중앙 단면에서 파괴가 시작된다. 보가 파괴되는 양상은 주어진 단면이 인장지배 단면인지 압축지배 단면인지에 따라 균형파괴, 연성파괴, 취성파괴와 같이 서로 다른 파괴양상이 나타난다. 다음에 자세하게 설명되었듯이 단면의 파괴거동이 인장지배인지 또는 압축지배 인지를 결정하는 것은 결국 배근된 철근의 양이다.

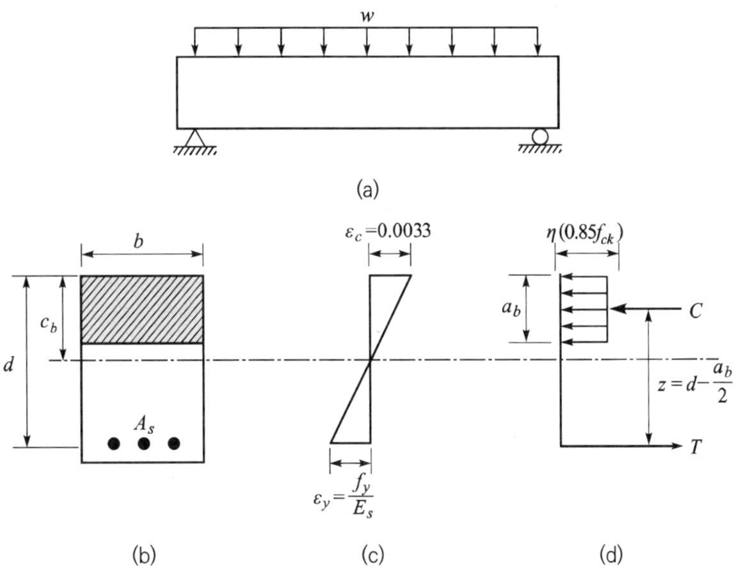

그림 3-2 단철근 직사각형 보의 균형상태

3.2.1 균형파괴와 균형철근비

과도한 하중에 의해 보의 단면이 파괴상태에 도달할 때 인장철근과 압축연단의 콘크리트가 동시에 파괴(항복)되는 상태를 균형상태(balanced condition)라고 한다. 강도설계법에서 콘크리트는 압축변형률이 0.0033($f_{ck} \leq 40MPa$)에 도달하면 파괴된 것으로 간주하는데, 균형상태는 보의 단면에서 인장철근의 변형률이 항복변형률 ε_y에 도달하는 동시에 콘크리트의 압축변형률이 극한변형률 0.0033에 이르는 상태를 말하며, 이와 같은 양상으로 파괴되는 것을 균형파괴(balanced failure)라고 한다.

균형파괴의 양상으로 보의 파괴가 진행될 때의 보와 그 단면을 각각 균형보(balanced beam)와 균형단면(balanced section)이라고 부르고, 이때의 철근비를 균형철근비(balanced steel ratio)라고 한다. 이 때, 철근비(ρ)는 단면에 배근된 철근의 단면적(A_s)을 보의 폭(b)과 유효깊이(d)의 곱으로 나누어 아래와 같이 계산한다.

$$\rho = \frac{A_s}{bd} \tag{3.2}$$

균형단면에서 중립축의 위치(c_b)는 변형률에 대한 적합방정식으로부터 구할 수 있다. 그림 3-2(c)의 변형률도에서 삼각형의 닮음을 이용하면

$$\frac{c_b}{0.0033} = \frac{d - c_b}{\varepsilon_y} = \frac{d}{0.0033 + \varepsilon_y} \tag{3.3}$$

이고, 중립축의 위치는 다음과 같이 구해진다.

$$c_b = \left(\frac{0.0033}{0.0033 + \varepsilon_y}\right)d = \left(\frac{660}{660 + f_y}\right)d \tag{3.4}$$

여기서, 철근의 구성방정식 $f_y = E_s \varepsilon_y$와 철근의 탄성계수 $E_s = 2.0 \times 10^5\,\mathrm{MPa}$라는 조건을 사용했다.

보의 단면에 작용하는 인장력과 압축력의 합력은 평형방정식을 만족해야 한다. 즉, 그림 3-2(d)에 나타낸 수평방향의 압축력 C와 인장력 T는 평형방정식 $C - T = 0$ 을 만족한다. 식 (2.28)~(2.29)로부터 압축력과 인장력은 각각 $C = \eta(0.85 f_{ck}) a_b b$, $T = A_s f_y$ 이므로 평형방정식은 아래와 같다.

$$\eta(0.85 f_{ck}) a_b b - A_s f_y = 0 \tag{3.5}$$

이제, $a_b = \beta_1 c_b$에 식 (3.4)의 c_b를 대입한 후, $A_s = \rho_b bd$와 함께 윗 식에 대입하여 균형철근비 ρ_b에 대하여 정리하면 다음과 같은 균형철근비 식을 얻을 수 있다.

$$\rho_b = \frac{\eta(0.85 f_{ck})\beta_1}{f_y} \frac{0.0033}{0.0033 + \varepsilon_y} \tag{3.6}$$

또는, 철근의 탄성계수를 마지막 항의 분모와 분자에 곱하면 위 식과 동등한 아래의 식을 얻는다.

$$\rho_b = \frac{\eta(0.85 f_{ck})\beta_1}{f_y} \frac{660}{660 + f_y}$$

즉, 위 식은 과도한 휨모멘트가 작용할 때 보에 균형파괴가 발생하기 위해 필요한 철근비 또는 철근량을 가리킨다. 여기서, β_1은 등가응력사각형 깊이 a와 중립축 깊이 c의 비 ($\beta_1 = a/c$)로서 2장의 표 2-3에 주어져 있으며 다시 한번 정리하면 아래와 같다.

표 2-3 콘크리트의 설계기준압축강도에 따른 계수 η와 β_1

f_{ck} (MPa)	≤40	50	60	70	80	90
η	**1.00**	0.97	0.95	0.91	0.87	0.84
β_1	**0.80**	0.80	0.76	0.74	0.72	0.70

또한 콘크리트 압축연단의 극한변형률은 콘크리트의 설계기준압축강도가 40MPa 이하인 경우에 0.0033이며, 40MPa를 초과하는 경우에는 매 10MPa의 강도가 증가하면 0.0001씩 감소한다.

예제 3.1

철근의 설계기준항복강도가 $f_y = 300\text{MPa}$, 단면의 유효깊이는 $d = 450\text{mm}$인 균형단면의 중립축의 위치를 구하시오.

풀이

균형단면의 중립축의 위치는 식 (3.4)를 이용하여 다음과 같이 구한다.

$$c_b = \frac{660}{660 + f_y} d = \frac{660}{660 + 300} \times 450 = 309.38\text{mm}$$

예제 3.2

단철근 직사각형보에서 $f_{ck} = 28\text{MPa}$, $f_y = 400\text{MPa}$일 때, 균형철근비를 구하시오.

풀이

$f_{ck} \leqq 40\text{MPa}$이므로 $\beta_1 = 0.80$이다.

그러므로 균형철근비 ρ_b는 식 (3.6)에 의해 다음과 같이 구해진다.

$$\rho_b = \frac{\eta(0.85 f_{ck})\beta_1}{f_y} \frac{660}{660 + f_y} = \frac{1 \times 0.85 \times 28 \times 0.80}{400} \times \frac{660}{660 + 400} = 0.0296$$

예제 3.3

$f_{ck} = 30\text{MPa}$, $f_y = 400\text{MPa}$일 때, 그림과 같은 단면에 대해 균형철근량 A_{sb}와 균형철근량이 배근되었을 때의 중립축의 위치를 구하시오.

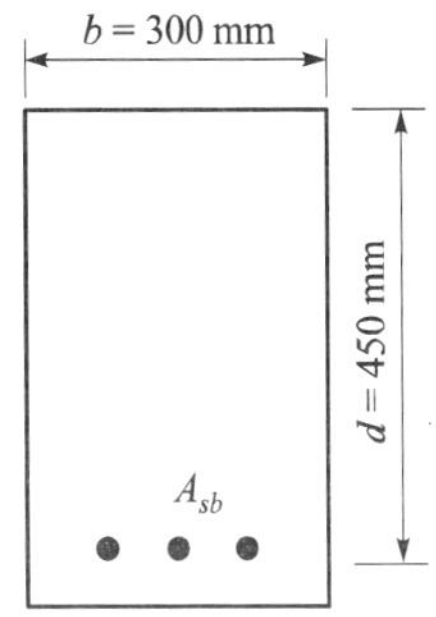

그림 3-3

풀이

$f_{ck} \leq 40\text{MPa}$ 이므로

$\beta_1 = 0.80$

균형철근비 ρ_b는 식 (3.6)에 의해 다음과 같이 구해진다.

$$\rho_b = \frac{\eta(0.85 f_{ck})\beta_1}{f_y} \frac{660}{660+f_y} = \frac{1\times 0.85\times 30\times 0.80}{400}\times\frac{660}{660+400} = 0.0317$$

따라서 균형철근량 A_{sb}는 다음과 같고,

$$A_{sb} = \rho_b bd = 0.0317\times 300\times 450 = 4279.5\text{mm}^2$$

균형철근량이 사용된 단면의 중립축의 위치는 식 (3.4)에 의해 다음과 같이 구해진다.

$$c_b = \frac{660}{660+f_y}d = \frac{660}{660+400}\times 450 = 280.2\text{mm}$$

3.2.2 인장지배 단면과 압축지배 단면

부재의 파괴거동이 철근의 항복에서 시작하는지 아니면 콘크리트 압축연단의 파괴에서 시작하는지에 따라 부재의 단면을 각각 인장지배 단면과 압축지배 단면으로 나눈다. 인장지배 단면과 압축지배 단면은 압축연단 콘크리트의 변형률이 극한변형률($\varepsilon_{cu} = 0.0033$[36])에 도달했을 때 최외단 인장철근의 순 인장변형률(ε_t)의 크기에 따라 구분된다. KDS 14 20 20의 강도설계법에 따르면 휨모멘트를 받는 부재의 압축연단 콘크리트의 극한변형률 ϵ_{cu}는 설계기준압축강도가 40MPa 이하인 경우에는 0.0033으로 가정하며, 40MPa을 초과하는 경우에는 10MPa씩 증가할 때마다 0.0001씩 감소하는데, 식으로 표현하면 $\varepsilon_c = 0.0033 - \left(\frac{f_{ck}-40}{100,000}\right)$로 쓸 수 있다.

인장지배 단면은 아래의 식과 같이 압축연단 콘크리트의 변형률이 $\varepsilon_c = 0.0033$일 때, 순 인장변형률 ε_t가 인장지배 변형률한계 0.005 이상인 단면을 가리킨다.

$$\varepsilon_c = 0.0033\text{일 때, } \varepsilon_t \geq 0.005\ (f_y \leq 400\,\text{MPa}) \tag{3.7}$$

단, 철근의 항복강도 f_y가 400MPa를 초과하는 경우에는 철근의 항복변형률 ε_y의 2.5배를 인장지배 변형률한계로 취한다.

$$\varepsilon_t = 2.5\varepsilon_y\ (f_y > 400\,\text{MPa})$$

인장지배 단면은 철근이 균형철근비보다 작게 배근된 과소철근보(또는 저보강 보)가 되며 철근의 항복이 파괴를 지배하는 연성파괴(ductile failure)가 발생한다. 인장지배 단면은 점진적인 균열의 발생과 성장이나 과도한 처짐과 같이 급작스런 파괴가 아닌 점진적인

36) 변형률($\varepsilon = \Delta l/l$)의 정의로부터 $\varepsilon_c = 0.0033$의 의미를 간단히 말하면 1000mm 길이의 콘크리트가 압축을 받아 3.3mm가 줄어들어 996.7mm가 되었다는 의미이다.

파괴과정을 보이므로 실제 설계에 적용할 수 있다.

압축지배 단면은 다음의 식과 같이 압축연단 콘크리트의 변형률이 $\varepsilon_c = 0.0033$일 때, 순 인장변형률 ε_t가 압축지배 변형률한계인 철근의 항복변형률(ε_y) 이하인 단면을 가리킨다.

$$\varepsilon_c = 0.0033\text{일 때, } \varepsilon_t \le \varepsilon_y \tag{3.8}$$

압축지배 단면은 철근이 균형철근비 이상 배근된 과대철근보(또는 과보강 보)가 되며 철근의 항복이 아닌 갑작스런 압축연단 콘크리트의 파쇄가 파괴를 지배하는 취성파괴(brittle failure)가 발생한다. 취성파괴는 연성파괴와 달리 파괴에 대한 징후 없이 급작스런 파괴를 유발하기 때문에 실제 설계에 적용할 수 없다.

한편, 주어진 단면이 압축연단 콘크리트의 변형률이 $\varepsilon_c = 0.0033$ 일 때, 아래의 식과 같이 인장철근의 순 인장변형률이 압축지배 변형률한계와 인장지배 변형률한계 사이에 있을 때 변화구간(또는 전이구간)에 있는 것으로 본다.

$$\varepsilon_y < \varepsilon_t < 0.005\,(\text{또는 } 2.5\varepsilon_y) \tag{3.9}$$

여기서 $2.5\varepsilon_y$는 $f_y > 400\,\text{MPa}$인 경우에 사용한다. 공칭강도를 산정할 때 고려하는 보의 단면이 압축지배, 인장지배, 변화구간 단면이던지 상관없이 항상 압축연단 콘크리트의 변형률이 $\varepsilon_c = 0.0033$일 때를 기준으로 철근의 변형률 크기를 평가한다는 것을 기억할 필요가 있다.

콘크리트구조기준에서는 인장지배 단면뿐만 아니라, 인장지배 단면과 압축지배 단면 사이의 변화구간 중 일부 구간에 속하는 단면도 설계할 수 있도록 규정하고 있다. 즉, 철근의 최소 허용 인장변형률(ε_{tmin})을 0.004로 제한하고 있기 때문에 아래의 식과 같이 순 인장변형률이 0.004이상이면 설계가 가능하다.

$$0.004\,(\text{또는 } 2\varepsilon_y) < \varepsilon_t \tag{3.10}$$

여기서 $2\varepsilon_y$는 $f_y > 400\,\text{MPa}$인 경우에 사용한다. 즉, 연성파괴를 보장하기 위해 $0.10 f_{ck} A_g$보다 작은 계수 축하중을 받는 프리스트레스를 가하지 않은 철근콘크리트 휨부재의 경우, 순 인장변형률(ε_t)이 다음과 같이 주어지는 최소 허용 인장변형률($\varepsilon_{t\min}$) 이상이 되어야 한다.

$$f_y \le 400\text{MPa인 철근 : } \varepsilon_{t\min} = 0.004$$
$$f_y > 400\text{MPa인 철근 : } \varepsilon_{t\min} = 2\varepsilon_y$$

이와 같이 순 인장변형률을 제어하여 보의 연성을 확보하는 방법은 과거에 최대 철근비를 일률적으로 균형철근비의 75%로 제한($\rho_{max} = 0.75\,\rho_b$)하는 방법이 상자형 단면이나 T형 단면의 경우 철근비 결정에 모호한 점을 나타내던 것과 달리 명확하게 단면설계를 할 수 있게 해준다.

한편, 보의 설계강도를 산정하기 위해 공칭강도에 곱하는 강도감소계수 값은 그림 3-4과 같이 압축연단 콘크리트의 변형률이 $\varepsilon_c = 0.0033$일 때 최외단 인장철근의 변형률에 의해서 결정된다. 강도감소계수(ϕ) 값은 인장지배 단면의 경우에는 0.85, 압축지배 단면의 경우에는 0.65(띠철근 부재) 또는 0.70(나선철근 부재)로 일정한 값을 갖지만, 변화구간에서는 철근의 인장변형률(ε_t)에 따라 압축지배단면 값과 인장지배단면 값을 연결한 직선의 방정식으로부터 결정된다. 예를 들어, 띠철근 부재의 경우, 설계가능한 단면에 대해 강도감소계수가 0.85부터 최소 0.78까지 작아질 수 있으므로 설계시 주의해야 한다. 결과적으로 순 인장변형률을 제어함으로써 일괄적으로 철근비를 제어하는 경우에 비해 더 작은 강도감소계수 값까지 사용하여 보다 더 효율적인 단면설계가 가능해질 뿐만 아니라 보다 작은 철근비의 사용을 유도하여 보의 연성을 추가적으로 확보할 수 있도록 해준다.

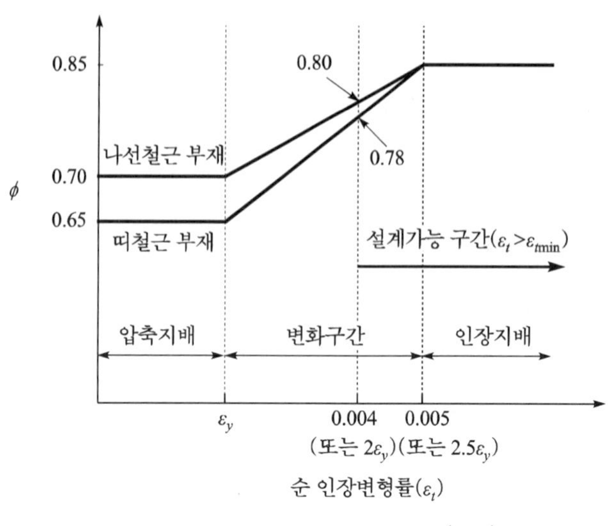

$$\text{변화구간(나선철근 부재)} : \phi = 0.70 + \left(\frac{150}{3}\right) \times (\varepsilon_t - 0.002)$$

$$\text{변화구간(띠철근 부재)} : \phi = 0.65 + \left(\frac{200}{3}\right) \times (\varepsilon_t - 0.002)$$

그림 3-4 순 인장변형률(ε_t)에 따른 휨강도 감소계수(ϕ)

그림 3-5는 압축지배 구간, 변화구간, 인장지배 구간에서 콘크리트 압축연단의 극한변형률(ε_{cu}), 철근의 순 인장변형률(ε_t)을 이용하여 유도한 중립축 깊이(c)와 최외단 인장철근

깊이(d_t) 관계를 보여준다. 이것은 철근의 항복강도가 $f_y = 400\text{MPa}$인 경우, 철근콘크리트 보의 적합방정식을 활용한 것이다. 또한, 변화구간에 대한 강도감소계수 값을 순 인장변형률이 아닌 c와 d_t의 비(c/d_t)의 함수로도 나타낼 수 있음을 보였다. 그림 3-4를 보면, 식 (3.11a)~(3.11b)와 같이 c가 $0.398d_t$보다 작은 경우에는 인장지배 단면이 되어 연성거동을 위한 순 인장변형률 조건과 동등하게 되고, c가 계속 증가하여 $0.452d_t$를 넘지 않으면 변화구간 일부구간에 포함되면서 설계는 가능한 순 인장변형률 조건과 동등하게 된다는 것을 알 수 있다.

$$\frac{c}{d_t} < 0.398 : \varepsilon_t > 0.005 \text{ (인장지배 단면)} \tag{3.11a}$$

$$\frac{c}{d_t} < 0.452 : \varepsilon_t > 0.004 \text{ (설계 가능한 변화구간 단면)} \tag{3.11b}$$

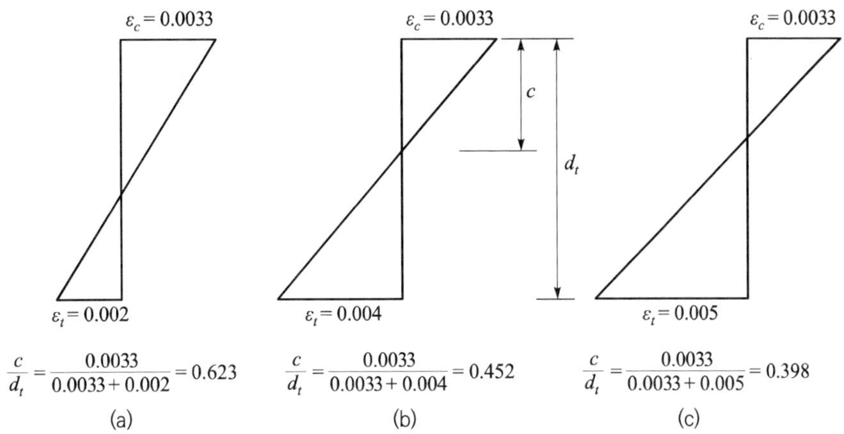

$$\text{변화구간(나선철근 부재)} : \phi = 0.70 + 0.15 \times \left(\frac{1}{c/d_t} - \frac{5}{3}\right)$$

$$\text{변화구간(띠철근 부재)} : \phi = 0.65 + 0.20 \times \left(\frac{1}{c/d_t} - \frac{5}{3}\right)$$

그림 3-5 적합방정식을 이용한 중립축 깊이(c)와 최외단 인장철근 깊이(d_t)의 관계

한편, 주어진 단면에서 압축연단 콘크리트의 변형률이 $\varepsilon_c = 0.0033$일 때, 철근의 항복여부를 검토할 때 식 (3.3)과 유사한 아래의 적합방정식으로부터 순 인장변형률(ε_t)을 계산하여 철근의 항복변형률과 직접 비교하는 것이 편리한 경우도 있다.

$$\varepsilon_t = \left(\frac{d-c}{c}\right)\varepsilon_c \tag{3.12}$$

3.2.3 연성파괴와 최대철근비

일반적으로 목적으로 사용되는 금속재료는 항복점을 넘는 응력을 받게 되면 큰 소성[37]변형을 일으키면서 파괴에 이르는 연성파괴(ductile failure) 양상을 보인다. 철근도 마찬가지로 항복한 뒤에도 상당한 연성[38]을 나타내기 때문에 과도한 하중이 작용할 때 압축측 콘크리트 보다 인장측 철근이 먼저 항복하도록 철근을 배근하면 철근콘크리트 보에 연성파괴를 유도할 수 있다.

균형철근비보다 적은 양의 철근이 배근되어 파괴시 인장측 철근이 먼저 항복하는 보를 과소철근보(under reinforced beam) 또는 저보강 보라고 부른다. 과소철근보는 상단 콘크리트의 변형률이 0.0033에 도달되기 전에 철근이 먼저 항복변형률 ε_y 에 도달하여 인장응력에 의한 철근의 항복으로 파괴가 시작되고 이와 같은 파괴양상을 인장파괴(tension failure)라고도 부른다. 이것은 앞 절에서 설명된 인장지배 단면과 연관될 수 있다. 이론적으로는 변화구간에 속한 단면도 과소철근보의 거동을 하지만, 콘크리트구조기준에서는 보의 연성거동 확보를 위해 순 인장변형률이 항복변형률의 2배 이상 되어야 설계가 가능한 변화구간 단면이고, 또 2.5배 이상 되어야 인장지배 단면으로 보고 있다.

만일 단순지지되어 있는 보에 과도한 하중이 계속 작용한다면 철근은 연성으로 인해 항복변형률을 넘어 계속 늘어나고 인장측 콘크리트에 점진적으로 발생하는 균열은 점차 상부로 진행하여 큰 처짐을 유발한다. 이 때, 그림 3-5(b) 또는 (c)의 변형률에 대한 적합방정식 형상에서 보듯이 변형률의 기울기가 커지면서 중립축이 압축측인 위쪽으로 이동하고, 압축측 콘크리트의 면적이 감소되어 최종적으로는 콘크리트의 파쇄(crushing)가 일어나 보가 붕괴된다. 과소철근보의 파괴는 철근의 연성으로 인해 균열의 전파와 함께 큰 처짐을 나타내면서 서서히 진행되는 연성파괴의 양상을 띠므로 파괴의 징후를 사전에 볼 수 있어 바람직하다.

콘크리트구조기준에서는 압축연단 콘크리트의 변형률이 $\varepsilon_c = 0.0033$ 일 때, 순 인장변형률을 제어하여 보의 연성을 확보하도록 되어 있지만, 철근비를 어느 한계 이상 넘지 않도록 제어해도 동등한 결과를 얻을 수 있다. 최대철근비는 변형률에 대한 적합방정식과 압축력과 인장력에 대한 평형방정식으로부터 유도한 식에 최소 허용 인장변형률을 대입하여

---

37) 소성(塑性, plasticity)은 외력을 제거하여도 변형이 그대로 남아 있어, 모양과 크기가 원형으로 되돌아가지 않는 성질을 말한다.

38) 연성(延性, ductility)은 물질의 성질 중에서 “물질이 탄성한계 이상의 힘을 받았을 때, 부서지지 않고 길게 늘어나는 성질”을 말한다. 금속은 일반적으로 이것이 크며, 원래 길이에 대한 파단시 늘어난 길이의 비로 표시한다.

유도할 수 있다. 그림 3-4(b)로부터 c와 d_t의 비로 표현된 다음과 같은 적합방정식을 얻을 수 있다.

$$\frac{c}{d_t} = \frac{\varepsilon_c}{\varepsilon_c + \varepsilon_t} \tag{3.13}$$

이제, 압축력과 인장력에 대한 평형방정식($C = T$)

$$\eta(0.85 f_{ck})\beta_1 bc = f_y A_s \tag{3.14}$$

에 식 (3-13)으로부터 얻은 $c = \left(\frac{\varepsilon_c}{\varepsilon_c + \varepsilon_t}\right) d_t$와 $a = \beta_1 c$, $A_s = \rho b d_t$를 모두 대입하면 다음과 같은 철근비 식을 얻는다.

$$\rho = \frac{\eta(0.85 f_{ck})\beta_1}{f_y} \frac{\varepsilon_c}{\varepsilon_c + \varepsilon_t} \tag{3.15}$$

결과적으로 위 식은 압축연단의 콘크리트가 극한변형률 0.0033에 이를 때 최외단 인장 철근의 변형률이 ε_t가 되도록 하는 철근비를 의미한다. 최대 철근비는 식 (3.15)의 ε_t 대신 최소 허용 인장변형률 값을 대입하여 계산하여 간단하게 계산할 수 있다. $f_y \le 400\,\mathrm{MPa}$인 경우, $\varepsilon_{t\min} = 0.004$이므로 최대 철근비는 다음과 같다.

$$\rho_{\max} = \frac{\eta(0.85 f_{ck})\beta_1}{f_y} \frac{\varepsilon_c}{\varepsilon_c + 0.004} \tag{3.16}$$

한편, 식 (3.16)의 최대 철근비를 균형 철근비 식 (3.6)과 비교하면 최대 철근비를 균형 철근비로 다음과 같이 표현할 수 있다.

$$\rho_{\max} = \left(\frac{\varepsilon_c + \varepsilon_y}{\varepsilon_c + 0.004}\right)\rho_b = \left(\frac{0.0033 + \varepsilon_y}{0.0073}\right)\rho_b \tag{3.17}$$

윗 식에서 0.004 대신 인장지배 변형률 한계값 0.005를 대입하면 인장지배 단면에 상응하는 최대철근비를 계산할 수 있다. 만약, 0.004 대신 압축지배 변형률 한계값 ε_y을 대입하면 최대 철근비는 압축지배 변형률 한계에 상응하는 균형 철근비가 된다. 철근의 항복강도가 바뀌면 ε_y와 식 (3.17)의 $\rho_{\max}$ 값도 따라서 바뀌므로 표 3-1에 철근의 항복강도에 따른 인장지배 변형률 한계와 해당 철근비를 정리해 놓았다. 해당 철근비 값들은 고려하고 있는 보의 단면이 인장지배단면이 되기 위한 최대 철근비로서 연성거동을 확보하기 위해 설계단면의 철근비를 이 값보다 작도록 설계해야 한다. 또한, 이와 같이 유도된 철근비를 사용하면 폭이 b_w이고, 유효깊이가 d인 직사각형 단면에 배근할 수 있는 최대철근량 $A_{s,\max}$를 다음과 같이 계산할 수 있다.

$$A_{s,\max} = \rho_{\max} b_w d \tag{3.18}$$

표 3-1 철근의 항복강도에 따른 인장지배 변형률 한계와 해당 철근비

f_y (MPa)	철근의 항복변형률 ε_y	인장지배단면	
		인장지배 인장변형률 한계	해당 철근비
300	0.00150	0.005	$0.563\rho_b$
350	0.00175	0.005	$0.594\rho_b$
400	0.00200	0.005	$0.625\rho_b$
500	0.00250	$2.5\varepsilon_y$	$0.595\rho_b$

전술한 바와 같이 콘크리트구조기준에서는 인장지배단면이 아니더라도 압축연단의 콘크리트가 극한변형률 0.0033에 이를 때, 순 인장변형률의 크기가 0.004(또는 $2\varepsilon_y$, $f_y > 400$MPa 경우)보다 크면 설계할 수 있도록 했다. 표 3-2에는 변화구간에 속하지만 설계가 가능한 보가 되기 위해 필요한 최소 허용변형률과 해당 철근비를 철근의 항복강도별로 정리해 놓았다. 이 경우 해당 철근비는 순 인장변형률 $\varepsilon_t = 0.004$를 확보하기 위한 최대철근비가 된다. 예를 들어, $f_y = 300\,\text{MPa}$인 경우, 최대철근비는 균형철근비의 64.3%에 해당하는 $0.643\rho_b$ 값을 가진다.

표 3-2 철근의 항복강도에 따른 최소 허용변형률과 해당 철근비

f_y(MPa)	철근의 항복변형률 ε_y	설계가 가능한 최대 철근비 단면(변화구간)	
		최소 허용변형률	해당 철근비
300	0.00150	0.004	$0.643\rho_b$
350	0.00175	0.004	$0.679\rho_b$
400	0.00200	0.004	$0.714\rho_b$
500	0.00250	$2\varepsilon_y$	$0.688\rho_b$

예제 3.4

폭 $b = 300\text{mm}$, 유효깊이 $d = 620\text{mm}$인 단철근 직사각형 보에 배근할 수 있는 최대 인장 철근단면적을 구하시오. (단, $f_{ck} = 24\text{MPa}$, $f_y = 300\text{MPa}$)

풀이

$f_{ck} \leq 40\text{MPa}$ 이므로 $\beta_1 = 0.80$ 이다.

보통중량콘크리트를 사용하는 경우 $\eta = 1$이다.

그러므로 균형철근비 ρ_b는 식 (3.6)에 의해 다음과 같다.

$$\rho_b = \frac{\eta(0.85 f_{ck})\beta_1}{f_y} \frac{660}{660 + f_y}$$

$$= \frac{1 \times (0.85 \times 24) \times 0.80}{300} \times \frac{660}{660 + 300} = 0.0374$$

표 3-2로부터 $f_y = 300\text{MPa}$ 인 경우 설계 가능한 최대 철근량은 $\rho_{\max} = 0.643\rho_b$이다.

또는 $\varepsilon_y = \frac{f_y}{E_s} = \frac{300}{2.0 \times 10^5} = 0.0015$이므로 식 (3.17)에 의해

$$\rho_{\max} = \left(\frac{0.0033 + 0.0015}{0.007}\right)\rho_b = 0.686\rho_b \text{이다.}$$

$$\therefore\ A_{s,\max} = 0.686\rho_b b_w d = 0.686 \times 0.0374 \times 300 \times 620 = 4772.1\text{mm}^2$$

예제 3.5

폭 $b = 300\text{mm}$, 유효깊이 $d = 600\text{mm}$, 인장철근량 $A_s = 3 - \text{D}\,35 = 2870\text{mm}^2$인 단철근 직사각형 보의 파괴양상은?(단, $f_{ck} = 21\text{MPa}$, $f_y = 300\text{MPa}$)

풀이

$f_{ck} \leq 40\text{MPa}$이므로 $\beta_1 = 0.80$이고, $\eta = 1$이다.

그러므로 균형철근비 ρ_b는 다음과 같고,

$$\rho_b = \frac{\eta(0.85 f_{ck})\beta_1}{f_y} \frac{660}{660 + f_y} = \frac{1 \times 0.85 \times 21 \times 0.80}{300} \times \frac{660}{660 + 300} = 0.03273$$

주어진 보의 철근비 ρ는 다음과 같다.

$$\rho = \frac{A_s}{b \times d} = \frac{2870}{300 \times 600} = 0.01594 < \rho_b$$

$\rho < \rho_b$이므로 주어진 보는 과소철근보이고, 연성파괴가 예상된다.

또는 표 3-1에 따라 인장지배 한계상태를 나타내는 최대철근비는

$\rho_{\max} = 0.563\rho_b = 0.563 \times 0.03273 = 0.01843$이고,

$\rho < \rho_{\max}$이므로 인장지배 단면이고 연성파괴가 예상된다.

또는, 평형방정식 식 (3.14)에서 중립축깊이를 구한 후 식 (3.12)의 적합방정식에 대입하여 철근의 순 인장변형률(ε_t)을 계산하면, 그 값이 ε_y보다 작은지(압축지배), 0.005보다 큰지(인장지배) 아니면 두 값의 사이(변화구간)인지를 통해 파괴양상을 알 수 있다.

$$c = \frac{f_y A_s}{\eta(0.85 f_{ck})\beta_1 b} = \frac{300 \times 2870}{1 \times (0.85 \times 21) \times 0.80 \times 300} = 200.9\mathrm{mm}$$

$$\varepsilon_t = \left(\frac{d-c}{c}\right)\varepsilon_c = \left(\frac{600 - 200.9}{200.9}\right) \times 0.0033 = 0.0065$$

따라서 0.005보다 크므로 인장지배이다.

예제 3.6

폭 $b = 300\mathrm{mm}$, 유효깊이 $d = 600\mathrm{mm}$, 인장철근량 $A_s = 3 - \mathrm{D}\,35 = 2870\mathrm{mm}^2$인 단철근 직사각형 보의 파괴양상은?
(단, $f_{ck} = 21\mathrm{MPa}$, $f_y = 300\mathrm{MPa}$)

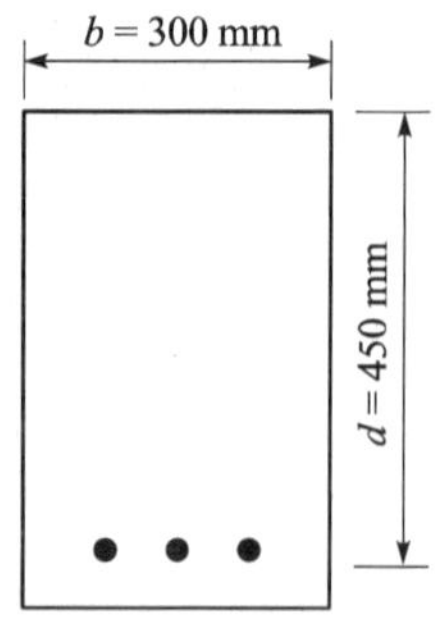

그림 3-6

풀이

$f_{ck} \leq 40\mathrm{MPa}$이므로 $\beta_1 = 0.80$이다.

그러므로 균형철근비 ρ_b는 식 (3.6)에 의해 다음과 같이 구해진다.

$$\rho_b = \frac{\eta(0.85 f_{ck})\beta_1}{f_y} \frac{660}{660 + f_y}$$

$$= \frac{1 \times 0.85 \times 30 \times 0.80}{400} \times \frac{660}{660 + 400} = 0.0317$$

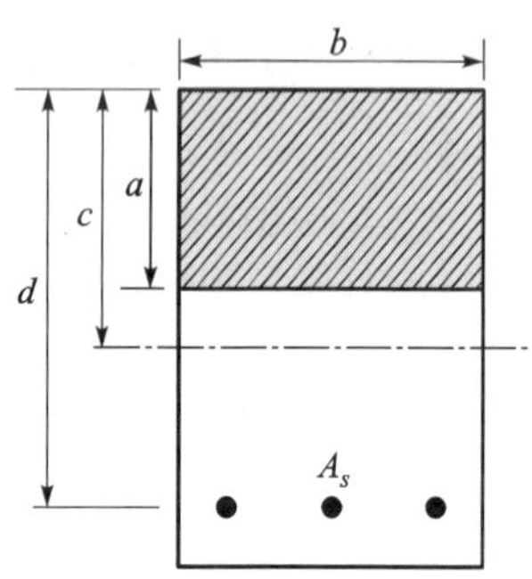

그림 3-7

구조기준에서 허용한 최대철근비 $\rho_{\max}$은 다음과 같고,

$$\rho_{\max} = 0.714\rho_b = 0.714 \times 0.0317 = 0.0226$$

단면에 배근할 수 있는 최대철근량은 다음과 같다.

$$A_{s,\max} = \rho_{\max} bd = 0.0226 \times 300 \times 450 = 3051\mathrm{mm}^2$$

등가응력사각형의 깊이 a는 수평방향 내력에 대한 평형방정식으로부터 다음과 같이 구한다.

$$C - T = 0$$

$$\eta(0.85 f_{ck})\, ab - f_y A_{s,\max} = 0$$

$$\therefore\ a = \frac{f_y A_{s,\max}}{\eta(0.85 f_{ck})\, b} = \frac{400 \times 3051}{1 \times 0.85 \times 30 \times 300} = 159.5\mathrm{mm}$$

단면의 상단으로부터 중립축까지의 거리는 강도설계법의 가정에 있는 관계식 $a=\beta_1 c$ 로부터 구할 수 있다.

$\beta_1=0.80$이므로 철근량 $A_{s,\max}=3051\,\text{mm}^2$를 배근했을 때, 중립축의 위치 c는 다음과 같이 구해진다.

$$c=\frac{a}{\beta_1}=\frac{159.5}{0.80}=199.4\,\text{mm}$$

또는, $\varepsilon_t=0.004$를 식 (3.12)에 대입하여 중립축깊이 c를 구한 후

평형방정식 식 (3.14)에 대입하여 $A_{s,\max}$를 구할 수 있다.

$$c=\frac{f_y A_s}{\eta(0.85 f_{ck})\beta_1 b}=\frac{400\times A_s}{1\times 0.85\times 30\times 0.80\times 300}=0.0654A_s$$

$\varepsilon_t=\left(\dfrac{d-c}{c}\right)\varepsilon_c$에서 $\varepsilon_c=0.0033$, $\varepsilon_t\geq 0.004$이므로,

$$0.004\leq\left(\frac{d-c}{c}\right)\times 0.0033$$

$$7.3c\leq 3.3d$$

$$7.3\times(0.0654A_s)\leq 3.3\times 450$$

$$\therefore\ A_s\leq 3110\,\text{mm}^2$$

따라서 최대 철근량 $A_{s,\max}=3051\text{mm}^2$이다.

3.2.4 취성파괴와 최소철근비

재료가 하중을 받아 탄성한도를 넘어선 후, 큰 변형을 일으키지 않은 상태에서 갑작스럽게 파괴되는 경우를 취성파괴(brittle failure)라고 한다. 균형철근비를 초과하여 철근이 배근된 철근콘크리트 보를 과다철근보(over reinforced beam) 또는 과보강 보라고 부르는데 과다철근보는 취성파괴 양상을 나타낸다. 과다철근보는 압축연단의 콘크리트가 극한변형률 0.0033에 이르는 동안에 과도하게 배근된 철근의 큰 인장력으로 인해 인장철근은 아직 항복하지 않는다. 바꾸어 말하면, 인장철근이 항복하기 전에 압축연단의 콘크리트가 극한변형률 0.0033에 먼저 도달하게 되어, 결국 갑작스럽게 콘크리트가 파괴되는 취성파괴 또는 압축파괴(compression failure)의 거동을 보인다.

한편, 보에 배근된 인장철근량이 너무 적은 경우에도 취성파괴가 일어날 수 있다. 재하과정에서 인장측 콘크리트에 균열이 발생한 후에는 철근이 인장력에 저항하여 보가 하중을 견디는데, 보의 단면에 지나치게 적은 양의 철근만 배근되어 있다면, 철근이 하중을 감당하지 못하고 갑작스럽게 끊어지면서 단면 전체가 순간적으로 파괴되는 거동을 보이기 때문

이다. 이와 같은 양상의 취성파괴를 피하기 위해서는 어느 한도 이상의 철근량을 필요로 하기 때문에 콘크리트구조기준에서는 최소철근비에 관한 규정을 두고 있다. 쉽게 말해서 너무 적은 양의 철근만 배근하면 철근을 전혀 배근하지 않은 것과 차이가 없다는 말이다.

해석에 의하여 인장철근 보강이 요구되는 휨부재의 모든 단면에 대하여 설계휨강도가 식 (3.19)의 조건을 만족하도록 인장철근을 배치하여야 하여, 부재의 모든 단면에서 해석에 의해 필요한 철근량보다 1/3 이상 인장철근이 더 배치되어 식 (3.20)의 조건을 만족하는 경우는 식 (3.19)의 규정을 적용하지 않을 수 있다.

$$\phi M_n \geq 1.2 M_{cr} \tag{3.19}$$

$$\phi M_n \geq \frac{4}{3} M_u \tag{3.20}$$

여기서, M_{cr}은 휨부재의 균열모멘트로 식 (3.20)에 의해 계산한다.

$$M_{cr} = \frac{f_r}{y_t} I_g \tag{3.21}$$

$$f_r = 0.63 \lambda \sqrt{f_{ck}} \tag{3.22}$$

여기서, f_r은 콘크리트의 휨인장강도이고, I_g는 부재의 단면2차모멘트, y_t는 부재의 도심까지의 거리를 나타낸다. 보통중량콘크리트의 경우 λ는 1이다.

사각형 단면의 경우 최소철근비는 다음 식을 사용할 수 있다.

$$\rho_{\min} = 0.178 \frac{\lambda \sqrt{f_{ck}}}{\phi f_y}$$

예제 3.7

폭 $b = 300\text{mm}$, 유효깊이 $d = 620\text{mm}$인 단철근 직사각형 보에 배근해야만 하는 최소한의 인장 철근단면적을 구하시오(단, $f_{ck} = 24\text{MPa}$, $f_y = 300\text{MPa}$).

풀이

$$\rho_{\min} = 0.178 \frac{\lambda \sqrt{f_{ck}}}{\phi f_y} = 0.178 \frac{1 \times \sqrt{24}}{0.85 \times 300} = 0.003420$$

따라서 배근해야 할 최소철근량은 다음과 같다.

$$A_{s,\min} = \rho_{\min} b_w d = 0.003420 \times 300 \times 620 = 636\text{mm}^2$$

3.2.5 설계 휨강도

휨 부재는 연성거동을 확보하기 위해 인장지배 단면 또는 변화구간에 속하지만 설계가 가능한 단면이 되도록 폭, 높이 그리고 철근량을 결정한다. 본 절에서는 단철근 직사각형 보의 공칭 휨강도(nominal flexural strength, M_n)와 설계 휨강도(M_d)를 구하는 방법을 설명한다. 그림 3-8은 인장지배 상태인 단철근 직사각형보의 단면과 그 단면이 극한상태일 때 단면에 작용하는 응력, 내력 등을 나타낸다. 인장지배 단면을 갖는 보가 극한상태에 도달하면 철근은 항복하므로 인장력 $T(=A_sf_y)$ 계산시 항복응력 f_y를 사용하고, 콘크리트 압축력은 등가응력사각형 가정에 따라 $\eta(0.85f_{ck})$ 크기로 깊이 a만큼 분포하는 것으로 고려한다. 등가응력사각형의 깊이 a는 단면에 작용하는 수평방향의 내력에 대한 평형방정식($C=T$)

$$\eta(0.85f_{ck})ab = A_sf_y \tag{3.23}$$

을 이용하여 다음과 같이 구할 수 있다.

$$a = \frac{f_yA_s}{\eta(0.85f_{ck})b} \tag{3.24}$$

보의 단면은 두 내력 C와 T의 우력에 의해 휨모멘트에 저항하므로 단면의 공칭 휨강도는 다음과 같이 계산한다.[39)]

$$M_n = T \cdot z = A_sf_y\left(d - \frac{a}{2}\right) \tag{3.25}$$

설계 휨강도 M_d는 강도감소계수 ϕ를 고려하여 다음과 같이 계산한다.

$$M_d = \phi M_n = \phi A_sf_y\left(d - \frac{a}{2}\right) \tag{3.26}$$

여기서, 강도감소계수 ϕ를 계산하는 방법은 이미 3.2.2절에서 자세히 설명했다. 단면의 크기와 철근량이 미리 주어진 경우 설계 휨강도를 계산할 수 있는 식 (3.26)를 잘 살펴보면, a와 ϕ를 제외한 모든 값은 설계조건으로부터 주어진다는 것을 알 수 있다. 즉, 식 (3.23)의 평형방정식으로부터 a 값이 구해지면 β_1을 이용하여 중립축 깊이 c 값을 결정되

39) 인장지배 단면을 고려하고 있으므로 인장철근은 항복한 상태이나 압축을 받는 콘크리트는 파괴되지 않은 상태이다. 그러나 단면에 작용하는 압축력과 인장력의 크기는 같으므로 아래의 식으로 공칭휨강도를 구해도 결과는 동일하다.

$$M_n = C \cdot z = \eta(0.85f_{ck})ab\left(d - \frac{a}{2}\right)$$

고, c 값을 식 (3.12)의 적합방정식에 대입하여 순 인장변형률 ε_t를 구할 수 있다. ε_t 값이 구해지면 강도감소계수를 결정할 수 있으므로 자연스럽게 설계 휨강도를 계산할 수 있다. 공칭 휨강도나 설계 휨강도 모두 계산의 출발은 평형방정식과 관련된 a 값 결정이라는 것을 기억하면 쉽게 계산을 풀어갈 수 있다.

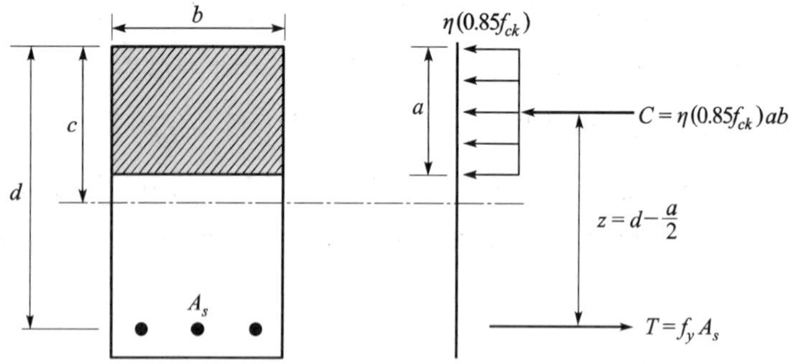

그림 3-8 단철근 직사각형보의 해석 개념

예제 3.8

다음 조건에 따라 그림과 같은 단철근 직사각형 단면의 설계 휨강도를 구하시오.

$A_s = 3 - \mathrm{D}\,29 = 1927\mathrm{mm}^2$

$f_{ck} = 24\mathrm{MPa}$, $f_y = 350\mathrm{MPa}$

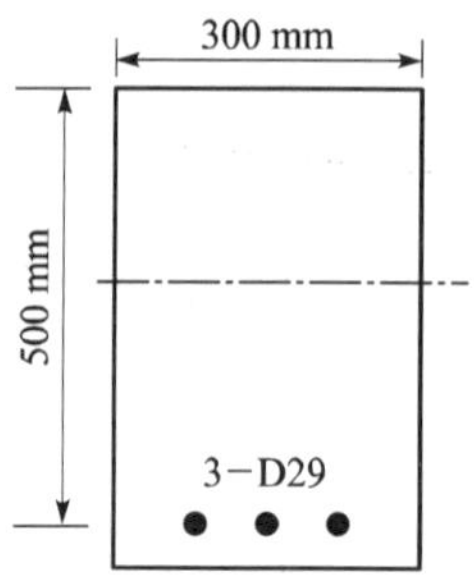

그림 3-9

풀이

(1) 등가응력사각형의 깊이

주어진 단면에 작용하는 두 내력 C와 T는 평형을 이루어야 하므로 $\eta(0.85f_{ck})ab = A_s f_y$이다. 등가응력사각형의 깊이 a와 중립축 깊이 c를 구하면 다음과 같다.

$$a = \frac{A_s f_y}{\eta(0.85 f_{ck})b} = \frac{1927 \times 350}{1 \times 0.85 \times 24 \times 300} = 110.2\,\mathrm{mm}$$

$$c = \frac{a}{\beta_1} = \frac{110.2}{0.80} = 137.7\,\mathrm{mm} \qquad \because f_{ck} \le 40MPa \text{ 일 때, } \beta_1 = 0.80$$

(2) 공칭휨강도

주어진 단면의 공칭휨강도 M_n은 다음과 같이 구한다.

$$M_n = A_s f_y\left(d - \frac{a}{2}\right) = 1927 \times 350\left(500 - \frac{110.2}{2}\right) = 300{,}062{,}805\ \text{N}\cdot\text{mm} = 300\text{kN}\cdot\text{m}$$

(3) 순 인장변형률과 강도감소계수

$$\varepsilon_t = \left(\frac{d_t - c}{c}\right)0.0033 = \left(\frac{500 - 137.7}{137.7}\right)0.0033 = 0.0087 > 0.005 \quad \therefore \text{ 인장지배 단면}$$

강도감소계수 $\phi = 0.85$이다.

(4) 설계 휨강도

$$M_d = \phi M_n = 0.85 \times 300 = 255\ \text{kN}\cdot\text{m}$$

예제 3.9

$f_{ck} = 24\text{MPa}$, $f_y = 350\text{MPa}$일 때, 그림과 같은 단철근 직사각형 단면의 설계 휨강도를 구하시오.

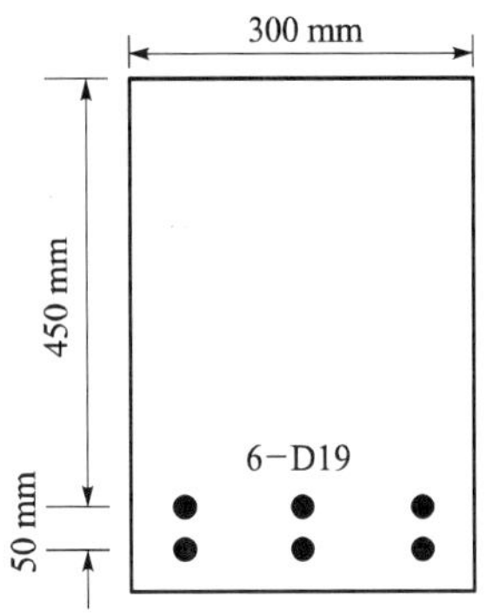

그림 3-10

풀이

(1) 유효깊이 및 인장철근의 단면적

유효깊이 d는 단면의 상단으로부터 인장철근의 도심까지의 거리이다. 단면의 상단에 대한 철근 단면적의 단면1차모멘트를 취해서 유효깊이를 구한다. D19의 단면적은 286.5mm^2이므로 인장철근의 전체 단면적은$A_s = 6 \times 286.5 = 1719\text{mm}$이다.

$$1719 \times d = (3 \times 286.5) \times 450 + (3 \times 286.5) \times (450 + 50) \qquad \therefore\ d = 475\text{mm}$$

(2) 등가응력사각형의 깊이와 중립축 깊이

주어진 단면에 작용하는 두 내력 C와 T는 평형방정식을 만족하므로 $\eta(0.85 f_{ck})ab = A_s f_y$이다.

$$a = \frac{A_s f_y}{\eta(0.85 f_{ck})b} = \frac{1719 \times 350}{1 \times 0.85 \times 24 \times 300} = 98.3\ \text{mm}$$

$$c = \frac{a}{\beta_1} = \frac{98.3}{0.80} = 122.9\ \text{mm}$$

(3) 순 인장변형률(ε_t)과 강도감소계수

$$\varepsilon_t = \left(\frac{d_t - c}{c}\right)0.0033 = \left(\frac{500 - 122.9}{122.9}\right)0.0033 = 0.0101 > 0.005 \quad \therefore \text{ 인장지배 단면}$$

강도감소계수 $\phi = 0.85$이다.

(4) 설계 휨강도

$$M_d = \phi A_s f_y\left(d - \frac{a}{2}\right) = 0.85 \times 1719 \times 350\left(475 - \frac{98.3}{2}\right)$$

$$= 217{,}780{,}755\ \text{N} \cdot \text{mm} = 218\ \text{kN} \cdot \text{m}$$

예제 3.10

경간이 6m인 단순보가 활하중 $w_L = 30\text{kN/m}$와 고정하중 $w_D = 15\text{kN/m}$를 받고 있다. 보의 단면은 그림과 같이 단철근 직사각형보이며, $f_{ck} = 28\text{MPa}$, $f_y = 400\text{MPa}$, 피복두께 $d_c = 50\text{mm}$일 때 주어진 보가 적합한지 철근비와 휨강도를 검토하시오.

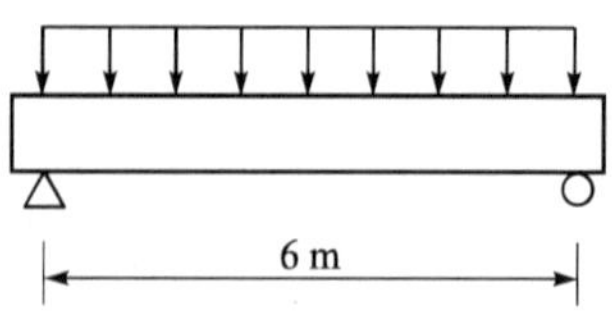

(a) 단순보

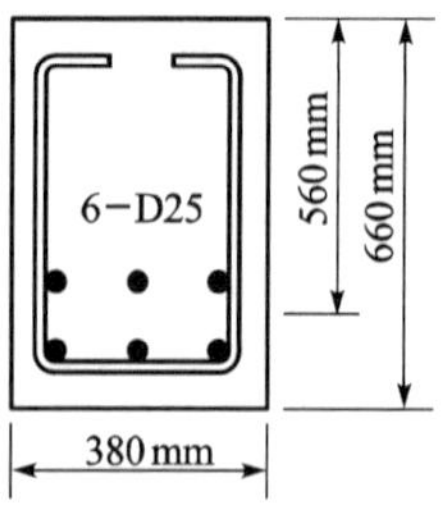

(b) 보의 단면

그림 3-11

풀이

(1) 휨강도 검토

① 소요휨강도 M_u

고정하중 계산시 자중도 고려한다.

(철근콘크리트의 단위질량 $w_{rc} = 2500\text{kg/m}^3$, 중력가속도 $g = 9.81\text{m/sec}^2$)

$w_D = 15 + w_{rc} \times g \times b \times h = 15 + 2500 \times 10^{-3} \times 9.81 \times 0.38 \times 0.66 = 21.15\ \text{kN/m}$

따라서 계수하중은 다음과 같이 구해진다.

$w_u = 1.2w_D + 1.6w_L = 1.2 \times 21.15 + 1.6 \times 30 = 73.38\ \text{kN/m}$

단순보는 보의 중앙에서 최대 휨모멘트가 발생되므로 소요휨강도 M_u는 보의 중앙 단면에 작용하는 계수휨모멘트가 된다.

$$M_u = \frac{w_u l^2}{8} = \frac{73.38 \times 6^2}{8} = 330.21\text{kN} \cdot \text{m}$$

② 설계 휨강도 M_d

등가응력사각형의 깊이 a와 중립축 깊이 c는 다음과 같다.

$$a = \frac{A_s f_y}{\eta(0.85 f_{ck})\, b} = \frac{3040.2 \times 400}{1 \times 0.85 \times 28 \times 380} = 134.5\text{mm}$$

$c = \frac{a}{\beta_1} = \frac{134.5}{0.80} = 168.1\,\mathrm{mm}$ $\because f_{ck} \le 40\mathrm{MPa}$이므로 β_1은 0.80이다.

따라서 설계 휨강도 M_d는 다음과 같이 구해진다.

$$M_d = \phi M_n = \phi A_s f_y \left(d - \frac{a}{2}\right) = 0.85 \times 3040.2 \times 400 \left(560 - \frac{134.5}{2}\right)$$

$$= 509{,}306{,}400\,\mathrm{N \cdot mm} = 509\,\mathrm{kN \cdot m}$$

③ 순 인장변형률(ε_t)과 강도감소계수

$$\varepsilon_t = \left(\frac{d_t - c}{c}\right)0.0033 = \left(\frac{610 - 168.1}{168.1}\right)0.0033 = 0.00867 > 0.005 \quad \therefore \text{ 인장지배 단면}$$

강도감소계수 $\phi = 0.85$이다.

④ 휨강도 검토

$M_d > M_u$ ∴ 주어진 보는 소요휨강도를 충분히 견딜 수 있다.

(2) 철근비 검토

① 주어진 단면의 철근비 ρ

D25의 공칭단면적은 표 1-6에서 $506.7\mathrm{mm}^2$이다.

$A_s = 6 \times 506.7 = 3040.2\mathrm{mm}^2$

$$\rho = \frac{A_s}{bd} = \frac{3040.2}{380 \times 560} = 0.01429$$

② 최대철근비 $\rho_{\max}$

$f_{ck} \le 40\mathrm{MPa}$이므로 β_1은 0.80이다.

$$\rho_b = \frac{\eta(0.85 f_{ck})\beta_1}{f_y} \frac{660}{660 + f_y} = \frac{1 \times 0.85 \times 28 \times 0.80}{400} \frac{660}{660 + 400} = 0.02964$$

표 3-2로부터 설계가능한 최대철근비 $\rho_{\max} = 0.714\rho_b = 0.714 \times 0.02964 = 0.0212$

한편, 표 3-1로부터 인장지배 한계에 대한 철근비

$\rho_{\max,\text{인장지배}} = 0.625\rho_b = 0.625 \times 0.02964 = 0.0185$

③ 최소철근량

휨 부재의 최소 철근량은 설계휨강도가 $\phi M_n \ge 1.2 M_{cr}$을 만족하여야 한다.

균열모멘트

$$M_{cr} = \frac{f_r \times I_g}{y_t} = \frac{3.334\mathrm{N/mm^2} \times 9{,}104{,}040{,}000\mathrm{mm^4}}{330\mathrm{mm}} = 91{,}978{,}392\mathrm{N \cdot mm} = 91.9\mathrm{kN \cdot m}$$

$$f_r = 0.63\lambda\sqrt{f_{ck}} = 0.63 \times 1 \times \sqrt{28} = 3.334\,\mathrm{MPa} = 3.334\,\mathrm{N/mm^2}$$

$$I_g = \frac{bh^3}{12} = \frac{380 \times 660^3}{12} = 9{,}104{,}040{,}000\mathrm{mm^4}$$

$$y_t = \frac{h}{2} = \frac{660}{2} = 330\mathrm{mm}$$

$\phi M_n \ge 1.2 M_{cr}$

$509\mathrm{kN \cdot m} \ge 110\mathrm{kN \cdot m}$

3.2.6 단철근 직사각형 보의 설계

철근콘크리트 부재의 설계는 일반적으로 설계규정을 만족시키는 동시에 주어진 소요강도에 안전하게 저항할 수 있고 경제적인 단면의 크기와 철근량을 결정하는 문제이다. 소요강도는 구조해석 결과로 얻은 단면력에 하중계수를 고려하여 구한 극한하중과 동등한데, 부재의 단면 설계는 소요강도의 확보뿐만 아니라 철근사이의 간격과 피복두께와 같은 구조세목에 관한 설계규정도 만족할 수 있도록 이루어져야 한다. 본 절에서는 철근의 간격과 피복두께에 대해 설계규정을 먼저 정리하고, 단철근 직사각형 보의 해석과 설계에 대해 알아본다.

[1] 철근의 간격제한

콘크리트를 타설할 때 배근된 철근의 사이에 콘크리트의 골재가 잘 들어갈 수 있도록 철근 사이에 적당한 간격을 두어야 한다. 그림 3-12에 설명된 용어를 참조하여 콘크리트구조기준(KDS 14 20 50:2022)에서는 표 3-3과 같이 철근 사이의 간격을 제한하고 있다.

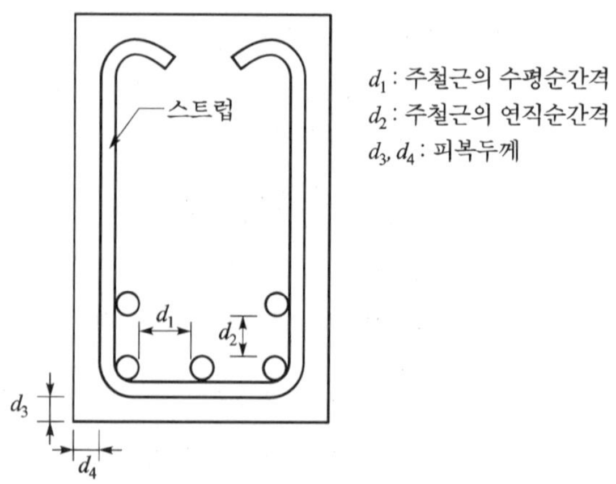

그림 3-12 철근의 순간격과 최소피복두께

표 3-3 철근의 간격제한 규정

배근 조건	간격 제한
동일한 평면에서 평행한 철근 사이의 수평 순간격	① 25mm 이상 ② 철근의 공칭지름 이상 ③ 굵은골재 최대치수의 4/3배 이상
동일 연직면 내에 상하로 2단 이상으로 배근한 철근의 순간격	25mm 이상
나선철근 또는 띠철근이 배근된 압축부재에서 축방향 철근의 순간격	① 40mm 이상 ② 철근 공칭지금의 1.5배 이상 ③ 굵은골재 최대치수의 4/3배 이상
벽체 또는 슬래브에서 휨 주철근의 간격	① 벽체나 슬래브 두께의 3배 이하 ② 450mm 이하

[2] 최소피복두께

콘크리트의 표면에서 가장 바깥쪽 철근의 표면까지의 최단거리를 피복두께 또는 덮개(Cover)라고 한다(그림 3-12 참고). 최소피복두께를 두는 이유는 철근의 부식을 방지하고, 내화(耐火)적인 구조물이 되도록 하며, 철근의 부착강도를 높이기 위함이다. 콘크리트구조기준(KDS 14 20 50:2022)에서는 프리스트레스하지 않는 현장치기 콘크리트 구조물의 경우, 콘크리트의 최소피복두께를 각 조건에 따라 표 3-4와 같이 규정하고 있다.

표 3-4 철근의 피복두께(KDS 14 20 50:2022)

환경조건과 부재의 종류			최소 피복두께
옥외 공기나 흙에 직접 접하지 않는 콘크리트	보, 기둥 ($f_{ck} \geq 40\,\text{MPa}$인 경우, 규정값에서 10mm 저감시킬 수 있음)		40mm
	슬래브, 벽체, 장선	D35 이하의 철근 D35를 초과하는 철근	20mm 40mm
	쉘, 절판부재		20mm
흙에 접하거나 옥외 공기에 직접 노출되는 콘크리트		D19 이상의 철근 D16 이하의 철근	50mm 40mm
흙에 접하여 타설된 후 영구히 묻히는 콘크리트			75mm
수중에서 치는 콘크리트			100mm

[3] 단철근 직사각형 보의 설계

앞 절에서는 미리 주어진 철근콘크리트 보의 설계 휨강도를 구하는 단면해석 문제를 다루었으나 본 절에서는 기 해석문제 내용을 바탕으로 보의 단면을 실제로 설계하는 방법에 대해 알아본다. 휨을 받는 철근콘크리트 부재의 설계는 아래의 식과 같이 설계강도가 소요강도 이상이 되도록 단면의 치수와 철근량을 결정해주는 과정이다.

$$M_d (= \phi M_n) \geq M_u \tag{3.27}$$

식 (3.26)의 설계강도식을 단면결정식으로 사용하기 위해서는 중립축 깊이 a를 알아야 하는데 이 값은 평형방정식을 풀어야 얻을 수 있는 값이기 때문에 단면결정식의 사용을 복잡하게 만든다. 보다 사용이 쉬운 단면결정식을 얻기 위해 식 (3.26)에 식 (3.24)와 $A_s = \rho bd$를 대입하고 정리하면 다음과 같이 철근비를 포함한 설계강도식을 얻는다.

$$M_d = \phi\, f_y\, \rho \left(1 - 0.59\, \rho\, \frac{f_y}{f_{ck}}\right) b\, d^2 \tag{3.28}$$

일반적으로 소요강도(M_u), 사용재료와 관련된 f_{ck}, f_y는 설계조건에서 미리 주어지므로 식 (3.26)는 철근비(ρ)와 단면의 폭(b)과 유효깊이(d)를 결정하는 단면결정식이 된다. 만약, ρ 값을 미리 가정하면, 설계강도가 소요강도보다 크도록 해주는 b와 d를 보다 쉽게 결정할 수 있다. 적절한 ρ 값을 가정하기 위해서는 보가 연성거동을 할 수 있도록 적당한 순인장변형률(ε_t) 값을 고려할 필요가 있다. 식 (3.16)에 0.004보다 충분히 큰 ε_t 값을 대입하여 얻은 철근비 값을 설계강도식의 입력값으로 사용하여 앞 절에 제시된 단면해석 절차를 따라 보를 설계할 수 있다. 이 때, ε_t 값을 늘리면 ρ 값이 줄어들고, ρ 값이 줄어들면 b와 d 값이 커져야 한다는 사실을 기억하면 설계변수 결정에 도움이 된다. ε_t 값이 증가하면 인장지배 단면의 거동에 가까워지고, ε_t 값이 감소하면 반대로 압축지배 단면의 거동에 접근한다는 것도 기억할 필요가 있다. 또한, d 값은 대략 b 값의 2배에서 2.5배 사이에서 결정되도록 하는 것이 효과적인 휨단면을 구성하는 데에 유리하다.

단면설계시 동일한 휨강도를 가지면서 소요되는 철근량을 줄이기 위해서는 보의 단면치수를 늘리는 것이 일반적이다. 단면을 크게 사용하는 것은 보의 처짐을 줄이는데 효과적일 뿐만 아니라 철근량을 감소시켜 보다 경제적인 단면을 설계할 수 있도록 해준다.

예제 3.11

활하중 30kN/m, 자중을 포함한 고정하중 17kN/m를 지지할 수 있는 지간 6m의 단순보를 단철근 직사각형 보로 설계하려고 할 때, 지간의 중앙에서 필요한 단면의 크기와 철근량을 구하시오. 단, $f_{ck}=21\text{MPa}$, $f_y=300\text{MPa}$이고, 보는 옥외에 설치되며, 단면에는 전단보강철근[40]으로 D10의 U형 수직스터럽[41]이 배근되는 것으로 가정한다.

풀이

(1) 설계하중 w_u

$$w_u = 1.2D + 1.6L = 1.2\times17 + 1.6\times30 = 68.4\,\text{kN/m}$$

(2) 계수휨강도(=소요휨강도)

지간의 중앙단면에 작용하는 계수휨강도 M_u는 다음과 같다.

$$M_u = \frac{wl^2}{8} = \frac{68.4\times6^2}{8} = 307.8\,\text{kN}\cdot\text{m}$$

40) 전단보강철근(shear reinforcement)은 전단력으로 인해 생기는 사인장균열을 막기 위해서 배치하는 철근이며, 사인장철근(diagonal tension bar)이라고 부르기도 하고, 보에서는 복부철근(web reinforcement)이라 부르기도 한다. 전단철근의 종류로는 굽힘철근(bentup bar), 스터럽(stirrup) 등이 있으며, 다음 단원에서 자세히 다룬다.

(3) 단면 가정

① 최소철근비 $\rho_{\min}$

$$\rho_{\min} = 0.178\frac{\lambda\sqrt{f_{ck}}}{\phi f_y} = 0.178\frac{1\times\sqrt{21}}{0.85\times300} = 0.0031988$$

② 균형철근비 ρ_b와 최대철근비 $\rho_{\max}$

$$\rho_b = 0.85\beta_1\frac{f_{ck}}{f_y}\frac{660}{660+f_y}$$

$$= 0.85\times0.80\times\frac{21}{300}\frac{660}{660+300} = 0.0327$$

표 3-2에 따라 설계가능한 최대철근비는 $\rho_{\max} = 0.643\rho_b$ 이므로

$(\varepsilon_t = 0.004,\ f_y = 300\,\text{MPa})$

$$\rho_{\max} = 0.643\rho_b = 0.643\times0.0327 = 0.0210$$

③ 인장철근비 ρ를 정한다.

최대철근비 $\rho_{\max}$을 인장철근비 ρ로 사용하지 않고, 인장지배단면을 확보하기 위한 최대철근비($\rho_{\max,\text{인장}} = 0.563\rho_b$, $\varepsilon_t = 0.005$)의 75%를 인장철근비로 사용하여 설계하기로 한다. 즉,

$$\rho = 0.75\,\rho_{\max,\text{인장}} = 0.75\times0.563\times0.0327 = 0.0138$$

④ 단면 가정

$$M_d\,(\phi M_n) \geq M_u$$

$$M_d = \phi\rho f_y\left(1-0.59\rho\frac{f_y}{f_{ck}}\right)bd^2 \geq 307.8\text{kN}\cdot\text{m}$$

$$= 0.85\times0.0138\times300\left(1-0.59\times0.0138\times\frac{300}{21}\right)bd^2 \geq 307{,}800{,}000\text{N}\cdot\text{m}$$

bd^2에 대해서 정리하면

$$bd^2 \geq 98{,}980{,}926$$

윗 식에서 두개의 미지수 b와 d 중 하나의 값을 먼저 가정하면 나머지 하나의 값을 결정할 수 있다. 따라서 $b = 350\text{mm}$라고 가정하면, $d = 532\text{mm}$를 얻는다.

(4) 철근량 산정

$$A_s = \rho bd = 0.0138\times350\times532 = 2569\,\text{mm}^2$$

따라서 $6-\text{D25}\,(A_s = 6\times506.7 = 3040.2\text{mm}^2)$의 철근을 사용한다.

41) 수직스터럽(vertical stirrup)은 주철근에 직각으로 배치한 스터럽 또는 전단철근을 말한다.

(5) 검토

① 보의 소요 폭 검토

주철근의 수평 순간격은 25mm 이상,
철근의 공칭지름 25.4mm(D25의 공칭지름) 이상이다.
∴ 주철근의 수평 순간격은 25.4mm 이상이다.
최소피복두께는 보가 옥외에 설치되고, D25 이하의 철근을 사용하므로 50mm이다.
주철근 6－D25를 3가닥씩 2단으로 배근한다면, 보의 소요 폭 b_r은 다음과 같이 된다.

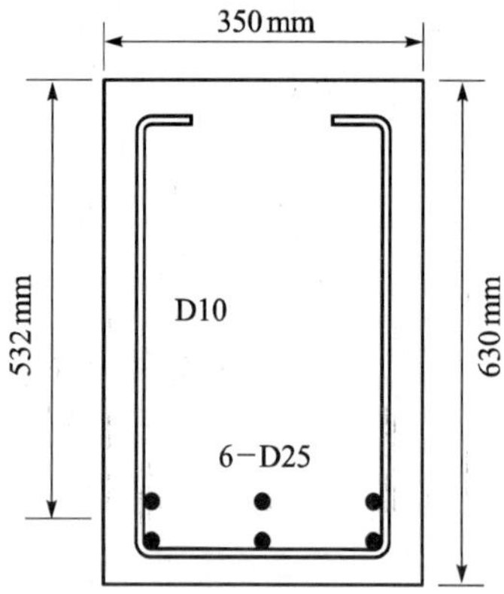

그림 3-13

b_r = 2×(피복두께)+2×(스터럽의 직경)
+(주철근 직경의 합)+(주철근의 수평 순간격의 합)

$= 2\times 50+2\times 9.53+3\times 25.4+2\times 25.4= 246.06\text{mm} < 350\text{mm}$

∴ 적합하다.

② 보의 전체 높이 결정

주철근을 2단 이상으로 배근할 때는 상하 철근은 동일 연직면 내에 두어야 하고, 연직 순간격은 25mm 이상이어야 한다. 따라서 보의 전체 높이 h는 다음과 같이 된다.

$$h=d+\left(\frac{\text{연직 순간격}}{2}\right)+(\text{D25의 직경})+(\text{D10의 직경})+(\text{피복두께})$$

$$=532+\frac{25.4}{2}+25.4+9.53+50$$

$$=629.6\text{mm}$$

③ 최대철근비와 최소철근비 검토

$$\rho=\frac{A_s}{bd}=\frac{3040.2}{350\times 532}=0.0163<\rho_{\max}=0.0217 \quad \therefore \text{ 적합하다.}$$

$\rho_{\min}= 0.00319 < \rho= 0.0163$ ∴ 적합하다.

④ 중립축의 위치

$$a=\frac{A_s f_y}{0.85 f_{ck} b}=\frac{3040.2\times 300}{0.85\times 21\times 350}=146\text{mm}$$

$$c=\frac{a}{\beta_1}=\frac{146}{0.80}=182.5\text{mm}$$

⑤ 순 인장변형률과 강도감소계수

$$\varepsilon_t=\left(\frac{d_t-c}{c}\right)\varepsilon_c=\left(\frac{532-182.5}{182.5}\right)0.0033=0.0063>0.005 \quad \therefore \text{ 인장지배 단면}$$

강도감소계수 $\phi=0.85$이다.

⑥ 소요휨강도 검토

$$M_d=\phi M_n$$

$$=\phi A_s f_y\left(d-\frac{a}{2}\right)$$

$$=0.85\times 3040.2\times 300\left(660-\frac{146}{2}\right)$$

$$= 0.85 \times 3040.2 \times 300\left(532 - \frac{146}{2}\right)$$
$$= 355{,}840{,}209 \text{ N} \cdot \text{mm}$$
$$= 355 \text{kN} \cdot \text{m} > M_u = 307.8 \text{ kN} \cdot \text{m}$$

∴ 적합하다.

(6) 단면 결정

보의 유효깊이 $d = 532\text{mm}$

보의 폭 $b = 350\text{mm}$

보의 전체 높이 $h = 630\text{mm}$

인장철근은 $6 - \text{D}25\,(A_s = 3040.2\text{mm}^2)$을 2단으로 배근한다.

3.3 복철근 직사각형 보

인장측과 압축측 모두에 철근을 배치한 보를 복철근보(doubly reinforced beam)라고 부른다. 복철근 보는 부재 단면의 크기가 제한을 받아 단철근보로는 휨모멘트를 충분히 견딜 수 없거나, 정(+)과 부(-)의 휨모멘트를 교대로 받는 부재에 사용한다. 또한, 압축측에 배근된 압축철근은 콘크리트의 크리프와 건조수축과 같은 장기처짐을 감소시키는 효과가 있기 때문에 장기적인 변형감소를 위해 복철근보를 사용하기도 한다.

복철근보의 공칭휨강도(M_n)는 압축철근을 그대로 놓고 단번에 평형방정식을 구성하여 계산할 수도 있지만 단철근보처럼 계산이 간단하지 않기 때문에 경험상 단철근보를 분리하여 생각하는 것이 보다 유용하다. 그림 3-14과 같이 압축철근(A_s')에 상응하는 인장철근(A_{s1})을 따로 떼어내어 철근으로만 이루어진 가상의 보를 분리하고 나면 나머지 인장철근($A_{s2} = A_s - A_{s1}$)을 포함한 단철근보만 남기 때문에 기존의 단철근보 해석방법을 그대로 적용할 수 있다. 편의상 그림 3-14(b)와 같이 압축철근과 이에 상응하는 인장철근이 부담할 수 있는 공칭강도를 M_{n1}으로 정의하고, 그림 3-14(c)와 같이 압축철근이 제외된 단철근보의 단면이 부담하는 공칭강도를 M_{n2}로 정의한다. 이 때, 압축철근이 부담하는 압축력을 C_1, 압축측 콘크리트가 부담하는 압축력을 C_2로 정의하고, 인장철근이 부담하는 인장력 T는 철근만 있는 가상보의 철근의 인장력 T_1과 나머지 단철근보의 인장력 T_2로 구성된다.

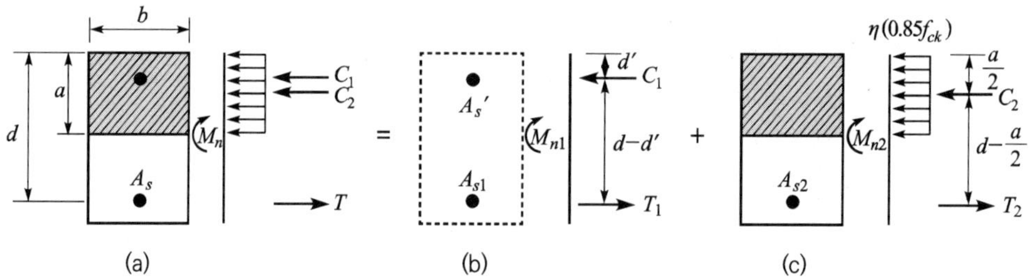

그림 3-14 복철근 직사각형 보의 해석 개념

복철근보는 인장철근비(ρ)가 균형철근비(ρ_b)보다 작거나 같으면, 보의 강도가 인장철근의 항복에 의해 지배되므로 압축철근을 무시하고 단철근 보와 같이 계산할 수 있다. 그러나 인장철근비가 균형철근비보다 크면 콘크리트의 압축력만으로는 인장철근이 항복하지 않기 때문에 압축철근까지 고려한 계산을 해야 한다. 또한, 복철근보를 해석할 때에는 압축철근의 항복 여부에 따라 중립축 깊이를 계산하는 과정이 다르기 때문에 압축철근이 항복하는 경우와 그렇지 않는 경우를 나누어 해석해야 한다.

예제 3.12

다음과 같은 조건으로 된 직사각형 보의 설계 휨강도를 구할 때, 단철근보로 계산해야 될지 복철근보로 계산해야 될지 판별하시오.

$b = 250\,\text{mm}$, $d = 500\,\text{mm}$, $d' = 50\,\text{mm}$,

$A_s = 3200\,\text{mm}^2$, $A_s' = 1010\,\text{mm}^2$,

$f_{ck} = 21\text{MPa}$, $f_y = 400\text{MPa}$

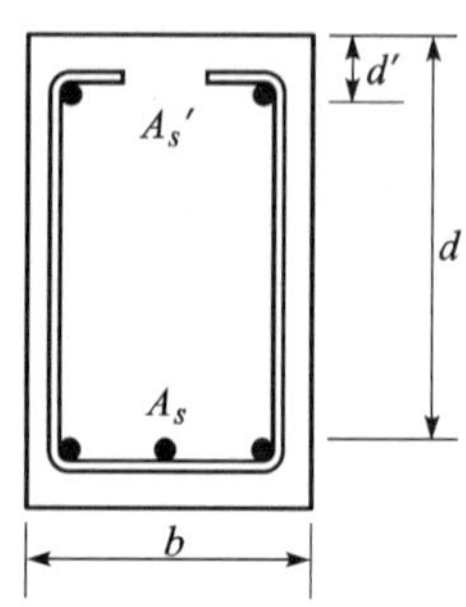

그림 3-15

풀이

단면에 배근된 인장철근비 ρ는 다음과 같고,

$$\rho = \frac{A_s}{bd} = \frac{3200}{250 \times 500} = 0.0256$$

$f_{ck} \leq 40\text{MPa}$ 이므로 $\beta_1 = 0.80$ 이고, 단철근보일 경우에 대한 균형철근비 ρ_b는 다음과 같다.

$$\rho_b = \frac{\eta(0.85 f_{ck})\beta_1}{f_y}\frac{660}{660 + f_y}$$

$$= \frac{1 \times 0.85 \times 21 \times 0.80}{400} \times \frac{660}{660 + 400} = 0.0222$$

표 3-1에 의해 인장지배단면이 되기 위한 철근비의 한계는 $\rho_{\text{max, 인장}} = 0.625\rho_b$인데,

$\rho(=0.0256) > 0.625\rho_b(=0.0139)$

이므로 인장지배단면이 되기 위한 한계 이상의 철근이 배근되어 복철근보로 계산해야 한다.

또한 $\rho(=0.0256) > \rho_b(=0.0222)$ 로서 균형철근비 이상 배근되어 콘크리트가 철근보다 먼저 파괴되는 압축지배가 되므로 복철근보 계산이 필요하다.

3.3.1 압축철근이 항복할 경우의 설계 휨강도

인장철근의 항복에 의해 파괴가 시작되는 복철근보에서 압축철근 역시 항복하는 경우, 단면의 설계 휨강도를 계산하는 방법을 알아본다. 이 경우, 보가 파괴될 때 인장철근(A_s)과 압축철근($A_s{}'$) 모두 항복응력(f_y)을 받게 되고, 자동적으로 평형방정식 $C_1 = T_1$가 성립한다.[42] 그림 3-14(a)로부터 단면에 작용하는 수평방향 내력(內力)에 대한 평형방정식은 다음과 같다.

$$T = C_1 + C_2$$

$$A_s f_y = A_s{}' f_y + \eta(0.85 f_{ck})ab \tag{3.29}$$

위 식을 자세히 살펴보면 M_{n2}를 담당하는 단철근보의 평형방정식 $C_2 = T_2$와 동등하다는 것을 알 수 있다. 왜냐하면, 압축철근의 항복에 의해 $T_2 = T - C_1$이 되었기 때문이다. 등가압축응력사각형의 깊이 a는 식 (3.29)로부터 다음과 같이 구해진다.

$$a = \frac{(A_s - A_s{}')f_y}{\eta(0.85 f_{ck})b} \tag{3.30}$$

또한, $C_1 = T_1$로부터 $A_s{}' = A_{s1}$이기 때문에 $A_{s2}(= A_s - A_{s1})$도 쉽게 계산된다. 결국, 단철근보와 비슷하게 평형방정식으로부터 a값이 바로 얻어진다. 계산된 a값으로부터 중립축 깊이 c값이 구해지면, 자연스럽게 강도감소계수 ϕ값도 결정할 수 있다.

복철근보의 공칭강도는 철근만 있는 가상보와 나머지 단철근보의 공칭강도를 합하여 계산한다. 그림 3-14(b)에서 보듯이 가상보의 공칭강도(M_{n1})는 압축철근($A_s{}'$)과 인장철근(A_{s1})이 이루는 다음과 같은 우력모멘트로부터 계산된다.

$$M_{n1} = A_{s1} f_y (d - d') = A_s{}' f_y (d - d') \tag{3.31}$$

여기서, d'는 압축철근의 도심으로부터 압축측 상단까지의 거리이다.

---

42) 압축철근과 인장철근이 모두 항복하는 경우이다.

$C_1 = T_1 \rightarrow A_{s1} f_y = A_s{}' f_y \quad \therefore\ A_{s1} = A_s{}'$

나머지 단철근보의 공칭강도(M_{n2})는 그림 3-14(c)에서 보듯이 인장철근 $A_{s2} = A_s - A_s'$와 압축측 콘크리트가 이루는 다음과 같은 우력 모멘트로부터 얻어진다.

$$M_{n2} = A_{s2} f_y \left(d - \frac{a}{2}\right) = (A_s - A_s') f_y \left(d - \frac{a}{2}\right) \tag{3.32}$$

복철근보의 공칭휨강도는 M_{n1}과 M_{n2}를 더하여 다음과 같이 계산한다.

$$M_n = f_y A_s'(d - d') + f_y (A_s - A_s')\left(d - \frac{a}{2}\right) \tag{3.33}$$

따라서 복철근보의 설계 휨강도는 다음과 같이 계산된다.

$$M_d = \phi M_n = \phi\left[f_y A_s'(d - d') + f_y (A_s - A_s')\left(d - \frac{a}{2}\right)\right] \tag{3.34}$$

식 (3.34)를 잘 살펴보면, 압축철근이 항복하는 경우에는 단철근보에 대한 평형방정식($C_2 = T_2$)으로부터 a값이 구해지고 그 값을 이용해 ϕ가 결정되면, 나머지 값들은 모두 설계조건으로부터 주어지는 값이므로 설계 휨강도가 쉽게 계산될 수 있는 것을 알 수 있다.

3.3.2 압축철근이 항복할 경우의 최대철근비와 최소철근비

보가 파괴될 때 복철근보도 단철근보와 마찬가지로 연성파괴가 일어나도록 하는 것이 바람직하다. 연성확보를 위해 인장철근비를 균형철근비보다 충분히 작도록 제한하거나 철근의 인장변형률을 제어하여 콘크리트의 압축파괴가 발생하기 전에 인장철근이 먼저 항복하도록 할 수 있다. 본 절에서는 콘크리트구조기준에 따라 단철근보의 경우와 마찬가지로 순인장변형률(ε_t)을 제한하여 연성을 확보하는 방법을 살펴본다.

먼저 복철근보의 균형파괴상태와 균형철근비에 대해 알아본다. 그림 3-16(a)의 단면이 균형파괴상태에 있다면, 그림 3-16(b)의 변형률도에서 압축측 콘크리트 변형률 ε_c가 극한변형률 0.0033에 도달하는 동시에 인장철근의 변형률도 항복변형률 ε_y에 도달해야 한다. 이 때 압축철근도 항복한다고 가정하면 단면의 내력에 대한 평형방정식은 다음과 같다.

$$T = C_1 + C_2$$

$$A_s f_y = A_s' f_y + \eta(0.85 f_{ck}) a_b b \tag{3.35}$$

여기서, a_b는 균형상태일 때 등가압축응력사각형의 깊이이다. 균형철근비($\overline{\rho_b} = \dfrac{A_s}{bd}$)와 압축철근비($\rho' = \dfrac{A_s'}{bd}$)에 대한 정의로부터 $A_s = \overline{\rho_b}\, b d$와 $A_s' = \rho' b d$를 얻을 수 있고, $a_b = \beta_1 c_b$

과 함께 식 (3.33)에 대입하여 정리하면, 다음과 같은 복철근보의 균형철근비가 구해진다.

$$\overline{\rho_b} = \frac{\eta(0.85f_{ck})\beta_1}{f_y}\frac{c_b}{d} + \rho' \tag{3.36}$$

여기서, c_b는 균형상태일 때 중립축 깊이이다. 그림 3-16(b)에서 삼각형의 닮음을 이용하면 다음과 같은 변형률에 대한 적합방정식을 얻는다.

$$c_b = \frac{\varepsilon_c}{\varepsilon_c + \varepsilon_y}d \tag{3.37}$$

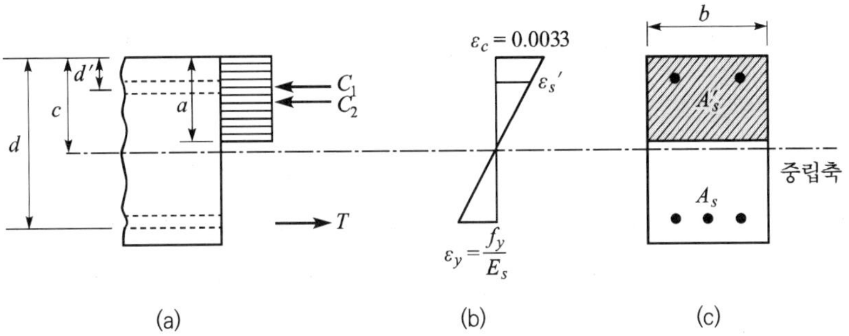

그림 3-16 복철근보의 변형률도와 단면력

이제, 극한하중상내에서 콘크리트의 압축변형률은 $\varepsilon_c = 0.0033$이므로 식 (3.35)를 식 (3.34)에 대입하면 아래의 식을 얻는다.

$$\overline{\rho_b} = \frac{\eta(0.85f_{ck})\beta_1}{f_y}\frac{0.0033}{0.0033 + \varepsilon_y} + \rho' \tag{3.38}$$

만약 압축철근이 항복하지 않았다면, 균형철근비는 다음과 같다.

$$\overline{\rho_b} = \frac{\eta(0.85f_{ck})\beta_1}{f_y}\frac{0.0033}{0.0033 + \varepsilon_y} + \rho'\frac{f_s'}{f_y} \tag{3.39}$$

여기서, $f_s' = E_s\varepsilon_s'$인데, 압축철근의 변형률 ε_s'는 모르는 값이기 때문에 평형방정식과 적합방정식으로부터 계산해야 한다.

식 (3.38)은 다음과 같이 다시 쓸 수 있다.

$$\overline{\rho_b} = \rho_b + \rho' \tag{3.40}$$

여기서, ρ_b는 그림 3-16(c)에 주어진 인장측에만 철근이 배치되어 있는 단철근보의 균형철근비로서 일반적인 단철근보의 균형철근비를 나타내는 식 (3.6)과 동일하다. 결국, 복철근보의 균형철근비는 단철근보의 균형철근비에 철근만으로 구성된 가상보의 압축철근비를 합하여 계산된다는 것을 알 수 있다.

복철근보의 인장철근비 상한은 인장철근이 압축측 콘크리트보다 먼저 항복하도록 하는 최대철근비($\bar{\rho}_{\max}$)를 의미하며 다음과 같이 주어진다.

$$\bar{\rho}_{\max} = \rho_{\max} + \rho' \tag{3.41}$$

여기서, $\rho_{\max}$에 단철근보 설계와 동일한 인장철근비 상한값(최대 철근비)을 적용하면, 복철근보의 $\bar{\rho}_{\max}$가 계산되고, 결과적으로 복철근보는 단철근보와 동일한 연성에 대한 여유를 갖는다.

복철근보의 인장철근비 하한은 실용적인 의미에서 보의 파괴시 압축철근이 항복하기 위한 조건으로부터 구해 이 값을 최소철근비로 사용해도 무방하다. 즉, 그림 3-16(b)의 적합방정식에서 압축철근의 변형률을 $\varepsilon'_s = \varepsilon_y$로 놓으면 중립축 깊이 c는 삼각형의 닮음에 의해 다음과 같이 얻어진다.

$$c = \left(\frac{0.0033}{0.0033 - \varepsilon_y}\right) d' \tag{3.42}$$

식 (3.42)를 $a = \beta_1 c$의 관계를 이용하여 식 (3.29)에 대입하고 양변을 bd로 나누어 정리하면, 복철근보의 최소철근비는

$$\overline{\rho_{\min}} = \frac{\eta(0.85 f_{ck})\beta_1}{f_y}\left(\frac{d'}{d}\right)\frac{0.0033}{0.0033 - \varepsilon_y} + \rho' \tag{3.43}$$

와 같이 얻어지며, 복철근보의 인장철근비가 $\bar{\rho}_{\min}$보다 크면 압축철근이 항복한다는 것을 의미한다. 위의 식은 복철근보에서 인장철근량이 부족하면 압축철근이 항복하지 않기 때문에 일정량 이상의 인장철근을 배근해야 한다는 것을 시사해준다. 인장철근 뿐만 아니라 압축철근도 항복하는 것이 단면의 경제성 측면에서 유리하므로 인장철근비가 다음의 조건을 만족하도록 설계해 주어야 한다.

$$\bar{\rho}_{\min} < \rho < \bar{\rho}_{\max}$$

한편, 콘크리트구조기준에서는 연성확보를 위해 철근비 대신 순 인장변형률을 제한하도록 하고 있다. 따라서 변형률에 대한 적합방정식으로부터 압축철근이 항복하기 위한

압축철근의 깊이(d')와 보의 유효깊이(d)의 관계를 유도하여 사용하면 편리하다. 철근의 항복강도에 따라 변화하는 d' 값을 고려하기 위해 식 (3.38)에 $\varepsilon_y = 0.004$를 대입하여 최대철근비를 갖는 설계 가능한 단면을 가정하고, 식 (3.38)에 구성방정식 $\varepsilon_y = f_y/E_s$를 대입한 후, $\bar{\rho}_{\min}$와 $\bar{\rho}_{\max}$를 같다고 놓으면 다음과 같은 유용한 식을 얻는다.

$$\left(\frac{d'}{d}\right)\frac{0.0033}{0.0033 - f_y/E_s} = \frac{0.0033}{0.0033 + 0.004}$$

$$\frac{d'}{d} = \left(\frac{0.0033 - f_y/E_s}{0.0073}\right) \tag{3.44}$$

유사하게, 식 (3.38)에 인장지배단면 한계값인 $\varepsilon_y = 0.005$를 대입하여 하고 동일한 과정을 거치면

$$\frac{d'}{d} = \left(\frac{0.0033 - f_y/E_s}{0.0083}\right) \tag{3.45}$$

를 얻을 수 있다. 식 (3.44)와 식 (3.45)을 이용하면 철근의 항복강도가 주어질 때 압축철근이 항복하는 동시에 설계자가 의도하는 인장철근의 변형률 수준(위의 설명에서는 ε_t가 0.004 또는 0.005를 고려함)을 갖는 단면이 되기 위한 d'와 d의 비율을 알 수 있다. 이것은 압축철근을 항복시키면서 인장철근이 정해진 변형률을 갖도록 하는 인장철근량(또는 철근비)이 존재한다는 것이고 이와 같은 철근비는 d'와 d의 비를 조절하여 얻을 수 있다는 의미이다. 일반적으로 압축철근의 깊이는 설계시 미리 결정하므로 자연스럽게 d'/d로부터 필요한 유효깊이 d값을 결정할 수 있다. 표 3-5에는 $d' = 60\text{mm}$로 가정할 때, 철근의 항복강도에 따라 압축철근이 항복하면서 기대하는 인장철근의 변형률을 확보하기 위한 유효깊이 d값을 정리했다.

표 3-5 압축철근의 항복을 위한 유효깊이($d' = 60\text{mm}$)

f_y (MPa)	$\varepsilon_t = 0.004$ (변화구간, 최대철근비)		$\varepsilon_t = 0.005$ (인장지배)	
	d'/d	d(mm)	d'/d	d(mm)
300	0.214	280	0.188	319
350	0.179	335	0.156	385
400	0.143	420	0.125	480
500	0.071	845	0.063	952

3.3.3 압축철근이 항복하지 않는 경우의 설계 휨강도와 최대철근비

앞 절의 경우와 달리 인장철근량이 상대적으로 부족하거나 또는 압축철근량이 상대적으로 많으면 인장철근이 항복해도 압축철근이 항복하지 않을 수 있다. 이 경우 식 (3.35)에서 $A'_s f_y$를 쓸 수 없으므로, 식 (3.39)에 주어진 것처럼 압축철근이 항복하지 않는 경우의 균형철근비를 아래와 같이 쓸 수 있다.

$$\overline{\rho_b} = \rho_b + \rho' \frac{f'_s}{f_y} \tag{3.46}$$

유사하게, 인장철근비의 상한을 나타내는 최대 철근비도 다음과 같이 구해진다.

$$\overline{\rho}_{\max} = \rho_{\max} + \rho' \frac{f'_s}{f_y} \tag{3.47}$$

압축철근이 항복하지 않은 경우에는 공칭강도 계산을 위해 압축철근의 응력 $f_s{}'$을 알아야 한다. $f_s{}'$는 구성방정식($f_s{}' = E_s \varepsilon_s{}'$)으로부터 구할 수 있는데, 압축철근의 변형률 $\varepsilon_s{}'$가 모르는 값이므로 평형방정식을 풀어 계산해야 한다. 그림 3-16(b)의 변형률에 대한 적합방정식으로부터 ε'_s를 중립축 깊이 c에 관한 식으로 아래와 같이 쓸 수 있다.

$$\varepsilon_s{}' = 0.0033\left(\frac{c-d'}{c}\right) \tag{3.48}$$

이 값을 압축철근의 구성방정식에 대입하면,

$$f'_s = E_s \varepsilon'_s = E_s \times 0.0033\left(\frac{c-d'}{c}\right) = 660\left(\frac{c-d'}{c}\right) \tag{3.49}$$

이고, 위 식을 내력에 대한 평형방정식에 대입하면,

$$A_s f_y = A_s 660\left(\frac{c-d'}{c}\right) + \eta(0.85 f_{ck})\beta_1 cb \tag{3.50}$$

인데, 위 식을 c에 대해 관해 정리하여 아래와 같은 c에 관해 2차 방정식을 얻는다.

$$\eta(0.85 f_{ck})\beta_1 bc^2 + (660 A_s{}' - f_y A_s)c - 660 A_s{}' d' = 0 \tag{3.51}$$

근의 공식을 이용하여 위 식을 풀면 c값을 알 수 있고, 식 (3.48)~(3.49)로부터 자연스럽게 $\varepsilon_c{}'$값과 f'_s값도 계산된다.

이제, 압축철근이 항복하지 않은 경우 공칭 모멘트강도는 다음과 같이 계산된다.

$$M_n = f'_s A'_s (d - d') + \eta(0.85 f_{ck}) a b \left(d - \frac{a}{2}\right) \tag{3.52}$$

결과적으로 압축철근이 항복하지 않은 경우에는 c에 관한 2차방정식으로 정리되는 평형방정식으로부터 구한 c값으로부터 f_s'와 a를 계산해야 공칭강도를 구할 수 있다. 압축철근이 항복하는 경우에 평형방정식이 a에 관한 1차식으로 나타나 식 (3.33)과 같이 공칭강도도 간단하게 계산되는 것과 비교된다. 설계모멘트(M_d)는 공칭강도에 강도감소계수를 곱해 압축철근이 항복하지 않은 경우와 동일한 방법으로 계산할 수 있다.

예제 3.13

다음과 같은 조건으로 된 복철근 직사각형 보의 설계 휨강도를 구하시오.

$b = 300\,\mathrm{mm}$, $d = 660\,\mathrm{mm}$, $h = 750\,\mathrm{mm}$

피복덮개 $d_c = 60\,\mathrm{mm}$, $d' = 60\,\mathrm{mm}$

압축철근 : 2-D29($A_s' = 1284.8\,\mathrm{mm}^2$)

인장철근 : 6-D29($A_s = 3854.4\,\mathrm{mm}^2$)

$f_{ck} = 24\mathrm{MPa}$, $f_y = 400\mathrm{MPa}$

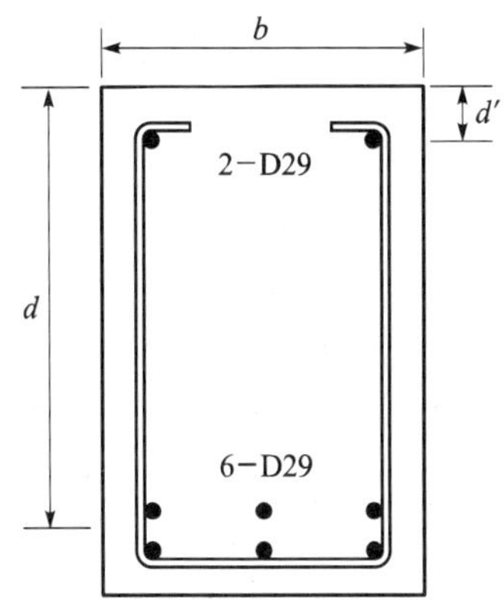

그림 3-17

풀이

(1) 복철근보로 계산할지를 검토한다.

단면에 배근된 인장철근비 ρ는 다음과 같고,

$$\rho = \frac{A_s}{bd} = \frac{3854.4}{300 \times 660} = 0.01947$$

먼저 단철근보일 경우에 대한 균형철근비 ρ_b와 최대철근비 $\rho_{\max}$를 계산한다.

여기서 $f_{ck} \le 40\mathrm{MPa}$ 이므로 $\beta_1 = 0.80$ 이므로

$$\rho_b = \frac{\eta(0.85 f_{ck})\beta_1}{f_y} \frac{660}{660 + f_y}$$

$$= \frac{1 \times 0.85 \times 24 \times 0.80}{400} \times \frac{660}{660 + 400} = 0.0254$$

표 3-1에 따라 설계가능한 최대철근비(인장지배 한계)는

$\rho_{\max} = 0.714\rho_b = 0.714 \times 0.0254 = 0.0181$

$\therefore\ 0.714\rho_b < \rho (= 0.01947)$

따라서 복철근보로 계산해야 한다.

(2) 최대철근비 검토

식 (3.30)으로부터 최대철근비 $\rho_{\max}$을 구하면 다음과 같다.

$\bar{\rho}_{\max} = 0.714\rho_b + \rho' = 0.714 \times 0.0254 + 0.00649 = 0.02462 > \rho(=0.01947)$

∴ 보의 파괴는 인장철근의 항복으로 시작된다.

또는 평형방정식으로부터 a값을 구하고 적합방정식을 이용하여 ε_t를 구하면 인장파괴 여부를 확인할 수도 있다.

(3) 압축철근의 항복여부 검토 (최소철근비 검토)

철근의 항복변형률은 $\varepsilon_y = \dfrac{f_y}{E_s} = \dfrac{400}{2.0 \times 10^5} = 0.002$이고

식 (3.32)로부터 압축철근이 항복하기 위한 철근비는 다음과 같다.

$$\overline{\rho_{\min}} = \frac{\eta(0.85f_{ck})\beta_1}{f_y}\frac{d'}{d}\frac{\varepsilon_c}{\varepsilon_c - \varepsilon_y} + \rho' = \frac{1 \times 0.85 \times 24 \times 0.80}{400} \times \frac{60}{90} \times \frac{0.0033}{0.0033 - 0.002} + 0.00649$$
$$= 0.0159$$

∴ $\rho(=0.01947) > \bar{\rho}_{\min}$

따라서 압축철근이 항복한다.

또는 평형방정식으로부터 a값을 구하고 적합방정식을 이용하여 $\varepsilon_s{}'$를 구하여 ε_y와 비교하면 압축철근의 항복 여부를 확인할 수 있다. 즉,

$$a = \frac{(A_s - A_s{}')f_y}{\eta(0.85f_{ck})b} = \frac{(3854.4 - 1284.8) \times 400}{1 \times 0.85 \times 24 \times 300} = 167.9mm$$

$$c = \frac{a}{\beta_1} = \frac{167.9}{0.8} = 209.9mm$$

그림 3-16의 변형률도로부터

$$\varepsilon_s{}' = \left(\frac{c-d'}{c}\right)\varepsilon_c = \left(\frac{209.9 - 60}{209.9}\right)0.0033 = 0.002356 > \varepsilon_y\left(= \frac{f_y}{E_s} = \frac{400}{2.0 \times 10^5} = 0.002\right)$$

이므로 압축철근이 항복한다.

(4) 설계 휨강도 계산

먼저 등가사각형블록의 위치와 중립축의 위치를 계산한다.

$$a = \frac{(A_s - A_s{}')f_y}{0.85f_{ck}b} = \frac{(3854.4 - 1284.8) \times 400}{0.85 \times 24 \times 300} = 167.9\text{ mm}$$

$$c = \frac{a}{\beta_1} = \frac{167.9}{0.80} = 209.9\text{mm}$$

$$M_{n1} = A_s{}' f_y(d - d') = 1284.8 \times 400 \times (660 - 60) = 592{,}062{,}706\text{N} \cdot \text{mm} = 592\text{kN} \cdot \text{m}$$

$$M_{n2} = (A_s - A_s{}')f_y\left(d - \frac{a}{2}\right) = (3854.4 - 1284.8) \times 400 \times \left(660 - \frac{167.9}{2}\right)$$
$$= 308{,}352{,}000\text{N} \cdot \text{mm} = 308\text{kN} \cdot \text{m}$$

순 인장변형률과 강도감소계수를 구하면($d_t = h - d_c = 750 - 60 = 690mm$)

$$\varepsilon_t = \left(\frac{d_t - c}{c}\right)0.0033 = \left(\frac{690 - 209.9}{209.9}\right)0.0033 = 0.00755 > 0.005 \quad \therefore \text{ 인장지배 단면}$$

강도감소계수 $\phi = 0.85$이다.

$$\therefore\ M_d = \phi\left[M_{n1} + M_{n2}\right] = 0.85(592 + 308) = 0.85 \times 900 = 765\,\mathrm{kN \cdot m}$$

(5) KDS 14 20 20에 따른 휨부재의 최소철근량 검토 (균열모멘트 검토)

$$f_r = 0.63\lambda\sqrt{f_{ck}} = 0.63 \times 1.0 \times \sqrt{24} = 3.1\mathrm{MPa}$$

$$I_g = \frac{bh^3}{12} = \frac{300 \times 750^3}{12} = 10{,}547 \times 10^6\mathrm{mm}^4$$

$$y_t = h/2 = 750/2 = 375\mathrm{mm}$$

$$M_{cr} = f_r\frac{I_g}{y_t} = \frac{3.1 \times 10{,}547 \times 10^6}{375} = 87.2 \times 10^6\mathrm{N \cdot mm} = 87.2\mathrm{kN \cdot m}$$

$$\phi M_n = 765\mathrm{kN} \cdot m \geq 1.2M_{cr} = 1.2 \times 87.2 = 104.6\mathrm{kN \cdot m} \quad \therefore \mathrm{O.K.}$$

3.3.4 복철근 직사각형 보의 설계

설계시 주어지는 조건에 의해 단면의 폭과 유효깊이가 제한을 받아 단철근보의 형태로는 배근가능한 최대철근비($\rho_{\max}$)까지 배근해도 소요되는 휨강도를 얻을 수 없는 경우 압축철근을 배근하여 추가적인 강도를 확보할 수 있다. 다음 설계예제는 단면의 폭 b와 유효깊이 d가 미리 결정된 경우에 적절한 철근량을 결정하는 문제를 통해 복철근보의 설계과정을 알아본다.

예제 3.14

건물 내에 설치되는 보의 한 단면에 작용하는 모멘트가 고정하중(자중 포함)에 의한 것이 $M_D = 300\mathrm{kN \cdot m}$, 활하중에 의한 것이 $M_L = 150\mathrm{kN \cdot m}$일 때, 소요철근량을 구하시오. 단, 보가 놓이는 설계조건에 따라 보의 단면은 폭이 $400\,\mathrm{mm}$, 높이가 $600\,\mathrm{mm}$로 제한되며, $f_{ck} = 28\mathrm{MPa}$, $f_y = 400\mathrm{MPa}$을 사용하고, 보에는 수직스터럽(D13)이 배근된다.

풀이

(1) 소요휨강도 M_u를 구한다.

$$M_u = 1.2M_D + 1.6M_L = 1.2 \times 300 + 1.6 \times 150 = 600\,\mathrm{kN \cdot m}$$

(2) 단철근보로 설계해도 되는지를 검토한다.

피복두께, 전단보강철근 등을 고려하여 유효깊이 d를 다음과 같이 가정한다.

$d = 600 - 100 = 500\,\text{mm}$

단철근보일 경우, 먼저 주어진 단면에 배근할 수 있는 인장철근의 최대철근비로서 인장지배단면의 한계인 $\varepsilon_t = 0.005$를 가정해서 검토해본다. (또는 표 3-1에 따라 $\rho_{\max} = 0.625\,\rho_b$ 로 구할 수도 있다)

균형철근비는

$$\rho_b = \frac{\eta(0.85 f_{ck})\beta_1}{f_y}\,\frac{660}{660 + f_y} = \frac{1 \times 0.85 \times 28 \times 0.80}{400} \times \frac{660}{660 + 400} = 0.02964 \text{이고,}$$

$$\rho_{\max} = \frac{\eta(0.85 f_{ck})\beta_1}{f_y}\,\frac{\varepsilon_c}{\varepsilon_c + \varepsilon_t} = \frac{1 \times 0.85 \times 28 \times 0.80}{400}\,\frac{0.0033}{0.0033 + 0.005} = 0.01893$$

따라서 단철근보로 설계할 경우 단면에 배근할 수 있는 최대철근량은 다음과 같다.

$A_{s,\max} = \rho_{\max}\, bd = 0.01893 \times 400 \times 500 = 3786\ \text{mm}^2$

최대철근량을 배근한 단철근보의 설계 휨강도 $M_{d,single}$과 소요휨강도 M_u를 비교해 단철근보로 설계해도 되는지를 검토한다.

$$a = \frac{A_{s,\max} f_y}{\eta(0.85 f_{ck})\, b} = \frac{3786 \times 400}{1 \times 0.85 \times 28 \times 400} = 159\,\text{mm}$$

$$M_{d,single} = \phi A_{s,\max} f_y \left(d - \frac{a}{2}\right) = 0.85 \times 3786 \times 400 \times \left(500 - \frac{159}{2}\right) = 541{,}284{,}420\ \text{N} \cdot \text{mm}$$

$$= 541\ \text{kN} \cdot \text{m}$$

$M_{d,single} < M_u (= 600\,\text{kN} \cdot \text{m})$ $\therefore$ 부적합하다.

따라서 주어진 단면을 복철근보로 설계해야 한다.

(3) 보가 저항해야 할 추가적인 설계 휨강도 M_{u1}을 구한다.

복철근보가 가져야 될 설계 휨강도 $M_u = 600\,\text{kN} \cdot \text{m}$ 이고, 단면에 압축철근 없이 인장철근으로 $A_{s2} = A_{s,\max} = 3786\,\text{mm}^2$만을 배근했을 때의 단면의 설계 휨강도 M_{u2}는 다음과 같다.

$M_{u2} = M_{d,single} = 541\ \text{kN} \cdot \text{m}$

따라서 추가로 더 배근해야 할 인장철근 A_{s1}과 압축철근 $A_s{}'$이 부담해야될 설계 휨강도 M_{u1}은 다음과 같이 구해진다.

$M_{u1} = M_u - M_{u2} = 600 - 541 = 59\ \text{kN} \cdot \text{m}$

(4) 압축철근량 $A_s{}'$를 구한다.

압축철근의 도심에서 압축측 상단까지의 거리는 $d' = 60\text{mm}$로 가정한다. 보가 파괴될 때 압축철근이 항복한다고 가정하면, 추가로 더 배근되어야 할 압축철근량 $A_s{}'$는 다음과 같이 구해진다.

$$A_s{}' = \frac{M_{u1}}{\phi f_y (d - d')} = \frac{58 \times 10^6}{0.85 \times 400 \times (500 - 60)} = 388\text{mm}^2$$

(또는 표 3-3으로부터 압축철근이 항복하기 위한 최소유효깊이가 480mm 인데 설계 중인 보의 유효깊이가 500mm이므로 압축철근이 항복했다는 가정은 타당하다.)

(5) 인장철근량 A_s를 구한다.

압축철근이 항복한다고 가정했으므로 추가해야 할 인장철근량은 $A_{s1} = A_s'$이다.

그러므로 총인장철근량 A_s는 다음과 같다.

$A_s = A_{s1} + A_{s2} = 388 + 3786 = 4174\text{mm}^2$

이제 계산된 철근량으로부터 철근의 직경을 결정한다.

인장철근 : 8－D29 $(=5139.2\text{mm}^2)$ (2단 배치)

압축철근 : 2－D29 $(=1284.8\text{mm}^2)$

(6) 최대철근비를 검토한다.

인장철근비 ρ와 압축철근비 ρ'는 다음과 같다.

$$\rho = \frac{A_s}{bd} = \frac{5139.2}{400 \times 500} = 0.02570$$

$$\rho' = \frac{A_s'}{bd} = \frac{1284.8}{400 \times 500} = 0.00642$$

최대철근비를 검토한다.

$$\overline{\rho_{\max}} = \rho_{\max} + \rho' = 0.714\rho_b + \rho'$$
$$= 0.714 \times 0.03035 + 0.001645 = 0.02809 > \rho(=0.02570)$$

∴ 적합하다.

(7) 설계 휨강도를 계산한다.

등가응력사각형의 깊이 a와 중립축의 위치 c를 계산한다.

$$a = \frac{(A_s - A_s')f_y}{\eta(0.85f_{ck})b} = \frac{(5139.2 - 1284.8) \times 400}{1 \times 0.85 \times 28 \times 400} = 162\text{ mm}$$

$$c = \frac{a}{\beta_1} = \frac{162}{0.80} = 202.5\text{mm}$$

순 인장변형률과 강도감소계수를 구하면

$$\varepsilon_t = \left(\frac{d_t - c}{c}\right)0.0033 = \left(\frac{525 - 202.5}{202.5}\right)0.0033 = 0.00525 > 0.005 \quad \therefore \text{ 인장지배 단면}$$

강도감소계수 $\phi = 0.85$이다.

$$\therefore M_d = \phi\left[A_s' f_y(d - d') + (A_s - A_s')f_y\left(d - \frac{a}{2}\right)\right]$$
$$= 0.85\left[1284.8 \times 400(500 - 60) + (5139.2 - 1248.8) \times 400\left(500 - \frac{162}{2}\right)\right]$$
$$= 741{,}303{,}904\text{N} \cdot \text{mm} = 741\text{kN} \cdot \text{m}$$

$$\therefore M_d > M_u(= 600\text{kN} \cdot \text{m})$$

(8) KDS 14 20 20에 따른 휨부재의 최소철근량 검토 (균열모멘트 검토)

$$f_r = 0.63\lambda\sqrt{f_{ck}} = 0.63 \times 1.0 \times \sqrt{28} = 3.3\text{MPa}$$

$$I_g = \frac{bh^3}{12} = \frac{400 \times 600^3}{12} = 7{,}200 \times 10^6 \mathrm{mm}^4$$

$$y_t = h/2 = 600/2 = 300\mathrm{mm}$$

$$M_{cr} = f_r \frac{I_g}{y_t} = \frac{3.3 \times 7{,}200 \times 10^6}{300} = 79.2 \times 10^6 \mathrm{N \cdot mm} = 79.2\mathrm{kN \cdot m}$$

$$\phi M_n = 741\mathrm{kN} \cdot m \geq 1.2 M_{cr} = 1.2 \times 79.2 = 95.4\mathrm{kN \cdot m} \quad \therefore O.K.$$

3.4 T형보

보와 슬래브가 일체로 시공된 구조물에서는 슬래브(slab)의 일부가 보의 상부와 함께 휨에 의한 압축응력을 받아 슬래브와 보는 T형으로 된 하나의 보로 거동한다. 이러한 보를 T형보 또는 T형 단면보라 하는데, 그림 3-18에서와 같이 슬래브 부분을 플랜지(flange), 그 아래 부분을 복부(web)라 부른다. T형 단면의 플랜지와 복부의 경계면에는 응력집중을 완화시키기 위해 헌치(haunch)를 두는 경우가 많으나 부재를 해석하거나 설계할 때에는 보통 헌치의 영향을 무시한다.

T형보는 플랜지의 폭(또는 면적)이 일반적으로 크기 때문에 정(+)의 모멘트가 작용할 때 압축측 콘크리트가 부담할 수 있는 압축력도 크다. 따라서 압축철근이 필요 없는 경우도 많지만 압축철근이 필요한 경우에는 복철근보와 동일한 방법으로 단면을 설계할 수 있다. T형보에서는 압축을 부담하는 콘크리트의 면적이 크고 연성거동 확보를 위해 인장철근량이 제한되기 때문에 중립축이 플랜지 내에 위치하는 경우가 많은데, 이 경우 단철근 직사각형보와 동일한 방법으로 설계할 수 있다.

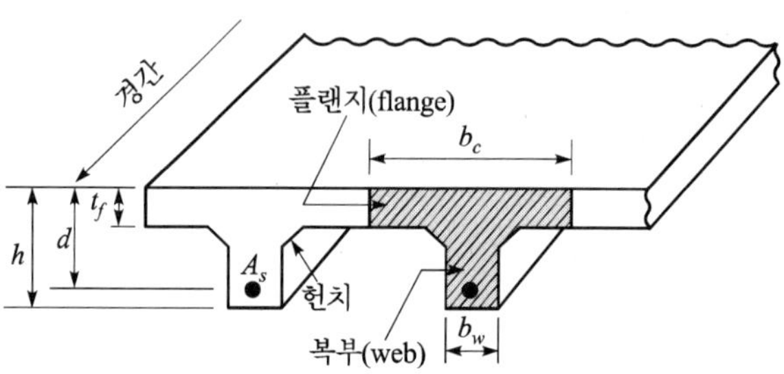

그림 3-18 T형보

3.4.1 플랜지의 유효폭

T형보에서 플랜지의 폭이 매우 크면, 그림 3-19(b)에서 보듯이 플랜지에 작용하는 압축 응력은 복부의 상부쪽에서 최대이고 복부의 상부로부터 멀어 질수록 포물선 형태로 감소하는 것으로 알려져 있다. 이러한 응력분포를 설계에 그대로 적용하려면 계산이 매우 복잡해서 실용적이지 못하다. 따라서 적당한 크기의 폭에 균등한 응력($\eta(0.85f_{ck})$)이 작용하는 것으로 가정하여 설계하며, 이와 같은 플랜지의 폭을 플랜지의 유효폭이라 부른다.

그림 3-20에는 대칭 T형보와 비대칭 T형보의 형상을 보여준다. t_f를 플랜지의 두께, b_w를 복부의 폭이라고 할 때, 구조기준에서는 슬래브와 보가 일체로 타설된 T형보의 플랜지의 유효폭 b를 표 3-6과 같이 결정하도록 하고 있다.

표 3-6 T형보의 유효폭

(1) 대칭 T형 단면의 유효폭 b	(2) 비대칭 T형 단면의 유효폭 b
다음 세 값 중에서 작은 값이다. ① (플랜지 두께 16배) + b_w ② 양쪽 슬래브의 중심간 거리 ③ 보의 경간의 1/4	다음 세 값 중에서 작은 값이다. ① (한쪽으로 내민 플랜지 두께 6배) + b_w ② (보의 경간의 1/12)+ b_w ③ (인접한 보와의 내측 거리의 1/2) + b_w

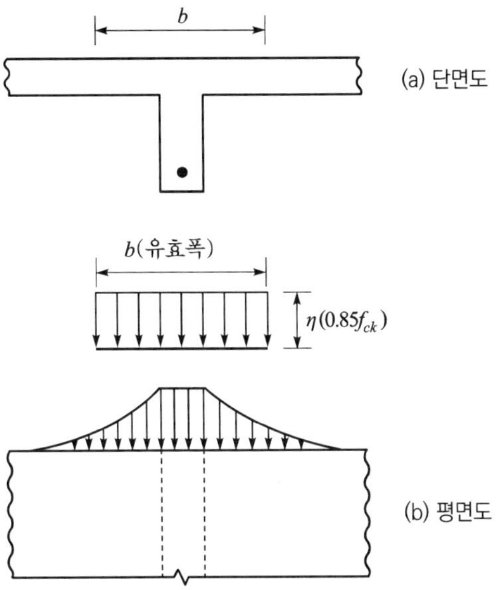

그림 3-19 T형보의 압축응력 분포

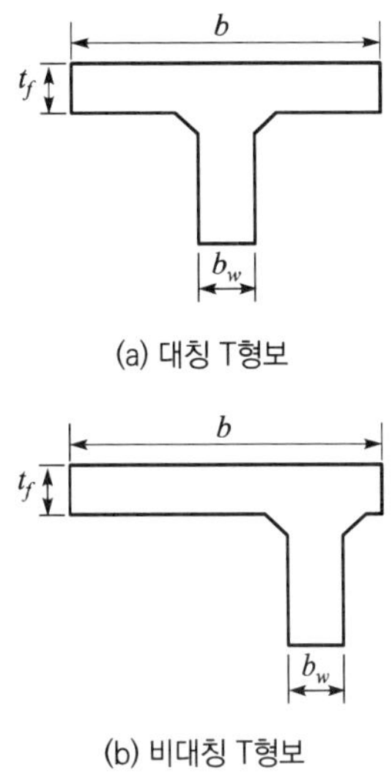

그림 3-20 T형보의 대칭과 유효폭

예제 3.15

보의 경간 $l = 10\,\mathrm{m}$ 이고, 양쪽 슬래브의 중심간 거리가 $2\mathrm{m}$ 인 대칭 T형보의 플랜지의 유효폭을 구하시오(단, 플랜지의 두께 $t_f = 100\,\mathrm{mm}$, 복부의 폭 $b_w = 500\,\mathrm{mm}$ 이다.).

풀이

대칭 T형보의 플랜지의 유효폭 b 는 다음 세 가지 값 중에서 가장 작은 값이다.

$16t_f + b_w = 16 \times 100 + 500 = 2100\,\mathrm{mm}$

양쪽 슬래브의 중심간 거리 $= 2\mathrm{m} = 2000\mathrm{mm}$

보의 경간의 $\frac{1}{4} = 10 \times \frac{1}{4} = 2.5\,\mathrm{m} = 2500\mathrm{mm}$

따라서, 플랜지의 유효폭은 $b = 2000\,\mathrm{mm}$ 이다.

3.4.2 T형보 단면의 판별

T형보는 압축응력이 작용하는 깊이에 따라 T형보로 해석하기도 하고, 직사각형보로 해석하기도 한다. T형 단면이 정(+)의 휨모멘트를 받을 때, 그림 3-21(a)와 같이 중립축이 플랜지 안에 있으면 단면을 폭 b인 직사각형 단면으로 계산할 수 있지만, 그림 3-21(b)와 같이 중립축이 복부에 놓이면 압축을 받는 콘크리트 단면의 형상이 T형이 되어 T형 단면으로 계산해야 한다. 그림 3-21(c)와 같이 부(−)의 모멘트를 받는 경우에는 중립축이 복부에 있을 때 폭이 b_w 인 직사각형 단면으로 계산하면 된다.

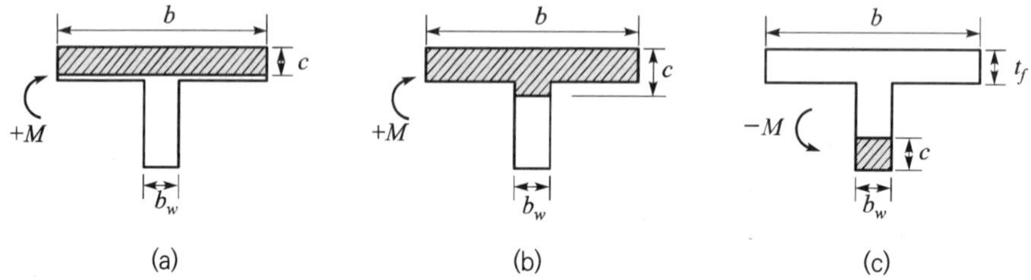

그림 3-21 T형단면의 판별

T형 단면으로 계산할 것인지 직사각형 단면으로 계산할 것인지의 판별은 등가응력사각형의 깊이 a를 이용한다. T형 단면의 플랜지 전체에 압축력이 작용하는 것으로 가정하면 인장력과 함께 평형방정식을 만족하므로 식 (3.51)과 같이 등가응력 사각형의 깊이 a를 계산할 수 있다.

$$\eta(0.85 f_{ck})ab - f_y A_s = 0$$

$$a = \frac{A_s f_y}{\eta(0.85 f_{ck}) b} \tag{3.53}$$

이렇게 구해진 a 값이 플랜지 두께 t_f보다 작거나 같으면, b를 폭으로 하는 직사각형 단철근보와 동일한 방법으로 계산하고, 만약 a가 플랜지 두께 t_f보다 크면, T형 단면으로 계산한다.

한편, 보다 실용적인 방법으로서 플랜지가 부담하는 압축력과 인장철근이 부담하는 인장력의 크기를 비교하여 T형 단면의 여부를 판별할 수도 있다. 즉, 플랜지의 압축력이 인장력보다 커서 $\eta(0.85 f_{ck}) t_f b \geq A_s f_y$이면, b를 폭으로 하는 직사각형단면으로 계산한다. 그러나 플랜지의 압축력이 인장력보다 작아서 $\eta(0.85 f_{ck}) t_f b < A_s f_y$이면, 플랜지에 작용하는 압축력만으로는 철근의 인장력을 모두 받을 수 없으므로 추가적인 압축단면(또는 압축력)이 필요하게 되어 $a > t_f$가 되고 T형 단면으로 계산해야 한다.

예제 3.16

다음과 같은 조건으로 된 T형 보의 설계 휨강도를 구할 때, 직사각형보로 보고 계산해도 되는지 판별하시오.

$b = 800\,\text{mm}$, $d = 450\,\text{mm}$,

$t_f = 120\,\text{mm}$, $b_w = 300\,\text{mm}$,

$A_s = 3177\,\text{mm}^2 (4 - \text{D}32)$,

$f_{ck} = 21\text{MPa}$, $f_y = 400\text{MPa}$

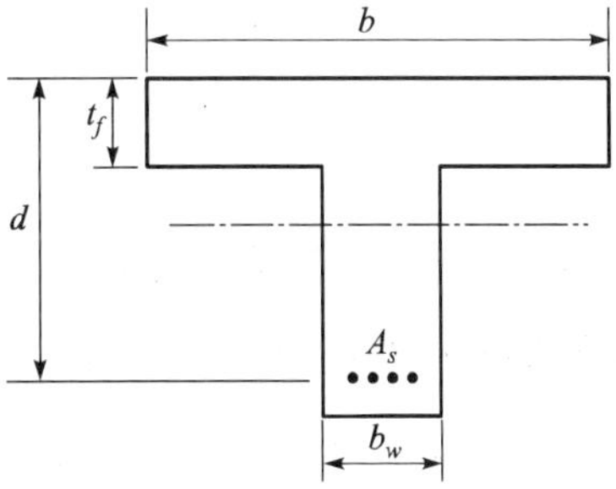

그림 3-22

풀이

단면의 폭이 b인 직사각형 단면으로 가정하고 등가응력사각형의 깊이 a를 구한다.

$$a = \frac{A_s f_y}{\eta(0.85 f_{ck}) b} = \frac{3177 \times 400}{1 \times 0.85 \times 21 \times 800}$$

$$= 89\text{mm} < t_f (120\text{mm})$$

플랜지의 두께와 비교하면, $a \leq t_f$이므로 플랜지의 폭 b를 폭으로 하는 직사각형단면으로 보고 설계 휨강도를 계산한다.

또는, 플랜지의 압축력과 철근의 인장력을 다음과 같이 계산한다.

$\eta(0.85 f_{ck}) t_f b = 1 \times 0.85 \times 21 \times 120 \times 800 = 1{,}713{,}600\,\text{N} \cdot \text{mm}$

$A_s f_y = 3177 \times 400 = 1{,}270{,}800\,\text{N} \cdot \text{mm}$

따라서 $\eta(0.85 f_{ck}) t_f b \geq A_s f_y$ 이므로 직사각형단면으로 보고 설계 휨강도를 구한다.

3.4.3 T형보의 설계 휨강도

중립축이 복부에 있어 T형 단면으로 고려해야 하는 경우 설계 휨강도를 계산하는 방법을 알아본다. 공칭휨강도의 계산을 편리하게 하기 위해 그림 3-23과 같이 T형보의 플랜지는 내민부분과 복부부분으로 나누고, 인장철근량(A_s)도 플랜지의 내민부분에 상응하는 철근량(A_{sf})와 복부부분에 상응하는 철근량(A_{sw})로 나누게 되면, 그림 3-23(b), 3-23(c)와 같이 두 개의 보로 나누어 생각할 수 있다.

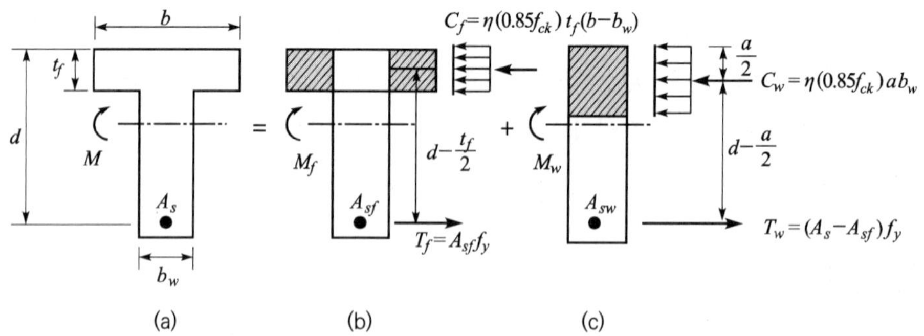

그림 3-23 단철근 T형보의 해석 개념

플랜지의 내민 부분에 상응하는 인장철근량 A_{sf}는 힘의 평형방정식 $C_f - T_f = 0$로부터 다음과 같이 쉽게 계산할 수 있다.

$$\eta(0.85f_{ck})t_f(b-b_w) - A_{sf}f_y = 0$$

$$A_{sf} = \frac{\eta(0.85f_{ck})t_f(b-b_w)}{f_y} \tag{3.54}$$

이때, 인장철근은 항복하는 것으로 가정했으므로 복부부분에 상응하는 철근량 $(A_s - A_{sf})$도 간단하게 계산된다. 따라서 그림 3-23(b)의 플랜지의 내민부분과 이에 상응하는 A_{sf}가 부담하는 공칭휨강도 M_{nf}는 다음과 같다.

$$M_{nf} = A_{sf}f_y\left(d - \frac{t_f}{2}\right) \tag{3.55}$$

이제, 전체 T형보 단면에서 플랜지 내민부분과 A_{sf}를 제외한 나머지 복부에 대한 직사각형 단면에 대해서도 평형방정식($C_w - T_w = 0$)이 성립하므로 그림 3-23(c)에서 보는 것과 같이 등가응력 사각형의 깊이 a를 다음 식으로 구할 수 있다.

$$\eta(0.85f_{ck})ab_w - (A_s - A_{sf})f_y = 0$$

$$a = \frac{(A_s - A_{sf})f_y}{\eta(0.85f_{ck})b_w} \tag{3.56}$$

그러면 그림 3-23(c)에 주어진 복부단면이 부담하는 공칭휨강도 M_{nw}는 다음과 같다.

$$M_{nw} = (A_s - A_{sf})f_y\left(d - \frac{a}{2}\right) \tag{3.57}$$

T형 단면 전체의 공칭휨강도 $M_n(= M_{nf} + M_{nw})$은

$$M_n = A_{sf}f_y\left(d - \frac{t_f}{2}\right) + (A_s - A_{sf})f_y\left(d - \frac{a}{2}\right) \tag{3.58}$$

이고, 설계 휨강도 M_d는 다음과 같이 계산할 수 있다.

$$M_d = \phi M_n = \phi\left[A_{sf}f_y\left(d - \frac{t_f}{2}\right) + (A_s - A_{sf})f_y\left(d - \frac{a}{2}\right)\right] \tag{3.59}$$

여기서, 식 (3.54)에서 구한 a 값에서 중립축 깊이 $c(= a/\beta_1)$가 얻어지고, 식 (3.12)처럼 적합방정식을 수립하여 최외단 철근의 순 인장변형률(ε_t)를 구할 수 있으므로 강도감소계수 값을 쉽게 결정할 수 있다. 결과적으로 플랜지 내민부분에 대한 평형방정식으로부터 A_{sf}를 구하고 나머지 복부단면에 대한 평형방정식으로부터 a를 구하면 T형보의 설계강도는 쉽게 산정할 수 있다.

예제 3.17

다음과 같은 조건으로 된 T형 보의 설계 휨강도를 구하시오.

$b = 600\,\text{mm},\ d = 550\,\text{mm}\ (d_t = 580\,\text{mm}),$

$t_f = 110\,\text{mm},\ b_w = 280\,\text{mm}$

$A_s = 3854\,\text{mm}^2$ (6 − D 29, 2단 배근)

$f_{ck} = 21\text{MPa},\ f_y = 400\text{MPa}$

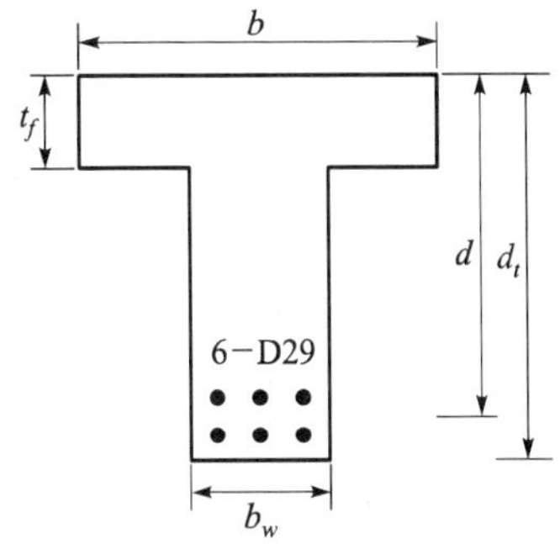

그림 3-24

풀이

단면의 폭이 b인 직사각형 단면이라고 가정하고 등가응력사각형의 깊이 a를 구하여 플랜지의 두께와 비교해 보면,

$$a = \frac{A_s f_y}{\eta(0.85 f_{ck}) b} = \frac{3854 \times 400}{1 \times 0.85 \times 21 \times 600} = 144\text{mm} > t_f (= 110\text{mm})$$

이므로 T형단면으로 보고 그 설계 휨강도를 구해야 한다.

플랜지의 내민 부분과 이에 상응하는 인장철근의 단면적은

$$A_{sf} = \frac{\eta(0.85 f_{ck}) t_f (b - b_w)}{f_y} = \frac{1 \times 0.85 \times 21 \times 110 \times (600 - 280)}{400} = 1570.8\text{mm}^2$$

이고, 복부 부분에 상응하는 인장철근의 단면적은

$$A_s - A_{sf} = 3854 - 1570.8 = 2283.2\text{mm}^2$$

이다. T형 단면의 등가응력사각형의 깊이와 중립축 깊이를 구하면 다음과 같다.

$$a = \frac{(A_s - A_{sf}) f_y}{\eta(0.85 f_{ck}) b_w} = \frac{2283.2 \times 400}{1 \times 0.85 \times 28 \times 280} = 183\text{mm}$$

$$c = \frac{a}{\beta_1} = \frac{183}{0.80} = 228.7\text{mm}$$

$\because f_{ck} \le 40MPa$일 경우, $\beta_1 = 0.80$

또한 압축연단에서 최외단 철근의 중심까지 거리는 $d_t = 550 + 30 = 580\text{mm}$이다.

순 인장변형률과 강도감소계수를 구하면

$$\varepsilon_t = \left(\frac{d_t - c}{c}\right) 0.0033 = \left(\frac{580 - 228.7}{228.7}\right) 0.0033 = 0.00507 > 0.005 \quad \therefore \text{ 인장지배 단면}$$

따라서 강도감소계수 $\phi = 0.85$이다.

설계 휨강도는 다음과 같다.

$$M_d = \phi\left[A_{sf} f_y \left(d - \frac{t_f}{2}\right) + (A_s - A_{sf}) f_y \left(d - \frac{a}{2}\right)\right]$$

$$= 0.85\left[1570.8 \times 400\left(550 - \frac{110}{2}\right) + 2283.2 \times 400\left(550 - \frac{183}{2}\right)\right]$$

$$= 620{,}293{,}688\ \text{N} \cdot \text{mm}$$

$$= 620\ \text{kN} \cdot \text{m}$$

마지막으로 KDS 14 20 20에 따른 휨부재의 최소철근량을 검토한다.(균열모멘트 검토)

$$f_r = 0.63\lambda\sqrt{f_{ck}} = 0.63 \times 1.0 \times \sqrt{21} = 2.9\text{MPa}$$

$$I_g = \frac{bh^3}{12} = \frac{280 \times 580^3}{12} = 4{,}552.6 \times 10^6\text{mm}^4$$

$$y_t = h/2 = 580/2 = 290\text{mm}$$

$$M_{cr} = f_r \frac{I_g}{y_t} = \frac{2.9 \times 4{,}552.6 \times 10^6}{290} = 45.5 \times 10^6\text{N} \cdot \text{mm} = 45.5\text{kN} \cdot \text{m}$$

$$\phi M_n = 620\text{kN} \cdot m \ge 1.2 M_{cr} = 1.2 \times 45.5 = 54.6\text{kN} \cdot \text{m} \quad \therefore \text{O.K.}$$

3.4.4 T형보의 설계

슬래브와 보가 일체로 시공되어 T형 단면이 되는 경우가 일반적이므로 T형보의 플랜지 두께는 보통 슬래브 두께에 의해 결정되고 복부의 폭과 높이 그리고 철근량을 결정하는 것으로 T형보의 설계가 이루어진다. 중립축이 플랜지 내에 있게 되면 플랜지 폭을 단면폭으로 하는 직사각형보와 동일하게 설계한다. 그러나 T형보의 높이가 작거나 여러 가지 이유에 의해 인장철근 배근량이 많아 중립축이 복부까지 내려오는 경우에는 T형보 설계를 해야 한다. 다음 예제를 통해 T형보를 설계하는 과정을 자세히 살펴본다.

예제 3.18

플랜지의 두께 $t_f = 100\text{mm}$, 유효폭 $b = 1400\text{mm}$, 복부의 폭 $b_w = 300\text{mm}$, 유효깊이 $d = 550\text{mm}$인 T형 단면에 계수휨모멘트 $M_u = 1450\text{kN}\cdot\text{m}$가 작용할 때, 필요한 인장철근량을 구하시오. $f_{ck} = 28\text{MPa}$, $f_y = 400\text{MPa}$을 사용한다.

풀이

(1) T형 단면으로 계산해야 되는지 검토한다.

등가압축응력이 플랜지에만 작용한다고 가정했을 때, 즉 $a = t_f$라고 가정했을 때의 설계 휨강도와 소요휨강도를 비교한다. (강도감소계수는 $\phi = 0.85$로 가정)

$$M_d = \phi M_n = \phi(\eta 0.85 f_{ck} t_f b)\left(d - \frac{t_f}{2}\right\}$$

$$= 0.85(1 \times 0.85 \times 28 \times 100 \times 1400)\left(550 - \frac{100}{2}\right)$$

$$= 1416\text{kN}\cdot\text{m} < 1450\text{kN}\cdot\text{m}$$

$\therefore$ T형 단면으로 계산해야 한다.

(2) 플랜지의 내민 부분에 상응하는 인장철근량 A_{sf}를 구한다.

$$A_{sf} = \frac{\eta 0.85 f_{ck} t_f (b - b_w)}{f_y}$$

$$= \frac{1 \times 0.85 \times 28 \times 100 \times (1400 - 300)}{400}$$

$$= 6545\text{mm}^2$$

(3) 플랜지의 내민 부분이 부담하는 설계 휨강도 M_{df}를 구한다.

$$M_{df} = \phi A_{sf} f_y \left(d - \frac{t_f}{2}\right)$$

$$= 0.85 \times 6545 \times 400\left(550 - \frac{100}{2}\right)$$

$$= 1113\text{ kN}\cdot\text{m}$$

(4) 복부 부분이 부담하는 설계 휨강도 M_{dw} 를 구한다.

$M_{dw} = M_u - M_{df} = 1450 - 1113 = 337\ \mathrm{kN \cdot m}$

(5) 복부 부분이 M_{dw} 를 저항하는데 필요한 인장철근량 A_{sw} 를 구한다.

플랜지의 내민 부분을 제외한 복부 부분에 대해서 $A_{sw} f_y = \eta 0.85 f_{ck} a b_w$ 이므로

$M_{dw} = \phi(\eta 0.85 f_{ck} a b_w)\left(d - \dfrac{a}{2}\right)$

위의 식에서 a가 미지수이므로 2차방정식을 풀거나 또는 시산법을 이용하여 철근량 A_{sw}를 구할 수 있다.

① 2차 방정식에 의한 해

$337 \times 10^6 = 0.85 \times (0.85 \times 28 \times a \times 300) \times \left(550 - \dfrac{a}{2}\right)$

정리하면,

$a^2 - 1100a + 111056 = 0$

근의 공식을 이용하여 해를 구한다.

$a = 112.5\ \mathrm{mm}$

$\therefore\ A_{sw} = \dfrac{\eta 0.85 f_{ck} a b_w}{f_y} = \dfrac{1 \times 0.85 \times 28 \times 112.5 \times 300}{400} = 2008\mathrm{mm}^2$

② 시산법에 의한 해

$a = 100\mathrm{mm}$ 로 가정

$A_{sw} = \dfrac{M_{dw}}{\phi f_y\left(d - \dfrac{a}{2}\right)} = \dfrac{337 \times 10^6}{0.85 \times 400 \times \left(550 - \dfrac{100}{2}\right)} = 1982\ \mathrm{mm}^2$

$a = \dfrac{A_{sw} f_y}{\eta 0.85 f_{ck} b_w} = \dfrac{1982 \times 400}{1 \times 0.85 \times 28 \times 300} = 111\mathrm{mm}$

$a = 111\mathrm{mm}$ 로 가정

$A_{sw} = \dfrac{337 \times 10^6}{0.85 \times 400 \times \left(550 - \dfrac{111}{2}\right)} = 2004\mathrm{mm}^2$

$a = \dfrac{2004 \times 400}{1 \times 0.85 \times 28 \times 300} = 112\mathrm{mm}$

가정한 a 값에 충분히 가까운 값이다.

$\therefore\ A_{sw} = 2004\ \mathrm{mm}^2$

(6) 인장철근량 A_s 를 구한다.

$A_s = A_{sf} + A_{sw} = 6545 + 2008 = 8553\ \mathrm{mm}^2$

$12 - \mathrm{D}32(A_s = 9530.4\mathrm{mm}^2)$를 3단으로 배근한다.

(7) 등가응력사각형의 깊이와 중립축의 위치를 계산한다.

$$a=\frac{A_{sw}f_y}{\eta 0.85 f_{ck} b_w}=\frac{(9530.4-6545)\times 400}{1\times 0.85\times 28\times 300}=167\,\text{mm}$$

$$c=\frac{a}{\beta_1}=\frac{167}{0.80}=208.7\,\text{mm}$$

(8) 순 인장변형률과 강도감소계수

최외단 철근의 중심에서 인장측 연단까지의 거리는 75 mm, 수직방향으로 철근 중심간의 간격은 50 mm 이므로

$d_t=550+50=600\,\text{mm}$

$\varepsilon_t=\left(\frac{d_t-c}{c}\right)0.0033=\left(\frac{600-208.7}{208.7}\right)0.0033=0.00618>0.005$ ∴ 인장지배 단면

따라서 강도감소계수 $\phi=0.85$ 이다.

(9) 설계 휨강도

$$\begin{aligned}M_d &= \phi\left[A_{sf}f_y\left(d-\frac{t_f}{2}\right)+A_{sw}f_y\left(d-\frac{a}{2}\right)\right]\\ &= 0.85\left[6545\times 400\times\left(550-\frac{100}{2}\right)+(9530.4-6545)\times 400\times\left(550-\frac{167}{2}\right)\right]\\ &=1{,}586{,}164{,}294\ \text{N}\cdot\text{mm}\\ &=1586\ \text{kN}\cdot\text{m}\end{aligned}$$

(10) KDS 14 20 20에 따른 휨부재의 최소철근량 검토 (균열모멘트 검토)

$$f_r=0.63\lambda\sqrt{f_{ck}}=0.63\times 1.0\times\sqrt{28}=3.3\text{MPa}$$

$$I_g=\frac{bh^3}{12}=\frac{300\times 600^3}{12}=5{,}400\times 10^6\text{mm}^4$$

$$y_t=h/2=600/2=300\text{mm}$$

$$M_{cr}=f_r\frac{I_g}{y_t}=\frac{3.3\times 5{,}400\times 10^6}{300}=59.4\times 10^6\text{N}\cdot\text{mm}=59.4\text{kN}\cdot\text{m}$$

$\phi M_n=1{,}586\text{kN}\cdot\text{m}\geq 1.2M_{cr}=1.2\times 59.4=71.3\text{kN}\cdot\text{m}$ ∴O.K.

연습문제

(1) 휨설계의 기본개념

3-1 콘크리트구조기준에서 휨을 받는 철근콘크리트 보를 해석하는 방법에서 제안하는 (1) 인장지배 단면, 압축지배 단면, 변화구간의 개념, (2) 최소 허용인장변형률, (3) 최대 철근비, (4) 강도감소계수의 적용방법에 대해 설명하시오.

3-2 단철근보, T형 철근보, 복철근보에서 최대철근비와 최소철근비를 두는 이유에 대해 설명하고, 어떤 개념에서 유도되는지 설명하시오.

3-3 연성파괴(ductile failure)와 취성파괴(brittle failure)의 특징과 차이점에 대해 설명(휨과 전단의 차이 그리고 압축파괴와 인장파괴의 차이)하고, 콘크리트구조기준에서 연성을 확보하기 위해 취하고 있는 설계개념에 대해 설명하시오.

3-4 과소철근보(under-reinforced beam), 균형철근보(balanced beam), 과대철근보(over- reinforced beam)의 거동에 대해 설명하고, M_n(공칭 모멘트강도)을 계산하는 방법에 있어서 과소철근보와 과대철근보가 어떻게 다른지 설명하시오.

(2) 단철근보

3-5 단철근 직사각형보에서 철근의 설계기준항복강도 $f_y = 300\mathrm{MPa}$이고, 단면의 유효깊이 $d = 600\mathrm{mm}$이다. 단면이 균형상태일 때의 중립축 거리 c_b를 구하시오.

3-6 단철근 직사각형보에서 $f_{ck} = 21\mathrm{MPa}$, $f_y = 300\mathrm{MPa}$일 때 균형철근비, 최대철근비, 최소철근비를 구하시오.

3-7 단면의 크기가 $b = 300\mathrm{mm}$, $d = 620\mathrm{mm}$인 단철근 직사각형보에 배근할 수 있는 최대 인장철근 단면적은 얼마인가? (단, $f_{ck} = 24\mathrm{MPa}$, $f_y = 300\mathrm{MPa}$)

3-8 $b = 300\mathrm{mm}$, $d = 500\mathrm{mm}$, $A_s = 3 - D\,25 = 1520\mathrm{mm}^2$인 단철근 직사각형 보의 파괴 양상은? (단, $f_{ck} = 24\mathrm{MPa}$, $f_y = 400\mathrm{MPa}$)

3-9 $b = 400\mathrm{mm}$, $d = 650\mathrm{mm}$인 단면의 설계 휨강도 M_d는 얼마인가?
(단, $f_{ck} = 21\mathrm{MPa}$, $f_y = 300\mathrm{MPa}$이고, $A_s = 3180\mathrm{mm}^2$이다.)

3-10 설계 휨강도 $\phi \cdot M_n = 0.35\mathrm{MN \cdot m}$를 받을 수 있는 단철근 직사각형 보의 유효깊이 d는? (단, 철근비 $\rho = 0.0135$, $b = 350\mathrm{mm}$, $f_{ck} = 21\mathrm{MPa}$, $f_y = 300\mathrm{MPa}$)

3-11 단면의 폭 $b = 300\mathrm{mm}$, 유효깊이 $d = 540\mathrm{mm}$인 단철근 직사각형 단면이 소요휨강도 $M_u = 0.208\mathrm{MN \cdot m}$를 견딜 수 있도록 설계하려고 한다. 이때 필요한 철근량을 구하시오. (단, $f_{ck} = 21\mathrm{MPa}$, $f_y = 300\mathrm{MPa}$)

3-12 고정하중 $18\mathrm{kN/m}$, 활하중 $35\mathrm{kN/m}$을 지지해야 하는 지간 $6\mathrm{m}$의 단순교를 단철근 직사각형 단면으로 설계하려고 한다. $f_{ck} = 21\mathrm{MPa}$, $f_y = 300\mathrm{MPa}$ 일 때, 필요한 단면과 휨 철근량을 결정하시오. (단, 피복두께는 $40\mathrm{mm}$로 가정하시오.)

3-13 고정하중 $18\mathrm{kN/m}$, 활하중 $36\mathrm{kN/m}$을 지지해야 하는 지간 $6\mathrm{m}$의 단순거더를 단철근 직사각형 단면으로 설계하려고 한다. 보의 폭 $b = 300\mathrm{mm}$로 제한되어 있고, 현장에 반입해 놓은 철근은 $\mathrm{D}32(A_s = 794.2\mathrm{mm}^2)$ 밖에 없다. $f_{ck} = 24\mathrm{MPa}$, $f_y = 400\mathrm{MPa}$ 일 때, 필요한 단면과 철근량을 결정하시오. (피복두께는 $40\mathrm{mm}$, 전단철근은 D13으로 가정, 유효높이 d, h, 몇 개의 D32 철근이 필요한지 결정)

3-14 국내에서 중소기업을 운영하고 있는 A씨는 최근에 사업을 확장하면서 지방에 갖고 있는 공장을 확장·건축하려는 계획을 하고 있다. 콘크리트 구조물로 계획하고 있는 공장 내부에 제품 생산시 무거운 중량물의 원활한 이동을 위해 기둥사이를 가로지르는 거더에 Hoist를 설치하고자 한다. 건물의 기둥은 충분한 강성을 확보하고 있으며, 기둥 사이의 거리는 $15\mathrm{m}$이다. 레일의 하중은 $1\mathrm{kN/m}$, 크레인을 포함한 철골하중은 총 $30\mathrm{kN}$, 최대인양하중은 $70\mathrm{kN}$이다.

보의 높이와 폭($1.0\mathrm{m}$ 이하, 기둥의 폭 $60\mathrm{cm}$ 고려)을 결정하고, 적절한 휨철근을 설계하시오. 단, $f_{ck} = 24\mathrm{MPa}$, $f_y = 300\mathrm{MPa}$이다.

(3) 복철근보

3-15 복철근 직사각형 보에서 단면의 폭 $b = 200\text{mm}$, $A_s = 2000\text{mm}^2$, $A_s' = 1000\text{mm}^2$, $d = 300\text{mm}$, $d' = 50\text{mm}$, $f_{ck} = 20\text{MPa}$, $f_y = 200\text{MPa}$ 일 때 등가응력사각형의 깊이 a를 구하시오(단, 모든 철근이 항복한다고 가정한다.).

3-16 다음과 같은 조건으로 된 복철근 직사각형 단면의 설계 휨강도를 구하시오.

$b = 280\text{mm}$, $d = 500\text{mm}$, $d' = 50\text{mm}$

$A_s = 5 - \text{D35} = 4790\text{mm}^2$, $A_s' = 2 - \text{D35} = 1916\text{mm}^2$

$f_{ck} = 24\text{MPa}$, $f_y = 300\text{MPa}$

3-17 다음과 같은 조건을 갖는 복철근 보강된 직사각형보(doubly reinforced beam)의 설계 휨강도를 계산하시오.

(1) $b = 300\text{mm}$, $h = 600\text{mm}$, $d = 550\text{mm}$, $d' = 60\text{mm}$,
$A_s = 6 - \text{D25} = 3040\text{mm}^2$, $A'_s = 2 - \text{D22} = 774.2\text{mm}^2$인 직사각형 복철근보
(단, $f_{ck} = 21\text{MPa}$, $f_y = 300\text{MPa}$)

(2) $b = 300\text{mm}$, $h = 600\text{mm}$, $d = 550\text{mm}$, $d' = 60\text{mm}$,
$A_s = 6 - \text{D25} = 3040\text{mm}^2$, $A'_s = 3 - \text{D25} = 1520\text{mm}^2$인 직사각형 복철근보
(단, $f_{ck} = 21\text{MPa}$, $f_y = 300\text{MPa}$)

3-18 $b = 300\text{mm}$, $d = 560\text{mm}$, $h = 600\text{mm}$, $d' = 60\text{mm}$, $A_s = 6 - \text{D}\,29 = 3854\text{mm}^2$, $A'_s = 3 - \text{D25} = 1520\text{mm}^2$인 직사각형 복철근보(doubly reinforced beam)인 복철근 보가 있다. 사하중(자중포함)은 25kN/m, 활하중은 30kN/m일 때, ① 압축철근의 항복여부와 연성파괴 확보 여부를 확인하고, ② 단순교로 놓을 수 있는 최대 지간 L을 계산하시오. (단, $\text{f}_{\text{ck}} = 21\text{MPa}$, $\text{f}_{\text{y}} = 300\text{MPa}$)

(4) T형보

3-19 다음과 같은 조건으로 된 T형보에 대해서 등가응력사각형의 깊이 a를 구하시오.

$b = 800\text{mm}$, $d = 300\text{mm}$, $t_f = 50\text{mm}$, $b_w = 200\text{mm}$,

$A_s = 2000\text{mm}^2$, $f_{ck} = 20\text{MPa}$, $f_y = 420\text{MPa}$

3-20 다음과 같은 조건으로 된 T형보의 설계 휨강도를 계산하시오.

$b = 1000\text{mm}$, $d = 600\text{mm}$, $t_f = 70\text{mm}$, $b_w = 300\text{mm}$, $A_s = 4000\text{mm}^2$,

$f_{ck} = 21\text{MPa}$, $f_y = 300\text{MPa}$

3-21 다음과 같은 T형보의 설계 휨강도를 계산하시오.

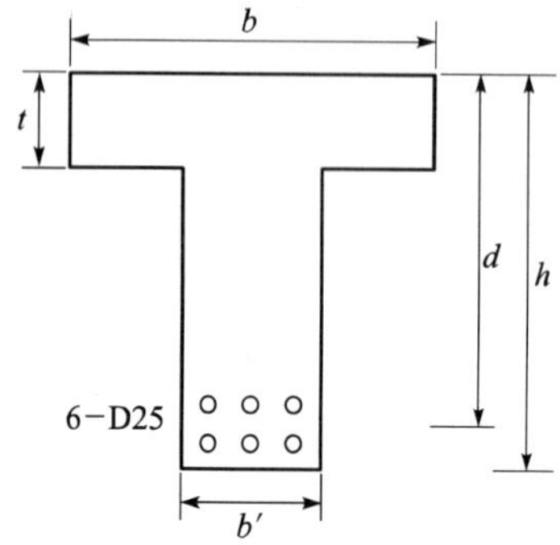

- $b = 500\text{mm}$ (복부폭 $b' = 250\text{mm}$)
- $t = 125\text{mm}$
- $d = 610\text{mm}$
- $h = 700\text{mm}$ ($d_t = 40\text{mm}$ 가정)
- $A_s = 6 - \text{D}\,25 = 3040\text{mm}^2$
- $f_{ck} = 21\text{MPa}$, $f_y = 400\text{MPa}$

(5) 직사각형이 아닌 단면으로 된 보

3-22 다음 그림과 같은 보의 단면에 계수모멘트 $M_u = 0.25\,\mathrm{MN \cdot m}$가 작용할 때 소요인장철근량을 구하시오.
단, $f_{ck} = 24\mathrm{MPa}$, $f_y = 350\mathrm{MPa}$이다.

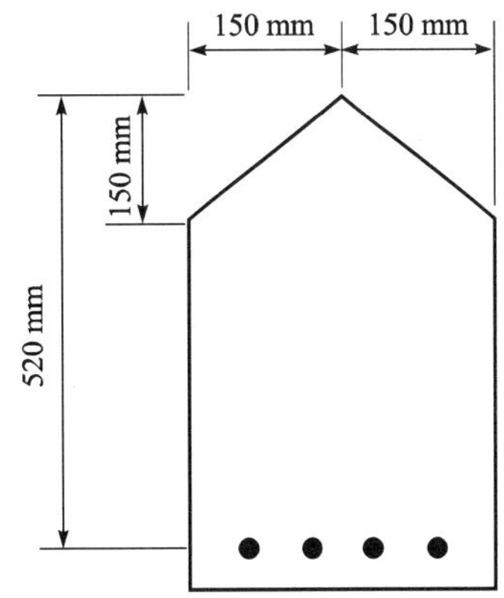

3-23 다음 그림과 같은 보의 설계 휨강도를 구하시오.
($f_{ck} = 24\mathrm{MPa}$, $f_y = 350\mathrm{MPa}$)

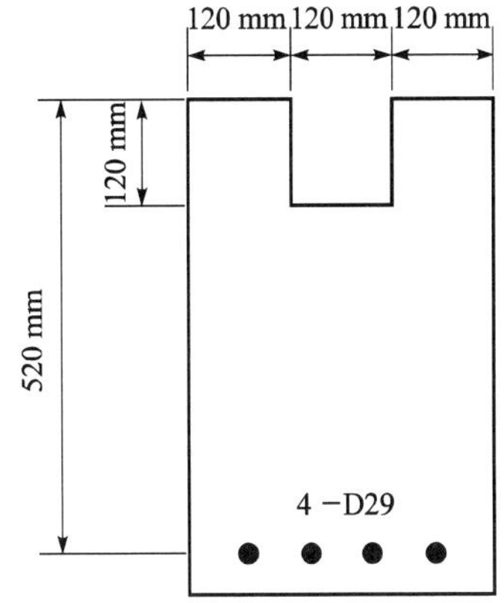

3-24 다음 그림과 같은 보의 설계 휨강도를 구하시오.
($f_{ck} = 28\mathrm{MPa}$, $f_y = 400\mathrm{MPa}$)

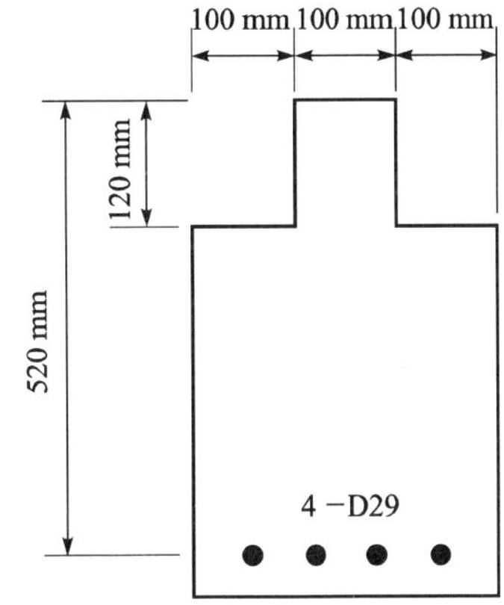

CHAPTER

04 보의 전단설계

4.1 서론

[1] 전단에 대한 설계원리

이 단원을 시작하기 전에 강도설계법의 전단에 대한 설계원리를 단순지지된 보를 예로 들어 설명하기로 한다. 그림 4-1(a)는 상부에 등분포하중을 받고 있는 단순보를 나타낸 것이며, 그림 4-1(b)는 작용하는 사용하중에 하중계수와 하중조합을 고려하여 구한 계수하중을 보에 작용시켰을 때 보가 받는 계수전단력을 나타낸 것이다. 보가 파괴되지 않고 안전하게 사용될 수 있기 위해서는 보의 모든 단면은 그 단면에 작용하는 휨모멘트 뿐만 아니라 전단력에도 충분히 견딜 수 있어야 한다.

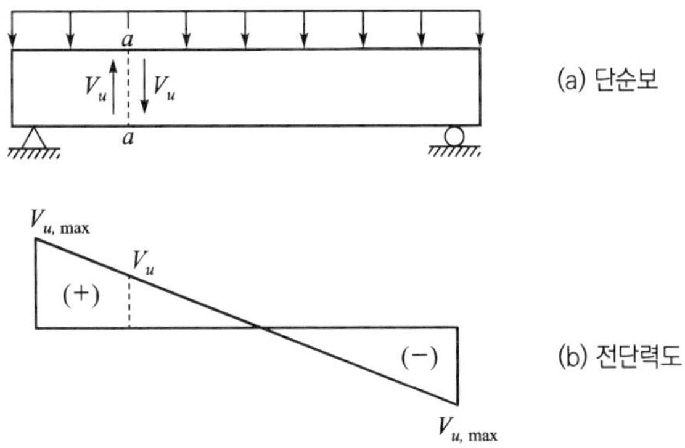

그림 4-1 휨을 받는 단순보의 전단력 분포

따라서 그림 4-1(a)의 단면 a ~ a는 계수하중에 의해 단면에 작용하는 계수전단력(factored shear) V_u에 견딜 수 있는 설계강도 V_d를 가져야 하며, 단면 a ~ a뿐만 아니라 보의 모든 단면이 이와 같이 되도록 설계되어야 한다.

철근콘크리트 보의 경우에는 전단에 저항하기 위해 전단철근을 배치하는 경우가 대부분이므로 공칭전단강도 V_n은 콘크리트가 부담하는 전단강도 V_c와 전단철근이 부담하는 전단강도 V_s의 합으로 구해진다.

전단에 대한 설계원칙

$$V_d = \phi V_n = \phi(V_c + V_s) \geq V_u \tag{4.1}$$

V_d는 설계전단강도, V_n은 공칭전단강도이며, V_c는 콘크리트가 부담하는 전단강도, V_s는 전단철근이 부담하는 전단강도이고, V_u는 계수전단력이다. 그리고 전단에 대한 강도감소계수 $\phi = 0.75$이다.

단순보일 경우에는 상부에 등분포하중이 작용하면, 보의 지점 부근에서 최대의 전단력을 받게 되므로 등분포인 계수하중이 작용할 경우에는 보의 지점 부근에서 최대의 계수전단력 $V_{u,\max}$를 받게 된다. 따라서 만일 단순보가 길이방향에 수직인 모든 단면이 동일하게 만들어진다면, 이 보의 모든 단면은 $V_{u,\max}$에 견딜 수 있도록 설계하면 된다.

이 단원에서 다루어지는 설계에 대한 식들은 시험의 결과로 얻어진 것이 대부분인데, 그것은 과도한 전단력이 작용할 때 철근콘크리트 보가 파괴되면서 나타내는 거동이 매우 복잡하기 때문이다. 따라서 전단에 대한 설계는 아직 많은 부분을 시험의 결과에 토대를 두고 있다.

[2] 사인장응력

철근콘크리트 보에 발생하는 응력의 분포와 균열에 대한 이해가 전단설계의 토대를 이루고 있으므로 이에 대해 알아보기로 한다. 먼저 철근콘크리트 보의 단면에 작용하는 전단응력의 분포에 대해 알아보자.

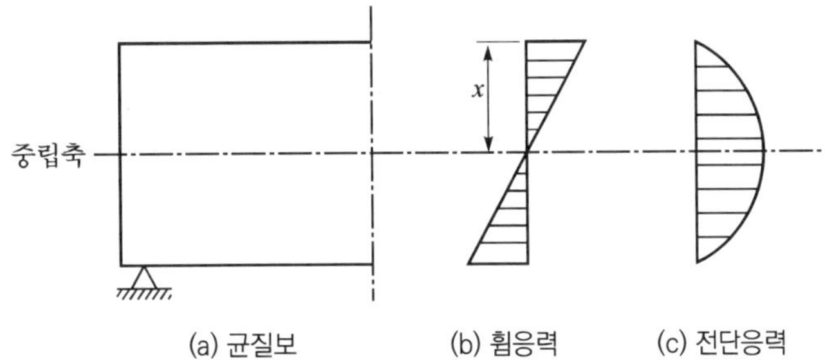

그림 4-2 균질보의 휨응력과 전단응력 분포

그림 4-2는 탄성거동을 하는 균질보의[43] 단면에 작용하는 전단응력의 분포를 나타낸 것인데, 그림 4-3(c)에 나타낸 것처럼 철근콘크리트 보의 단면에 작용하는 전단응력의 분포는 균질보의 경우와는 다르다.

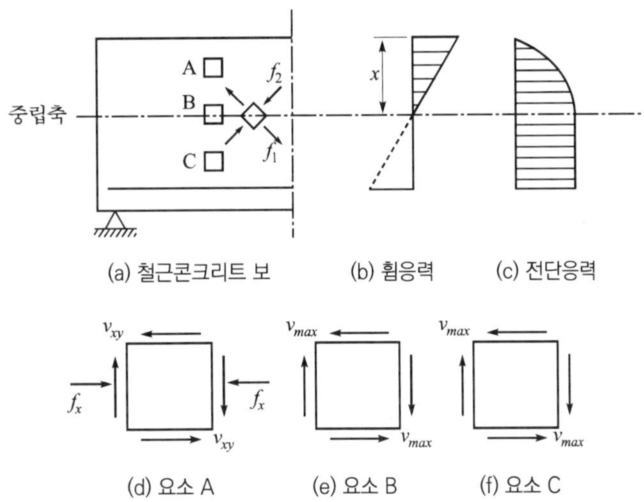

그림 4-3 철근콘크리트 보의 위치별 작용 전단응력

그림 4-3(a)에서 중립축의 위쪽, 즉 압축측에서 작용하는 전단응력의 분포는 철근콘크리트보가 탄성영역에서 거동하고 있는 상태일 때에는 균질보의 경우와 같다고 볼 수 있다. 그러나 보통의 사용상태에 있는 철근콘크리트 보는 균열이 발생하는 것이 대부분이기 때문에 중립축의 아래쪽에 작용하는 전단응력의 분포는 균질보의 경우와는 달라진다. 철근콘크

43) 균질(均質, homogeneity)은 일정한 상태에서 그 성분, 성질 등이 고루 같은 것을 뜻한다. 즉, 하나의 물질에서 어느 부분을 취하여도 성분이나 특성이 일정한 것이다.

리트보의 인장측에 균열이 발생하였다고 하면, 인장측에 있는 미소요소에 작용하는 수직응력은 $f_x = f_y = 0$이 되므로 인장측에서의 주응력과 최대 전단응력은 다음과 같이 되고,

$$f_1 = v_{xy}$$

$$f_2 = -v_{xy}$$

$$v_{\max} = v_{xy}$$

주응력이 작용하는 면의 기울기는 다음과 같이 된다.[44)]

$$\tan 2\theta = \frac{2v_{xy}}{0} = \infty$$

$$\therefore\ \theta = 45°\ \text{또는}\ 135°$$

그러므로 철근콘크리트 보가 보통의 사용상태에 있을 때, 보의 인장측에 발생하는 주응력의 크기는 전단응력과 같고, 중립축에 대해 45°의 경사로 작용한다. 그리고 그림 4-3(a)에 나타낸 것처럼 45°경사로 인장응력이 작용한다고 하여 이것을 사인장응력(diagonal tension stress)이라 부른다.

직사각형 단면을 가진 단철근보에 작용하는 최대 전단응력($v_{\max}$)은 다음 식[45)]으로 구할 수 있으며, 중립축 이하에 균등하게 분포된다.

---

44) 탄성거동을 하는 미소사각형요소에 작용하는 수직응력을 f_x, f_y, 전단응력을 v_{xy}라 하면, 이 때의 최대·최소 주응력 f_1, f_2와 그 작용면의 기울기는 다음과 같고,

$$f_1 = \frac{f_x + f_y}{2} + \sqrt{\left(\frac{f_x - f_y}{2}\right)^2 + (v_{xy})^2}$$

$$f_2 = \frac{f_x + f_y}{2} - \sqrt{\left(\frac{f_x - f_y}{2}\right)^2 + (v_{xy})^2}$$

$$\tan 2\theta_p = \frac{2v_{xy}}{f_x - f_y}$$

최대전단응력은 다음과 같다.

$$v_{\max} = \sqrt{\left(\frac{f_x - f_y}{2}\right)^2 + (v_{xy})^2}$$

$$\cot 2\theta_s = -\frac{2v_{xy}}{f_x - f_y}$$

위의 식에 $f_x = f_y = 0$을 대입하면 본문의 결과가 얻어진다.

45) 식에 관한 상세한 내용은 재료역학 교재를 참고하기 바란다.

$$v_{max} = \frac{VQ}{bI}$$

여기서, $Q = (bx)\left(\frac{x}{2}\right)$ (단면1차모멘트)

$$I = I_{cr} = \frac{bx^3}{3} + nA_s(d-x)^2 \text{ (단면2차모멘트)}$$

압축측 상단으로부터 중립축까지의 거리x는 중립축에 대해 단면1차모멘트를 취한 다음 식으로 구한다.

$$(bx)\left(\frac{x}{2}\right) - nA_s(d-x) = 0$$

[3] 사인장 균열

철근콘크리트 보는 사인장응력에 의해 그림 4-4에 나타낸 것과 같이 복부전단균열과 휨전단균열로 구분되는 두 가지 형태의 사인장균열이 발생한다.

복부전단균열(web shear crack)은 지점에 가까운 중립축 부근에서와 같이 작용하는 휨응력은 작고, 전단응력은 비교적 클 때 발생한다. 휨전단균열(flexure shear crack)은 휨모멘트가 크고 또한 전단력도 큰 단면에서 휨응력과 전단응력의 조합작용에 의해 발생되며, 철근콘크리트 보에서 일반적으로 볼 수 있는 형태이다. 휨전단균열은 휨에 의해 이미 발생된 휨균열의 위쪽 끝에서 시작하여 발달된 사인장균열이다.

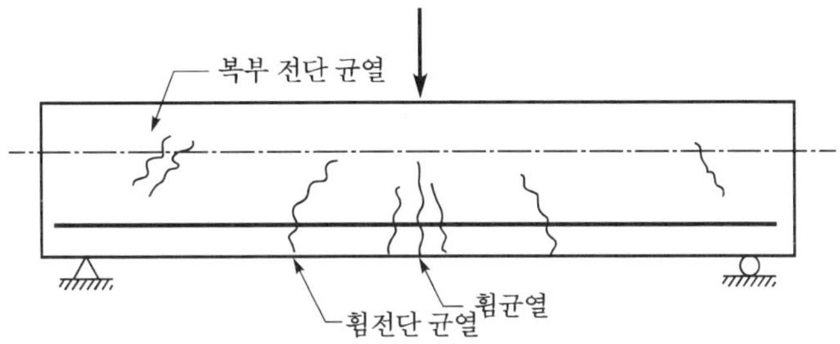

그림 4-4 철근콘크리트 보의 사인장 균열

4.2 철근콘크리트 보의 전단강도

4.2.1 콘크리트가 부담할 수 있는 전단강도

현행 구조기준에서 전단과 휨만을 받는 부재의 경우, 콘크리트가 부담할 수 있는 전단강도 V_c는 다음 식으로 구하도록 하고 있는데, 이 식은 많은 시험의 결과로부터 얻어진 것이다.

$$V_c = \left(0.16\lambda\sqrt{f_{ck}} + 17.6\frac{\rho_w V_u d}{M_u}\right)b_w d \leq 0.29\lambda\sqrt{f_{ck}}\,b_w d \tag{4.2}$$

$$\rho_w = \frac{A_s}{b_w d},\quad \frac{V_u d}{M_u} \leq 1.0$$

여기서, f_{ck} : 콘크리트의 설계기준강도 $\qquad$ V_u : 계수전단력

ρ_w : 철근비 $\qquad$ b_w : 복부의 폭

d : 보의 유효깊이 $\qquad$ A_s : 철근의 단면적

λ : 경량콘크리트계수

M_u : 전단을 고려하는 단면에서 V_u와 동시에 발생하는 계수휨모멘트

또한 구조기준에서는 전단과 휨만을 받는 부재의 경우, 좀 더 간편하게 콘크리트의 전단강도 V_c를 구할 수 있도록 다음 식을 주고 있으며, 일반적인 경우의 설계에서는 다음 식으로 계산된 값을 사용해도 충분하다.

콘크리트가 부담할 수 있는 전단강도

$$V_c = \frac{1}{6}\lambda\sqrt{f_{ck}}\,b_w d \tag{4.3}$$

전단과 휨만을 받는 부재일 경우에 적용되는 식이며, b_w는 복부의 폭, d는 보의 유효깊이, λ는 경량콘크리트계수이다.

예제 4.1

단철근 직사각형보에서 보통중량콘크리트가 부담할 수 있는 공칭전단강도 V_c를 구하시오. 단, 단면의 폭 $b_w = 300\text{mm}$, 유효깊이 $d = 520\text{mm}$, $f_{ck} = 21\text{ MPa}$이다.

풀이

$$V_c = \frac{1}{6}\lambda\sqrt{f_{ck}}b_w d = \frac{1}{6}\times 1.0\times\sqrt{21}\times 300\times 520 = 119{,}147\text{N} = 0.1191\text{ MN}$$

4.2.2 전단철근의 종류

전단철근은 전단보강철근(shear reinforcement) 또는 사인장철근(diagonal tension bar)이라고도 하며, 보에서는 복부철근(web reinforcement)이라 부르기도 한다. 전단철근은 전단력으로 인해 생기는 사인장균열을 막기 위해서 배치할 필요가 있으며, 전단철근의 종류 중 굽힘철근(bentup bar, 절곡철근이라고도 한다.)은 아래 그림 4-5(b)와 같이 부재의 인장력이 줄어드는 구간에 남게 되는 인장철근을 구부려 올리거나 구부려 내린 것으로, 30° 이상의 경사를 가져야 한다. 전단력으로 인해 생기는 사인장균열을 막기 위해서 배치하는 일반적인 전단철근의 종류는 다음과 같다.

전단철근의 종류

① 부재축에 직각인 스터럽
② 주인장 철근에 45° 이상의 각도로 설치되는 스터럽
③ 주인장 철근에 30° 이상의 각도로 구부린 굽힘철근
④ 스터럽과 굽힘철근의 조합
⑤ 부재축에 직각으로 배치한 용접철망
⑥ 나선철근, 원형 띠철근, 또는 후프철근

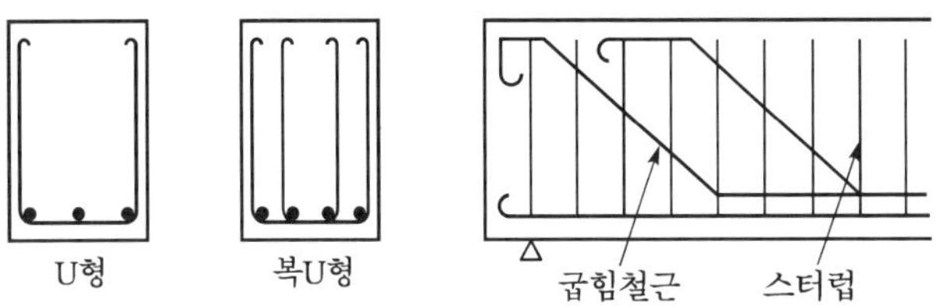

(a) 스터럽 (b) 굽힘 철근

그림 4-5 전단철근의 배치형상

4.2.3 수직스터럽이 배치된 보의 전단강도

보가 전단철근으로 보강된 경우, 단면에 작용하는 전단력 V는 전단철근이 부담하는 전단력 V_s와 콘크리트가 부담하는 전단력 V_c의 합력과 균형을 이룰 것이다.

$$V = V_c + V_s \tag{4.4}$$

여기서, V_c는 콘크리트 만에 의한 것은 아니고, 그림 4-6에 보인 바와 같이 V_c를 균열

이 발생하지 않은 부분의 콘크리트가 부담하는 전단력 V_{cr}, 인장철근의 결합작용(dowel action)에 의한 수직내력 V_d, 균열이 발생한 면의 맞물림(interlocking)에 의한 내력의 수직분력 V_i로 나누어 볼 수 있다. 그러나 이 세 가지 내력을 세세하게 구분하여 수식으로 나타내는 것은 상당히 어렵기 때문에 실제로는 이것들을 구분하지 않고 시험에 의해 그 합력 V_c를 구한다.

$$V_c = V_{cr} + V_d + V_i \tag{4.5}$$

수직스터럽으로 보강된 보가 파괴될 때 전단철근이 부담하는 전단력 V_s를 구해보자. 보가 파괴될 때 균열은 보의 상단에까지 이르게 될 것이다. 그리고 그 균열의 기울기는 45^o로 볼 수 있으므로 그림 4-6에서 $l = d$이다. 따라서 배치된 수직스터럽의 간격이 s라고 하면, 균열과 교차되는 수직스터럽의 수 n은 다음과 같다.

$$n = \frac{l}{s} = \frac{d}{s} \tag{4.6}$$

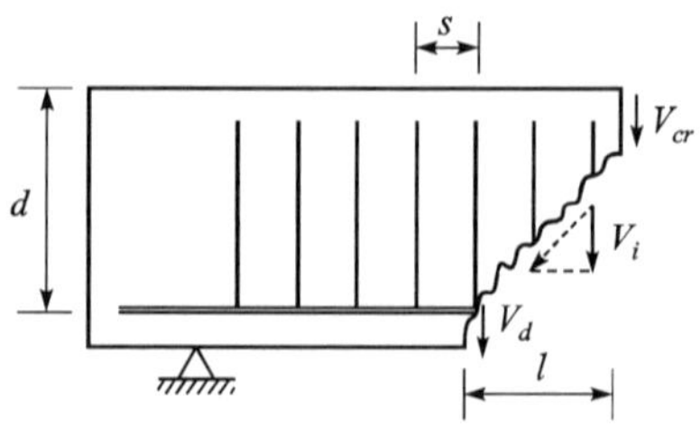

그림 4-6 수직스터럽이 배치된 보

따라서 스터럽이 항복하는 상태이면 V_s는 다음과 같이 균열면과 교차된 수직스터럽의 수 n에 수직스터럽 하나의 극한강도 $A_v f_y$가 곱해진 값으로 구해진다.

$$V_s = nA_v f_{yt} = \frac{d}{s} A_v f_{yt}$$

수직스터럽이 부담할 수 있는 전단강도

$$V_s = \frac{d}{s} A_v f_{yt} \tag{4.7}$$

d : 보의 유효깊이, s : 수직스터럽의 간격

A_v : 전단철근의 단면적, f_{yt} : 전단철근의 설계기준항복강도

그러므로 수직스터럽으로 보강된 보의 설계전단강도(design shear strength) V_d는 다음과 같다.

수직스터럽이 배치된 보의 설계전단강도

$$V_d = \phi(V_c + V_s) = \phi\left(\frac{1}{6}\lambda\sqrt{f_{ck}}\,b_w d + \frac{d}{s}A_v f_y\right) \tag{4.8}$$

전단에 대한 강도감소계수 $\phi = 0.75$이다.

예제 4.2

경간이 6m 이고, 단면의 폭 $b_w = 350\,\text{mm}$, 유효깊이 $d = 580\,\text{mm}$, 인장철근량 $A_s = 3176.8\,\text{mm}^2$인 단철근 직사각형 보가 단순 지지되어 있다. 이 보의 전구간에 걸쳐 D13의 U형 수직스터럽이 200mm 간격으로 배치되어 있을 때, 이 보의 설계전단강도를 구하시오.
단, $f_y = 300\text{MPa}$, $f_{ck} = 24\text{MPa}$, 보통중량콘크리트이다.

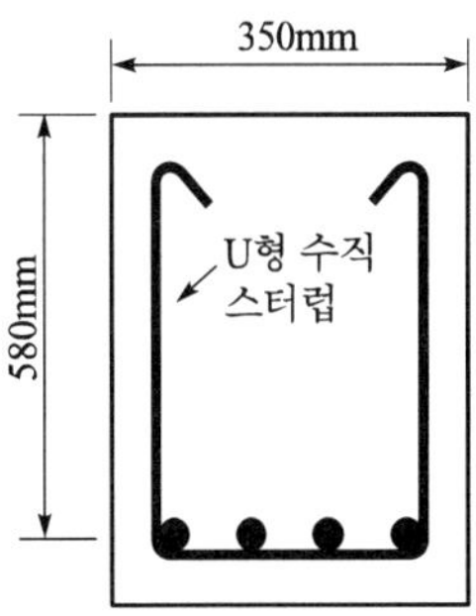

그림 4-7

풀이

(1) 콘크리트가 부담할 수 있는 공칭전단강도 V_c

$$V_c = \frac{1}{6}\lambda\sqrt{f_{ck}}\,b_w d = \frac{1}{6}\times 1.0\times\sqrt{24}\times 0.35\times 0.58 = 0.1657\text{ MN}$$

(2) 전단철근이 부담할 수 있는 공칭전단강도 V_s

D13의 단면적은 $126.7\,\text{mm}^2$이다. 그러나 사인장 균열면과 교차되는 스터럽의 단면은 2개이므로 전단철근의 단면적 A_v는 다음과 같이 된다.

$$A_v = 2\times 126.7 = 253.4\,\text{mm}^2$$

따라서

$$V_s = \frac{d}{s}A_v f_{yt} = \frac{0.58}{0.2}\times 253.4\times 10^{-6}\times 300 = 0.2205\text{ MN}$$

이다.

(3) 보의 설계전단강도 V_d

$$V_d = \phi(V_c + V_s) = 0.75(0.1657 + 0.2205) = 0.2897\text{ MN}$$

4.2.4 전단철근이 경사로 배치된 보의 전단강도

그림 4-8과 같이 경사스트럽 또는 굽힘철근이 보의 종방향[46]과 α의 경사를 이루며 배치되어 있고, 균열이 보의 종방향과 45° 경사로 발생된 경우를 고려해 보자. 배치된 전단철근의 수평간격이 s라고 하면, 균열면을 따라가는 전단철근의 간격 l_s는 sine 법칙에 의하여 다음과 같이 구해진다.

$$\frac{s}{\sin(135^o - \alpha)} = \frac{l_s}{\sin\alpha}$$

$$\therefore \ l_s = \frac{s \cdot \sin\alpha}{\sin(135^o - \alpha)} \tag{4.9}$$

그리고 균열이 45° 경사를 이루고 있으므로 균열면의 전체 길이는 $\dfrac{d}{\sin 45^o}$이다. 따라서 균열과 만나는 전단철근의 수 n은 다음과 같다.

$$n = \frac{d/\sin 45^o}{l_s} = \frac{d}{s} \cdot \frac{\sin(135^o - \alpha)}{\sin 45^o \sin\alpha} \tag{4.10}$$

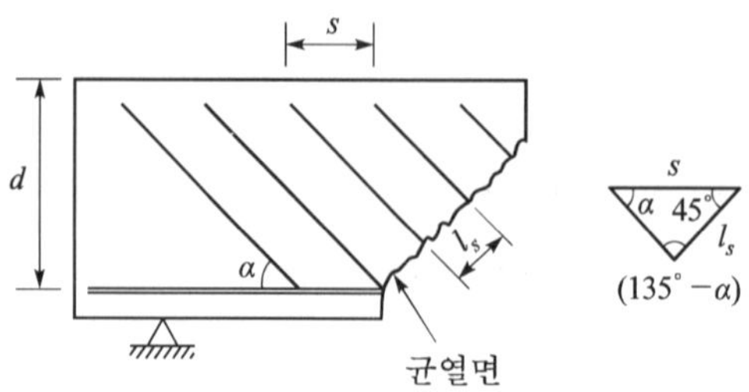

그림 4-8 전단철근이 경사로 배치된 보

한 개의 전단철근이 견딜 수 있는 극한인장강도는 $A_v f_{yt}$이고, 그 수직분력은 $A_v f_{yt} \sin\alpha$임으로, 균열면에 작용하는 전체 전단철근 인장강도의 수직분력 V_s는 다음과 같이 구해진다. 여기서 A_v는 균열면과 만나는 전단철근 한 개의 단면적이다.

$$V_s = nA_v f_{yt} \sin\alpha \tag{4.11}$$

$$= \left\{ \frac{d}{s} \cdot \frac{\sin(135^o - \alpha)}{\sin 45^o \sin\alpha} \right\} A_v f_{yt} \sin\alpha$$

---

46) 종방향(縱方向)은 부재의 길이방향을 뜻한다.

$$= \frac{dA_v f_{yt}}{s} \frac{\sin(135^o - \alpha)}{\sin 45^o}$$

$$= \frac{dA_v f_{yt}}{s} \left(\frac{\sin 135^o \cos\alpha - \cos 135^o \sin\alpha}{\sin 45^o} \right)$$

$$= \frac{dA_v f_{yt}}{s} (\sin\alpha + \cos\alpha)$$

따라서 전단철근이 α의 경사로 배치된 보의 설계전단강도는 다음과 같다.

$$V_d = \phi(V_c + V_s) = \phi\left(V_c + \frac{dA_v f_{yt}}{s}(\sin\alpha + \cos\alpha) \right) \qquad (4.12)$$

위의 식에 $\alpha = 90^o$를 대입하면 수직스터럽의 경우와 같아진다. 그러므로 위의 식이 좀더 일반적인 식이라고 할 수 있다.

전단철근이 1개의 굽힘철근 또는 받침부에서 모두 같은 거리에서 구부린 평행한 1조의 철근으로 구성될 경우에 대해서는 다음 식을 구조기준에서 주고 있다.

$$V_s = A_v f_{yt} \sin\alpha \leqq 0.25\sqrt{f_{ck}}\, b_w d \qquad (4.13)$$

4.3 전단 설계

이 절에서는 구조기준에 규정되어 있는 전단설계에 관한 여러 가지 제한 사항들에 대해 알아보고, 이를 적용한 설계 예제를 다루기로 한다.

[1] 전단에 대한 위험단면

철근콘크리트 부재의 받침부에서 최대계수전단력 V_u는 다음과 같이 구한다.

받침부에서의 최대계수전단력

① 작용 전단력 방향으로의 받침부 반력이 부재의 단부를 압축하고,

② 받침부 내면과 받침부 내면에서 지간 중앙쪽으로 유효깊이 d만큼 떨어진 단면 사이에 집중하중이 작용하지 않을 때는 받침부 내면에서 d 거리 이내에 위치한 단면은 d 거리에서 구한 전단력 V_u의 값으로 설계할 수 있다.

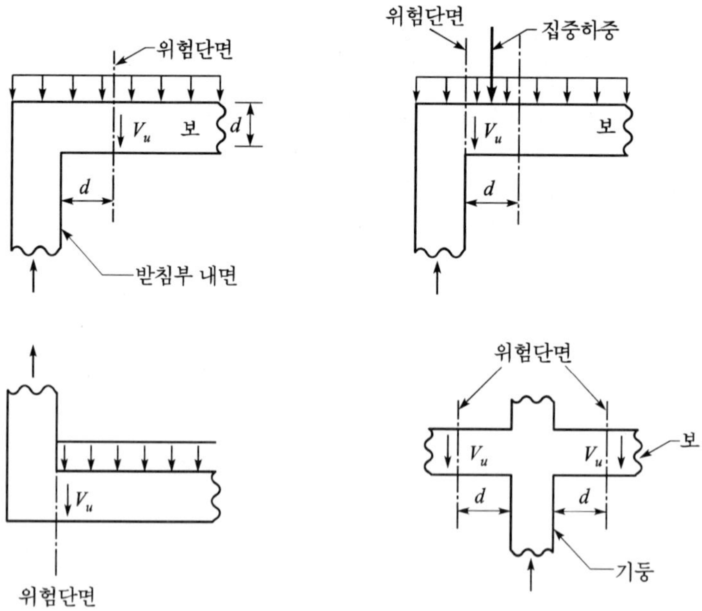

그림 4-9 전단에 대한 위험단면

전단에 대한 위험단면은 위의 두 가지 조건 ①과 ②를 만족할 때는 받침부 내면에서 지간 중앙 쪽으로 유효깊이 d만큼 떨어진 단면으로 본다. 이것은 지점의 반력으로 인한 수직 압축력이 단면의 전단강도에 유리하게 작용하기 때문이다. 그러나 위의 경우 외에는 받침부에서의 최대계수전단력 V_u는 받침부재의 내면의 위치에서 구해야 한다. 위험단면에 대한 몇 가지 예를 그림 4-9에 나타냈다.

예제 4.3

지간이 $l = 10\text{m}$인 단순보에 자중을 포함한 계수하중 $w_u = 20\,\text{kN/m}$이 작용할 때, 이 보의 위험단면에 작용하는 전단력을 구하시오. (단, 보의 폭 $b_w = 350\text{mm}$, 유효깊이 $d = 500\text{mm}$)

풀이

지점과 지점으로부터 유효깊이 d만큼 떨어진 단면 사이에 작용하는 집중하중이 없으므로 받침부에서 d 거리 이내에 위치한 단면은 d 거리에서 구한 전단력 V_u의 값으로 설계한다.

지점으로부터 유효깊이 d만큼 떨어진 단면에 작용하는 계수전단력 V_u는 다음과 같다.

$$V_u = \frac{w_u l}{2} - w_u d = \frac{20 \times 10}{2} - 20 \times 0.5 = 90\,\text{kN}$$

[2] 제한 사항

다음은 설계기준압축강도와 전단철근량 등에 대해 구조기준에서 제한하고 있는 사항들을 요약한 것이다.

① 전단설계에서 사용되는 $\sqrt{f_{ck}}$ 는 구조기준에서 허용한 특별한 경우를 제외하고는 8.4 MPa을 초과하지 않아야 한다.
② 전단철근의 설계기준항복강도 f_y는 500 MPa을 초과하여 취할 수 없다.
③ 전단철근이 부담하는 전단강도는 $V_s \leqq \dfrac{2}{3}\lambda\sqrt{f_{ck}}\,b_w d$이어야 한다. 만일 초과될 경우에는 부재의 단면적을 더 크게 취하여 이 조건이 만족될 수 있도록 해야 한다.
④ 종방향 철근을 구부려 올리거나 내려서 전단철근으로 사용할 때는 그 경사길이의 중앙 3/4만이 굽힘철근으로서 유효하다고 보아야 한다.

[3] 최소전단철근

계수전단력 V_u가 콘크리트의 설계전단강도 ϕV_c보다 작다면, 즉 $V_u \leqq \phi V_c$이면 이론상으로는 전단철근이 필요 없다. 그러나 이러한 경우라도 V_u가 $\dfrac{1}{2}\phi V_c$ 보다 크면 최소량의 전단철근은 배치해야 한다. 구조기준에서는 다음 식으로 계산되는 단면적 A_v 이상의 전단철근을 배치하도록 규정하고 있다.

최소 전단철근량

$\dfrac{1}{2}\phi V_c < V_u$인 경우에는 다음 식으로 구한 최소 전단철근량 이상을 배근해야 한다.

$$A_{v,\min} = 0.0625\sqrt{f_{ck}}\,\frac{b_w\, s}{f_{yt}} \geqq 0.35\,\frac{b_w\, s}{f_{yt}} \tag{4.14}$$

b_w는 복부의 폭(mm), s는 전단철근의 간격(mm), f_{yt}는 횡방향 철근의 설계기준항복강도(MPa)이다.

식 4.14에 의하면 $f_{ck} = 31.36$ MPa를 기준으로 $f_{ck} < 31.36$ MPa인 경우 $0.35\,b_w s/f_{yt}$가 더 큰 값으로 나오고 이 값을 최소전단철근량으로 사용하고, $f_{ck} > 31.36$ MPa인 경우 $0.0625\sqrt{f_{ck}}\,b_w\, s/f_{yt}$가 더 큰 값이 되므로 이 값을 최소 전단철근량으로 사용한다.

그러나 다음의 경우와 전단철근이 없어도 계수휨모멘트와 계수전단력에 저항할 수 있다는 것을 실험에 의해 확인할 수 있는 경우에는 최소 전단철근량 규정을 적용하지 않을 수 있다.

① 슬래브와 기초판
② 구조기준 3.4.11에 규정한 콘크리트 장선구조
③ 전체 깊이가 250 mm 이하이거나 I형보, T형보에서 그 깊이가 플랜지 두께의 2.5배 또는 복부폭의 1/2 중 큰 값 이하인 보
④ 교대 벽체 및 날개벽, 옹벽의 벽체, 암거 등과 같이 휨이 주거동인 부재
⑤ 순 단면의 깊이가 315mm를 초과하지 않는 속빈 부재에 작용하는 계수전단력이 $0.5\phi V_{cw}$를 초과하지 않는 경우
⑥ 보의 깊이가 600mm를 초과하지 않고 설계기준압축강도가 40MPa을 초과하지 않는 강섬유콘크리트 보에 작용하는 계수전단력이 $\phi(\sqrt{f_{ck}}/6)b_w d$를 초과하지 않는 경우

한편 최소전단철근에 대한 규정을 고려해 보면, 일반적인 보의 경우 전단철근으로 보강할 필요가 없는 경우는 $V_u \leqq \frac{1}{2}\phi V_c$일 때 뿐임을 알 수 있다.

표 4-1 전단 철근량

소요전단강도 (V_u)	$V_u \leqq \frac{1}{2}\phi V_c$	$\frac{1}{2}\phi V_c < V_u \leqq \phi V_c$	$\phi V_c < V_u$	$\frac{2}{3}\sqrt{f_{ck}}b_w d < V_s$
전단 철근량	필요 없음	안전상 최소 전단철근 배치 $A_{v,\min} = 0.0625\sqrt{f_{ck}}\frac{b_w s}{f_{yt}}$ $\geqq 0.35\frac{b_w s}{f_{yt}}$	계산에 의해 전단철근 배치 $\phi(V_c + V_s) \geqq V_u$ $A_v = \frac{(V_u - \phi V_c)\cdot s}{\phi\cdot f_y \cdot d}$	단면을 늘려야 함

예제 4.4

단면의 폭 $b_w = 350\,\mathrm{mm}$, 유효깊이 $d = 600\,\mathrm{mm}$, 인장철근량 $A_s = 3176.8\,\mathrm{mm}^2$인 단철근 직사각형 보에 전단철근을 최소전단철근량 만큼만 배치하려고 한다. U형 수직스터럽을 $300\,\mathrm{mm}$ 간격으로 배치한다고 할 때 필요한 전단철근의 단면적을 구하시오. ($f_y = 300\mathrm{MPa}$, $f_{ck} = 24\mathrm{MPa}$)

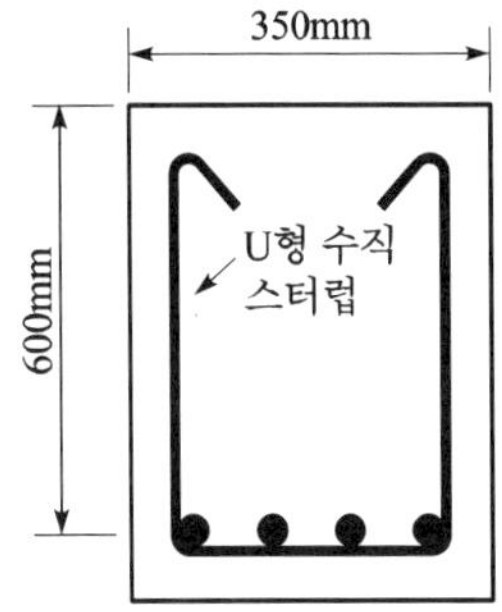

그림 4-10

풀이

U형 수직스터럽을 $300\,\mathrm{mm}$ 간격으로 배치할 때, 필요한 전단철근의 단면적은 다음과 같다.

$$A_{v,\min} = 0.0625\sqrt{f_{ck}}\frac{b_w s}{f_{yt}} \geq 0.35\frac{b_w s}{f_{yt}}$$

$$A_{v,\min} = 0.0625\sqrt{f_{ck}}\frac{b_w s}{f_{yt}} = 0.0625\times\sqrt{24}\times\frac{350\times 300}{300} = 107.17\,\mathrm{mm}^2$$

$$A_{v,\min} = 0.35\frac{b_w s}{f_y} = 0.35\times\frac{350\times 300}{300} = 122.5\,\mathrm{mm}^2$$

$\therefore\ A_{v,\min} = 122.5\,\mathrm{mm}^2$

예제 4.5

[예제 4.5] 전단철근 없이 계수전단강도 $V_u = 85\ \mathrm{kN}$을 받을 수 있는 직사각형 단면 보의 최소 단면적을 구하시오. (단, 보통중량콘크리트 $f_{ck} = 21\ \mathrm{MPa}$이다.)

풀이

콘크리트가 부담할 수 있는 전단강도 V_c는 다음과 같은데,

$$V_c = \frac{1}{6}\lambda\sqrt{f_{ck}}b_w d$$

전단철근을 사용하지 않고 콘크리트만으로 계수전단강도를 지지하려면 전단강도 V_c의 크기가 다음 범위에 해당되어야 한다.

$$V_u \leq \frac{1}{2}\phi V_c$$

그러므로 보의 소요단면적 $b_w d$는 다음과 같이 구해진다.

$$V_u \leq \frac{1}{2}\phi\left\{\frac{1}{6}\lambda\sqrt{f_{ck}}b_w d\right\}$$

$$85\times 10^{-3} \leq \frac{1}{2}\times 0.80\left\{\frac{1}{6}\times 1.0\times\sqrt{21}\,b_w d\right\}$$

$\therefore\ b_w d \geq 0.2782\mathrm{m}^2$

[4] 단면의 적합성

KDS 14 20 22 구조설계기준이 제시하였듯이 철근이 부담하는 전단강도에 따라 단면의 적합성을 판정할 수 있다. 즉, $V_s \le 0.2\left(1-\frac{f_{ck}}{250}\right)f_{ck}b_w d$이 되도록 단면을 설계하여야 하며, 만약 $V_s > 0.2\left(1-\frac{f_{ck}}{250}\right)f_{ck}b_w d$이면 부적합한 단면이므로 단면의 크기를 늘리거나 설계기준강도를 올리는 등의 조치를 취해야 한다. 이때, 전단철근의 항복강도는 500MPa 이하여야 한다.

[5] 전단철근의 간격

전단철근으로 사용된 스터럽과 기타 철근은 압축측 연단에서 d 거리까지 연장되어야 하고, 철근이 설계기준항복강도까지 저항할 수 있도록 잘 정착되어야 한다. 여기서 d는 보의 유효깊이이다. 그리고 수직스터럽을 사용할 경우 스터럽의 간격이 100mm 이하가 되도록 배치하는 것은 바람직하지 못하며, 이런 경우에는 더 굵은 철근을 사용해서 간격을 넓히는 것이 좋다.

구조기준에서 제한하고 있는 전단철근의 간격은 다음과 같다.

전단철근의 간격

① 부재의 축에 직각으로 설치되는 전단철근의 간격은 $0.5d$ 이하, 600mm 이하이어야 하고,
② 경사스터럽과 굽힘철근은 부재의 중간 높이 $0.5d$에서 반력점 방향으로 주인장철근까지 연장된 45° 방향의 선과 한 번 이상 교차되도록 배치해야 한다.
③ $V_s > \frac{1}{3}\lambda\sqrt{f_{ck}}\,b_w\,d$ 일 경우에는 위의 ①, ②에서 규정된 최대 간격을 $\frac{1}{2}$로 감소시켜야 한다.

예제 4.6

유효깊이가 $d = 620\text{mm}$인 보를 설계했는데, 전단보강철근이 부담하는 전단력 V_s가 $\frac{1}{3}\lambda\sqrt{f_{ck}}\,b_w\,d$ 를 초과하였다면, 수직스터럽을 배치할 수 있는 최대 간격은 얼마인가?

풀이

$V_s > \frac{1}{3}\lambda\sqrt{f_{ck}}\,b_w\,d$ 일 경우, 수직스터럽의 간격은 $\frac{0.5d}{2} = \frac{0.5\times 620}{2} = 155\text{mm}$ 이하,

$\dfrac{600}{2} = 300\text{mm}$ 이하이어야 한다.

따라서 설계된 보에는 수직스터럽을 155mm 이하의 간격으로 배치해야 한다. 즉 최대 간격은 155mm 이다.

예제 4.7

활하중 $w_L = 30\text{kN/m}$, 고정하중(자중포함) $w_D = 17\text{kN/m}$를 받고 있는 경간 6m의 단순보에 필요한 수직스터럽을 설계하시오.

$b_w = 380\,\text{mm}$, $d = 560\,\text{mm}$, $f_{ck} = 21\text{MPa}$, $f_y = 300\,\text{MPa}$이다.

풀이

$V_s > \dfrac{1}{3}\lambda\sqrt{f_{ck}}\,b_w\,d$ 일 경우, 수직스터럽의 간격은 $\dfrac{0.5d}{2} = \dfrac{0.5\times 620}{2} = 155\text{mm}$ 이하,

$\dfrac{600}{2} = 300\text{mm}$ 이하이어야 한다.

따라서 설계된 보에는 수직스터럽을 155mm 이하의 간격으로 배치해야 한다. 즉 최대 간격은 155mm 이다.

(1) 계수전단력 V_u

보에 작용하는 계수하중 w_u 는 다음과 같고,

$w_u = 1.2w_D + 1.6w_L = 1.2\times 17 + 1.6\times 30 = 68.4\,\text{kN/m}$

지점에서의 반력 R 은 다음과 같다.

$R = \dfrac{1}{2}w_u l = \dfrac{1}{2}\times 68.4\times 6 = 205.2\,\text{kN}$

받침부 내면으로부터 $d = 560\,\text{mm}$ 거리에서 구한 계수전단력 V_u 는 다음과 같다.

$V_u = R - w_u d = 205.2 - 68.4\times 0.56 = 166.90\,\text{kN} = 0.16690\,\text{MN}$

(2) 전단철근이 필요한 구간 검토

$\dfrac{1}{2}\phi V_c < V_u$ 인 경우에는 최소전단철근량을 배근해야 하고,

$\phi V_c < V_u$ 인 경우에는 콘크리트가 부담하고 남은 전단력을 부담할 수 있도록 충분한 양의 전단철근을 배근한다.

먼저 콘크리트가 부담할 수 있는 설계전단강도 ϕV_c 를 구한다.

$\phi V_c = \phi\left(\dfrac{1}{6}\lambda\sqrt{f_{ck}}\,b_w d\right) = 0.75\left(\dfrac{1}{6}\times 1.0\times\sqrt{21}\times 0.38\times 0.56\right) = 0.1219\text{MN}$

$\dfrac{1}{2}\phi V_c = \dfrac{1}{2}\times 0.1219 = 0.06095\,\text{MN}$

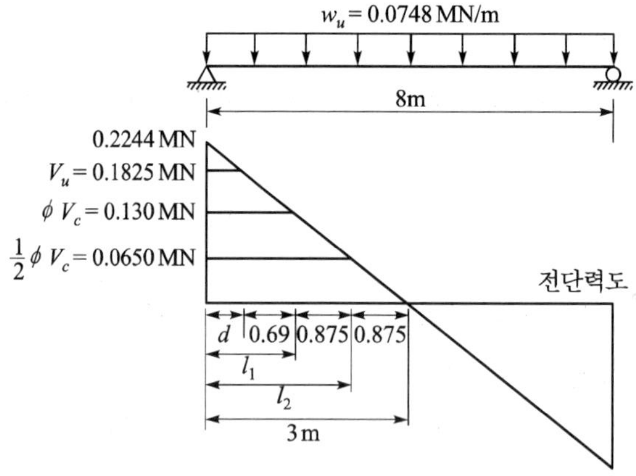

그림 4-11

그림 4-11의 전단력도에서 삼각형의 닮음을 이용하여 $\phi V_c < V_u$가 되는 구간 l_1과 $\frac{1}{2}\phi V_c < V_u$가 되는 구간 l_2를 구한다.

$0.2052 : 3 = (0.2052 - 0.1219) : l_1$

$\therefore \; l_1 = 1.218\text{m}$

$0.2052 : 3 = (0.2052 - 0.06095) : l_2$

$\therefore \; l_2 = 2.109\text{m}$

따라서 지점으로부터 1.218m까지의 구간에는 $(V_u - \phi V_c)$ 를 부담할 수 있는 전단철근을 배치해야하고, 지점으로부터 2.109m까지의 구간에는 최소전단철근량 이상의 전단철근을 배근해야 한다.

(3) 수직스터럽의 간격을 구한다.

구간 l_1에서 전단철근이 부담해야 할 전단강도 V_s는 다음과 같다.

$V_u = \phi(V_c + V_s)$

$V_s = \dfrac{1}{\phi}(V_u - \phi V_c) = \dfrac{1}{0.75}(0.1669 - 0.1219) = 0.0600\ \text{MN}$

그리고 구조기준에서 $V_s < \frac{1}{3}\lambda\sqrt{f_{ck}}\,b_w d$ 일 경우에는 수직스터럽의 간격을 $0.5d$ 이하, 600mm 이하로 배치하도록 제한하고 있다.

$\frac{1}{3}\lambda\sqrt{f_{ck}}\,b_w d = \frac{1}{3} \times 1.0 \times \sqrt{21} \times 0.38 \times 0.56 = 0.3251\ \text{MN} > \text{V}_\text{s} = 0.0600\text{MN}$이고,

$0.5d = 0.5 \times 560 = 280\,\text{mm} < 600\,\text{mm}$이다. 그러므로 스터럽의 최대간격은 280mm 이하라야 한다.

단면의 적합성은 $V_s \le 0.2\left(1 - \dfrac{f_{ck}}{250}\right)f_{ck}b_w d = 818{,}684\text{N} = 0.82\text{MN}$이므로 적합하다.

D10($A_s = 71.33\,\text{mm}^2$) 으로 된 U형 스터럽을 사용한다고 하면, 전단강도 $V_s = 0.0600\text{MN}$을 견디기 위해서는 다음과 같이 구해지는 간격으로 스터럽을 배근해야 한다.

$A_v = 2 \times 71.33 = 142.66\,\text{mm}^2$

$$s = \frac{A_v f_y d}{V_s} = \frac{142.66 \times 10^{-6} \times 300 \times 0.56}{0.0600} = 0.3993\,\text{m} = 399.3\,\text{mm} > 280\,\text{mm}$$

그런데 스터럽을 배근할 수 있는 최대간격은 280mm 이하이므로 구간 l_1에는 280mm 이하의 간격으로 수직스터럽을 배근해야 한다.

또한 구간 l_2에 배근해야 될 최소전단철근량은 다음과 같다.

$$A_{v,\min} = 0.0625\sqrt{f_{ck}}\frac{b_w s}{f_{yt}} \geq 0.35\frac{b_w s}{f_{yt}}$$

$$A_{v,\min} = 0.0625\sqrt{f_{ck}}\frac{b_w s}{f_{yt}}$$

$$s = \frac{A_{v,\min} f_{yt}}{0.0625\sqrt{f_{ck}}b_w} = \frac{142.66 \times 300}{0.0625 \times \sqrt{21} \times 380} = 393.2\,\text{mm} > 280\,\text{mm}$$

$$A_v = 0.35\frac{b_w s}{f_y}$$

$$s = \frac{A_v f_y}{0.35 b_w} = \frac{142.66 \times 10^{-6} \times 300}{0.35 \times 0.38} = 0.3218\text{m} = 321.8\,\text{mm} > 280\text{mm}$$

따라서 구간 l_2에도 역시 280mm 이하의 간격으로 스터럽을 배치해야 한다.

그러므로 지점으로부터 2.131m까지의 구간에 $s = 280\,\text{mm}$ 간격으로 균등하게 수직스터럽을 배근하기로 한다.

D10으로된 U형 수직스터럽을 280mm 간격으로 배치했을 때 스터럽이 부담할 수 있는 전단강도 V_s는 다음과 같으며,

$$V_s = \frac{d}{s}A_v f_y = \frac{0.56}{0.28} \times 142.66 \times 10^{-6} \times 300 = 0.085596\,\text{MN}$$

이 전단강도 V_s는 $\frac{2}{3}\sqrt{f_{ck}}b_w d$ 이하가 되어야 한다.

$$\frac{2}{3}\sqrt{f_{ck}}b_w d = \frac{2}{3} \times \sqrt{21} \times 0.38 \times 0.56 = 0.6501\text{MN} > 0.08560\,\text{MN}$$

∴ 적합하다.

(4) 전단철근의 배치

D10으로 된 U형 수직스터럽을 지점으로부터 2.109m 이상까지 280mm 간격으로 균일하게 배근한다. 지점에서 첫 번째 전단철근은 끝에서 $s/2$ 정도 띠어서 설치한다.

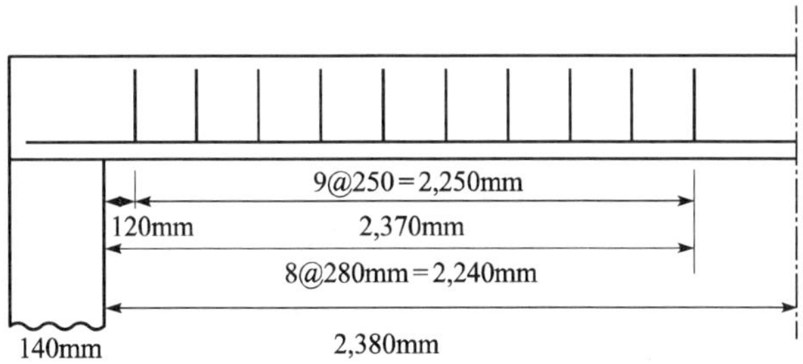

그림 4-12

4.4 전단마찰

4.4.1 전단경간

보의 단면에 발생하는 균열은 그 단면에 작용하는 휨응력 f와 전단응력 v에 의해 일어난다. 따라서 보가 파괴되는 양상은 작용하는 휨응력과 전단응력의 비 $\frac{f}{v}$와 연관이 많음을 알 수 있다. 단면에 작용하는 전단응력 v는 일반적으로 다음과 같이 나타낼 수 있다. 여기서 c_1은 임의의 상수이며, 적절한 값이 구해질 수 있다.

$$v = c_1 \frac{V}{bd} \tag{4.15}$$

허용응력설계법으로 구하면, 단면에 작용하는 휨응력은 다음과 같고,

$$f_c = \frac{2M}{bx\left(d - \frac{x}{3}\right)}$$

압축측 상단으로부터 중립축까지의 거리 x는 유효깊이 d에 대한 비로 다음과 같이 나타내어질 수 있다.

$$x = kd$$

따라서 단면에 작용하는 휨응력 f는 다음과 같이 나타낼 수 있다.

$$f = \frac{2M}{bx\left(d - \frac{x}{3}\right)} = \frac{2M}{b(kd)\left(d - \frac{kd}{3}\right)} = \frac{2}{k\left(1 - \frac{k}{3}\right)} \cdot \frac{M}{bd^2} = c_2 \frac{M}{bd^2} \tag{4.16}$$

여기서, c_2는 임의의 상수이다.

그러므로 단면에 작용하는 휨응력과 전단응력의 비는 식 (4.15)와 식 (4.16)으로부터 다음과 같이 된다.

$$\frac{f}{v} = \frac{c_2}{c_1} \cdot \frac{M}{Vd} = c_3\left(\frac{M}{Vd}\right) \tag{4.17}$$

여기서, c_3은 구해질 수 있는 임의의 상수이다.

그림 4-13에서와 같이 단순보에 집중하중이 작용하고 있을 때, 받침부의 전면과 집중하중 사이의 거리 a를 전단경간(shear span)이라고 한다. 그리고 집중하중이 가해지고 있

는 단면에 작용하는 모멘트를 M이라고 하면, 일반적으로 다음 식이 성립한다.

$$M = Va \tag{4.18}$$

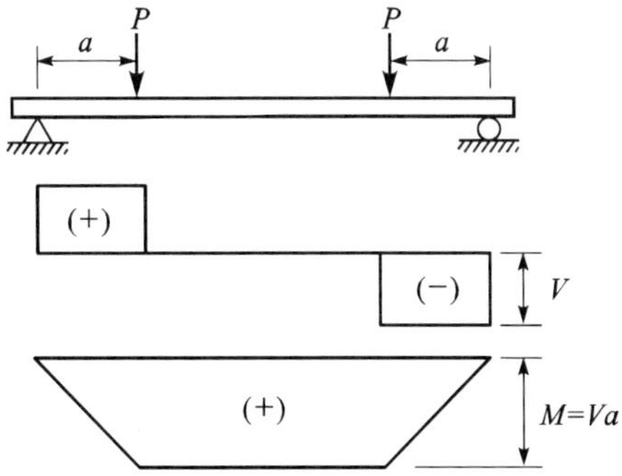

그림 4-13 전단경간

식 (4.18)을 식 (4.17)에 대입하고, 정리하면 다음 식이 얻어진다.

$$\frac{f}{v} = c_3\left(\frac{M}{Vd}\right) = c_3\left(\frac{Va}{Vd}\right) = c_3\left(\frac{a}{d}\right) \tag{4.19}$$

보가 파괴되는 양상은 휨응력과 전단응력의 비 $\frac{f}{v}$의 영향을 많이 받는다. 따라서 식 (4.19)로부터 $\frac{a}{d}$에 따라 보가 파괴되는 양상을 나누어 볼 수 있음을 알 수 있다. 일반적으로 보의 파괴형태는 다음과 같이 구분된다(그림 4-14 참고).

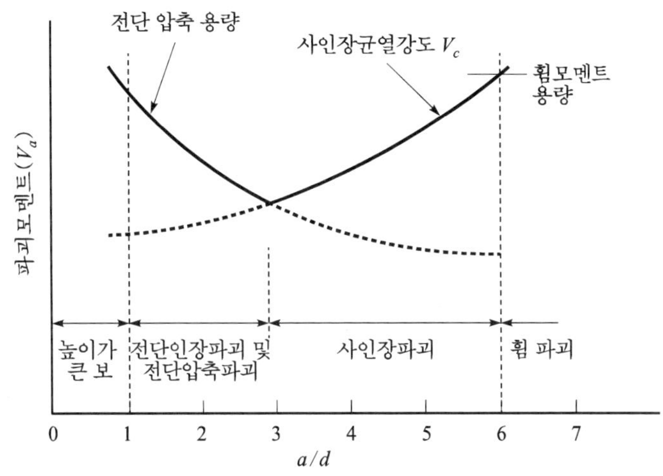

그림 4-14 $\frac{a}{d}$에 따른 보의 파괴양상

(1) $\frac{a}{d} \leq 1$인 경우

유효깊이에 대한 전단경간의 비가 1 이하인 경우는 깊은 보(deep beam)에 해당되며, 매우 짧은 전단경간을 가진 경우로써 보의 강도는 전단력에 의해 지배된다. 단순 지지된 깊은 보는 사인장균열이 발생한 후에는 타이드 아치(tied-arch)와 같이 거동한다. 즉, 지점과 집중하중의 사이 그리고 보의 중앙부 위쪽이 압축력을 받는 아치와 같이 작용하며, 휨철근이 인장을 받는다.

(2) $1 < \frac{a}{d} \leq 2.5$인 경우

비교적 짧은 전단경간을 가진 경우이며, 깊은 보처럼 파괴될 때는 전단에 의해 지배된다. 이 경우의 파괴는 주로 인장철근을 따라 발생하는 전단-인장파괴 또는 균열 상부가 압축에 의해 파쇄되는 전단-압축파괴에 의해 일어난다.

(3) $2.5 < \frac{a}{d} \leq 6$인 경우

비교적 전단경간이 긴 경우이며, 보통의 보는 이에 해당되는 경우가 많다. 이 경우에는 휨균열이 먼저 발생하고, 그 끝에서 휨전단균열이 발달하게 된다.

(4) $\frac{a}{d} > 6$인 경우

전단경간이 매우 긴 경우이며, 이런 경우의 파괴는 전단강도보다는 주로 휨강도에 의해 지배된다.

4.4.2 전단마찰

균열이 발생하거나 발생할 가능성이 있는 면, 서로 다른 재료간의 접촉면, 또는 서로 다른 시기에 친 두 콘크리트 사이의 접촉면과 같이 쉽게 미끄러짐이 발생할 수 있는 경계면이 전단력에 저항해야할 경우가 종종 있으며, 전단마찰 설계는 이와 같은 경우에 적용된다. 그리고 그 경계면에서 전달될 수 있는 전단강도를 전단전달강도(shear transfer strength)라고 한다.

전단마찰설계가 필요한 경우로는 이미 굳은 콘크리트와 여기에 이어 새로 친 콘크리트의 경계면, 콘크리트와 강재 사이의 경계면, 기둥과 브래킷(bracket) 또는 기둥과 내민받침(corbel)의 접합면, 프리캐스트 구조에서 부재요소의 집합면(예를 들면 프리캐스트 보의 지

압부) 등을 들 수 있으며, 이와 같은 경우에는 사인장보다도 순수전단(pure shear)에 의한 활동(slippage)이 지배적이다(그림 4-15 참고).

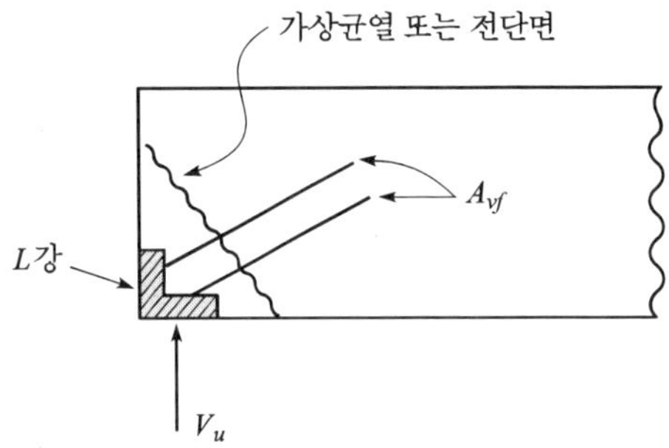

그림 4-15 프리캐스트 보의 지압부

그림 4-16에 나타낸 바와 같이 전단력 V_n에 의해 경계면에 균열이 발생하여 미끄러짐(slip)이 생기면, 이 때 균열을 가로질러 배치된 철근은 인장력을 받게된다. 여기서 균열을 가로질러 배치된 철근을 전단마찰철근(shear-friction reinforcement)이라 하고, 그 단면적을 A_{vf}로 나타내었다. 그리고 균열면을 전단면(shear plane)이라 한다. 즉, 전단면은 전단력이 작용하는 면으로서 전단력에 의해 균열이 일어날 가능성이 있는 면 또는 균열면을 말한다.

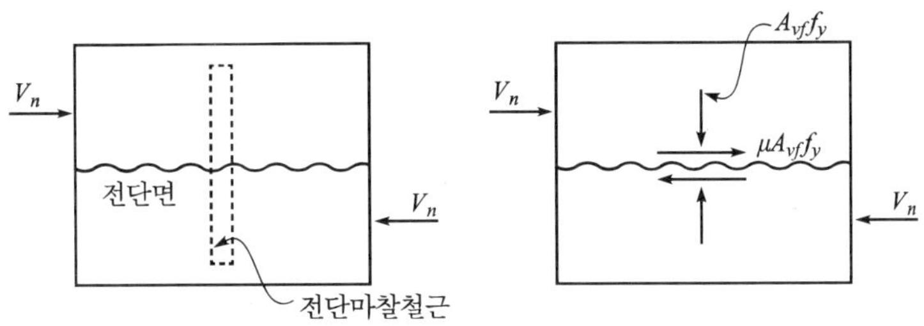

그림 4-16 전단마찰 설계 개념

극한상태에서 전단마찰철근은 최대 $A_{vf}f_y$ 만큼의 인장력을 받을 수 있으며, 전단마찰철근에 의해 전단면에는 최대 $A_{vf}f_y$ 만큼의 압축력이 작용하게 된다. 따라서 전단면의 마찰계수를 μ라고 하면, 전단면에 작용하는 전단마찰력(shear-friction force)은 $\mu A_{vf}f_y$이다. 그러므로 다음 식이 성립한다.

$$V_n = \mu A_{vf} f_y \tag{4.20}$$

여기서, V_n : 전단면에 작용하는 공칭전단강도

A_{vf} : 전단면에 직각으로 배치된 전단마찰철근의 단면적

μ : 마찰계수이며, 구조기준에서 표 4-2과 같이 주고 있다.

표 4-2 마찰계수(μ)

접촉면의 상태	마찰계수 (μ)
일체로 친 콘크리트의 경우	1.4λ
다음과 같은 조건에 맞도록 일부러 표면을 거칠게 만든 굳은 콘크리트에 이어 새로 친 콘크리트의 경우 이미 굳은 콘크리트에 새로운 콘크리트를 이어 칠 때는 전단전달을 위한 접촉면은 깨끗하고, 레이탄스*가 없도록 해야 한다. μ가 1.0λ와 같다고 가정하는 경우의 접촉면은 그 요철의 크기가 대략 6mm 정도 되도록 거칠게 만들어야 한다.	1.0λ
일부러 표면을 거칠게 하지 않은 굳은 콘크리트에 이어 새로 친 콘크리트의 경우	0.6λ
전단연결재에 의하거나 철근에 의해 구조용 강재에 정착된 콘크리트의 경우 스터드를 사용하거나 철근을 용접하여 구조용 강재와 콘크리트 사이에서 전단력이 전달되는 경우에 강재는 깨끗하고 페인트가 묻어 있지 않아야 한다.	0.7λ
여기서, λ는 일반콘크리트의 경우 1.0, 모래 경량콘크리트의 경우 0.85, 전 경량 콘크리트의 경우 0.75이다. 일부의 모래만이 대체된 경우는 직선보간법을 적용할 수 있다.	

*레이탄스(laitance)는 블리딩으로 인하여 콘크리트나 모르터의 표면에 떠오른 후 다시 가라앉은 물질을 말하며, 시멘트나 골재 중에 있는 미립자로 되어 있다.

전단마찰설계 역시 다음 식을 기본으로 해야 한다.

$$V_u \leqq \phi V_n$$

균열은 해당 전단면(shear plane)에 걸쳐 발생한다고 가정할 수 있으며, 전단강도 V_n은 전단마찰력에 의해 전달되므로 소요전단마찰철근의 단면적은 다음과 같이 구해진다.

$$V_u = \phi V_n = \phi \mu A_{vf} f_y$$

$$\therefore\ A_{vf} = \frac{V_u}{\phi \mu f_y} \tag{4.21}$$

여기서, ϕ는 전단에 대한 강도감소계수로써 $\phi = 0.75$이다.

지금까지는 전단마찰철근이 전단면(shear plane)과 직각을 이루고 있는 경우에 대해 살펴보았으며, 전단마찰철근이 전단면과 경사를 이루고 있는 경우는 다음 식으로 소요전단마찰 철근량을 구할 수 있다(그림 4-17 참고). 그그러나 다음 식은 전단마찰철근이 작용하는 전단력에 의해 인장을 받을 때에만 적용이 가능하다.

$$V_n = A_{vf} f_y (\mu \sin\alpha_f + \cos\alpha_f)$$

$$V_u = \phi V_n = \phi A_{vf} f_y (\mu \sin\alpha_f + \cos\alpha_f)$$

$$\therefore \ A_{vf} = \frac{V_u}{\phi f_y(\mu \sin\alpha_f + \cos\alpha_f)} \tag{4.22}$$

여기서, α_f은 전단마찰철근과 전단면 사이의 각이다.

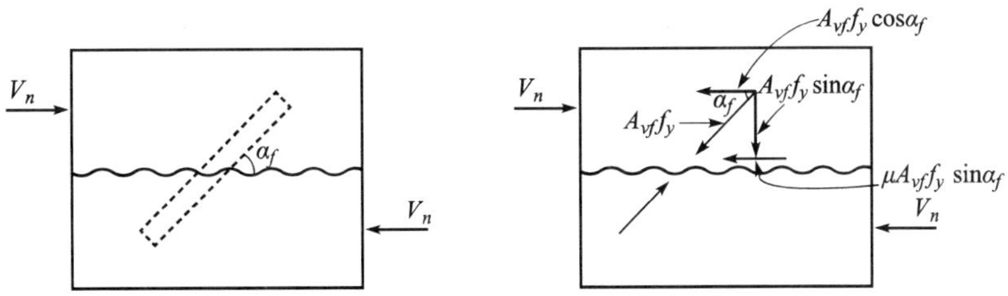

그림 4-17 전단면과 경사를 이루는 전단마찰철근

또한 구조기준에서는 다음과 같은 몇 가지 제한사항을 두고 있다.

① 전단마찰철근의 설계기준항복강도는 500MPa 이하로 해야 한다.

② 표면을 거칠게 만든 굳은 콘크리트에 새로 친 보통콘크리트의 경우 전단강도 V_n은 $0.2f_{ck}A_c$ 또한 $(3.3+0.08f_{ck})A_c$ (단위는 N)이하로 하여야 한다. 그 밖의 경우 전단강도 V_n은 $0.2f_{ck}A_c$ 또한 $5.5A_c$ 이하로 하여야 한다. 여기서 A_c는 전단전달에 저항하는 콘크리트 단면적이다. 강도가 서로 다른 콘크리트를 친 경우 낮은 강도 콘크리트의 f_{ck} 값을 사용하여 전단강도 V_n을 산정하여야 한다.

③ 전단면에 순인장력이 작용할 때에는 순인장력에 저항하기 위해서 철근을 추가로 두어야 한다. 그리고 전단면에 영구적인 순압축력이 작용할 경우, 소요 A_{vf}를 계산할 때 영구적인 순압축력을 전단마찰철근의 힘 $A_{vf}f_y$에 추가되는 힘으로 고려할 수 있다.

④ 전단마찰철근은 전단면에 걸쳐 적절하게 두어야 하고, 또 이 철근의 양쪽에서 정착길이를 확보하거나 갈고리 또는 특수한 장치에 용접하여 철근이 설계기준항복강도를 발휘할 수 있도록 양측을 정착하여야 한다.

예제 4.8

그림과 같이 벽기둥의 상단에 보가 설치되어 있다.

보의 지점에 작용하는 수직하중은 고정하중이 0.12MN, 활하중이 0.18MN이며, 건조수축과 온도변화 등으로 인해 계수인장력 $N_{uc}=0.187\text{MN}$이 작용한다. 수직면에 대하여 20° 경사로 균열이 발생한다고 가정할 때, 이에 대한 보강으로써 기둥의 축에 대해 연직으로 배치되는 폐쇄스터럽을 설계하시오.

$f_y=$ 400MPa, $f_{ck}=$ 28MPa

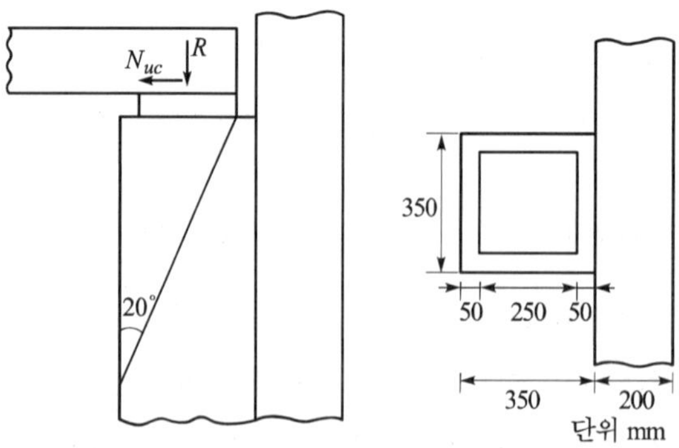

그림 4-18

풀이

(1) 계수하중 및 전단면에 작용하는 하중

보의 지점에 수직으로 작용하는 계수하중 R_u 는 다음과 같다.

$R_u=1.4\times 0.12+1.7\times 0.18=0.474$ MN

전단마찰철근으로 작용하는 폐쇄스터럽과 전단면이 이루는 각 $\alpha_f=70°$이고, 일반 콘크리트를 사용하고 일체로 콘크리트를 친 경우에 해당되는 전단면의 마찰계수 $\mu=1.4$ 이다. 전단면에 작용하는 전단력 V_u 와 전단면에 연직인 인장력 N_u 는 다음과 같이 구해진다.

$$
\begin{aligned}
V_u &= R_u\cdot\sin\alpha_f+N_{uc}\cdot\cos\alpha_f\\
&= 0.474\times\sin 70°+0.187\times\cos 70°\\
&= 0.5094\text{MN}
\end{aligned}
$$

$$
\begin{aligned}
N_u &= N_{uc}\cdot\sin\alpha_f-R_u\cdot\cos\alpha_f\\
&= 0.187\times\sin 70°-0.474\times\cos 70°\\
&= 0.0136\text{MN}
\end{aligned}
$$

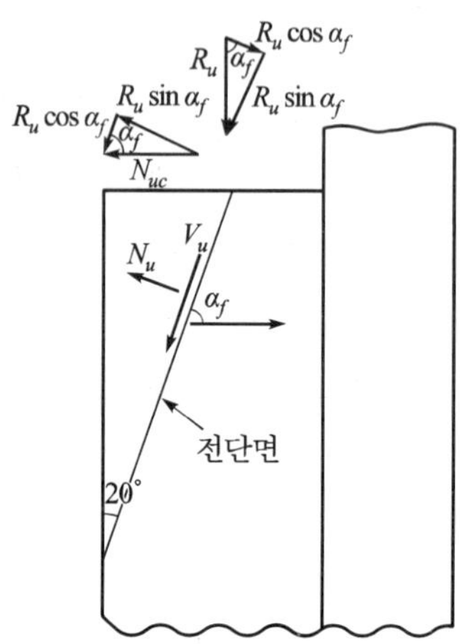

그림 4-19

(2) 전단철근의 설계

전단 마찰 철근량 A_{vf} 는 다음과 같이 구해진다.

$$A_{vf} = \frac{V_u}{\phi f_y(\mu \sin\alpha_f + \cos\alpha_f)}$$

$$= \frac{0.5094}{0.75 \times 400(1.4\sin 70° + \cos 70°)}$$

$$= 1024.4 \times 10^{-6} \text{m}^2 = 1024.4 \text{ mm}^2$$

전단면에 연직인 인장력 N_u 에 대한 보강철근량 A_n 은 다음 식으로 구한다.

$N_u = \phi A_n f_y \sin\alpha_f$

이때 강도감소계수 $\phi = 0.75$ 을 취하는데, 이것은 파괴가 주로 전단에 의해 지배되기 때문이다.

$$A_n = \frac{N_u}{\phi f_y \sin\alpha_f}$$

$$= \frac{0.0136}{0.80 \times 400 \sin 70°}$$

$$= 48.25 \times 10^{-6} \text{m}^2 = 48.25 \text{ mm}^2$$

따라서 전단면에 대한 소요 전단철근량 A_s 는 다음과 같다.

$A_s = A_{vf} + A_n = 1024.4 + 48.25$

$= 1072.65 \text{ mm}^2$

전단면에 대한 폐쇄스터럽의 소요갯수는 전단철근으로 D10을 사용할 때 다음과 같이 구해진다.

$$n = \frac{1072.65}{2 \times 71.33} = 7.52$$

∴ 8－D10 을 배근한다.

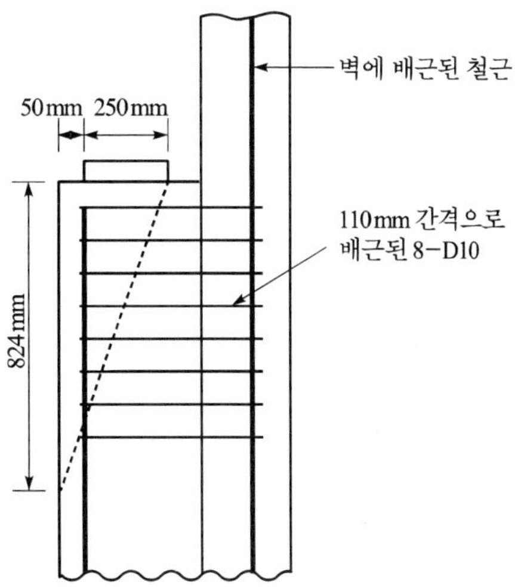

그림 4-20

전단면의 수직 깊이는

$(50 + 250)\tan 70° = 824.2\text{mm}$ 이다.

따라서 폐쇄스터럽의 간격 s는 다음과 같이 구해진다.

$$s = \frac{824.2}{8-1} = 117.7\text{mm}$$

∴ 8－D10을 110mm 간격으로 배근한다.

(3) 고정하중과 수평인장력만 작용할 경우에 대한 검토.

구조물을 설계할 때에는 작용하는 하중에 대한 하중조합과 하중계수를 모두 고려하여 해당 구조물에 작용하는 최대 소요강도에 대해 만족되도록 설계해야 한다. 따라서 전단면에 작용하는 인장력이 최대가 되는 경우에 대해 검토해 보기로 하자. 인장력 N_u가 최대가 되도록 하기위해 활하중은 제외하고 고정하중의 하중계수는 0.9를 적용하기로 한다.

$R_u = 0.9 \times 0.12 = 0.108\ \text{MN}$

$N_{uc} = 0.187\ \text{MN}$

전단면에 작용하는 전단력 V_u 와 인장력 N_u 는 다음과 같다.

$V_u = R_u \sin\alpha_f + N_{uc}\cos\alpha_f = 0.108 \times \sin 70° + 0.187 \times \cos 70° = 0.1654\ \text{MN}$

$N_u = N_{uc}\sin\alpha_f - R_u \cos\alpha_f = 0.187 \times \sin 70° - 0.108 \times \cos 70° = 0.1388\ \text{MN}$

전단마찰철근량 A_{vf} 와 인장력 N_u 에 대한 보강 철근량 A_n 은 다음과 같이 구해진다.

$$A_{vf} = \frac{V_u}{\phi f_y(\mu \sin\alpha_f + \cos\alpha_f)}$$
$$= \frac{0.1654}{0.80 \times 400(1.4\sin 70° + \cos 70°)}$$
$$= 332.8 \times 10^{-6}\ \text{m}^2 = 332.8\ \text{mm}^2$$

$$A_n = \frac{N_u}{\phi f_y \sin\alpha_f}$$
$$= \frac{0.1388}{0.80 \times 400 \sin 70°}$$
$$= 492.8 \times 10^{-6}\ \text{m}^2 = 492.8\ \text{mm}^2$$

전단면에 대한 소요전단철근량 A_s 는 다음과 같이 된다.

$A_s = A_{vf} + A_n = 332.8 + 492.8 = 825.6\ \text{mm}^2 < 1072.56\ \text{mm}^2$

따라서 고정하중, 활하중, 수평 인장력을 모두 고려하여 설계해야 한다.

(4) 최대 전단강도 검토

전단강도 V_n 은 $0.2 f_{ck} A_c$ 이하이어야 하고, 또한 $5.6A_c$ 이하이어야 한다. 여기서 A_c는 전단전달에 저항하는 콘크리트 단면의 단면적이다.

$$A_c = 350 \times \left(\frac{50 + 250}{\sin 20°}\right) = 307000\ \text{mm}^2 = 0.3070\ \text{m}^2$$

$0.2 f_{ck} A_c = 0.2 \times 28 \times 0.3070 = 1.7192\ \text{MN}$

$5.6A_c = 5.6 \times 0.3070 = 1.7192\ \text{MN}$

따라서 V_n 은 1.7192 MN 이하이어야 한다.

$$V_n = A_{vf} f_y(\mu \sin\alpha_f + \cos\alpha_f)$$
$$= (8 \times 2 \times 71.33 \times 10^{-6}) \times 400(1.4\sin 70° + \cos 70°)$$
$$= 0.7567\ \text{MN} < 1.7192\ \text{MN}$$

∴ 적합하다.

4.5 깊은보

4.5.1 설계 일반

받침부 내면 사이의 순경간 l_n이 부재 깊이의 4배 이하이거나 하중이 받침부로부터 부재 깊이의 2배 거리 이내에 작용하고 하중의 작용점과 받침부가 서로 반대면에 있어서 하중 작용점과 받침부 사이에 압축대가 형성될 수 있는 부재에 적용한다.

깊은보는 구조기준 6.3.4에서 허용된 비선형 해석 또는 구조기준 부록 Ⅰ에 따라 스트럿-타이 모델을 적용하여 설계하여야 한다. 깊은보의 V_n은 $(5\lambda\sqrt{f_{ck}}/6)b_w d$ 이하이어야 한다.

4.5.2 최소 철근량 산정 및 배치

휨인장철근과 직각인 수직전단철근의 단면적 A_v를 $0.0025b_w s$ 이상으로 하여야 하며, s를 $d/5$ 이하 또한 300mm 이하로 하여야 한다. 휨인장철근과 평행한 수평전단철근의 단면적 A_{vh}를 $0.0015b_w s_h$ 이상으로 하여야 하며, s_h를 $d/5$ 이하 또한 300mm 이하로 하여야 한다. 이상에서 설명한 최소 철근량 대신 스트럿-타이 해석에 의한 철근을 배치할 수 있다.

연습문제

4-1 길이가 3.5m인 캔틸레버 보에 등분포 활하중 7kN/m가 작용하고 있다. 전단에 대한 위험단면에 발생하는 계수전단력 V_u는? (단, 자중을 고려해야 하며, 보의 폭 $b = 350\text{mm}$, 유효깊이 $d = 520\text{mm}$, 보의 전체 높이 $h = 580\text{mm}$, $f_{ck} = 20\text{MPa}$, $f_y = 300\text{MPa}$이다.)

4-2 $b = 300\text{mm}$, $d = 550\text{mm}$인 직사각형 보에서 콘크리트가 부담할 수 있는 공칭전단강도는? (단, $f_{ck} = 24\text{MPa}$)

4-3 전단철근이 부담해야 할 전단력 V_s가 0.42MN일 때 전단철근의 간격 s는 얼마 이하라야 하는가? (단, $b_w = 400\text{mm}$, $d = 560\text{mm}$, $A_v = 700\text{mm}^2$, $f_y = 350\text{MPa}$, $f_{ck} = 21\text{MPa}$)

4-4 $D13$ 철근을 U형 스터럽으로 가공하여 300mm 간격으로 부재축에 직각이 되게 설치하였을 때, 전단보강철근이 부담할 수 있는 공칭전단강도 V_s는 얼마인가?
(단, $f_y = 400\text{MPa}$, $d = 600\text{mm}$)

4-5 강도설계법에 의해 전단설계를 할 때 보의 폭이 300mm, 유효 깊이가 500mm 라고 하면, 이 보에 수직스터럽을 배치할 수 있는 최대간격은 얼마인가?

4-6 전단보강철근을 사용하지 않고 계수하중에 의한 전단력 $V_u = 37\text{kN}$ 을 지지하려면 직사각형 단면보의 최소면적은 얼마 이상이어야 하는가? (단, $f_{ck} = 28\text{MPa}$ 이다.)

4-8 활하중 $27\ \text{kN/m}$, 고정하중(자중 포함) $18\ \text{kN/m}$를 받고 있는 단순보에 필요한 전단철근을 수직스터럽으로 설계하시오. 단면은 $b = 380\text{mm}$, $d = 560\text{mm}$, $h = 620\text{mm}$인 단철근 직사각형보이며, 지간 $l = 7.2\ \text{m}$이고, $f_{ck} = 24\text{MPa}$, $f_y = 350\text{MPa}$이다.

4-9 계수 전단강도 $V_u = 140\ \text{kN}$을 받을 수 있는 직사각형 단면을 다음의 각 경우에 대하여 구하라. (단, $f_{ck} = 24\text{MPa}$)

(1) 전단철근이 없이 견딜 수 있는 콘크리트의 최소단면을 결정하시오

(2) 전단철근의 최소량을 사용할 경우 필요한 콘크리트의 최소단면을 결정하시오

4-10 사하중(고정하중, 자중 미포함) 25kN/m, 활하중 50kN/m를 받고 있는 지간 7.0m의 단순지지보가 있다. 단면은 폭 $b = 350\text{mm}$, 유효깊이 $d = 600\text{mm}$, 보의 높이 $h = 650\text{mm}$인 단철근 직사각형이다. $f_y = 300\text{MPa}$(철근의 항복강도), $f_{ck} = 24\text{MPa}$일 때 다음의 각 경우에 대하여 구하라.

(1) 전단철근을 필요로 하는 구간을 구하시오.

(2) 수직전단철근을 설계하시오. (Use D13 or D16)

4-11 휨(M)을 받는 보(얕은 보)의 $A-E$ 위치에서 각각 휨에 의한 수직응력($\sigma = \frac{M}{I}y$)과 전단응력($\tau = \frac{VQ}{Ib}$)의 상태를 사각형과 화살표 등으로 표시하고 서로 차이점에 대해 설명하시오.

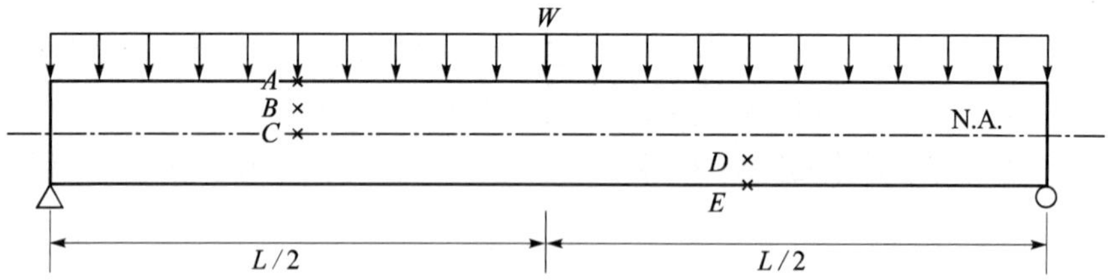

4-12 휨파괴와 전단파괴의 차이점(위험단면의 위치, 파괴과정, 균열형상 스케치 등)에 대해 자세히 설명하고, 이로 인한 휨설계와 전단설계시 나타나는 차이점에 대해 아는 대로 기술하시오.

4-13 전단을 받는 보에서 사인장 균열이 보의 하단에서는 $45°$ 보다 큰 각도로, 중립축 근처에서 $45°$로, 상단으로 가면서 $45°$ 보다 작은 각도로 전파되는 이유에 대해 설명하시오.

4-14 깊은 보와 얕은 보의 거동의 차이점에 대해 설명하고, 설계방법과 설계식이 어떻게 다른지 설명하시오.

CHAPTER

05 사용성 및 내구성

5.1 서론

사용성(使用性, serviceability)은 만들어진 구조물이 사용하기에 적합한지의 여부를 일컫는 말이다. 예를 들면, 구조물이 작용하는 외력에 대해 충분히 저항할 수 있어 파괴에 대해서는 안전하나, 과도한 처짐이나 균열이 발생하면 사용자에게 불안감을 유발시키고 또 구조물의 기능에 지장이 초래되는데, 이러한 경우에 사용성이 나쁘다고 말할 수 있다.

내구성(耐久性, durability)은 물질이 변질되거나 변형되지 않고 오래 견디는 성질을 말한다. 콘크리트 구조는 주어진 주변 환경조건에서 설계 공용기간 동안에 안전성, 사용성, 내구성, 미관을 갖도록 설계, 시공, 유지관리하여야 한다. 구조물 또는 부재가 사용기간 중 충분한 기능과 성능을 유지하기 위하여 사용하중을 받을 때 사용성과 내구성을 검토해야 한다.

강도설계법은 부재의 극한강도에 기초를 두고 안전성을 확보한 설계법으로서 사용성은 따로 검토해야 한다. 그리고 사용성은 구조물이 사용되고 있는 상태에서의 처짐이나 균열, 피로 등이 문제이기 때문에 사용성에 대한 검토는 사용하중이 작용하는 경우에 대해 허용응력설계법으로 한다.

5.2 균열

종전 기준의 사용성 규정에서 균열폭을 계산하여 허용균열폭을 초과하지 않게 철근을 배치하도록 한 규정을 삭제하고, 인장철근의 간격제한으로 균열을 제어하도록 개정하였다. 이는 근래의 연구결과를 반영한 것으로, 철근의 부식이 일반적인 사용하중 수준의 철근응력에서 발생하는 표면 균열폭과 직접적인 관계가 없다는 것을 의미한다. 또 노출실험에서 부식을 방지하는 데는 콘크리트의 품질, 적절한 다짐, 충분한 콘크리트 피복 등이 콘크리트 표면의 균열폭보다 더 큰 중요성을 가진 것으로 지적되었다.

이에 따라 종전의 기준에 규정되었던 강재의 부식에 대한 노출환경조건에 대한 구분과 환경조건에 대한 허용균열폭은 구조기준 본문에서 삭제되고, 인장철근의 간격제한 규정으로 대체되었다.

5.2.1 인장철근의 간격제한

콘크리트 인장연단에 가장 가까이에 배치되는 철근의 중심간격 s는 식 (5.1)과 식 (5.2)에 의해 계산된 값 중에서 작은 값 이하로 배치해야 한다.

$$s = 375\left(\frac{\kappa_{cr}}{f_s}\right) - 2.5\,c_c \tag{5.1}$$

$$s = 300\left(\frac{\kappa_{cr}}{f_s}\right) \tag{5.2}$$

κ_{cr} : 건조환경에 노출되는 경우 280, 그 외의 경우 210

c_c : 인장철근이나 긴장재의 표면과 콘크리트 표면 사이의 최소 두께

f_s : 사용하중 상태에서 인장연단에서 가장 가까이에 위치한 철근의 응력. 다만 간단한 방법으로 균열을 검증하고자 할 때는 f_y의 2/3를 근사적으로 사용할 수 있다.

예제 5.1

다음과 같은 조건으로 된 단면의 균열 검토를 하시오.

$f_{ck} = 21\text{MPa}$,

$f_y = 400\text{MPa}$,

사용모멘트 $M = 600\text{kNm}$,

철근 노출은 건조환경이 아닌 그 외의 경우로 가정,

$\kappa_{cr} = 210$

$d = 820 - (40 + 10 + 29 + 25/2)$

$= 728.5\text{mm}$

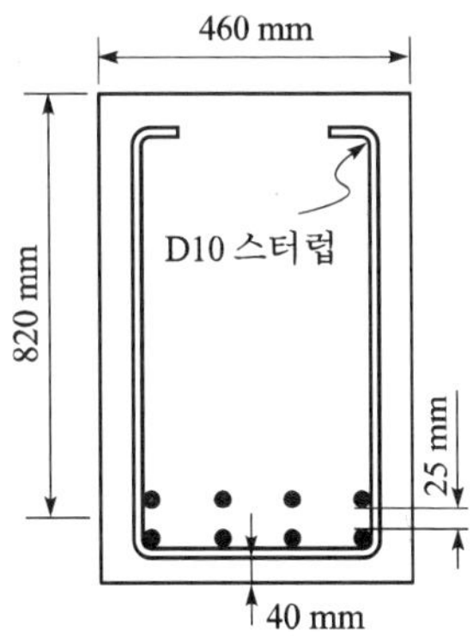

그림 5-1

풀이

(1) $f_s = (2/3)f_y$ 가정한 경우

인장연단에서 최외단 철근 표면까지의 거리

$c_c = 40(\text{피복두께}) + 10(\text{D10 지름}) \fallingdotseq 50\text{mm}$

$$s_1 = 375\left(\frac{210}{f_s}\right) - 2.5c_c = 375\left(\frac{210}{2/3 \times 400}\right) - 2.5 \times 50 = 170\text{mm}$$

$$s_2 = 300\left(\frac{210}{f_s}\right) = 300\left(\frac{210}{2/3 \times 400}\right) = 236\text{mm}$$

$s = \min.[s_1, s_2] = 170\text{mm}$

즉, 최외단 철근의 간격이 170mm 보다 작아야 한다.

최외단 철근의 간격 $= \{460 - 2 \times (40 + 10 + 29/2)\}/3 \fallingdotseq 110\text{mm}\ (< 170\text{mm})$

따라서 철근간격 제한 조건을 만족한다.

(2) 정밀 계산

$E_s = 2.0 \times 10^5\text{MPa}$

$E_c = 8{,}500\sqrt[3]{f_{ck} + \Delta f} = 8{,}500\sqrt[3]{21 + 4} = 24{,}854\text{MPa}$

$n = E_s/E_c = 8.05 \fallingdotseq 8$

$\rho = A_s/(bd) = 5139/(460 \times 728.5) = 0.0153$

$k = -n\rho + \sqrt{(n\rho)^2 + 2n\rho} = 0.368$

$$f_s = \frac{M}{A_s(d - x/3)} = \frac{600 \times 10^6}{5139(728.5 - 268/3)} = 183\text{MPa}$$

$c_c = 50\text{mm}$

$$s_1 = 375\left(\frac{210}{f_s}\right) - 2.5c_c = 305\text{mm}$$

$$s_2 = 300\left(\frac{210}{f_s}\right) = 344\text{mm}$$

$$s = \min.[s_1, s_2] = 305\text{mm}$$

즉, 최외단 철근의 간격이 305 mm 보다 작아야 한다.

최외단 철근의 간격 = 110 mm (< 305mm)

따라서 철근간격 제한 조건을 만족한다.

5.3 처짐

철근콘크리트 부재의 처짐은 순간처짐과 장기처짐으로 구분하여 다룬다.

순간처짐(immediate deflection)은 부재에 하중이 작용하는 순간에 즉시 발생하는 처짐으로서 탄성처짐 또는 즉시처짐이라고도 한다.

순간처짐은 부재의 강성에 대해 균열과 철근의 영향을 고려하고, 탄성이론에 의한 처짐 공식으로 계산한다. 이것은 부재가 사용하중 하에서는 탄성거동을 한다고 볼 수 있기 때문이다.

장기처짐(long term deflection)은 주로 콘크리트의 크리프와 건조수축으로 인하여 시간의 경과와 더불어 진행되는 처짐을 말한다.

장기처짐은 일반적으로 초기에 많은 양이 발생하고 시간이 지남에 따라 증가율이 둔화되는 경향을 보이며, 온도, 습도, 양생조건, 재하기간, 압축철근의 양, 지속하중의 크기 및 기타요소에 의하여 영향을 받는다.

5.3.1 철근콘크리트 보의 하중-처짐 거동

철근콘크리트 부재에 사용하중이 작용할 때 발생하는 순간처짐의 크기를 구하는데 대해 살펴보기 전에 먼저 하중의 변화에 따른 철근콘크리트 보의 거동을 살펴보기로 하자. 그림 5-2(a)는 그림 5-2(b)와 같이 단순 지지된 철근콘크리트 보가 등분포하중(w)을 받을 때, 작용하는 하중과 처짐의 관계를 개략적으로 나타낸 것이다.

그림 5-2(b)에서 OA구간은 작용하는 하중이 충분히 작아서 보에 균열이 발생하지 않은 구간이며, 단면 전체가 외력에 대해 저항할 수 있는 단계이다. 그러므로 이 단계에서 처짐을 계산할 때에는 단면 전체가 유효한 것으로 보고 해석하며, 이때 사용되는 단면2차모멘트는 총 단면적에 대한 단면2차모멘트 I_g 를 사용한다.

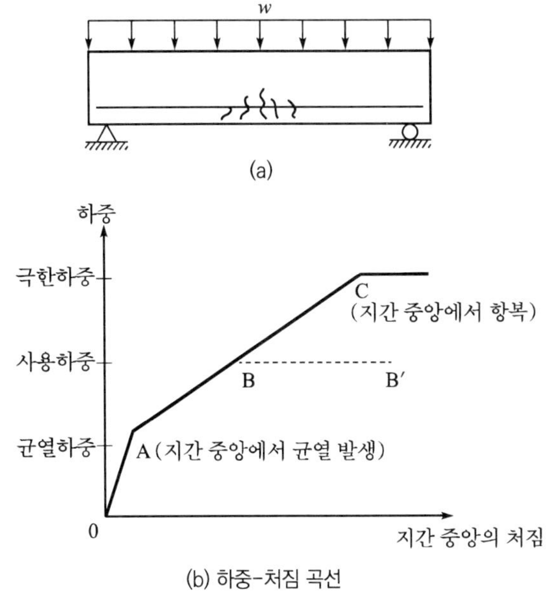

그림 5-2 철근콘크리트 보의 하중-처짐 거동

OA구간을 지나 더 큰 하중이 작용하게 되면, 지간 중앙에서 균열이 발생하게 되고, 이 균열에 의해 단면이 감소하여 보의 휨강성이 저하되며, 단면2차모멘트 역시 감소한다. 따라서 이 때 사용되는 단면2차모멘트는 유효단면2차모멘트 I_e 를 사용하며, 이것은 총 단면적에 대한 단면2차모멘트 I_g 보다 작은 값이다. I_e 에 대해서는 뒤에서 살펴보게 될 것이다. 일반적으로 사용하중이 작용하는 B점의 전·후 구간에서는 보의 거동이 탄성적이라 보고 탄성해석을 하여도 별로 큰 문제는 없다.

보가 항복에 도달하기 이전의 구간에서, 작용하는 하중에 의해 단면에 균열이 중립축까지 충분히 발달하였다면, 이 때 처짐을 구하기 위해 사용되는 단면2차모멘트는 중립축 이하의 콘크리트는 무시하고 철근의 환산단면적이 고려된 균열환산단면2차모멘트 I_{cr} 이 사용된다. 보가 사용하중이 지속적으로 작용하고 있는 상태에서 오랜 시간이 경과하게 되면 콘크리트의 크리프 등으로 인해 보의 처짐은 그림 5-2(b)에서 점선으로 나타낸 것처럼 점 B에서 점 B'로 증가하게 되며, 이것을 장기처짐이라 한다.

5.3.2 균열모멘트

그림 5-2(b)에 있는 A점의 경우와 같이 적당한 크기의 하중이 작용하면, 보의 단면에는 균열이 발생하게 되는데, 이때 보의 단면에 작용한 휨모멘트를 균열모멘트라고 한다.

주어진 단면에 휨균열을 발생시키는 크기의 모멘트를 **균열모멘트** M_{cr} 이라고 한다.

콘크리트의 휨인장강도 f_r 은 시험에 의해 구할 수 있으나, 구조기준에서는 보통중량콘크리트 및 경량콘크리트에 대한 파괴계수로서 다음 값을 주고 있다. 여기서 λ는 경량콘크리트계수이다.

콘크리트의 휨인장강도(파괴계수)

$$f_r = 0.63\lambda\sqrt{f_{ck}}\ (\mathrm{MPa}) \tag{5.3}$$

이제 파괴계수를 이용하여 균열모멘트를 구해보자. 휨에 의해 인장측 연단의 콘크리트에 균열이 발생될 때 인장측 연단의 콘크리트가 받은 응력이 f_r이고, 그 때 단면에 작용한 모멘트가 M_{cr}이라고 하면 다음 식이 성립한다.

$$f_r = \frac{M_{cr}}{I_g} y_t \tag{5.4}$$

따라서 식 (5.4)로부터 균열모멘트 M_{cr} 은 다음과 같이 구해진다.

균열모멘트

$$M_{cr} = \frac{f_r I_g}{y_t} \tag{5.5}$$

I_g : 총 단면에 대한 단면2차모멘트 $\left(\text{직사각형단면일경우} : I_g = \frac{bh^3}{12}\right)$

y_t : 중립축에서 인장측 연단까지의 거리

예제 5.2

다음과 같은 조건으로 된 단면의 균열모멘트 M_{cr}을 구하시오.

$b = 300\text{mm}$, $d = 440\text{mm}$, $h = 500\text{mm}$

$f_{ck} = 21\text{MPa}$,

휨인장강도는 $f_r = 0.63\lambda\sqrt{f_{ck}} = 0.63\sqrt{f_{ck}}$ 이다.

(보통중량콘크리트)

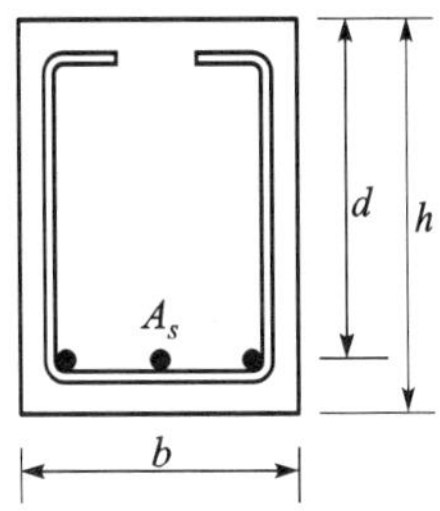

그림 5-3

풀이

단면에 균열이 발생하기 직전의 상태에서 단면 전체가 유효한 것으로 보고 해석한다. 따라서 단면2차모멘트는 전체 단면적에 대한 단면2차모멘트 I_g를 사용한다.

$$I_g = \frac{bh^3}{12} = \frac{0.3 \times 0.5^3}{12} = 0.003125\ \text{m}^4$$

그리고 휨인장강도는

$$f_r = 0.63\sqrt{f_{ck}} = 0.63\sqrt{21} = 2.887\ \text{MPa}$$

이다. 따라서 균열모멘트M_{cr}은 다음과 같다.

$$M_{cr} = \frac{f_r I_g}{y_t} = \frac{2.887 \times 0.003125}{0.25} = 0.03609\ \text{MN} \cdot \text{m}$$

5.3.3 순간처짐

단순 지지된 보에 발생하는 최대 처짐($\delta_{\max}$)은 지간의 중앙에서 발생되며, 다음 식으로 구할 수 있다.

$$\text{집중하중}(P)\text{가 지간 중앙에 작용할 때 : } \delta_{\max} = \frac{Pl^3}{48EI} \quad (5.6)$$

$$\text{등분포하중이 지간 전체에 작용할 때 : } \delta_{\max} = \frac{5wl^4}{384EI} \quad (5.7)$$

여기서, 탄성계수 E는 콘크리트의 탄성계수 E_c를 사용한다. 단면2차모멘트I는 유효단면2차모멘트 I_e를 사용한다. 유효단면2차모멘트는 Branson이 제안한 것으로 사용하중에서 단면2차모멘트가 총단면2차모멘트 I_g와 균열단면2차모멘트 I_{cr} 사이에서 최대휨모멘트에 따라 변하는 것을 실험식으로 만든 것이다. 각 단면2차모멘트을 구하는 방법은 다음과 같다.

① 균열이 생기지 않았을 때는 단면이 전부 유효하다고 보고 총 단면에 대한 단면2차모멘트(I_g)를 사용한다.

$$\text{직사각형 단면일 경우}: I_g = \frac{bh^3}{12}$$

여기서, b : 단면의 폭

h : 단면의 전체 높이

② 인장측에 균열이 발생한 경우는 압축을 받는 콘크리트 단면과 철근의 환산단면적 만을 고려한 균열환산단면2차모멘트(I_{cr})를 사용한다.

$$\text{단철근 직사각형 보의 경우}: I_{cr} = \frac{bx^3}{3} + nA_s(d-x)^2 \tag{5.8}$$

여기서, b : 단면의 폭

x : 중립축의 위치

n : 탄성계수비

A_s : 인장철근의 단면적

d : 유효깊이

③ 실제의 단면2차모멘트는 I_g와 I_{cr}의 사이에 있으며, 다음 식으로 주어지는 유효단면2차모멘트 I_e를 사용한다. 연속부재일 경우에는 정 및 부휨모멘트에 대한 위험단면의 유효단면2차모멘트를 다음 식으로 구하고 그 평균값을 사용할 수 있다.

$$I_e = \left(\frac{M_{cr}}{M_a}\right)^3 I_g + \left[1 - \left(\frac{M_{cr}}{M_a}\right)^3\right] I_{cr} \tag{5.9}$$

($I_{cr} < I_e < I_g$가 성립한다.)

M_{cr} : 균열모멘트$\left(= \frac{f_r I_g}{y_t}\right)$

f_r : 콘크리트의 휨인장강도(파괴계수)($= 0.63\lambda\sqrt{f_{ck}}$ MPa)

y_t : 중립축에서 인장측 연단까지의 거리

M_a : 처짐이 계산되는 단계에서 사용하중에 의한 부재의 최대 휨모멘트

예제 5.3

지간이 10m이고 등분포하중 $w = 10\text{kN/m}$를 받고 있는 단순 지지된 철근콘크리트 보의 최대 처짐을 구하시오(단, $I_g = 0.0065\text{m}^4$, $I_{cr} = 0.00265\text{m}^4$, $M_{cr} = 70\text{kN}\cdot\text{m}$, $E_c = 25000\text{MPa}$이다).

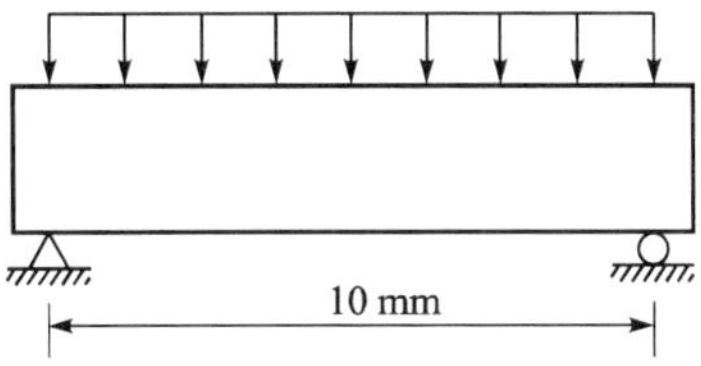

그림 5-4

풀이

처짐이 계산되는 단계에서 사용하중에 의한 부재의 최대 휨모멘트 M_a는

$$M_a = \frac{wl^2}{8} = \frac{10 \times 10^2}{8} = 125\,\text{kN}\cdot\text{m} = 0.125\,\text{MN}\cdot\text{m}$$

이므로 유효단면2차모멘트 I_e는 다음과 같이 구해진다.

$$I_e = \left(\frac{M_{cr}}{M_a}\right)^3 I_g + \left\{1 - \left(\frac{M_{cr}}{M_a}\right)^3\right\} I_{cr}$$

$$= \left(\frac{0.07}{0.125}\right)^3 \times 0.0065 + \left\{1 - \left(\frac{0.07}{0.125}\right)^3\right\} \times 0.00265$$

$$= 0.003326\text{m}^4$$

따라서 최대 처짐은 다음과 같다.

$$\delta = \frac{5wl^4}{384E_cI_e} = \frac{5 \times 0.01 \times 10^4}{384 \times 25000 \times 0.003326} = 0.01566\,\text{m} = 15.66\,\text{mm}$$

5.3.4 장기처짐

장기처짐은 주로 콘크리트의 건조수축과 크리프에 의해 발생되므로 콘크리트 구조물이 놓여 있는 곳의 온도와 습도, 양생조건, 하중 재하시의 재령, 압축철근량 등과 같은 많은 요인에 의하여 변화된다. 지속적으로 하중이 작용하면 콘크리트는 크리프변형을 일으키며 그림 5-5에 보인 것과 같이 콘크리트의 변형이 증대되어 단면의 곡률이 증가된다. 이 때 우력 모멘트의 팔 길이가 감소하여 인장측 철근의 응력은 약간 증가하는 경향을 보인다. 만일 압축측에 철근이 배근되어 있다면, 증가되는 콘크리트의 압축변형률로 인하여 압축철근의 응력은 증가되는 반면 콘크리트의 압축변형률의 증가는 작아질 것이다. 그러므로 압축철근비 ρ'가 크면 크리프에 의한 변형이 작게 발생하며, 장기처짐 역시 작게 발생한다.

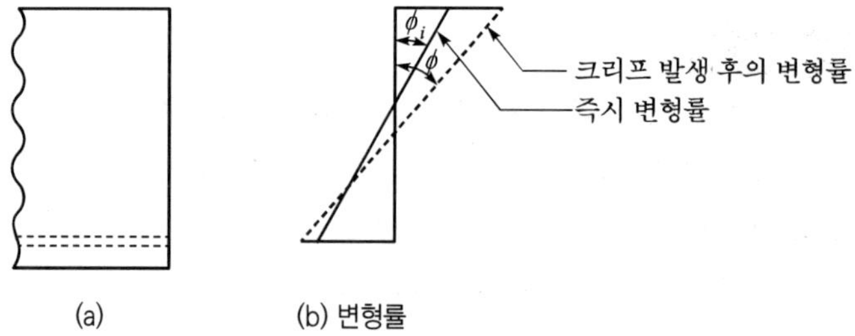

그림 5-5 크리프에 의한 변형률

구조기준에서는 장기처짐을 해당 지속하중에 의해 생긴 순간처짐에 다음 식으로 구해지는 계수 λ_Δ를 곱하여 구하도록 하고 있다.

장기 처짐

$$\text{장기처짐} = \lambda_\Delta \times (\text{지속하중에 의한 순간처짐}) \tag{5.10}$$

$$\lambda_\Delta = \frac{\xi}{1+50\rho'} \tag{5.11}$$

ρ'는 압축철근비$\left(=\dfrac{A_s'}{bd}\right)$이고, ξ는 지속하중의 재하기간에 따라 달라지는 시간경과계수로서 지속하중의 재하기간이 5년 이상일 경우 2.0이다.

위에서 ρ'는 단순 및 연속 경간인 경우는 보의 중앙에서, 캔틸레버인 경우에는 받침점에서 구한 값으로 한다. 그리고 ξ는 구조기준에서 표 5-1과 같이 주고 있으며, 그림 5-16에 도식적으로 나타내었다.

표 5-1 시간경과계수 ξ

지속하중의 재하 기간	3개월	6개월	12개월	5년 이상
시간경과 계수 (ξ)	1.0	1.2	1.4	2.0

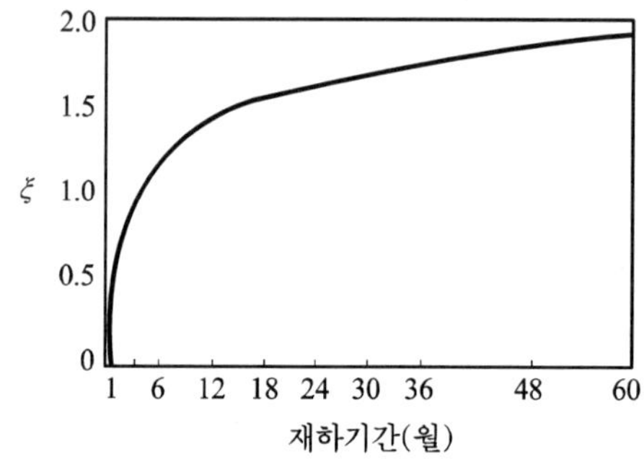

그림 5-6 시간경과계수 ξ

예제 5.4

그림과 같은 복철근보에 대해, 5년 후 지속하중에 의해 유발되는 장기처짐을 구하시오.

(단, $A_s' = 1200\text{mm}^2$, $b = 300\text{mm}$, $d = 450\text{mm}$이고, 지속하중에 의한 탄성처짐은 12mm이다.)

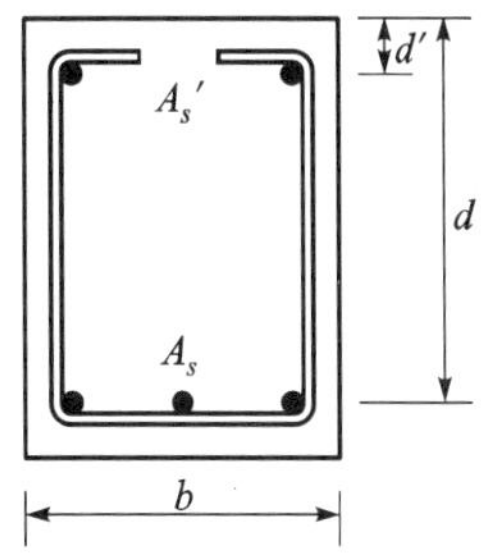

그림 5-7

풀이

처짐이 계산되는 단계에서 사용하중에 의한 부재의 최대 휨모멘트 M_a는

$$M_a = \frac{wl^2}{8} = \frac{10 \times 10^2}{8} = 125\text{ kN} \cdot \text{m} = 0.125\text{ MN} \cdot \text{m}$$

이므로 유효단면2차모멘트 I_e는 다음과 같이 구해진다.

$$I_e = \left(\frac{M_{cr}}{M_a}\right)^3 I_g + \left\{1 - \left(\frac{M_{cr}}{M_a}\right)^3\right\} I_{cr}$$

$$= \left(\frac{0.07}{0.125}\right)^3 \times 0.0065 + \left\{1 - \left(\frac{0.07}{0.125}\right)^3\right\} \times 0.00265$$

$$= 0.003326\text{m}^4$$

따라서 최대 처짐은 다음과 같다.

$$\delta = \frac{5wl^4}{384E_cI_e} = \frac{5 \times 0.01 \times 10^4}{384 \times 25000 \times 0.003326} = 0.01566\text{ m} = 15.66\text{ mm}$$

5.3.5 처짐의 제한

철근콘크리트 부재의 처짐을 정확하게 구하는 것은 매우 어려운 일이며, 정확한 처짐을 구하는 것이 실용상으로 크게 중요한 것도 아니다. 그래서 구조기준에서는 앞에서 살펴본 순간처짐과 장기처짐을 고려하여 구한 처짐량이 허용 처짐값 이하가 되도록 제한하는 방법뿐만 아니라 부재의 최소두께를 규정함으로써 처짐을 규제하는 간접적인 방법도 허용하고 있다. 먼저 최소두께에 대한 구조기준의 규정부터 알아보기로 하자.

[1] 1방향 구조물의 최소두께

큰 처짐에 의하여 손상되기 쉬운 칸막이벽이나 기타 구조물을 지지하지 않는 1방향 구조물의 경우 표 5-2에 정한 최소 두께를 적용하여야 한다. 다만 처짐계산에 의하여 표 5-3

을 만족하는 경우 표 5-2의 최소 두께를 적용할 필요가 없다.

KDS 14 20 70 구조설계기준에 따라 1방향 슬래브의 최소 두께는 100mm 이상으로 하며, KDS 14 20 30 구조설계기준에 따라 큰 처짐에 의해 손상될 수 있는 칸막이벽이나 기타 구조물을 지지하지 않는 1방향 슬래브에서 처짐을 계산하지 않는 경우에 대한 최소 두께를 표 5-2에 정리하였다. 표 5-2의 값은 보통중량콘크리트($m_c = 2{,}300\text{kg/m}^3$)와 설계기준항복강도 $f_y = 400\text{MPa}$인 철근을 사용한 부재에 대한 값이며, $m_c = 1{,}500 \sim 2{,}000\ \text{kg/m}^3$ 정도의 단위질량을 갖는 구조용 경량콘크리트에 대해서는 계산된 h값에 $(1.65 - 0.00031 m_c)$를 곱해야 하나, 1.09이상이어야 한다. f_y가 400MPa 이외인 경우는 계산된 h값에 $(0.43 + f_y/700)$ 값을 곱하여야 한다.

표 5-2 처짐을 계산하지 않는 경우의 보 또는 1방향 슬래브의 최소두께

부재	최소두께(h)			
	단순지지	1단 연속	양단 연속	캔틸레버
	큰 처짐에 의해 손상되기 쉬운 칸막이 벽이나 기타 구조물을 지지 또는 부착하지 않은 부재			
• 1방향 슬래브	$l/20$	$l/24$	$l/28$	$l/10$
• 보 • 리브가 있는 1방향 슬래브	$l/16$	$l/18.5$	$l/21$	$l/8$

*l은 부재의 길이이다.

[2] 최대허용처짐

콘크리트구조기준에서는 유효단면2차모멘트 I_e를 고려한 순간처짐과 장기처짐에 의한 처짐량이 표 5-3에 제시된 허용처짐 값보다 작아야 한다고 규정하고 있다.

표 5-3 최대 허용처짐

부재의 형태	고려해야 할 처짐	처짐한계
과도한 처짐에 의해 손상되기 쉬운 비구조 요소를지지 또는 부착하지 않은 평지붕구조	활하중 L에 의한 순간처짐	$\frac{l}{180}$
과도한 처짐에 의해 손상되기 쉬운 비구조 요소를 지지 또는 부착하지 않은 바닥구조		$\frac{l}{360}$
과도한 처짐에 의해 손상되기 쉬운 비구조 요소를 지지 또는 부착한 지붕 또는 바닥구조	전체 처짐 중에서 비구조 요소가 부착된 후에 발생하는 처짐부분 (모든 지속하중에 의한 장기처짐과 추가적인 활하중에 의한 순간처짐의 합)	$\frac{l}{480}$
과도한 처짐에 의해 손상될 염려가 없는 비구조 요소를 지지 또는 부착한 지붕 또는 바닥구조		$\frac{l}{240}$

그리고 보행자 및 차량하중 등 동하중을 주로 받는 구조물의 최대 허용처짐은 다음과 같다. 단순 및 연속 경간의 부재에 있어서 충격을 포함한 활하중으로 인한 처짐은 경간의 1/800 이하라야 한다. 다만 부분적으로 보행자에 의해 사용되는 도시지역의 교량은 그 처짐이 경간의 1/1000 이하라야 한다. 활하중과 충격으로 인한 캔틸레버의 처짐은 캔틸레버 길이의 1/300 이하라야 하고, 보행자의 이용이 고려된 경우에는 캔틸레버 길이의1/375까지 허용된다.

예제 5.5

활하중 $30\,\mathrm{kN/m}$, 고정하중(보의 자중포함), $17\,\mathrm{kN/m}$를 지지하고 있는 지간 $6\mathrm{m}$의 단순보가 단철근 직사각형 단면으로 되어 있다. $b = 380\,\mathrm{mm}$, $d = 560\,\mathrm{mm}$, $h = 660\,\mathrm{mm}$, 인장철근은 $6 - \mathrm{D}\,25(A_s = 3040.2\,\mathrm{mm}^2)$이며, $f_{ck} = 21\mathrm{MPa}$, $f_y = 300\mathrm{MPa}$일 때 최소두께를 검토하시오.

풀이

단순보이고, $f_y = 300\mathrm{MPa}$ 임으로 보정계수를 고려한 최소두께는 다음과 같다.

$$\frac{l}{16}\left(0.43 + \frac{f_y}{700}\right) = \frac{6000}{16}\left(0.43 + \frac{300}{700}\right) = 322.0\,\mathrm{mm} < 660\,\mathrm{mm}$$

∴ 처짐은 검토하지 않아도 된다.

5.4 피로

구조물에 작용하는 하중 중에서 변동하중이 차지하는 비율이 높거나 작용빈도가 큰 경우에는 피로[47]에 대한 안전성을 검토해 볼 필요가 있다. 콘크리트구조기준에 의하면 보 및 슬래브의 피로는 휨 및 전단에 대하여 검토해야 하며 기둥의 피로는 검토하지 않아도 좋으나, 다만 휨모멘트나 축인장력의 영향이 특히 큰 경우에는 보에 준하여 검토하도록 하고 있다. 그러나 피로에 의한 부재의 파괴를 정확하게 규명하는 것은 어려운 일이므로 구조기준에서는 간접적인 방법으로 피로에 대한 안전을 확보하도록 하고 있다.

구조기준에 의하면 피로에 대한 안전성을 검토할 경우, 충격을 포함한 사용 활하중에 의해 철근이 받는 응력의 변동범위가 표 5-4의 응력범위 이내에 들면 피로에 대하여 검토할

47) 피로(疲勞, fatigue) : 재료에 반복적으로 응력을 작용시키면, 그 응력이 극한강도보다 낮은 경우에도 재료가 파괴되는 수가 있는데, 이와 같이 반복적인 응력을 받았을 때 구조물이나 재료의 강도가 감소하는 현상을 피로라고 한다.

필요가 없도록 하고 있다. 일반적으로 휨부재는 과소철근보로 설계하기 때문에 인장철근의 피로에 의해 휨부재의 피로가 지배된다. 따라서 철근의 피로에 대해 더 이상 검토하지 않아도 되는 안전한 응력의 범위를 제시함으로서 부재의 피로에 대한 안전을 확보하고 있는 것이다. 그러나 반복하중에 의한 철근의 응력 범위가 표 5-4의 값을 초과하여 피로의 검토가 필요할 경우는 합리적인 방법으로 피로에 대한 안전을 검토해야 한다. 한편, 피로의 검토가 필요한 구조부재에서 높은 응력을 받는 부분의 철근은 구부리지 않아야 한다.

표 5-4 피로를 고려하지 않아도 되는 철근의 응력범위

강재의 종류	설계기준항복강도 또는 위치	철근 또는 긴장재의 응력범위(MPa)
이형철근	300MPa	130
	350MPa	140
	400MPa 이상	150
긴장재	연결부 또는 정착부	140
	기타 부위	160

예제 5.6

폭 $b=450\text{mm}$, 유효깊이 $d=600\text{mm}$, 인장철근으로는 $4-\text{D}32$가 배근된 단철근 직사각형보의 한 단면에 충격을 포함한 사용활하중에 의한 휨모멘트 $0.18\text{MN}\cdot\text{m}$가 작용하고 있다. 피로에 대한 안전성을 검토하시오. 주어진 보는 과소철근보이며, $f_{ck}=28\text{MPa}$이고, 철근은 $f_y=400\text{MPa}$이 사용되었다.

풀이

충격을 포함한 사용활하중에 의해 철근이 받는 응력의 변동 범위가 표 5-4의 응력범위 이내에 들면 피로에 대해 검토할 필요가 없다.
사용하중이 작용할 때 철근이 받는 응력을 구하는 것이므로 허용응력설계법으로 철근의 응력을 구한다.

(1) 중립축의 위치 x를 구한다.

보통 콘크리트를 사용했다고 한다면, 탄성계수비 n은 다음과 같이 구해진다.

$$n=\frac{E_s}{E_c}=\frac{2.0\times10^5}{8500\sqrt[3]{f_{cm}}}=\frac{2.0\times10^5}{8500\sqrt[3]{28+4}}=7.4\fallingdotseq 7$$

단면의 상단으로부터 중립축까지의 거리 x는 중립축에 대해 단면1차모멘트의 합이 0이 되는 점을 이용하여 구할 수 있다.

$$A_s=4\times794.2=3176.8\text{mm}^2$$

$$\frac{1}{2}bx^2-nA_s(d-x)=0$$

$$\frac{1}{2}\times 450x^2 - 7\times 3176.8(600-x) = 0$$

$$x^2 + 99x - 59300 = 0$$

$$x = \frac{-99+\sqrt{99^2+4\times 59300}}{2} = 199\,\text{mm}$$

(2) 인장철근의 응력검토

인장철근으로 $f_y = 400\text{MPa}$이 사용되었으므로 피로를 고려하지 않아도 되는 철근의 응력범위는 150MPa이다.

$$f_s = \frac{M}{A_s\left(d-\frac{x}{3}\right)} = \frac{0.18}{3176.8\times 10^{-6}\left(0.6-\frac{0.199}{3}\right)}$$

$$= 106.2\,\text{MPa} < 150\,\text{MPa}$$

따라서 피로에 대해 더 이상 검토할 필요가 없다.

연습문제

5-1 다음 조건에 따른 단철근 직사각형 보의 균열을 검토하시오. 일반적인 옥외의 환경에 노출되어 있으며, 자중을 포함한 고정하중 12 kN/m 와 활하중 16 kN/m 를 받고 있다. 보는 단순 지지되어 있고, 지간은 5.5m 이며, D10으로 된 수직스터럽이 사용되었다.

$b = 300\text{mm},\ d = 500\text{mm},\ h = 560\text{mm}$

$A_s = 3 - \text{D } 29 = 3 \times 642.4 = 1927\text{mm}^2$

$f_{ck} = 24\text{MPa},\ f_y = 350\text{MPa}$

5-2 아래에 주어진 조건과 단면에 대해 휨 균열 발생에 대한 안전성을 검토하시오. (철근의 응력(f_s)을 ① $\frac{2}{3}f_y$로 가정하는 경우와 ② 정밀식으로 계산하는 경우를 모두 검토할 것)

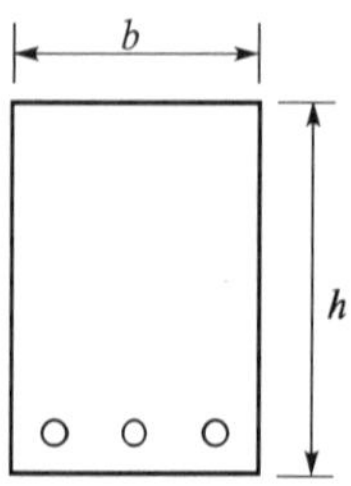

- $b = 300\,\text{mm},\ d = 500\,\text{mm}\ (c_c = 50\,\text{mm})$
- $A_s = 3 - D25 = 1520\,\text{mm}^2$
- $M = 90\,\text{kN·M}$
- $f_{ck} = 21\,\text{MPa},\ f_y = 300\,\text{MPa}\ (SD300)$

단, $x = -\dfrac{nA_s}{b} + \dfrac{nA_s}{b}\sqrt{1 + \dfrac{2bd}{nA_s}}$, $f_s = \dfrac{M}{A_s(d - \frac{x}{3})}$

5-3 $A_s{}' = 1200\text{mm}^2$가 배근된 복철근 보에 지속하중에 의한 탄성처짐이 12mm 발생 되었다고 할 때, 5년 후 지속하중에 의해 유발되는 장기처짐은 얼마인가?

5-4 콘크리트 부재의 순간(탄성)처짐과 장기(지속)처짐에 대한 계산식이 아래에 주어져 있다. (1) 순간처짐량 산정을 위해 각 항(F, ω, L, E_c, I_e)을 계산하는 방법에 대해 설명하시오. (2) 장기처짐을 계산시 λ를 구하는 방법과 압축철근이 중요한 이유에 대해 설명하시오.

$$\Delta_{short\ term} = F\frac{wL^3}{E_cI_e},\ \Delta_{long\ term} = \lambda \cdot F\frac{wL^3}{E_cI_e}$$

5-5 보의 지간이 $10.4\mathrm{m}$, $b = 300\mathrm{mm}$, $h = 575\mathrm{mm}$, 보의 자중이 $3600\mathrm{N/m}$, 철근량은 $6 - \mathrm{D}\,29$(2단 배근, d_c는 각각 $50\mathrm{mm}$, $100\mathrm{mm}$)이다. 콘크리트의 압축강도는 $28\mathrm{MPa}$, 철근의 항복강도는 $400\mathrm{MPa}$이다. 사하중에 의한 집중하중 $30\mathrm{kN}$, 사용활하중에 의한 집중하중 $60\mathrm{kN}$이 보의 중앙에 작용할 때, 지속하중(사하중)에 의한 장기처짐을 계산하시오. (5년 후)

CHAPTER

06 정착 및 이음

6.1 철근의 정착

6.1.1 철근의 부착과 정착

철근이 콘크리트 속에 묻혀서 인장력이나 압축력을 부담하면서 콘크리트와 일체로 거동하도록 만든 구조물이 철근콘크리트 구조물이다. 철근과 콘크리트가 일체로 되어 거동하기 위해서는 두 재료사이에서 하중이 잘 전달되어야 하는데, 이것은 두 재료 사이의 부착에 의해 이루어진다. 일반적으로, 부착(bond)은 철근과 콘크리트의 경계면이 활동(活動)에 저항하는 것을 말하며, 철근표면과 콘크리트의 교착(膠着)과 마찰작용, 철근표면의 요철(凹凸)에 의한 기계적인 작용에 의해 이루어진다. 그리고 정착(development)은 하중을 받고 있는 철근의 단부가 콘크리트로부터 빠져 나오지 않도록 고정되어 있는 것을 말하며, 주로 철근과 콘크리트의 부착에 의해 이루어진다.

철근과 콘크리트 사이의 부착은 많은 요인에 의해 영향을 받는데, 그 중 대표적인 몇 가지를 열거하면 다음과 같다.

(1) 콘크리트의 압축강도가 클수록 부착강도 역시 크다.
(2) 이형철근은 표면의 마디와 리브로 인해 원형철근 보다 훨씬 부착강도가 크다.
(3) 같은 양의 철근을 배근할 때 철근의 지름이 큰 것보다는 가는 직경의 철근을 여러 개 사용하는 것이 좋으며, 또한 피복두께가 클수록 부착강도가 좋아진다.
(4) 블리딩[48]의 영향으로 수평철근이 수직철근보다 부착강도가 작으며 수평철근 중에서도 상부철근이 하부철근보다 부착강도가 떨어진다.

콘크리트구조기준에는 철근과 콘크리트의 부착에 영향을 주는 철근의 표면상태에 대한 항(5.2.4)이 있으며, 그 내용은 다음과 같다.

(1) 콘크리트를 칠 때 철근의 표면에는 부착을 저해하는 흙, 기름 또는 비금속 도막이 없어야 한다. 다만 부식 방지를 위해 KS D 3629의 규정에 따른 아연도금 및 에폭시수지를 피복하는 것은 가능하다.

(2) 긴장재를 제외하고 철근의 녹이나 가공 부스러기 또는 그 조합은 KS D 3504에서 요구하고 있는 마디의 높이를 포함하는 철근의 최소 치수와 중량에 미달하지 않는 한 특별히 제거할 필요는 없다.

(3) 긴장재의 표면은 청결하게 유지하여야 하며 기름, 먼지, 가공부스러기, 흠집 및 과도한 녹이 없어야 한다. 다만, 강도에 영향을 주지 않는 경미한 녹은 허용할 수 있다.

6.1.2 정착 길이

그림 6-1과 같이 직경이 d_b인 철근 1가닥이 콘크리트 속에 길이 l 만큼 묻혀 있는 경우를 고려해 보자. 철근에 인장력 $T(=f_sA_s)$가 작용할 때, 철근이 콘크리트로부터 빠져 나오지 않기 위해서는 인장력에 상응하는 크기의 저항력으로 고정되어 있어야 한다. 철근과 콘크리트의 경계면에서 단위면적당 발생하는 평균부착응력[49]을 τ_0라고 하면, 다음 식이 성립하며,

$$\tau_0 \times (\text{묻힌 철근의 표면적}) = f_sA_s$$

$$\tau_0(\pi d_b l) = f_s\left(\frac{\pi d_b^2}{4}\right)$$

여기서, d_b : 철근의 직경, f_s : 철근의 응력, A_s : 철근의 단면적

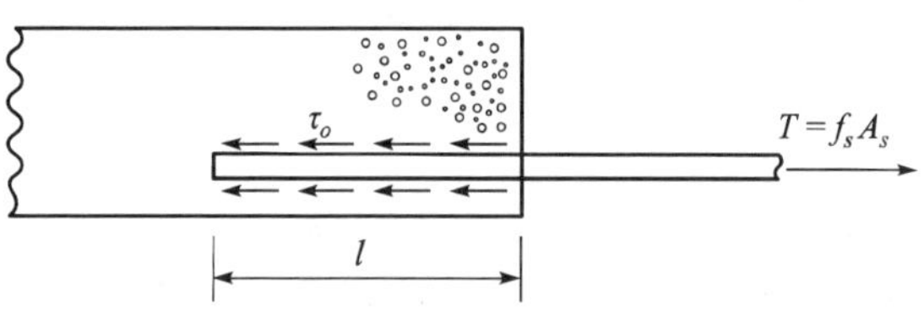

그림 6-1 정착길이 설계식 개념

48) 블리딩(bleeding)은 아직 굳지 않은 콘크리트, 모르타르 등에서 다른 재료에 비해 비중이 낮은 물이 분리되어 상승하는 현상이다.

49) 또는 정착부착응력(anchorage bond stress)이라고 한다.

이 식을 l에 대해 정리하면 다음과 같다.

$$l = \frac{f_s d_b}{4\tau_0} \tag{6.1}$$

이와 같이 구해진 묻힘길이[50] l을 철근의 정착길이(development length)라고 하며, 철근에 작용하는 인장력을 콘크리트에 전달하기 위해 필요하다.

강도설계법에서는 철근이 항복하는 경우를 고려하므로, 철근이 항복할 때까지 묻힌 철근이 활동하는 일이 없도록 충분한 정착길이가 확보되어야 한다. 철근이 항복하는 극한상태에서의 정착길이를 l_d라고 하면, 정착길이 l_d는 다음과 같다.

$$l_d = \frac{f_y d_b}{4\tau_u} \tag{6.2}$$

여기서, τ_u : 극한부착응력(ultimate bond stress)

f_y : 철근의 항복강도

d_b : 철근의 직경

한편 구조물의 형태에 따라 충분한 정착길이를 확보할 수 없는 경우가 많은데, 이런 경우에는 표준갈고리를 사용하면 된다. 이것은 갈고리의 기계적인 정착작용에 의해 정착길이를 감소시킬 수 있기 때문이다.

6.1.3 묻힘길이에 의한 정착

철근과 콘크리트가 일체가 되어 잘 거동할 수 있기 위해서는 부재의 각 단면에서 철근에 작용하는 인장력 또는 압축력이 단면의 양측에서 충분히 발휘될 수 있도록 철근을 정착시켜야 하며, 철근의 정착은 묻힘길이, 갈고리, 기계적 정착, 또는 이들의 조합에 의해 정착시킨다. 이때 사용되는 $\sqrt{f_{ck}}$ 값은 8.4MPa을 초과하지 않아야 한다.

이 절에서는 구조기준에 규정되어 있는 묻힘길이에 의한 정착에 대해 알아보고, 다음 절에서 갈고리를 사용한 정착에 대해 알아보기로 한다. 묻힘길이에 의한 정착방법은 철근을 필요로 하는 길이만큼 직선 형태로 콘크리트 속에 묻어서 정착하는 방법을 말하며, 이형철근을 사용할 경우에만 적용되는 방법이다.

---

50) 또는 매입길이라고도 한다.

[1] 인장 이형철근 및 이형철선의 정착

인장을 받고 있는 이형철근이나 이형철선을 묻힘길이에 의한 방법으로 정착할 때, 정착길이 l_{db}는 "(1) 기본정착길이에 보정계수를 곱하여 구하는 방법"과 "(2) 정밀한 식에 의한 방법" 중에서 한가지를 선택하여 구할 수 있다.

휨부재에 배치된 철근량이 해석에 의해 요구되는 소요철근량을 초과하는 경우는 계산된 정착길이에 $\left(\frac{\text{소요}A_s}{\text{배근}A_s}\right)$를 곱하여 정착길이 l_d를 감소시킬 수 있다. 그러나 이때 감소시킨 정착길이 l_d는 항상 300mm 이상이어야 한다. 또한 f_y를 발휘하도록 정착을 특별히 요구하는 경우에는 적용하지 않는다.

(1) 기본정착길이에 보정계수를 곱하는 방법

기본정착길이 l_{db}에 고려해야할 보정계수를 모두 곱하여 정착길이 l_d를 구하는 방법이다.

$$l_d = \text{보정계수} \times l_{db} \tag{6.3}$$

인장을 받고 있는 이형철근 및 이형철선의 기본정착길이 l_{db}는 다음 식으로 구한다.

$$l_{db} = \frac{0.6 d_b f_y}{\lambda \sqrt{f_{ck}}} \ (\text{mm}) \tag{6.4}$$

여기서, d_b : 철근의 공칭지름(mm)

f_y : 철근의 설계기준항복강도(MPa)

f_{ck} : 콘크리트의 설계기준압축강도(MPa)

λ : 경량콘크리트계수

표 6-1 보정계수

조건 \ 철근지름	D19이하의 철근과 이형철선	D22 이상의 철근
① 정착되거나 이어지는 철근의 순간격이 d_b 이상이고, 피복두께도 d_b 이상이면서, 정착길이 l_d의 전 구간에서 구조기준에 규정된 최소철근량 이상의 스터럽 또는 띠철근을 배근한 경우 또는 ② 정착되거나 이어지는 철근의 순간격이 $2d_b$ 이상이고, 피복 두께가 d_b 이상인 경우	$0.8\alpha\beta$	$\alpha\beta$
기타의 경우	$1.2\alpha\beta$	$1.5\alpha\beta$

기본정착길이 l_{db}에 곱하는 보정계수는 철근의 배근 위치, 에폭시[51] 도막[52]의 여부, 콘크리트의 종류에 따라 달라지며, 표 6-1에 의해 구한다. 그리고 표 6-1에 수록되어 있는 α, β는 각각 다음과 같다.

① α : 철근배치의 위치계수

㉠ 상부철근(정착길이 또는 이음부 아래 300mm를 초과되게 굳지 않은 콘크리트를 친 수평철근) 1.3

㉡ 그 밖의 철근 1.0

② β : 에폭시 도막계수(철근의 표면처리 계수)

㉠ $3d_b$ 미만의 피복두께 또는 $6d_b$ 미만의 순간격을 가지는 에폭시 도막철근 또는 철선 1.5

㉡ 기타 에폭시 도막철근 또는 철선 1.2

㉢ 아연도금 철근 1.0

㉣ 도막 되지 않은 철근 1.0

③ 에폭시 도막철근이 상부철근인 경우에는 $\alpha\beta$가 1.7보다 클 필요는 없다.

예제 6.1

D32의 직경 $d_b = 31.8\text{mm}$이고, $f_{ck} = 21\text{MPa}$, $f_y = 350\text{MPa}$일 때, 인장철근 D32를 정착시키는데 필요한 기본정착길이 l_{db}를 구하시오. (단, 보통중량콘크리트)

풀이

인장이형철근의 기본정착길이 l_{db}는 다음과 같이 구한다.

$$l_{db} = \frac{0.6\, d_b f_y}{\lambda\sqrt{f_{ck}}} = \frac{0.6 \times 31.8 \times 350}{1.0 \times \sqrt{21}} = 1457\text{ mm}$$

51) 에폭시수지(- 樹脂, epoxy resin)는 반응성이 강한 에폭시기(基)를 가진 화합물로 원료는 석유, 천연가스, 코크스(cokes)의 부생성물에서 얻어지며 접착제, 라이닝용도료, 주입제로 쓰인다. 또 에폭시수지는 각종 구조물의 보수 및 방수공에 널리 쓰이며 에폭시수지를 사용한 도료를 에폭시수지도료라 한다.

52) 도막(塗膜, paint film)은 칠해진 도료가 건조하여 이루어진 고체피막을 말한다.

예제 6.2

인장을 받고 있는 어떤 이형철근의 기본정착길이 $l_{db} = 1457\,\text{mm}$이고, 고려해야할 보정계수가 $\alpha\beta$인데, 인장철근이 단면의 상부에 배치된 경우라서 $\alpha = 1.3$, 에폭시 도막되지 않은 철근을 사용하여 $\beta = 1.0$이다. 일반 콘크리트를 사용하여 $\lambda = 1.0$이다. 인장철근의 정착길이 l_d를 구하시오.

풀이

적용해야할 보정계수는 다음과 같이 구해지고,

$\alpha\beta\lambda = 1.3 \times 1.0 \times 1.0 = 1.3$

정착길이 l_d는 다음과 같이 구해진다.

$l_d = 1.3\,l_{db} = 1.3 \times 1457 = 1894\,\text{mm}$

예제 6.3

그림과 같이 부모멘트가 작용하는 보의 상부에 4－D25가 배치되어 있다. 다음 조건에 따라 인장철근의 소요정착길이 l_d를 구하시오. 보는 보통중량콘크리트와 에폭시 도막이 되지 않은 보통의 철근으로 되어 있으며, 전단철근으로는 D10으로 된 수직스터럽이 140mm 간격으로 배치되어 있고, 최소피복두께는 40mm이다. 해석 결과에 의하면 보의 단부에서 부모멘트를 저항하는데 필요한 인장철근량은 $1821\,\text{mm}^2$이며, $f_{ck} = 24\text{MPa}$, 인장철근과 스터럽의 $f_y = 300\text{MPa}$이다.

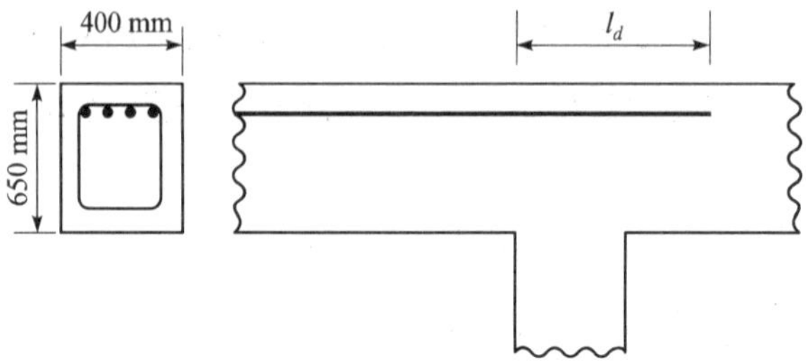

그림 6-2

풀이

기본정착길이 l_{db}에 보정계수를 곱하는 방법으로 소요 정착길이를 구해보자.

인장이형철근의 기본정착길이 l_{db}는 다음과 같다.

$$l_{db} = \frac{0.6\,d_b f_y}{\lambda\sqrt{f_{ck}}} = \frac{0.6 \times 25.4 \times 300}{1.0 \times \sqrt{24}} = 933.3\,\text{mm}$$

정착되는 철근사이의 순간격은 다음과 같이 구해진다.

여기서 N은 정착되는 철근의 수이다.

$$\text{철근의 순간격} = \frac{1}{N-1}[b - 2\times(\text{최소피복두께}) - 2\times(\text{스터럽의 지름})$$
$$- N\times(\text{정착되는 철근의 지름})]$$
$$= \frac{1}{4-1}[400 - 2\times 40 - 2\times 9.53 - 4\times 25.4]$$
$$= 66.4\,\text{mm} > 2d_b = 50.8\,\text{mm}$$

피복두께는 다음과 같다.

피복두께 $= 40 + 9.53 = 49.53\,\text{mm} > d_b = 25.4\,\text{mm}$

철근의 순간격 $> 2d_b$, 피복두께 $> d_b$, D22 이상의 철근을 사용하므로 표 6-1로부터 보정계수는 $\alpha\beta$를 적용해야 한다.

철근이 상부에 배치되어 있으므로 철근위치계수 $\alpha = 1.3$, 에폭시 도막 되지 않은 보통의 철근을 사용하였으므로 에폭시 도막계수 $\beta = 1.0$ 이다. 따라서 보정계수는 다음과 같이 구해지고,

$\alpha\beta = 1.3\times 1.0 = 1.3$

정착길이 l_d는 다음과 같이 구해진다.

$l_d = 1.3 l_{db} = 1.3\times 933.3 = 1213\text{ mm}$

그런데 휨부재에서는 해석에 의해 요구되는 소요철근량을 초과하여 철근을 배근하였다면,

정착길이에 $\left(\dfrac{\text{소요}A_s}{\text{배근}A_s}\right)$를 곱하여 정착길이를 감소시킬 수 있다.

$\text{소요}A_s = 1821\text{ mm}^2$

$\text{배근}A_s = 4\times 506.7 = 2026.8\text{ mm}^2$

$\therefore\ (\text{소요}A_s) < (\text{배근}A_s)$

따라서 최종적으로 정착길이 l_d는 다음과 같이 구해진다.

$$l_d = 1.3 l_{db}\left(\frac{\text{소요}A_s}{\text{배근}A_s}\right) = 1213\times\frac{1821}{2026.8} = 1089\text{mm} > 300\text{mm}$$

(2) 정밀한 식에 의한 방법

다음 식으로 정착길이를 구할 수 있으며, 이는 "기본정착길이에 보정계수를 곱하여 정착길이를 구하는 방법"에 비해 좀더 세밀한 방법이다.

$$l_d = \frac{0.90 d_b f_y}{\lambda\sqrt{f_{ck}}}\cdot\frac{\alpha\beta\gamma}{\left(\dfrac{c+K_{tr}}{d_b}\right)} \tag{6.5}$$

식에서 $\left(\dfrac{c+K_{tr}}{d_b}\right) \le 2.5$ 이어야 한다.

① γ : 철근 또는 철선의 크기에 따른 계수

㉠ D19 이하의 철근과 이형철선 ………………………………………………………… 0.8

㉡ D22 이상의 철근 ………………………………………………………………………… 1.0

② c : 철근의 간격 또는 피복두께에 관련된 치수

다음 두 가지 중에서 작은 값을 취하고 단위는 mm이다.

㉠ 철근 또는 철선의 중심으로부터 가장 가까운 콘크리트 표면까지의 최단거리

㉡ 정착되는 철근 또는 철선의 중심간 거리의 1/2

③ K_{tr} : 횡방향 철근지수

$$K_{tr} = \frac{40A_{tr}}{s\,n} \tag{6.6}$$

A_{tr} : 정착된 철근을 따라 쪼개질 가능성이 있는 면을 가로질러 배근된 간격 s 내에 있는 모든 횡방향 철근의 전체단면적(mm)

s : 정착길이 l_d 구간 내에 있는 횡방향 철근의 중심간 최대간격(mm)

n : 쪼개질 가능성이 있는 면을 따라 정착되거나 이음된 철근 또는 철선의 수

횡방향 철근이 배치되어 있더라도 설계를 간편하게 하기 위하여 $K_{tr}=0$으로 사용할 수 있다.

예제 6.4

예제 6.3을 "정밀한 식에 의한 방법"으로 푸시오.

풀이

정착길이 l_d에 대한 식은 다음과 같다.

$$l_d = \frac{0.90\,d_b f_y}{\lambda\sqrt{f_{ck}}}\,\frac{\alpha\beta\gamma}{\left(\dfrac{c+K_{tr}}{d_b}\right)},\quad \left(\frac{c+K_{tr}}{d_b}\right) \le 2.5$$

철근이 상부에 배치되어 있으므로 철근위치계수 $\alpha = 1.3$, 에폭시 도막 되지 않은 보통의 철근을 사용하였으므로 에폭시 도막계수 $\beta = 1.0$, 보통중량콘크리트를 사용하였으므로 $\lambda = 1.0$이다. 그리고 D22 이상의 철근을 사용하므로 철근 크기에 따른 계수 $\gamma = 1.0$이다.

철근의 간격 또는 피복두께에 관련된 치수 c는 다음 두 가지 값 중에서 작은 값이다.

철근의 중심에서 표면까지의 거리 $= 40 + 9.53 + \dfrac{25.4}{2} = 62.23\,\text{mm}$

$\frac{1}{2} \times$ {정착되는 철근의 중심간 거리}0

$$= \frac{1}{2}\left\{\frac{1}{\text{철근의 수}-1}\left(b-2\times\text{피복두께}-2\times\text{스터럽의 직경}-2\times\frac{\text{철근의 직경}}{2}\right)\right\}$$

$$= \frac{1}{2}\left\{\frac{1}{4-1}(400-2\times40-2\times9.53-25.4)\right\}$$

$$= 45.82\,\text{mm}$$

$\therefore\ c = 45.82\,\text{mm}$

또한 휨부재는 해석에 의해 요구되는 소요철근량을 초과하여 철근을 배근하였다면, 정착길이에 $\left(\frac{\text{소요}A_s}{\text{배근}A_s}\right)$를 곱하여 정착길이를 감소시킬 수 있다.

$\text{배근}A_s = 4\times506.7 = 2026.8\,\text{mm}^2 > \text{소요}A_s = 1821\,\text{mm}^2$

따라서

$$\left(\frac{\text{소요}A_s}{\text{배근}A_s}\right) = \frac{1821}{2026.8} = 0.8985$$

를 곱하여 정착길이를 감소시키기로 한다.

(1) $K_{tr} = 0$ 으로 볼 경우

횡방향 철근에 관한 지수 K_{tr} 은 횡방향 철근이 배치되어 있더라도 설계를 간편하게 하기 위해 0으로 보아도 된다.

$$\left(\frac{c+K_{tr}}{d_b}\right) = \frac{45.82+0}{25.4} = 1.80 < 2.5$$

이므로 정착길이 l_d는 다음과 같다.

$$l_d = \frac{0.90\,d_b f_y}{\lambda\sqrt{f_{ck}}}\,\frac{\alpha\beta\gamma}{\left(\frac{c+K_{tr}}{d_b}\right)}\times\left(\frac{\text{소요}A_s}{\text{배근}A_s}\right)$$

$$= \frac{0.90\times25.4\times300}{1.0\times\sqrt{24}}\times\frac{1.3\times1.0\times1.0}{1.80}\times0.8985$$

$$= 908.4\,\text{mm} > 300\,\text{mm}$$

(2) K_{tr} 을 고려할 경우

수직스터럽으로 사용된 D10의 단면적은 $71.33\,\text{mm}^2$이다. 따라서

$A_{tr} = 2\times71.33 = 142.66\,\text{mm}^2$

$s = 140\,\text{mm}$

$n = 4$

$$K_{tr} = \frac{40A_{tr}}{sn} = \frac{40\times142.66}{140\times4} = 10.19$$

$$\left(\frac{c+K_{tr}}{d_b}\right) = \frac{45.82+10.19}{25.4} = 2.205 < 2.5$$

$$l_d = \frac{0.90 \times 25.4 \times 300}{1.0 \times \sqrt{24}} \times \frac{1.3 \times 1.0 \times 1.0}{2.205} \times 0.8985$$

$$= 741.6\,\text{mm} > 300\,\text{mm}$$

"기본정착길이에 보정계수를 곱하여 정착길이를 구하는 방법"에 비하면 정밀식은 계산이 복잡하다. 그러나 일반적으로 정착길이는 작게 구해진다.

[2] 압축 이형철근의 정착

압축을 받는 이형철근의 정착길이 l_d 는 기본정착길이 l_{db}에 적용 가능한 모든 보정계수를 곱하여 구해야 한다. 이때 구한 정착길이 l_d 는 항상 200mm 이상이어야 한다.

$$l_{db} = \frac{0.25\,d_b f_y}{\lambda\sqrt{f_{ck}}} \tag{6.7}$$

단, $l_{db} \geq 0.043\,d_b f_y$ 이어야 한다. 식에서 d_b(mm)는 철근의 공칭지름이고, λ는 경량콘크리트계수, f_{ck}, f_y의 단위는 MPa이다.

표 6-2 압축이형철근에 대한 보정계수

조건	보정계수
① 해석결과 요구되는 철근량을 초과하여 배근한 경우	$\left(\frac{\text{소요 } A_s}{\text{배근 } A_s}\right)$
② 지름이 6mm 이상이고 나선간격이 100mm 이하인 나선철근, 또는 중심간격 100mm 이하로 구조기준의 띠철근에 대한 요구조건에 따라 배근된 D13 띠철근으로 둘러싸인 압축 이형철근	0.75

예제 6.5

보에 압축이형철근으로 $D29$를 사용할 때, 필요한 기본정착길이 l_{db}를 구하시오. 단, $D29$의 공칭지름 $d_b = 28.6$mm이고, $f_{ck} = 28$MPa, $f_y = 350$MPa, 보통중량콘크리트이다.

풀이

$$l_{db} = \frac{0.25\,d_b f_y}{\lambda\sqrt{f_{ck}}} = \frac{0.25 \times 28.6 \times 350}{1.0 \times \sqrt{28}} = 473\,\text{mm}$$

이고,

$$l_{db} \geq 0.043 d_b f_y = 0.043 \times 28.6 \times 350 = 430.4\,\text{mm}$$

이어야 하므로,

$$\therefore\ l_{db} = 473\,\text{mm}$$

[3] 다발철근의 정착

① 인장 또는 압축을 받는 다발철근 내에 있는 개개의 철근의 정착길이는 다발철근이 아닌 경우의 각 철근의 정착길이에 3개의 철근이 다발철근으로 된 경우 20%, 4개의 철근이 다발철근으로 된 경우 33%를 증가시켜야 한다.

② 다발철근의 정착길이를 계산할 때 순간격, 피복 두께 및 도막계수, 구속효과 관련 항을 계산할 경우에는 다발철근 전체와 동등한 단면적과 도심을 가지는 하나의 철근으로 취급하여야 한다.

6.1.4 표준갈고리를 사용한 인장 이형철근의 정착

[1] 표준갈고리

철근의 정착력을 확보하기 위하여 철근의 단부에 갈고리를 붙이는 경우가 많으며, 원형철근은 반드시 갈고리를 붙여야 한다. 구조기준에서 정하고 있는 갈고리의 종류는 다음과 같으며, 이것을 그림 6-3(a), (b)에 나타내었다. 여기서 d_b는 철근의 공칭지름이다.

(1) 주철근의 표준갈고리

① 180° 표준갈고리 : 180° 구부린 반원 끝에서 $4d_b$이상, 또한 60mm 이상 더 연장하여 만든다.

② 90° 표준갈고리 : 90° 구부린 끝에서 $12d_b$이상 더 연장해야 한다.

(2) 스터럽과 띠철근에 대한 표준갈고리

① 90° 표준갈고리 : D16 이하인 철근은 90° 구부린 끝에서 $6d_b$이상 더 연장해야 하고, D19, D22와 D25인 철근은 90° 구부린 끝에서 $12d_b$이상 더 연장해야 한다.

② 135° 표준갈고리 : D25 이하의 철근은 135° 구부린 끝에서 $6d_b$ 이상 더 연장해야 한다.

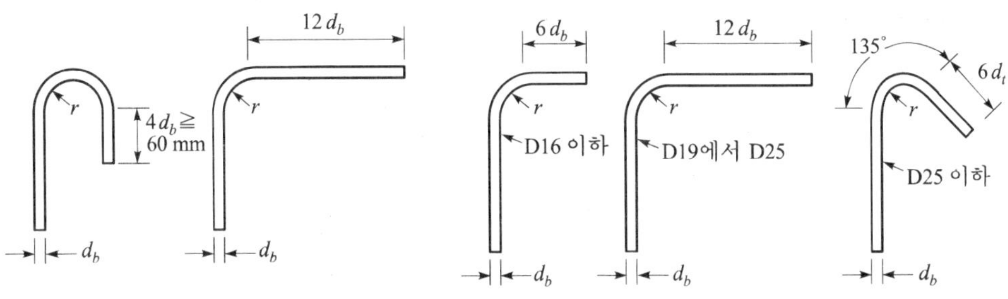

(a) 주철근 (b) 스터럽과 띠철근

그림 6-3 표준 갈고리

[2] 철근 구부리기

주철근의 표준갈고리, 스터럽, 굽힘철근 등을 만들 때에는 철근을 구부려야만 하는데, 철근을 구부릴 때 구부려지는 부분에 손상을 주지 않기 위해 구부림의 최소 내면반지름을 정하고 있으며, 구조기준의 규정은 다음과 같다(그림 6-4 참고).

(1) 180°및 90°표준갈고리

180°표준갈고리와 90°표준갈고리의 구부리는 내면반지름은 표 6-3의 값 이상으로 해야 한다.

(2) 스터럽과 띠철근용 표준갈고리

① D16 이하의 스터럽과 띠철근으로 사용하는 표준갈고리의 구부림 내면반지름은 $2d_b$ 이상으로 해야하며,

② D19 이상의 스터럽과 띠철근의 구부림 내면반지름은 표 6-3의 값에 따라야 한다.

(3) 표준갈고리가 아닌 경우의 최소 구부림 내면반지름은 표 6-3의 값 이상으로 해야 한다. 그러나 큰 응력을 받는 곳에서 철근을 구부릴 때에는 구부림 내면 반지름을 더 크게 하여 콘크리트가 파쇄되는 것을 방지하여야 한다.

책임구조기술자가 승인한 경우를 제외하고, 모든 철근은 상온에서 구부려야 하며, 콘크리트 속에 일부가 매립된 철근은 현장에서 구부리지 않는 것이 원칙이다.

표 6-3 구부림의 최소 내면반지름

철근의 크기	최소 내면반지름
D10～D25	$3d_b$
D29～D35	$4d_b$
D38 이상	$5d_b$

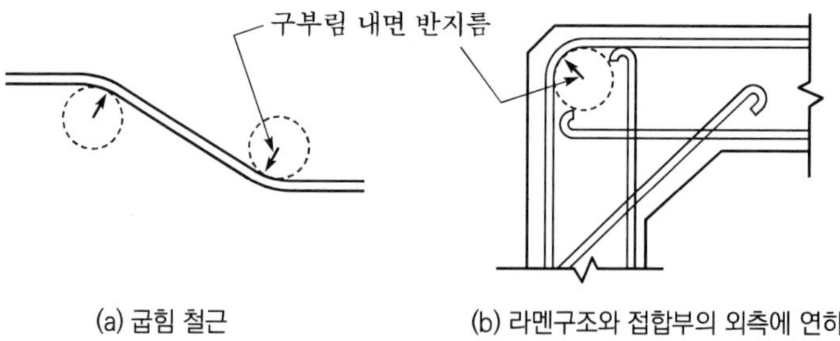

(a) 굽힘 철근　　(b) 라멘구조와 접합부의 외측에 연하는 철근

그림 6-4 철근 구부리기

[3] 표준갈고리를 사용한 인장 이형철근의 정착

단부에 표준갈고리가 있는 인장 이형철근의 정착길이 l_{dh} 는 기본정착길이 l_{hb} 에 적용 가능한 모든 보정계수를 곱하여 구해야 한다. 그러나 l_{dh} 는 항상 $8d_b$(mm) 이상, 150mm 이상이어야 한다.

$$l_{hb} = \frac{0.24\beta d_b f_y}{\lambda\sqrt{f_{ck}}} \tag{6.8}$$

여기서, β는 에폭시 도막계수이고, 기본정착길이 l_{hb} 는 보정계수를 곱해 수정해야 한다. 보정계수는 표 6-4의 내용을 적용한다.

갈고리의 정착길이 l_{dh} 는 그림 6-5과 같이 위험단면으로부터 갈고리의 외측 단까지의 길이로 나타낸다. 부재의 불연속단에서 갈고리 철근의 양 측면과 상부(또는 하부)의 피복두께가 70mm 미만으로 표준갈고리에 의해 정착되는 경우에 전 정착길이 l_{dh} 구간에 $3d_b$ 이하 간격으로 갈고리 철근이 띠철근이나 스터럽에 의해 둘러싸여야 한다. 그러나 이 경우에는 표 6-4에 있는 띠철근과 스터럽에 대한 보정계수 0.8은 적용되지 않는다.

그리고 갈고리는 압축을 받는 경우 철근정착에 유효하지 않은 것으로 보아야 한다. 또한 설계기준항복강도가 550MPa을 초과하는 철근을 사용하는 경우에는 보정계수 0.8을 적용할 수 없다.

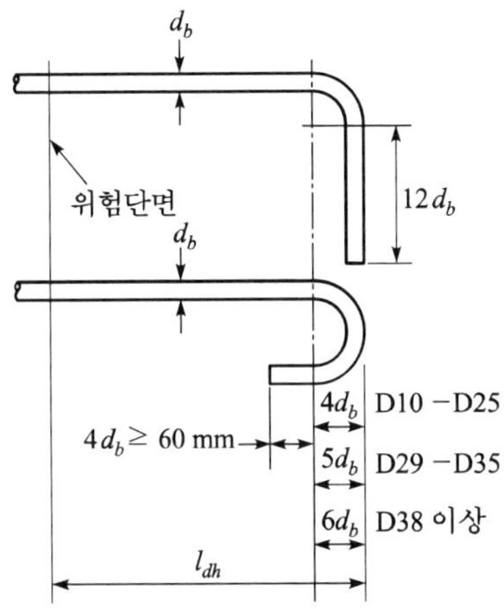

그림 6-5 표준갈고리의 정착을 위한 갈고리 철근 상세

표 6-4 표준갈고리를 갖는 인장철근에 대한 보정계수

조건	보정 계수
① 콘크리트의 피복두께 D35 이하 철근에서 갈고리 평면에 수직방향인 측면 피복두께가 70mm 이상이며, 90°갈고리에 대해서는 갈고리를 넘어선 부분의 철근 피복두께가 50mm 이상인 경우	0.7
② 띠철근 또는 스터럽 D35 이하 90°갈고리 철근에서 정착길이 l_{dh} 구간을 $3d_b$ 이하 간격으로 띠철근 또는 스터럽이 정착되는 철근을 수직으로 둘러싼 경우(그림 6-6 참고), 또는 갈고리 끝 연장부와 구부림부의 전 구간을 $3d_b$ 이하 간격으로 띠철근 또는 스터럽이 정착되는 철근을 평행하게 둘러싼 경우(그림 6-7 참고)	0.8
③ D35이하 180°갈고리에서 정착길이 l_{dh} 구간을 $3d_b$ 이하 간격으로 띠철근 또는 스터럽이 정착되는 철근을 수직으로 굴러싼 경우	0.8
④ 전체 f_y를 발휘하도록 정착을 특별히 요구하지 않는 단면에서 휨 철근이 소요철근량 이상 배근된 경우	$\left(\dfrac{\text{소요}\ A_s}{\text{배근}\ A_s}\right)$

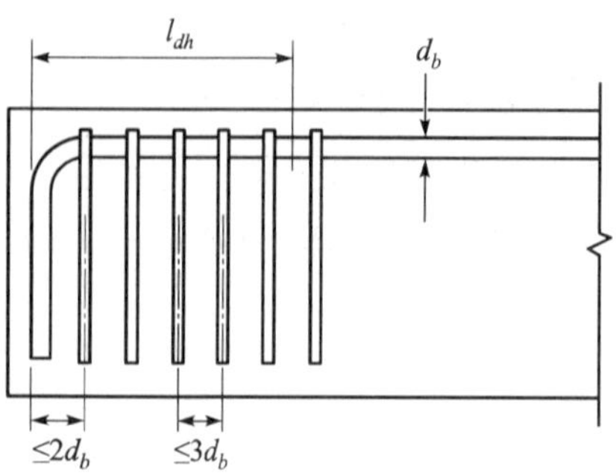

그림 6-6 정착길이 l_{dh} 구간을 띠철근 또는 스터럽을 정착된 철근에 수직으로 둘러싼 경우

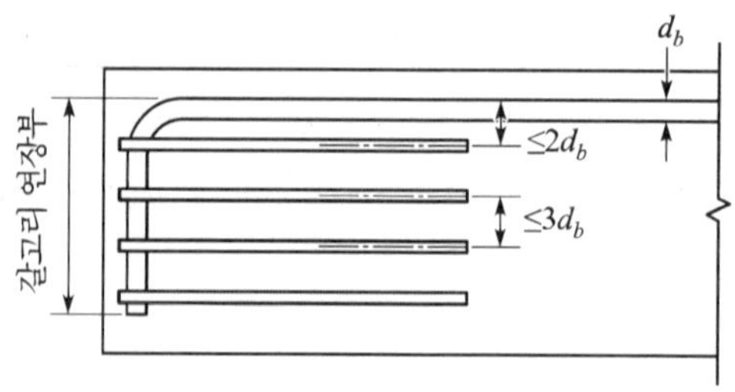

그림 6-7 갈고리 연장부를 띠철근 또는 스터럽을 정착된 철근에 평행으로 둘러싼 경우

2012년 개정된 콘크리트구조기준에서는 확대머리 이형철근 및 기계적 인장정착의 내용이 추가되었다.

예제 6.6

사용된 도막되지 않은 철근의 공칭지름 $d_b = 25.4\text{mm}\,(\text{D}\,25)$이고, $f_{ck} = 24\text{MPa}$, $f_y = 300\text{MPa}$이다. 고려해야할 보정계수는 고려하여 표준갈고리가 있는 인장이형철근의 정착길이를 구하시오.

풀이

$$l_{hb} = \frac{0.24\beta d_b f_y}{\lambda\sqrt{f_{ck}}} = \frac{0.24\times 1.0\times 25.4\times 300}{1.0\times\sqrt{24}} = 373\text{ mm}$$

그리고 l_{dh} 는 항상 $8d_b = 8\times 25.4 = 203.2\text{ mm}$ 이상, 150mm 이상이어야 한다.

$\therefore\ l_{dh} = 389\text{ mm}$

6.1.5 휨철근의 정착

[1] 휨철근의 정착에 관한 일반사항

휨부재에 작용하는 휨모멘트는 단면의 위치에 따라 그 크기가 달라진다. 그러므로 휨응력을 받는데 더 이상 철근이 필요 없는 곳에서는 철근을 끊어 내거나 또는 구부려 올리거나 구부려 내리는데, 이와 같은 단면에서는 정착에 대한 검토가 필요해 진다. 따라서 휨부재는 다음과 같은 위험단면에 대해 철근의 정착에 대한 안전을 검토해야 한다.

① 최대 응력을 받는 점
② 경간 내에서 인장철근이 끝나거나 굽혀진 위험단면

다음은 휨철근의 정착에 관한 구조기준의 규정이다.

(1) 휨철근을 지간 내에서 끊어내고자 할 경우에는 휨을 저항하는 데 더 이상 철근이 필요하지 않는 점을 지나서 유효깊이 d와 $12d_b$ 중에서 큰 값 이상 더 연장해야 한다. 여기서 d_b는 철근의 공칭지름이다.
이것은 단순 경간의 받침부와 캔틸레버의 자유단에는 해당되지 않는다.

(2) 연속철근은 구부러지거나 절단된 인장철근이 휨을 저항하는데 더 이상 필요로 하지 않는 점을 지나서 l_d 이상의 묻힘길이를 가지도록 연장해야 한다.

(3) 인장철근은 구부려서 복부를 지나 정착하거나 부재의 반대 측에 있는 철근 쪽으로 연속하여 정착시켜야 한다.

(4) 철근의 응력이 직접적으로 휨모멘트에 비례하지 않는 휨부재의 인장철근은 적절한 정착이 마련되어야 하는데, 이와 같은 부재는 경사형, 계단형, 또는 변단면 기초판, 브래킷, 깊은 휨부재 또는 인장철근이 압축면에 평행하지 않는 부재들이다.

(5) 휨철근은 다음 조건 중의 하나를 만족하지 않는 한 인장구역에서 끊어낼 수 없으며, 한 단면에서 끊어낼 수 있는 철근량은 전체 철근량의 50%를 초과하지 않아야 한다.

① 절단점의 전단력(V_u)이 $(2/3)\varnothing V_n$을 초과하지 않는 경우.

② 절단점에서 $(3/4)d$ 이상의 구간까지 절단된 철근 또는 철선을 따라 전단과 비틀림에 필요로 하는 양을 초과하는 스터럽이 배치되어 있는 경우. 이 때 초과되는 스터럽의 단면적 A_v와 스터럽의 간격 s는 다음과 같아야 한다.

$$A_v \geq 0.42\frac{b_w s}{f_y}, \quad s < \frac{d}{8\beta_b}$$

β_b : 전체 인장철근량에 대한 절단된 철근량의 비

d : 부재의 유효길이

③ D35 이하의 철근이며, 연속 철근이 절단점에서 휨모멘트에 필요한 철근량의 2배 이상이고, 또 전단력(V_u)이 전단강도(ϕV_n)의 $\frac{3}{4}$ 이하인 경우.

[2] 정모멘트 철근의 정착

정(+)의 휨모멘트에 의하여 인장을 받는 철근을 정철근이라고 하며, 정철근은 앞에서 살펴본 휨철근의 정착에 대한 일반사항 외에도 다음 규정을 따라야 한다.

(1) 단순 지지된 부재에서는 정철근의 (1/3) 이상, 연속 부재에서는 정철근의 (1/4) 이상을 받침부까지 연장해야 하고, 보의 경우에는 이러한 철근을 받침부내로 150mm 이상 연장해야 한다.

(2) 휨부재가 횡하중을 지지하는 주 구조물의 일부일 때 (1)에 따라 받침부 내로 연장되어야 할 정모멘트 철근은 받침부의 전면에서 설계기준항복강도 f_y를 발휘할 수 있도록 정착하여야 한다.

(3) 단순 받침부와 변곡점[53]의 정모멘트 철근은 인장철근의 정착길이에 따라 f_y에 대하여 계산된 정착길이 l_d가 다음 식이 만족되도록 사용하는 철근의 지름을 제한해야 한다.

$$l_d \leq \frac{M_n}{V_u} \tag{6.9}$$

l_d : 인장 이형철근의 정착길이

53) 변곡점은 작용하는 모멘트의 부호가 바뀌는 점을 말한다.

M_n : 단면의 공칭휨강도 즉, $M_n = f_y A_s \left(d - \frac{a}{2}\right)$

V_u : 단면에 작용하는 계수전단력

(M_n / V_u)의 값은 철근의 끝부분이 눌려서 구속을 받는 경우에는 30% 증가시킬 수 있다. 일정한 양의 철근을 배근할 때 직경이 작은 철근을 여러 가닥 사용하는 것이 정착에 유리하기 때문에 위와 같은 규정을 통해 사용하는 철근의 직경을 제한하고 있다.

(4) 단순받침부의 중심선을 지나 절단되는 철근에서 표준갈고리 또는 적어도 표준갈고리와 동등한 성능을 갖는 기계적 정착에 의해 정착되는 경우는 식 (6.9)를 만족하지 않아도 되며 식 (6.10)을 만족하여야 한다.

$$\frac{V_n - 0.5\phi V_s}{M_n} \le \frac{l_a}{l_d j d} \tag{6.10}$$

(5) 깊은 보의 단순받침부에서 정모멘트 철근은 받침부 전면에서 f_y를 발휘할 수 있도록 정착하여야 한다. 예외로 구조기준 부록 Ⅰ의 스트럿-타이 모델에 따라 설계하는 경우 부록 Ⅰ. 4.3에 따라 정착하여야 한다. 또한, 깊은 보의 내부 받침부에서 정모멘트 철근은 연속되거나 인접 경간의 정모멘트 철근과 겹침이음이 되도록 설계하여야 한다.

[3] 부모멘트 철근의 정착

부(−)의 휨모멘트에 의하여 인장을 받도록 배치한 철근을 부모멘트 철근이라고 하며, 휨철근의 정착에 대한 일반사항 외에도 다음과 같이 해야 한다.

(1) 캔틸레버, 연속되거나 구속된 부재, 강결된 골조의 어느 부재에서나 부모멘트 철근은 묻힘길이, 갈고리, 기계적 정착에 의해 받침부 내에 정착되거나 받침부를 지나서 정착되어야 한다.

(2) 부모멘트 철근은 6.1.5 [1] 휨철근의 정착 일반사항 (1)에 의한 소요 묻힘길이를 경간 내에 확보하여야 한다.

(3) 받침부에서 부철근의 (1/3)이상은 변곡점을 지나 부재의 유효깊이 d, $12d_b$, 또 순경간의 (1/16) 중 제일 큰 값 이상으로 묻힘길이를 확보해야 한다.

예제 6.7

보의 자중을 포함한 고정하중 $w_D = 17\,\mathrm{kN/m}$ 와 활하중 $w_L = 20\,\mathrm{kN/m}$ 를 받고 있는 지간 6 m 의 단순보가 있다. 보는 단철근 직사각형 단면으로 되어 있으며, $b = 380\,\mathrm{mm}$, $d = 560\,\mathrm{mm}$, $h = 660\,\mathrm{mm}$ 이고, 인장철근은 6 − D25가 2단으로 배근되어 있다. 전단철근으로는 D10으로 된 U형 수직스터럽이 160 mm 간격으로 배치되어 있으며, 최소피복두께는 50 mm 이다. 또한 $f_{ck} = 21\mathrm{MPa}$인 보통중량콘크리트와 $f_y = 300\mathrm{MPa}$인 보통의 철근이 사용되었다. 이 보에서 인장철근을 끊어 낼 수 있는 위치와 정착길이를 구하시오.

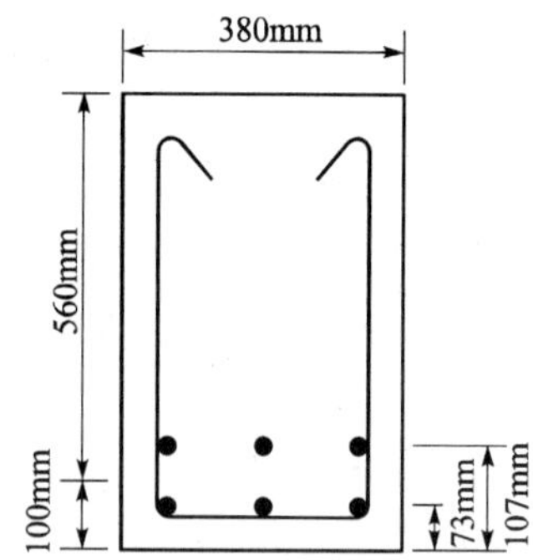

그림 6-8

풀이

(1) 휨모멘트와 전단력

$w_u = 1.2w_D + 1.6w_L = 1.2 \times 17 + 1.6 \times 20 = 52.4\,\mathrm{kN/m} = 0.0524\,\mathrm{MN/m}$

지간 중앙에서 작용하는 최대 휨모멘트는 다음과 같고,

$$M_{\max} = \frac{w_u l^2}{8} = \frac{0.0524 \times 6^2}{8} = 0.2358\,\mathrm{MN \cdot m}$$

지점에 작용하는 반력 R은 다음과 같다.

$$R = 0.0524 \times \frac{6}{2} = 0.1572\,\mathrm{MN}$$

따라서 지점에서 작용하는 전단력은 다음과 같다.

$$V_{\max} = R = 0.1572\,\mathrm{MN}$$

(2) 인장철근을 끊어낼 수 있는 위치

한 단면에서 끊어낼 수 있는 철근량은 전체 철근량의 50%를 초과하지 않아야 한다. 따라서 한 단면에서 끊을 수 있는 철근의 수는 최대 3개이다. 2단으로 배치된 인장철근 중에서 상단의 3개를 끊어 낸다고 하면, 나머지 3-D25가 견딜 수 있는 휨모멘트는 다음과 같이 구해진다.

$$A_s = 3 \times 306.7 = 1520.1\,\mathrm{mm^2}$$

$$d = 660 - 100 = 560\,\mathrm{mm}$$

$$a = \frac{A_s f_y}{\eta 0.85 f_{ck} b} = \frac{1520.1 \times 10^{-6} \times 300}{1 \times 0.85 \times 21 \times 0.38} = 0.0672\,\mathrm{m}$$

$$M_n = A_s f_y \left(d - \frac{a}{2}\right)$$

$$= 1520.1 \times 10^{-6} \times 300 \times \left(0.560 - \frac{0.0672}{2}\right) = 0.2400\,\mathrm{MN \cdot m}$$

$$\phi M_n = 0.85 \times 0.2400 = 0.2040\,\mathrm{MN \cdot m}$$

따라서 휨을 저항하는데 있어서 철근 6가닥 중 3가닥이 더 이상 필요하지 않는 점 즉, 소요휨모멘트가 0.2040MN · m 인 점은 다음과 같이 구해지며, 지점으로부터 x_1 만큼 떨어진 단면이다.

$$Rx_1 - (w_u x_1) \cdot \frac{x_1}{2} = 0.2040$$

$$0.1572\,x_1 - 0.0524\,x_1 \cdot \frac{x_1}{2} = 0.2040$$

$$\therefore \;\; x_1 = 1.898\text{m}$$

그러나 휨철근을 지간 내에서 끊어 내고자 할 경우에는 휨을 저항하는데 더 이상 철근이 필요하지 않는 점을 지나서 유효깊이 d 이상, 또 $12d_b$ 이상 더 연장해야 한다.

$$12\,d_b = 12 \times 25.4 = 305\,\text{mm} < d = 560\,\text{mm}$$

따라서 휨철근 3개를 끊을 수 있는 점 x_2는 x_1로부터 지점으로 d만큼 가까운 점이다.

$$x_2 = x_1 - d = 1.898 - 0.56 = 1.338\,\text{m}$$

또한 인장구역에서 휨철근을 끊을 수 있는 경우는 끊는 점의 전단력이 전단철근에 의해 보강된 전단강도를 포함한 전체 전단강도의 $\frac{2}{3}$ 이하인 경우, 또는 구조기준에 규정된 충분한 양의 스터럽이 배치된 경우이다.

$$V_c = \frac{1}{6}\sqrt{f_{ck}}\,b_w d$$

$$= \frac{1}{6}\sqrt{21} \times 0.38 \times 0.56 = 0.1625\text{ MN}$$

$$V_s = \frac{A_v f_y d}{s}$$

$$= \frac{(2 \times 71.33 \times 10^{-6}) \times 300 \times 0.56}{0.16} = 0.1498\text{ MN}$$

$$\phi V_n = \phi(V_c + V_s) = 0.75\,(0.1625 + 0.1498) = 0.2342\text{ MN}$$

$$\therefore \;\; \frac{2}{3}\phi V_n = \frac{2}{3} \times 0.2342 = 0.1561\text{MN}$$

x_2 점에서 보에 작용하는 전단력 V_u 는 다음과 같이 구해진다.

$$V_u = R - w_u x_2$$

$$= 0.1572 - 0.0524 \times 1.338$$

$$= 0.0871\text{ MN} < 0.1561\text{ MN} = \frac{2}{3}\phi V_n$$

따라서 x_2 점에서 휨철근 3개를 끊을 수 있다.

(3) 휨철근의 정착길이

정밀식으로 인장철근의 정착길이를 구한다.

$$\text{철근의 중심에서 표면까지의 거리} = 50 + 9.53 + \frac{25.4}{2} = 72.23\text{mm}$$

$$\frac{1}{2}(\text{정착되는 철근의 중심간 거리}) = \frac{1}{2}\left\{\frac{1}{2}\left(380 - 2 \times 50 - 2 \times 9.53 - 2 \times \frac{25.4}{2}\right)\right\}$$

$$= 58.9\text{mm}$$

c는 72.23mm와 58.9mm 중에서 작은 값이므로 $c = 58.9\text{mm}$ 이다.

$K_{tr} = 0$ 으로 보면,

$$\left(\frac{c+K_{tr}}{d_b}\right)=\frac{58.9+0}{25.4}=2.32<2.5$$

$\alpha=1.0$, $\beta=1.0$, $\gamma=1.0$, $\lambda=1.0$ 이므로

$$l_d=\frac{0.9d_bf_y}{\lambda\sqrt{f_{ck}}}\frac{\alpha\beta\gamma}{\left(\frac{c+K_{tr}}{d_b}\right)}$$

$$=\frac{0.9\times25.4\times300}{1.0\times\sqrt{21}}\times\frac{1.0\times1.0\times1.0}{2.32}$$

$$=645.1\text{mm}=0.6451\text{m}$$

(4) 철근 지름의 제한

단순보의 받침부에서 철근의 단부가 압축 반력으로 구속을 받는 경우는 다음 식을 만족하는 지름의 철근을 사용한다.

$$l_d\leqq1.3\frac{M_n}{V_u}$$

3-D25가 배근된 단면의 공칭휨강도는 $M_n=0.2400\,\text{MN}\cdot\text{m}$로 앞에서 구하였으며, 지점에 작용하는 계수전단력 $V_u=0.0871\,\text{MN}$이다.

받침부에서 그 중심선을 지난 묻힘길이 l_a가 0이라고 가정하고 구해 보면 다음과 같다.

$$1.3\frac{M_n}{V_u}=1.3\times\frac{0.2400}{0.0871}=3.582\,\text{m}>l_d=0.6451\text{m}$$

∴ 적합하다.

즉, 인장철근으로 D25를 사용한 것은 적절하다.

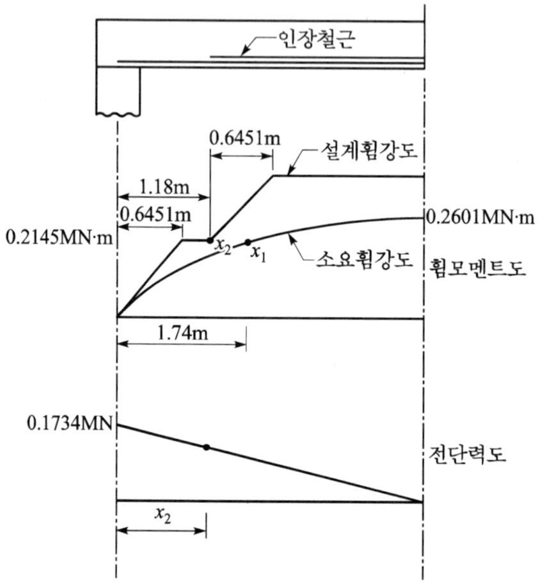

그림 6-9

6.1.6 복부철근의 정착

복부철근은 피복두께와 철근의 간격이 허용되는 한 부재의 압축면과 인장면 가까이 까지 배근해야 하고, 단일 U형 또는 다중 U형 스터럽의 양 정착단 사이의 굽혀진 부분은 종방향 철근을 둘러싸야 한다.

(1) 단일 U형 또는 다중 U형 스터럽의 단부는 다음 방법 중의 하나로 정착해야 한다.

① D16 이하의 철근 또는 지름 16mm 이하의 철선으로 된 스터럽은 종방향 철근을 둘러싸는 표준갈고리로 정착해야 한다.

② f_y가 300MPa 이상인 D19, D22 및 D25로 만들어진 스터럽은 종방향 철근을 둘러싸는 표준갈고리 외에 추가로 부재의 중간 깊이에서 갈고리 단부의 바깥까지 $0.17 d_b f_y / \sqrt{f_{ck}}$ 이상의 묻힘길이를 확보하여 정착하여야 한다.

(2) 폐쇄형으로 배치된 한 쌍의 U형 스터럽 또는 띠철근은 겹침이음 길이가 $1.3 l_d$ 이상이라야 한다.

(3) 높이가 450mm 이상인 부재에서 스터럽의 가닥들이 부재의 전 깊이까지 연장된다면 폐쇄스터럽의 이음이 적절하게 된 것으로 볼 수 있다. 이 때 한 가닥의 이음부가 발휘할 수 있는 인장력 $A_b f_{yt}$는 40kN 이하라야 한다. 여기서 A_b는 철근 1가닥의 단면적이다.

6.2 철근의 이음

생산되는 철근의 길이에 제한이 있어 부득이 이음을 해야 할 경우가 많으나, 철근의 이음은 책임구조기술자, 또는 설계도, 시방서에서 허용한 경우에만 할 수 있다. 철근의 이음 방법으로 겹침이음, 용접이음, 기계적 이음이 있으며, 일반적으로 겹침이음이 가장 많이 사용된다.

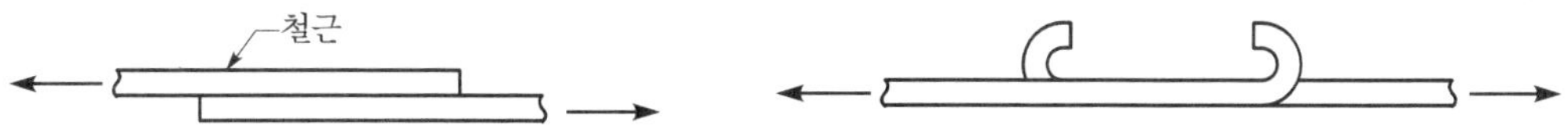

그림 6-10 철근의 겹침이음

겹침이음은 이음을 할 철근의 끝을 그림 6-10과 같이 겹쳐 놓고, 콘크리트를 침으로서 철근의 정착에 의해 하중을 전달하는 방법이다. 구조기준에서 허용한 경우를 제외하고는 D35를 초과하는 철근은 겹침이음을 하지 않아야 하며, 휨부재에서 서로 접촉되지 않게 겹침이음된 철근은 횡방향으로 소요 겹침이음 길이의 1/5, 150mm 중 작은 값 이상 떨어지지 않아야 한다.

다발철근의 겹침이음은 다발 내의 개개 철근에 대한 겹침이음길이를 기본으로 결정해야 하며, 철근 3개로 구성된 다발철근은 20%, 4개로 구성된 다발철근은 33%를 증가시켜야 한다. 그리고 한 다발 내에서 각 철근의 이음은 한곳에 중복되지 않아야 하며, 또한 두 다발 철근을 개개 철근처럼 겹침이음하지 않아야 한다.

용접이음과 기계적 이음은 이음부가 철근의 설계기준항복강도 f_y의 125% 이상을 발휘할 수 있도록 해야 한다.

6.2.1 인장 이형철근의 겹침이음

구조기준에서는 인장을 받는 이형철근의 겹침이음 길이를 다음과 같이 A급과 B급의 두 종류로 구분하고 있으며, 그 겹침이음 길이는 다음 값 이상이고, 300mm 이상이라야 한다.

① A급 이음 : $1.0l_d$

② B급 이음 : $1.3l_d$

여기서, l_d는 인장 이형철근의 정착길이이며, 보정계수 중에서 $\left(\dfrac{\text{소요} A_s}{\text{배근} A_s}\right)$는 적용하지 않아야 한다.

겹침이음에서 A급 이음과 B급 이음의 분류는 다음과 같다.

① A급 이음 : 이음부 전체 구간에서 $\left(\dfrac{\text{배근된 철근량}}{\text{소요 철근량}}\right) \geq 2$이고,

소요 겹침이음길이 내에서 $\left(\dfrac{\text{겹침이음된 철근량}}{\text{전체 철근량}}\right) \leq \dfrac{1}{2}$인 경우

② B급 이음 : A급 이음에 해당되지 않는 경우

예제 6.8

보에서 인장철근으로 사용된 D 32($d_b = 31.8$mm)의 겹침이음길이를 구하시오.

단, $f_{ck} = 24$MPa, $f_y = 350$MPa이고, B급 이음이다.

풀이

인장이형철근의 기본정착길이 l_{db}는 다음과 같고,

$$l_{db} = \frac{0.6\,d_b f_y}{\lambda\sqrt{f_{ck}}} = \frac{0.6\times 31.8\times 350}{1.0\times\sqrt{24}} = 1363\,\text{mm}$$

문제에서 주어진 조건하에서는 고려해야할 보정계수가 없으므로 인장이형철근의 정착길이는 $l_d = 1363$ mm이다. 따라서 B급 이음에 해당되는 겹침이음길이는 다음과 같이 구해진다.

$1.3l_d = 1.3\times 1363 = 1772\,\text{mm} > 300\text{mm}$

6.2.2 압축 이형철근의 겹침이음

2012년 개정된 콘크리트구조기준에서는 압축 이형철근의 겹침이음식에서 콘크리트 강도의 영향을 반영할 수 있도록 국내의 연구결과를 반영하여 개정하였다. 압축철근의 겹침이음 길이는 다음과 같이 구할 수 있다.

$$l_s = \left(\frac{1.4 f_y}{\lambda\sqrt{f_{ck}}} - 52\right) d_b \tag{6.11}$$

여기서, 식 (6.11)로 산정된 이음길이는 f_y가 400MPa 이하인 경우 $0.072 f_y d_b$보다 길 필요가 없고, f_y가 400MPa을 초과하는 경우에는 $(0.13 f_y - 24)d_b$보다 길 필요가 없다. 이때 겹침이음길이는 300mm 이상이어야 하며, $f_{ck} < 21$MPa인 경우는 겹침이음 길이를 1/3 더 증가시켜야 한다.

직경이 서로 다른 철근을 압축부에서 겹침이음할 경우, 이음길이는 직경이 큰 철근의 정착길이와 직경이 작은 철근의 겹침이음 길이 중 큰 값 이상이어야 하고, 이 경우 D41, D51 철근은 D35 이하의 철근과 겹침이음을 해도 된다.

철근이 압축력 만을 받는 경우에는 길이 방향에 직각으로 절단된 철근의 양끝을 적절한 장치로 중심이 잘 맞도록 접촉시킴으로써 압축력을 지압에 의해 직접 전달시킬 수 있으며, 이러한 이음을 단부지압이음이라고 한다. 이때 철근의 양 단부는 철근 축의 직각면에 1.5° 이내의 오차를 갖는 평탄한 면이 되어야 하고 조립 후 지압면의 오차는 3° 이내이어야 한다. 그리고 단부지압이음은 폐쇄띠철근, 폐쇄스터럽 또는 나선철근을 배치한 압축부재에만 사용해야 한다.

연습문제

6-1 인장철근 D 29($d_b = 28.6\text{mm}$, $A_s = 642.4\text{mm}^2$)를 정착시키는데 필요한 기본정착길이는? (단, $f_{ck} = 24\text{MPa}$, $f_y = 350\text{MPa}$)

6-2 인장을 받는 D 29 철근의 끝에 표준갈고리를 둔다면 기본정착길이는 얼마인가? (단, $f_{ck} = 24\text{MPa}$, $f_y = 400\text{MPa}$)

6-3 D 10($d_b = 9.53\text{mm}$)으로 된 인장철근에 표준갈고리를 사용한다면, 필요한 정착길이는 얼마인가? (단, 철근은 $f_y = 300\text{MPa}$이며, $f_{ck} = 27\text{MPa}$)

6-4 정착부착응력(anchorage bond stress)을 이용하여 정착길이(l_d)를 유도하고, 기본정착길이($l_{db} = \dfrac{0.6 d_b f_y}{\sqrt{f_{ck}}}$)를 적용할 때 가정한 극한부착응력($\tau_u$) 값을 계산하시오.

6-5 보의 자중을 포함한 고정하중 17 kN / m 와 활하중 12 kN / m 를 받고 있는 지간 6 m의 단순보가 있다. 보에는 D 10으로 된 U형 수직스터럽이 120 mm 간격으로 배치되어 있으며, $b = 300\text{mm}$, $d = 500\text{mm}$, 인장철근은 3 − D 29($A_s = 1927\text{mm}^2$), 최소피복두께는 50 mm 이다. 또한 $f_{ck} = 24\text{MPa}$인 일반콘크리트와 $f_y = 350\text{MPa}$인 보통의 철근이 사용되었다. 이 보에서 인장철근을 끊어 낼 수 있는 위치와 정착길이를 구하시오.

6-6 활하중 15kN/m와 자중을 포함한 고정하중 12kN/m를 받고 있으며, 길이가 3m인 캔틸레버 보가 있다. $b = 350\text{mm}$, $d = 550\text{mm}$, 최소피복두께는 50 mm 이고, 인장철근은 3 − D29가 단면의 상부에 배근되어 있으며, D 10으로 된 U형 수직스터럽이 130 mm 간격으로 배치되어 있다. $f_{ck} = 21\text{MPa}$인 일반콘크리트와 $f_y = 300\text{MPa}$인 보통의 철근이 사용되었다면, 이때 인장철근을 끊어 낼 수 있는 위치와 정착길이를 구하시오.

6-7 휨부재에서 $f_{ck} = 24\text{MPa}$, $f_y = 350\text{MPa}$일 때 인장철근 D 29($d_b = 28.6\text{mm}$, $A_s = 642.4\text{mm}^2$)의 겹침이음 길이는? (단, 이음은 B급이다.)

CHAPTER

07 기둥

7.1 서론

부재의 종방향(또는 길이방향)으로 작용하는 압축하중을 받는 부재를 압축부재(compression member)라고 하며, 종방향 압축하중을 받는 부재로서 높이가 단면 최소치수의 3배 이상이고 수직 또는 수직에 가까울 정도로 서 있는 부재를 기둥(column)이라고 한다. 그러나 대부분의 압축부재는 종방향으로 작용하는 압축하중 뿐만 아니라 휨을 동시에 받는 경우가 많다. 따라서 압축부재를 해석하거나 설계할 때, 휨과 압축의 영향을 모두 고려하는 것이 대부분이다.

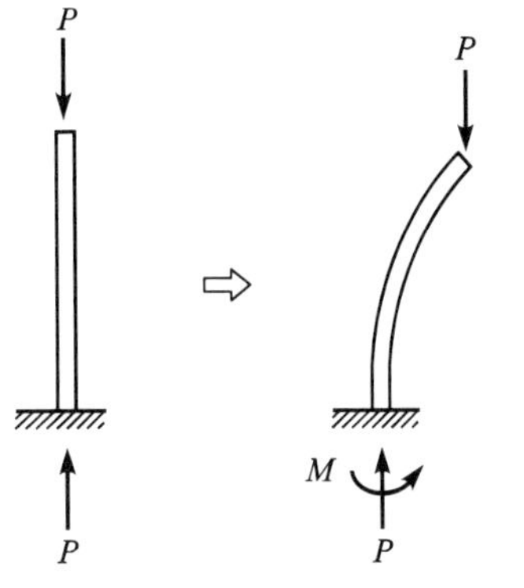

그림 7-1 축하중을 받는 기둥의 거동

또한 하중이 작용하면 부재에는 변형이 발생하게 되는데, 그림 7-1과 같이 기둥에 종방향 압축하중이 작용할 때에도 기둥에는 가로방향의 변위가 발생되며, 이 변위에 의해 기둥에는 모멘트가 추가적으로 더 많이 작용하게 된다. 이렇게 추가되는 모멘트의 크기는 기둥의 길이가 길어짐에 따라 상당히 큰 비율로 증가하기 때문에 압축부재의 강도는 길이의 영향을 매우 크게 받는다고 할 수 있다. 따라서 기둥을 해석하거나 설계할 때에는 단주와 장주로 구분하여 다룬다.

단주(短柱)는 기둥의 단면에 비해 비교적 길이가 짧아서 가로방향의 변위에 의해 추가적으로 작용하는 모멘트의 영향을 무시해도 된다고 볼 수 있는 기둥을 말하고, 장주(長柱)는 기둥의 단면에 비해 비교적 길이가 길어서 가로방향의 변위에 의해 추가되는 모멘트의 영향을 무시할 수 없는 기둥을 말한다. 그래서 단주는 가로방향 변위에 의해 추가되는 모멘트의 영향을 고려하지 않고 해석하고 있으며, 장주는 그 영향을 고려하고 있다.

7.1.1 기둥의 종류

철근콘크리트 기둥의 종류는 단면의 형상과 콘크리트 속에 묻힌 강재가 배치된 형식 등에 의해 분류되며, 일반적으로 가장 많이 사용되는 것은 띠철근 기둥과 나선철근 기둥이다. 띠철근(tie reinforcement, tie bar)은 기둥에서 종방향 철근의 위치를 확보하고 전단력에 저항할 수 있도록 적당한 간격으로 배근된 횡방향의 보강 철근 또는 철선을 말하고, 띠철근 기둥(tied column)은 그림 7-2(a)와 같이 종방향으로 배근된 철근을 적당한 간격의 띠철근으로 둘러 감은 압축부재를 말한다. 띠철근 기둥의 단면은 일반적으로 정사각형 또는 직사각형이 가장 많이 사용된다.

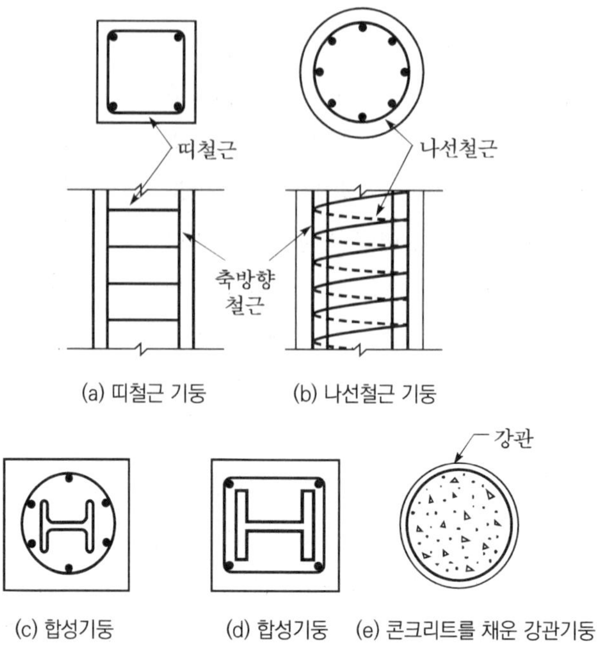

그림 7-2 기둥의 종류

나선철근(spiral reinforcement)은 띠철근과 동일한 목적으로 종방향 철근을 나선형으로 둘러싼 철근 또는 철선을 말하며, 나선철근 기둥(spiral column)은 그림 7-2(b)와 같이 종방향 철근을 나선형으로 된 나선철근으로 둘러 감은 압축부재를 말한다. 일반적으로 많이 사용되는 나선철근 기둥의 단면은 원형이다.

합성기둥(composite column)은 그림 7-2(c) 또는 (d)와 같이 구조용 강재(鋼材)나 강관(鋼管) 또는 튜브를 종방향으로 배치한 압축부재를 말하며, 이 때 종방향 철근은 사용할 수도 있고 사용하지 않을 수도 있다. 그림 7-2(c)와 (d)는 구조용 강재와 종방향 철근으로 보강한 합성기둥의 단면이고, 그림 7-2(e)는 강관(鋼管) 속을 콘크리트로 채워 보강한 것이다.

7.1.2 압축부재 설계의 제한사항

다음은 콘크리트구조기준에 규정되어 있는 것으로서 압축부재를 설계할 때 적용되는 제한 사항들이다.

[1] 압축부재의 설계단면 치수

① 둘 이상의 맞물린 나선철근을 가진 독립 압축부재의 유효단면의 한계는 나선철근의 최외측에서 구조기준 5.4에서 요구되는 콘크리트 최소 피복두께에 해당하는 거리를 더하여 취하여야 한다.

② 콘크리트 벽체나 교각구조와 일체로 시공되는 나선철근 또는 띠철근 압축부재의 유효단면의 한계는 나선철근이나 띠철근 외측에서 40mm 보다 크지 않게 취하여야 한다.

③ 정사각형, 8각형 또는 다른 형상의 단면을 가진 압축부재 설계에서 전체 단면적을 사용하는 대신에 실제 형상의 최소 치수에 해당하는 지름을 가진 원형단면을 사용할 수 있으며, 이 경우 고려되는 부재의 전체 단면적, 요구되는 철근비, 설계강도는 위의 원형단면을 기준으로 하여야 한다.

④ 하중에 의해 요구되는 단면보다 더 큰 단면으로 설계된 압축부재의 경우, 감소된 유효단면적을 사용하여 최소철근량과 설계강도를 결정할 수 있다. 이때 감소된 유효단면적은 전체 단면적의 1/2 이상이어야 한다. 여기서 유효단면적(effective section area)은 유효깊이에 유효폭을 곱한 면적이다.

[2] 압축부재의 철근량 제한

① 비합성 압축부재의 종방향 철근의 단면적 A_s는 전체 단면적 A_g의 0.01배 이상, 0.08배 이하로 해야 한다. 즉, $0.01 \leqq \rho_g \leqq 0.08$가 되어야 하고, 여기서 전체 단면적에 대한 철근비 $\rho_g = A_s/A_g$이다.

축방향 주철근이 겹침이음되는 경우의 철근비는 0.04를 초과하지 않도록 해야 한다.

② 압축부재의 축방향 주철근의 최소 개수는 사각형이나 원형 띠철근으로 둘러싸인 경우 4개, 삼각형 띠철근으로 둘러싸인 경우 3개, 다음 ③에 규정하는 나선철근으로 둘러싸인 철근의 경우 6개로 한다.

③ 나선철근비 ρ_s는 다음 식에 의한 값 이상이 되도록 해야 한다.

$$\rho_s = 0.45\left(\frac{A_g}{A_{ch}} - 1\right)\frac{f_{ck}}{f_{yt}} \tag{7.1}$$

ρ_s : 나선철근비$\left(= \dfrac{\text{나선철근의체적}}{\text{심부의체적}}\right)$

A_g : 기둥의 총단면적(mm^2)

A_{ch} : 나선철근의 바깥선을 지름으로 하여 측정된 나선철근 기둥의 심부 단면적 (mm^2)

f_{yt} : 나선철근의 설계기준항복강도이며, 700MPa 이하로 해야 한다. 400 MPa를 초과하는 경우에는 구조기준 5.5.2(2) 겹침이음을 할 수 없다.

종방향 철근의 철근비가 $0.01 \leq \rho_g \leq 0.08$가 되도록 한계를 정하고 있는 이유는 다음과 같으며, 이 한계는 띠철근 기둥과 나선철근 기둥에 모두 적용된다.

먼저 최소한계를 두는 이유를 살펴보면,

① 예상 밖으로 작용하는 휨모멘트에 대비할 필요가 있고,

② 콘크리트의 크리프 및 건조수축의 영향을 감소시키는 데 효과가 있으며,

③ 콘크리트에 발생될 수 있는 결함에 대비하기 위해서이다.

그러나 반대로 철근을 너무 많이 사용하면 콘크리트 타설 작업에 지장을 줄뿐만 아니라 비경제적이다. 따라서 철근비에 상한(上限)을 정해 두고 있다.

7.1.3 기둥의 철근 상세

압축부재에 사용되는 띠철근, 나선철근, 종방향 철근이 제대로 그 역할을 하기 위해서는 다음과 같은 조건이 만족되도록 해야 한다.

[1] 띠철근

① D32 이하의 축방향 철근은 D10 이상의 띠철근으로, D35 이상의 축방향 철근과 다발철근은 D13 이상의 띠철근으로 둘러싸야 하며, 띠철근 대신 등가단면적의 이형철선 또는 용접철망을 사용할 수 있다.

② 띠철근의 수직 간격은 축방향 철근지름의 16배 이하, 띠철근이나 철선지름의 48배 이하, 또한 기둥단면의 최소치수 이하라야 한다.

③ 모든 모서리 축방향 철근과 하나 건너 위치하고 있는 축방향 철근들은 135° 이하로 구부러진 띠철근의 모서리에 의해 횡지지되어야 한다. 다만 띠철근을 따라 횡지지된 인접한 축방향 철근의 순간격이 150mm 이상 떨어진 경우에는 추가 띠철근을 배치하여 축방향 철근을 횡지지하여야 한다. 또한 축방향 철근이 원형으로 배치된 경우에는 원형 띠철근을 사용할 수 있다. 이때 원형 띠철근을 150mm 이상 겹쳐서 표준갈고리로 기둥주근을 감싸야 한다.

④ 기초판 또는 슬래브의 윗면에 연결되는 압축부재의 첫 번째 띠철근 간격은 다른 띠철근 간격의 1/2 이하로 하여야 하고, 슬래브나 지판에 배치된 최하단 수평철근 아래에 배치되는 첫 번째 띠철근도 다른 띠철근 간격의 1/2 이하로 하여야 한다.

[2] 나선철근

① 나선철근은 균등한 간격을 갖는 나선형으로 연속된 철근이나 철선으로 이루어지며, 설계된 치수로부터 벗어남이 없이 제작, 설치할 수 있도록 그 크기가 확보되어야 한다.

② 현장치기 콘크리트 공사에서 나선철근 지름은 10mm 이상으로 하여야 한다.

③ 나선철근의 순간격은 25mm 이상, 75mm 이하라야 한다.

④ 나선철근의 정착은 나선철근의 끝에서 추가로 1.5회전만큼 더 확보해야 한다.

⑤ 나선철근의 이음은 이형철근 또는 이형철선인 경우 $48d_b$ 이상, 원형철근 또는 이형철선인 경우 $72d_b$ 이상, 에폭시도막 이형철근 또는 철근인 경우 $72d_b$ 이상, 구조기준 5.2.1(2)를 만족하는 표준갈고리를 가지는 비도막 원형 철근 또는 철선의 경우 $48d_b$ 이상, 구조기준 5.2.1(2)를 만족하는 표준갈고리를 가지는 에폭시도막 이형철근 또는 철근의 경우 $48d_b$ 이상이어야 한다. 이 모든 경우에 최소 300mm 이상의 겹침이음으로 해야 하며, 구조기준을 만족하는 기계적이음이나 용접이음을 할 수 있다.

⑥ 나선철근은 확대기초판 또는 기초슬래브의 윗면에서 그 위에 지지된 부재의 최하단 수평철근까지 연장되어야 한다.

⑦ 보 또는 브래킷이 기둥의 모든 면에 연결되어 있지 않을 때에는 나선철근이 끝나는 점부터 슬래브 또는 지판 밑면까지 추가 띠철근을 배치하여야 한다.

⑧ 기둥머리가 있는 기둥에서 기둥머리의 지름이나 폭이 기둥지름의 2배가 되는 곳까지 나선철근을 연장하여야 한다.

⑨ 나선철근은 수직간격재[54]에 의해 제위치에 단단하고 곧게 조립되어야 한다.

[3] 축방향 철근의 간격

나선철근과 띠철근 기둥에서 축방향 철근의 순간격은

① 40mm 이상

② 또한 철근의 공칭지름의 1.5배 이상

③ 굵은 골재의 공칭 최대치수 이상[55]

7.2 중심축하중을 받는 단주

모멘트의 영향은 없이 순수하게 종방향으로 작용하는 압축하중만 있는 기둥의 경우를 고려해 보기로 하자. Hognestad 등이 수행한 실험에 의하면 콘크리트의 압축강도에 계수 0.85를 곱하면 실험에서 구한 압축강도와 비슷한 것을 확인하였다. 따라서, 그림 7-3에 나타낸 것과 같이 콘크리트가 견딜 수 있는 최대 압축응력은 $0.85f_{ck}$로서 기둥의 단면에 등분포한다고 보고, 철근의 압축에 대한 항복강도가 f_y이면, 순수 축하중만을 받는 압축부재가 견딜 수 있는 최대 축하중강도 P_0는 다음 식과 같이 된다.

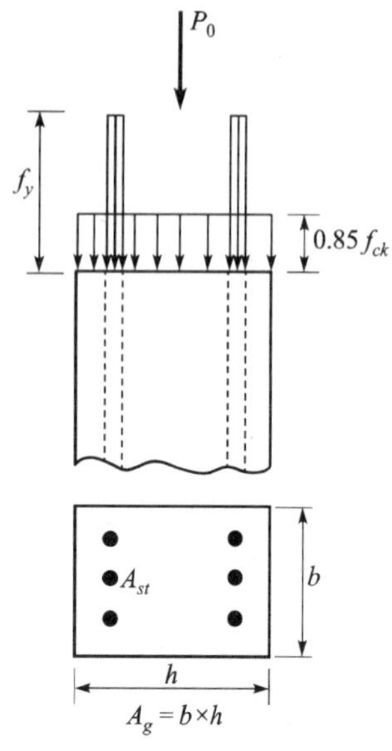

그림 7-3 기둥에 작용하는 하중

54) 간격재(間隔材, spacer)는 배치되는 철근의 간격을 유지하기 위하여 사용하는 재료 또는 그 가공물을 말한다.

55) 굵은 골재의 공칭 최대치수

① 거푸집 양 측면 사이의 최소 거리의 1/5

② 슬래브 두께의 1/3

③ 개별 철근, 다발 철근, 긴장재 또는 덕트 사이 최소 순간격의 3/4

$$P_0 = P_c + P_s = 0.85 f_{ck}(A_g - A_{st}) + f_y A_{st} \tag{7.2}$$

P_c : 콘크리트의 저항력

P_s : 철근의 저항력

A_g : 기둥의 총 단면적

A_{st} : 종방향 철근의 단면적

중심축하중을 받는 단주의 설계축하중강도

① 나선철근 압축부재의 경우

$$\phi P_n = 0.85\phi[0.85 f_{ck}(A_g - A_{st}) + f_y A_{st}] \tag{7.3}$$

② 띠철근 압축부재의 경우

$$\phi P_n = 0.80\phi[0.85 f_{ck}(A_g - A_{st}) + f_y A_{st}] \tag{7.4}$$

강도감소계수는 나선철근 부재일 경우 $\phi = 0.70$, 나선철근 외의 부재(띠철근 부재)일 경우 $\phi = 0.65$이다. A_g는 기둥의 총단면적, A_{st}는 종방향철근의 단면적이다.

그러나 종방향 압축만을 받는다고 보고 설계하였더라도 여러 가지 원인에 의하여 예상하지 못한 모멘트가 작용하는 수가 있다. 따라서 압축부재의 설계축하중강도 $P_d (= \phi P_n \geq P_u)$는 다음 식에 의한 값을 초과하지 않도록 구조기준에 규정하고 있다.

예제 7.1

다음과 같은 띠철근직사각형 기둥의 설계중심축하중강도를 구하시오.

$f_{ck} = 28\text{MPa}$, $f_y = 400\text{MPa}$

D29 철근의 면적$= 642.4\text{mm}^2$(표 1–6 참조)

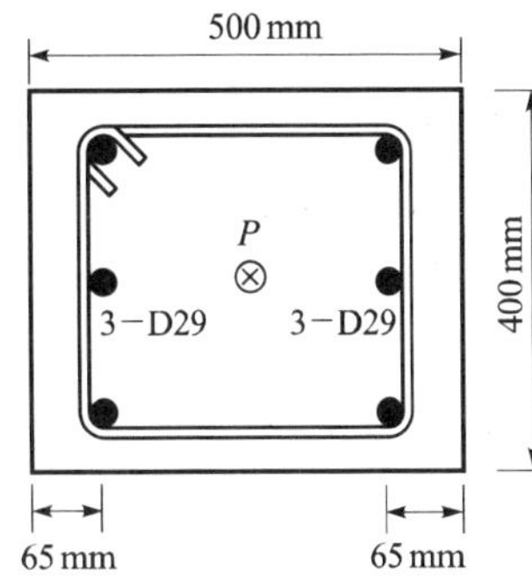

그림 7-4

풀이

$A_{st} = 6 \times 642.4 = 3854.4\ \mathrm{mm^2}$

$P_o = 0.85 f_{ck}(A_g - A_{st}) + f_y A_{st}$

$= 0.85 \times 28(0.4 \times 0.5 - 3854.4 \times 10^{-6}) + 400 \times 3854.4 \times 10^{-6}$

$= 6.210$ MN

$\phi P_n = 0.80 \phi P_o = 0.80 \times 0.65 \times 6.210 = 3.229$ MN

예제 7.2

1.8MN의 계수축하중을 받을 수 있는 띠철근 기둥을 설계하시오. 기둥은 정사각형 단면으로 하고, 단주이며, $f_{ck} = 21\mathrm{MPa}$, $f_y = 300\mathrm{MPa}$이다.

D29 철근의 면적$= 642.4\mathrm{mm^2}$(표 1–6 참조)

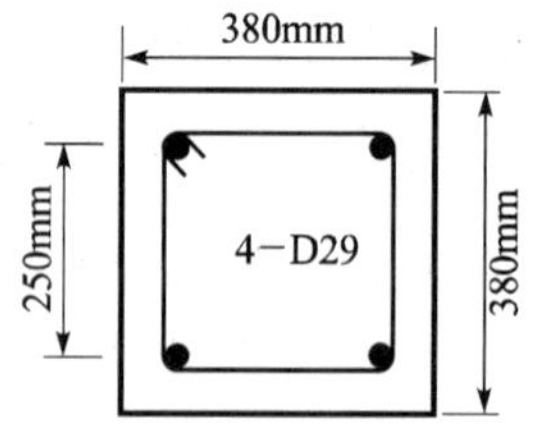

그림 7-5

풀이

(1) 기둥의 총 단면적

기둥의 단면에 배근할 수 있는 철근비는 $0.01 \leq \rho_g \leq 0.8$ 인데, 일반적으로 철근비가 $0.01 \sim 0.02$ 일 때가 경제적이다. 따라서 $\rho_g = 0.02$ 를 사용하여 설계해 보기로 한다.

$$\rho_g = \frac{A_{st}}{A_g} = 0.02$$

$\therefore\ A_{st} = 0.02 A_g$

띠철근 압축부재일 경우 기둥의 설계강도는 다음과 같으며, 강도감소계수 $\phi = 0.65$이다.

$\phi P_n = 0.80 \phi \left[0.85 f_{ck}(A_g - A_{st}) + f_y A_{st}\right]$

이 식으로부터 소요 단면적을 구한다.

$1.8 = 0.80 \times 0.65 \left[0.85 \times 21 (A_g - 0.02 A_g) + 300 \times 0.02 A_g\right]$

$\therefore\ A_g = 0.1473\ \mathrm{m^2}$

정사각형 단면의 폭을 b라고 하면,

$b = \sqrt{A_g} = \sqrt{0.1474} = 0.3838\mathrm{m} \fallingdotseq 390\mathrm{mm}$

이다. 따라서 기둥의 단면은 $390\mathrm{mm} \times 390\mathrm{mm}$ 를 사용하기로 한다.

$\therefore\ A_g = 390 \times 390 = 152{,}100\mathrm{mm^2}$

(2) 소요철근량

$390\mathrm{mm} \times 390\mathrm{mm}$ 단면을 사용할 때 필요한 철근량을 구한다.

$\phi P_n = 0.80 \phi \left[0.85 f_{ck}(A_g - A_{st}) + f_y A_{st}\right]$

$1.8 = 0.80 \times 0.65 \left[0.85 \times 21 (0.39^2 - A_{st}) + 300 A_{st}\right]$

$\therefore \; A_{st} = 0.002646\text{m}^2 = 2{,}646\,\text{mm}^2$

4-D32를 종방향 철근으로 사용한다고 하면, 그 철근량은 다음과 같다.

$A_{st} = 4 \times 794.2 = 3176.8\,\text{mm}^2 > 2{,}646\,\text{mm}^2$

철근비를 검토해 본다.

$$\rho_g = \frac{A_{st}}{A_g} = \frac{3176.8}{390^2} = 0.0209$$

$\therefore \; 0.01 \leqq \rho_g \leqq 0.08$

그러므로 4-D32를 종방향 철근으로 사용한다.

(3) 띠철근 설계

D32 이하의 철근을 종방향 철근으로 사용할 경우에는 D10 이상의 철근을 띠철근으로 사용해야 한다. 따라서 D10을 띠철근으로 사용한다.

그리고 띠철근의 수직간격은 다음 값 중에서 최소값 이하라야 한다.

① 축방향 철근 지름의 16배 $= 16 \times 31.8 = 508.8\,\text{mm}$

② 띠철근 지름의 48배 $= 48 \times 9.53 = 457.4\,\text{mm}$

③ 기둥 단면의 최소치수 $= 390\,\text{mm}$

$\therefore$ 띠철근의 수직간격은 390 mm 로 한다.

예제 7.3

종방향 철근으로 6－D 25가 배근된 지름 420mm의 원형단주가 있다. D 10으로 된 나선철근이 40mm의 수직간격으로 종방향철근을 둘러싸고 있으며, $f_{ck} = 24\text{MPa}$, $f_y = 400\text{MPa}$이다.

(1) 종방향 철근의 철근비를 검토하시오.

(2) 나선철근비를 검토하시오.

(3) 기둥의 설계축하중강도를 구하시오.

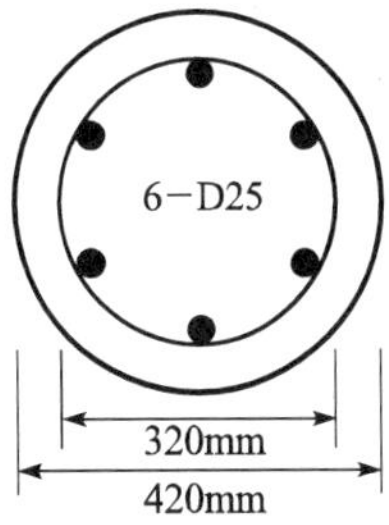

그림 7-6

풀이

(1) 종방향 철근의 철근비 검토

비합성 압축부재의 종방향 철근의 철근비 ρ_g는 0.01 이상, 0.08 이하로 해야 한다.

즉, $0.01 \leqq \rho_g \leqq 0.08$가 되어야 한다.

종방향 철근의 단면적 A_{st}는 다음과 같고,

$A_{st} = 6 \times 506.7 = 3040.2\ \text{mm}^2$

기둥의 전체 단면적 A_g는 다음과 같다.

$$A_g = \frac{\pi \times 420^2}{4} = 138544\,\text{mm}^2$$

따라서 종방향 철근의 철근비 ρ_g 는 다음과 같이 구해진다.

$$\rho_g = \frac{A_s}{A_g} = \frac{3040.2}{138544} = 0.0219$$

$$0.01 \leq 0.0219 \leq 0.08$$

∴ 적합하다.

(2) 나선철근비 검토

나선철근비 ρ_s 는 다음 식에 의한 값 이상이 되도록 해야 하며, 식에서 A_{ch} 는 나선철근의 바깥선을 지름으로하여 측정된 나선철근 기둥의 심부 단면적이다.

$$\rho_{s,\min} = 0.45\left(\frac{A_g}{A_{ch}} - 1\right)\frac{f_{ck}}{f_{yt}} = 0.45\left(\frac{\pi \times 0.42^2/4}{\pi \times 0.32^2/4} - 1\right) \times \frac{24}{400} = 0.0195$$

나선철근이 1회전하는 수직간격 40mm에 대해 나선철근비 ρ_s 를 구한다. D10의 단면적은 $71.33\,\text{mm}^2$이다.

$$\rho_s = \frac{\text{나선철근의 체적}}{\text{심부의 체적}}$$

$$= \frac{\pi\left(320 - 2 \times \frac{9.53}{2}\right) \times 71.33}{\left(\frac{\pi \times 320^2}{4}\right) \times 40} = 0.0216 > 0.0195 = \rho_{s,\min}$$

∴ 적합하다.

또한 나선철근의 순간격은 25mm 이상, 75mm 이하라야 한다.

따라서 나선철근의 수직간격 40mm는 적합하다.

(3) 기둥의 설계축하중강도

나선철근 압축부재의 설계축하중강도 ϕP_n 은 다음과 같으며, 나선철근 압축부재의 강도감소계수 $\phi = 0.70$이다.

$$\phi P_n = 0.85\phi\left[0.85 f_{ck}(A_g - A_{st}) + f_y A_{st}\right]$$

$$= 0.85 \times 0.70\left[0.85 \times 24\left(138544 \times 10^{-6} - 3040.2 \times 10^{-6}\right) + 400 \times 3040.2 \times 10^{-6}\right]$$

$$= 2.368\ \text{MN}$$

7.3 휨과 압축을 동시에 받는 단주

7.3.1 휨과 압축을 동시에 받는 기둥의 거동

[1] 편심거리

축압축력 만을 받는 기둥은 실제로는 거의 없으며, 대부분의 기둥은 휨과 압축을 동시에 받는다. 그림 7-7(a)는 휨과 압축을 동시에 받고 있는 기둥을 나타낸다. 그림 7-7(a)의 좌우 두 그림은 역학적으로 동일하고, 편심거리 e와 모멘트 M, 하중 P의 관계는 다음과 같다.

$$M = P \cdot e$$

그리고 편심거리 e는 단면의 소성중심[56]으로부터 작용하는 하중까지의 거리를 말한다.

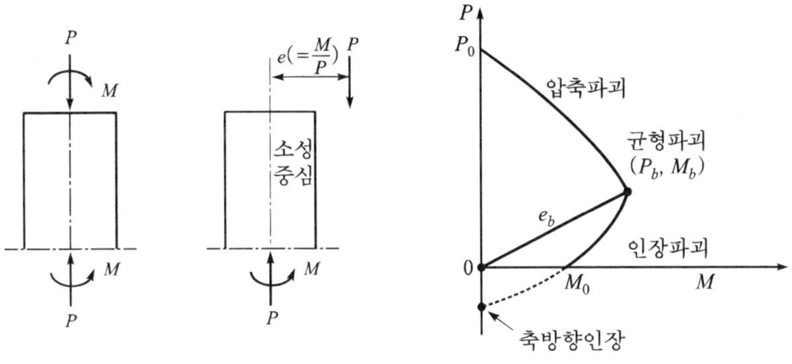

(a) 소성중심과 편심하중 (b) $P-M$ 상관도

그림 7-7 편심하중을 받는 기둥과 $P-M$ 상관도

[2] 휨과 압축을 받는 기둥의 $P-M$ 상관도

그림 7-7(b)는 휨과 압축을 동시에 받고 있는 기둥의 압축강도 P와 휨강도 M의 관계를 나타낸 것이며, 이와 같은 것을 $P-M$상관도($P-M$ interaction diagram) 또는 기둥강도 상관도(column strength interaction diagram)라고 한다. 그림 7-7(b)에서 P_0는 모멘트의 작용 없이($M=0$) 오직 축력으로만 파괴가 유발될 때의 기둥의 압축강도이고, M_0는 제

---

56) 소성중심(plastic centroid)은 콘크리트의 전단면(全斷面)이 균등하게 $0.85f_{ck}$의 응력을 받고 철근도 항복응력 f_y를 받는다고 했을 때, 단면에 작용하는 모든 응력의 합력이 작용하는 점을 말한다. 만일 재료가 균질인 부재이거나, 또는 철근콘크리트 부재에서 철근이 대칭으로 배치된 대칭단면이면 소성중심은 단면의 도심이다. 뒤에서 자세하게 다룬다.

3장 보의 휨해석과 설계와 같이 축력의 작용 없이($P=0$) 오직 모멘트의 작용으로만 파괴가 진행될 때의 기둥의 휨강도이다. 굵은 선으로 표시된 곡선은 작용하는 휨과 압축에 의해 콘크리트 압축연단의 파쇄 또는 인장부 철근의 항복에 의해 기둥이 파괴되는 점들을 연결하여 만든 공칭강도 곡선이다.

예를 들어, 구조기준의 고려 없이 이론적으로만 따지면, 기둥에 작용하고 있는 하중을 나타내는 점(P, M)이 이와 같은 강도곡선으로 둘러싸인 영역 안에 들어오면 기둥은 안전하다고 할 수 있으며, 강도곡선 밖에 위치한다면 기둥은 파괴된다고 할 수 있다. 또한, $P-M$ 상관도 상에서 보이는 하중점의 위치에 따라 기둥의 파괴가 압축파괴인지 인장파괴인지도 파악이 가능하다. 편심거리 $e\left(=\dfrac{M}{P}\right)$는 $P-M$상관도에서 P를 세로축, M을 가로축으로 놓았을 때, 원점 O에서 곡선에 이르는 방사선(放射線)의 기울기를 뜻한다.

[3] 기둥이 파괴되는 양상

균형파괴상태(balanced failure condition), 또는 균형상태라고하는 것은 휨부재와 마찬가지로 압축측 연단의 콘크리트 변형률이 극한변형률 0.003에 도달함과 동시에 철근의 응력이 항복강도 f_y에 도달하는 상태를 말한다. 휨과 압축을 동시에 받는 압축부재의 경우에도 이와 같은 균형상태가 있으며, 이때 작용하는 하중을 균형하중 P_b, 모멘트를 균형모멘트 M_b라하고, 이 때의 편심거리를 균형편심 e_b라 한다.

철근량을 조절하여 콘크리트의 압축파괴를 피할 수 있는 보의 경우와는 달리, 기둥은 압축파괴나 균형파괴가 발생되는 것을 피할 수 없다. 기둥의 파괴양상은 철근비 즉 단면의 기하학적 조건이 아닌 축력과 모멘트가 어떤 비율로 작용하냐의 하중조건에 따라 결정되기 때문이다. 기둥의 파괴양상은 그림 7-7(b)에 나타낸 것처럼 균형파괴점 (P_b, M_b)을 경계로 하여 압축파괴 구역과 인장파괴 구역으로 구분된다.

$e < e_b$이면 철근이 항복하기 전에 먼저 콘크리트가 극한변형률에 도달하여 기둥은 압축파괴를 일으키며, 기둥의 강도는 콘크리트의 압축으로 지배된다.
$e > e_b$이면 콘크리트가 극한변형률에 도달하기 전에 철근이 먼저 인장항복을 일으키며, 기둥의 강도는 철근의 인장으로 지배된다.

[4] $P-M$ 상관도의 작성원리

휨과 압축이 동시에 작용하는 철근콘크리트 기둥의 파괴는 콘크리트 연단의 압축파괴나 인장철근의 항복에 지배된다. 콘크리트 기둥의 공칭강도는 하중조건과 상관 없이 기둥의 콘크리트 단면과 철근 배치에 따라서 결정되지만, 기둥의 파괴가 압축연단의 콘크리트 파괴와 인장부의 철근의 항복 중 어느 것에 의해 지배되느냐에 따라 파괴모드(파괴양상)가 다르게 나타나기 때문에 기둥의 공칭강도곡선($P-M$ 상관도)은 이와 같은 파괴거동을 적절하게 묘사해야 한다. 보의 거동의 경우에는 철근량에 따라 압축파괴와 인장파괴가 결정됐지만, 기둥은 단면의 조건이 아닌 축력과 휨의 조합에 따라 파괴거동이 결정된다.

압축측 콘크리트가 인장측 철근보다 먼저 파괴되는 경우를 살펴본다. 철근의 항복보다 콘크리트의 파쇄가 먼저 일어나기 위해서는 그림 7-8(a)와 같이 축력과 휨의 조합에 의한 변형률 분포에서 콘크리트가 한계변형률에 도달했을 때 철근의 변형률은 항복변형률에 도달하지 못하게 된다. 휨에 의한 모멘트 때문에 단면에 인장응력과 압축응력이 작용할 때 축력에 의한 압축응력이 작용하게 되면 인장측에서는 응력이 서로 상쇄되어 감소되지만 압축측은 응력이 오히려 증가하게 된다. 즉, 콘크리의 압축연단이 파괴되는 상황에서는 축력과 휨이 서로 돕는 관계를 형성하기 때문에 축력이 감소하더라도 이를 보상하기 위해 모멘트가 증가하면 압축파괴 모드를 유지할 수 있고 결과적으로 그림 7-8(a)와 같은 파괴곡선(강도곡선)을 얻는다.

반면, 인장측 철근이 압축측 콘크리트보다 먼저 파괴되는 경우에는 그림 7-8(b)와 같이 콘크리트가 한계변형률에 도달하기 전에 철근의 변형률은 이미 항복변형률을 넘게 된다. 이 경우에는 휨 모멘트에 의한 인장응력이 철근을 항복시켜야 하는데, 축력이 작용하게 되면 압축응력이 인장응력을 상쇄시켜 인장응력이 감소하게 된다. 즉, 인장측의 철근의 입장에서는 축력이 휨에 의한 인장응력을 상쇄시키는 역할을 하기 때문에 항복을 일으키는 인장변형률에 도달하기 위해서는 축력이 증가하게 되면 모멘트도 함께 증가해야지만 인장지배 거동을 유지할 수 있다. 결과적으로 인장파괴 모드는 그림 7-8(b)와 같이 모멘트와 축력이 함께 증가하는 파괴곡선(강도곡선)을 나타낸다.

그림 7-8(c)는 압축파괴와 인장파괴의 강도곡선을 조합한 것인데, 점선으로 표시된 것과 같이 압축파괴와 인장파괴 모두 실제로 발생하기 어려운 양상이 존재한다. 예를 들어, 동일한 축력에 대해 압축파괴(A점)와 인장파괴(B점)가 모두 가능한 것처럼 보이지만, 더 작은 모멘트 값을 갖는 압축파괴가 먼저 일어나기 때문에 실제 상황에서는 B점과 같은 인장파괴는 일어날 수 없다. 마찬가지로 동일한 축력에 대해 인장파괴(C점)가 더 작은 모멘트

하중에 의해 파괴를 유발하기 때문에 D점과 같은 압축파괴는 현실에서는 절대로 일어날 수 없다. 따라서 두 곡선이 서로 만나는 균형파괴 점을 중심으로 실선으로 표시된 축력과 모멘트의 상호작용을 고려한 공칭강도 곡선을 얻게 된다.

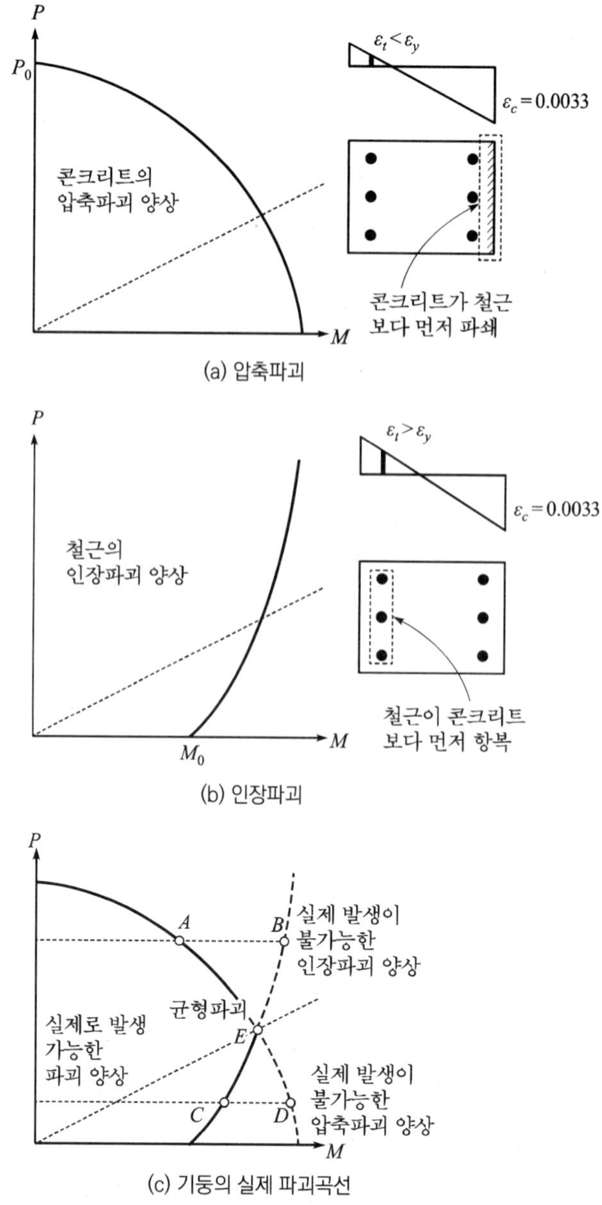

그림 7-8 $P-M$ 상관도의 작성 원리

7.3.2 설계 원칙

[1] 설계원칙

축압축력과 휨을 동시에 받는 부재는 다음 두 식을 만족하도록 설계되어야 한다.

기둥의 설계원칙

$$P_d = \phi P_n \geq P_u$$

$$M_d = \phi M_n \geq M_u$$

P_n, M_n은 부재단면이 동시에 발휘할 수 있는 공칭축하중강도와 공칭휨강도이다.

강도감소계수 ϕ는 나선철근 부재일 때 0.70, 띠철근 부재일 때 0.65이다.

그림 7-9에서 점선으로 나타낸 곡선 $abcde$는 압축부재가 축압축력과 휨의 조합작용에 의해 파괴될 때 작용하는 축하중과 휨의 관계를 나타낸 것이고, 곡선 $a'b'c'd'e'$는 강도감소계수ϕ에 의해 감소된 강도를 나타낸 것이다. 예를 들어, 어떤 기둥이 파괴될 때 작용한 축하중과 휨이 (P_n, M_n)이라고 하면, 즉 공칭강도가 (P_n, M_n)이라고 하면, 설계강도는 $(\phi P_n, \phi M_n)$이 된다.

[2] 축하중과 휨모멘트가 작용하는 단면의 강도감소계수(ϕ)

2007년 이전 구조기준에서는 ϕ 계수의 크기를 규정할 때, 축력의 경우, 휨의 경우 또는 동시작용의 경우 등 하중 형식으로 나누어 정하였으나, 현행 구조기준에서는 공칭강도에서 단면의 변형률 조건에 따라 ϕ계수를 정한다. 축력과 휨을 동시에 받는 부재에 대하여 P_n과 M_n에 적절한 단일 ϕ값을 곱하여 설계강도를 구한다. 공칭강도에서 최외단 인장철근의 순인장변형률 ε_t가 압축지배변형률 한계 ε_y와 인장지배변형률 한계 0.005 사이에 있는 단면의 경우에는 그림 7-9에 보인 것과 같이 ϕ값을 직선 보간하여 구한다. 이 경우 강도감소계수는 사용되는 철근의 항복강도에 따라 달라지게 된다. $f_y = 400\text{MPa}$ 철근과 프리스트레스 강재의 경우 $\varepsilon_y = 0.002$로 그림 7-9와 같이 ϕ 값을 직선 보간하여 사용한다.

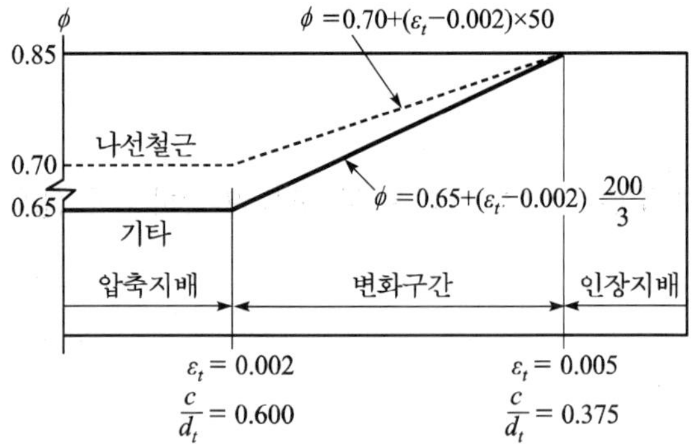

c/d_t에 대한 보간 : 나선 $\phi = 0.70 + 0.15[(1/c/d_t) - (5/3)]$

기타 $\phi = 0.65 + 0.20[(1/c/d_t) - (5/3)]$

그림 7-9 $f_y = 400\text{MPa}$ 철근 및 프리스트레스 강재에 대한 최외단 인장철근의 순인장변형률 ε_t와 c/d_t에 따른 ϕ값의 변화

표 7-1 축하중과 휨모멘트가 작용하는 단면의 강도감소계수 ϕ

<table>
<tr><th colspan="4">구분</th><th>강도감소계수 ϕ</th></tr>
<tr><td colspan="2">압축부재</td><td colspan="2">$P_u = \phi P_n \geq 0.1 f_{ck} A_g$인 경우</td><td rowspan="2">띠철근 : $\phi = 0.65$
나선철근 : $\phi = 0.70$</td></tr>
<tr><td rowspan="4">축하중과 휨을 동시에 받는 부재</td><td>압축지배 단면</td><td colspan="2">$\varepsilon_t \leq \varepsilon_y$</td></tr>
<tr><td rowspan="2">변화구간</td><td>$f_y \leq 400$ MPa</td><td>$\varepsilon_y < \varepsilon_t < 0.004$</td><td rowspan="2">띠철근 : $\phi = 0.65 \sim 0.85$
나선철근 : $\phi = 0.70 \sim 0.85$</td></tr>
<tr><td>$f_y = 500$ MPa
$f_y = 600$ MPa</td><td>$\varepsilon_y < \varepsilon_t < 2.5\varepsilon_y$</td></tr>
<tr><td>인장지배 단면</td><td colspan="2">$f_y \leq 400$ MPa ; $\varepsilon_t \geq 0.005$
$f_y = 500$ MPa ; $\varepsilon_t \geq 2.5\varepsilon_y = 0.00625$
$f_y = 600$ MPa ; $\varepsilon_t \geq 2.5\varepsilon_y = 0.0075$</td><td>$\phi = 0.85$</td></tr>
<tr><td colspan="2">휨부재</td><td colspan="2"></td><td></td></tr>
</table>

표 7-2 지배단면 변형률 한계 및 해당 철근비

철근의 설계기준 항복강도 f_y	압축지배 변형률 한계 ε_y	인장지배	
		변형률 한계	휨 부재에 대한 해당 철근비
300 MPa	0.0015	0.005	$0.563\rho_b$
350 MPa	0.00175	0.005	$0.594\rho_b$
400 MPa	0.0020	0.005	$0.625\rho_b$
500 MPa	0.0025	0.00625 $(2.5\varepsilon_y)$	$0.595\rho_b$
600 MPa	0.003	0.0075 $(2.5\varepsilon_y)$	$0.571\rho_b$

표 7-3 철근 항복응력에 따른 변화구간의 강도감소계수 ϕ (600MPa 생략)

f_y	띠철근으로 보강된 부재	나선철근으로 보강된 부재
300MPa	$\phi = 0.65 + (\varepsilon_t - 0.0015)\dfrac{400}{7}$ $= 0.564 + 57.1\varepsilon_t$ 또는 $\phi = 0.65 + 0.171\left(\dfrac{1}{c/d_t} - \dfrac{3}{2}\right)$ $= 0.394 + 0.171\dfrac{1}{c/d_t}$	$\phi = 0.70 + (\varepsilon_t - 0.0015)\dfrac{300}{7}$ $= 0.636 + 42.9\varepsilon_t$ 또는 $\phi = 0.70 + 0.129\left(\dfrac{1}{c/d_t} - \dfrac{3}{2}\right)$ $= 0.507 + 0.129\dfrac{1}{c/d_t}$
350MPa	$\phi = 0.65 + (\varepsilon_t - 0.00175)\dfrac{800}{13}$ $= 0.542 + 61.5\varepsilon_t$ 또는 $\phi = 0.65 + 0.185\left(\dfrac{1}{c/d_t} - \dfrac{19}{12}\right)$ $= 0.358 + 0.185\dfrac{1}{c/d_t}$	$\phi = 0.70 + (\varepsilon_t - 0.00175)\dfrac{600}{13}$ $= 0.619 + 46.2\varepsilon_t$ 또는 $\phi = 0.70 + 0.138\left(\dfrac{1}{c/d_t} - \dfrac{19}{12}\right)$ $= 0.481 + 0.138\dfrac{1}{c/d_t}$
400MPa	$\phi = 0.65 + (\varepsilon_t - 0.0020)\dfrac{200}{3}$ $= 0.517 + 66.7\varepsilon_t$ 또는 $\phi = 0.65 + 0.200\left(\dfrac{1}{c/d_t} - \dfrac{5}{3}\right)$ $= 0.317 + 0.200\dfrac{1}{c/d_t}$	$\phi = 0.70 + (\varepsilon_t - 0.0020)50$ $= 0.600 + 50.0\varepsilon_t$ 또는 $\phi = 0.70 + 0.150\left(\dfrac{1}{c/d_t} - \dfrac{5}{3}\right)$ $= 0.450 + 0.150\dfrac{1}{c/d_t}$
500MPa	$\phi = 0.65 + (\varepsilon_t - 0.0025)\dfrac{160}{3}$ $= 0.517 + 53.3\varepsilon_t$ 또는 $\phi = 0.65 + 0.160\left(\dfrac{1}{c/d_t} - \dfrac{11}{6}\right)$ $= 0.357 + 0.160\dfrac{1}{c/d_t}$	$\phi = 0.70 + (\varepsilon_t - 0.0025)40$ $= 0.600 + 40.0\varepsilon_t$ 또는 $\phi = 0.70 + 0.120\left(\dfrac{1}{c/d_t} - \dfrac{11}{6}\right)$ $= 0.480 + 0.120\dfrac{1}{c/d_t}$

[3] 중심축하중을 받는 경우

7.2절에서와 같이, 압축부재가 받을 수 있는 최대 설계축하중강도는 나선철근 부재일 때 $0.85\phi P_0$, 띠철근 부재일 때 $0.80\phi P_0$를 넘을 수 없다. 이것을 그림 7-10에서 a''점에 $\alpha\phi P_0$로 나타내었으며, α는 나선철근 부재일 때 0.85, 띠철근 부재일 때 0.80이다. 점 a''에서 그은 수평선이 곡선과 만난 점을 b'로 표시하였으며, 원점 O에서 점 b'를 지나는 직선이 나타내는 편심거리가 최소편심거리 $e_{\min}$이다. 만일 기둥에 작용하는 하중이 최소편심거리 $e_{\min}$내에서 작용하고 있다면, 이때에는 축압축력만 작용하고, 휨모멘트 $M=0$이라고 보며, 7.3절의 내용에 따라 기둥을 설계하면 된다.

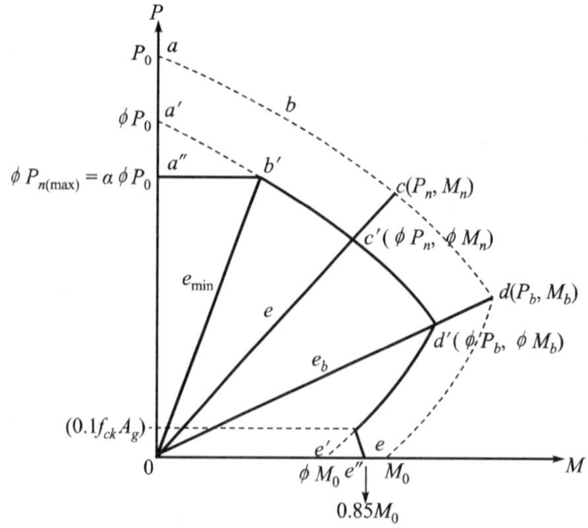

그림 7-10 $P-M$ 상관도(설계곡선)

[4] 편심거리에 따른 구분

위와 같은 내용을 고려하여 편심거리에 따라 설계원칙을 구분하여 보면 다음과 같다.

- $e < e_{\min}$인 경우 : 축압축력만 작용하고, 최대 설계축하중강도 P_d는 나선철근 기둥일 때 $0.85\phi P_0$, 띠철근 기둥일 때 $0.80\phi P_0$이며, 7.2절에서 설명한 방법으로 기둥을 설계한다.
- $e_{\min} < e < e_b$인 경우 : 부재의 강도는 콘크리트의 압축파괴로 지배되며, $P_d = \phi P_n$와 $M_d = \phi M_n$의 조합작용을 고려하여 설계해야 한다.

• $e > e_b$인 경우 : 부재의 강도는 철근의 인장파괴로 지배되며, 역시 P_d와 M_d의 조합작용을 고려하여 설계해야 한다.

[5] 축하중이 작고 편심이 매우 큰 경우

그림 7-10에서 M축 위에 있는 점 e는 부재에 축하중은 없고 모멘트 M_0만 작용하는 경우를 나타낸 것이다. 비교적 하중 P가 작고, 편심이 매우 큰 경우에 부재는 보와 같은 거동을 하게 된다. 예를 들어 $f_y \leq 400\,\text{MPa}$이고 $\varepsilon_t \geq 0.005$인 경우 강도감소계수는 보의 휨에서와 같이 0.85를 사용한다.

[6] $P-M$ 상관도를 이용한 기둥설계의 파괴모드와 설계 개념

하중의 조합에 따른 파괴모드, 변형률 분포, 공칭강도 곡선 그리고 강도감소계수의 적용에 따른 설계곡선과 안전구역에 관한 내용을 그림으로 정리하면 그림 7-11과 같이 도식적으로 정리할 수 있다.

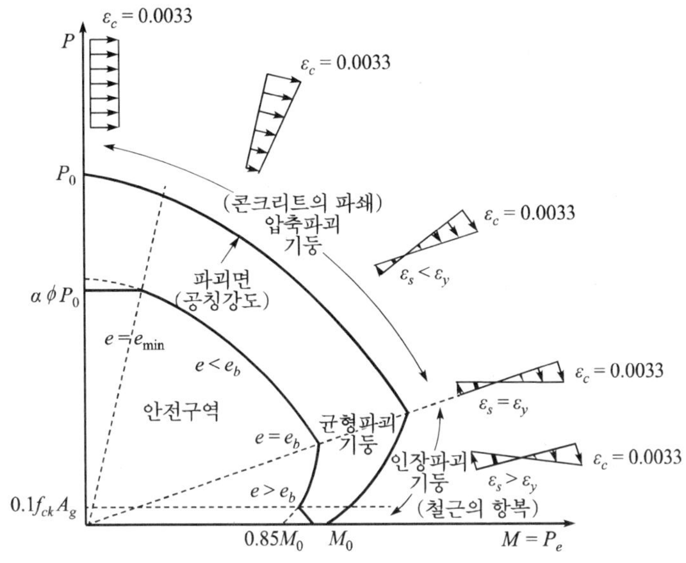

그림 7-11 기둥의 강도곡선과 설계곡선의 도식적 이해

7.4 휨과 압축을 받는 직사각형 단주

이 절에서는 앞에서 살펴본 내용을 토대로 직사각형 단면으로 된 단주의 해석과 설계, $P-M$ 상관도의 작성 등에 대해 알아보기로 한다.

7.4.1 소성중심

그림 7-12와 같은 단면의 소성중심을 구해보자.

> 소성중심(plastic centroid)은 콘크리트의 전단면(全斷面)이 균등하게 $0.85f_{ck}$의 응력을 받고 철근도 항복응력 f_y를 받는다고 했을 때, 단면에 작용하는 모든 응력의 합력이 작용하는 점을 말한다.

그림 7-12에서 인장측 연단으로부터 소성중심까지의 거리를 d''이라 하면, d''는 인장측 연단에 대해 단면1차모멘트의 평형을 취한 다음 식으로부터 얻을 수 있다.

$$[C_1 + C_2 + C_3]d'' = C_1\frac{h}{2} + C_2(h-d') + C_3 d'$$

$C_1 = 0.85 f_{ck} A_g$

$C_2 = A_s'(f_y - 0.85f_{ck})$ 또는 근사적으로 $C_2 = A_s' f_y$

$C_3 = A_s(f_y - 0.85f_{ck})$ 또는 근사적으로 $C_3 = A_s f_y$

A_g : 전체 단면적($=bh$)

만일, 균질인 재료로 된 부재이거나, 또는 철근 콘크리트 부재에서 철근이 대칭으로 배치된 대칭 단면이면 소성중심은 단면의 도심과 일치한다.

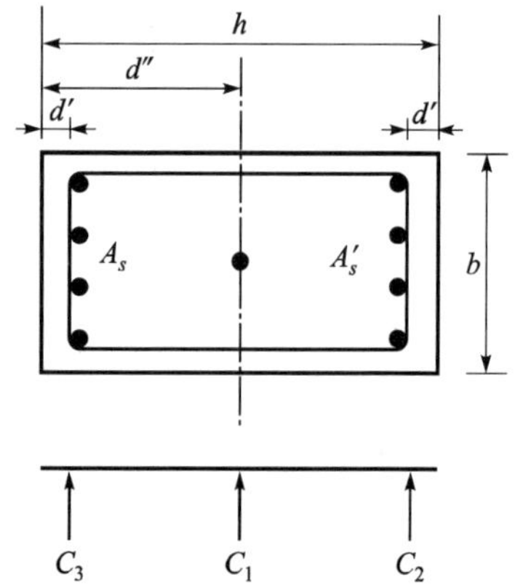

그림 7-12 기둥단면에 작용하는 힘

예제 7.4

다음 그림과 같은 단면의 소성 중심을 구하시오.

$f_{ck} = 28\text{MPa},\ f_y = 400\text{MPa}$

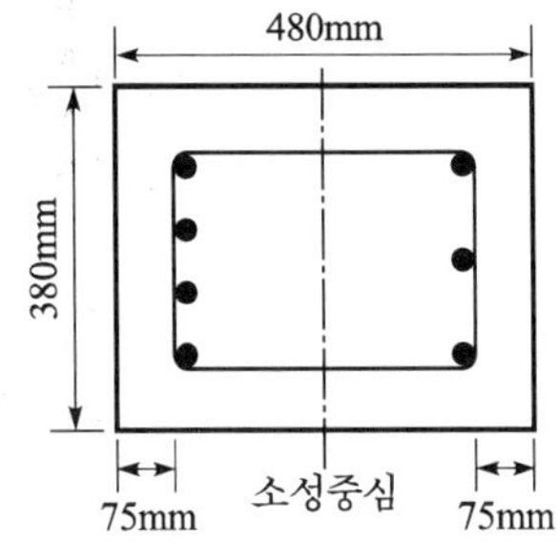

그림 7-13

풀이

$A_s = 4 \times 642.4 = 2569.6\,\text{mm}^2$

$A_s^{'} = 3 \times 642.4 = 1927.2\,\text{mm}^2$

$C_1 = 0.85 f_{ck} A_g = 0.85 \times 28 \times 0.38 \times 0.48 = 4.341\ \text{MN}$

$C_2 = A_s^{'} f_y = 1927.2 \times 10^{-6} \times 400 = 0.7709\ \text{MN}$

$C_3 = A_s f_y = 2569.6 \times 10^{-6} \times 400 = 1.028\ \text{MN}$

$$[C_1 + C_2 + C_3]\,d^{''} = C_1 \frac{h}{2} + C_2(h - d^{'}) + C_3 d^{'}$$

$$[4.341 + 0.7709 + 1.028]\,d'' = 4.341 \times \frac{0.48}{2} + 0.7709 \times (0.48 - 0.07) + 1.028 \times 0.07$$

$\therefore\ d'' = 0.2329\text{m} = 232.9\ \text{mm}$

따라서 소성중심은 단면의 왼쪽 측면으로부터 232.9mm 떨어진 곳에 있다.

7.4.2 직사각형 단주의 해석원리

이 절에서는 직사각형 단주를 해석하는데 이용될 기본적인 관계식으로 단면에 작용하는 하중에 대한 평형조건식에 대해 알아보기로 한다. 그림 7-14와 같은 직사각형 단면을 가진 압축부재에 단면의 소성중심으로부터 e 만큼의 편심으로 극한하중 P_n이 작용하고 있는 경우를 고려해 보자. 기둥의 단면에 작용하는 수직력의 합은 0이어야 하고, 모멘트의 합 역시 0 이 되어야 한다. 즉, 다음 두 식과 같은 하중의 평형조건이 성립되어야 한다.

$$\sum F_v = 0$$

$$\sum M = 0$$

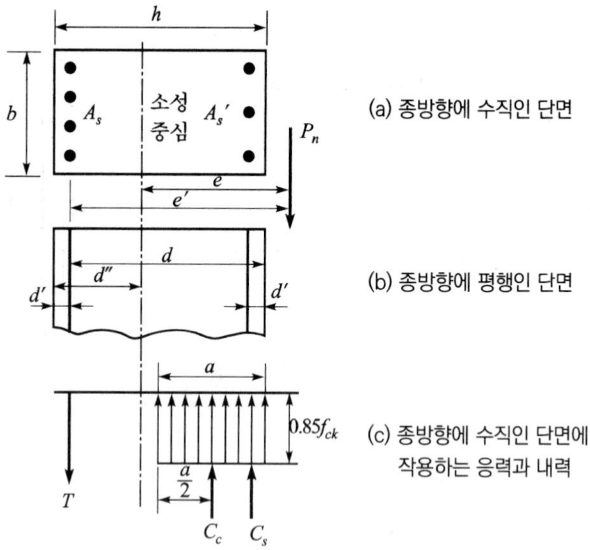

그림 7-14 휨과 압축을 받는 사각형 기둥

따라서 다음 두 식이 성립하며, 여기서 모멘트의 합은 소성중심에 대해 구하였다.

$$P_n = C_c + C_s - T$$

$$P_n \cdot e = C_c\left(h - d'' - \frac{a}{2}\right) + C_s(h - d'' - d') + T(d'' - d')$$

위의 두 식에서 콘크리트와 철근에 작용하는 내력 C_c, C_s, T는 각각 다음과 같이 구해진다.

$$C_c = 0.85 f_{ck}\, a\, b$$

$C_s = A_s'(f_s' - 0.85 f_{ck})$ 또는 근사적으로 $C_s = A_s' f_s'$

$$T = A_s f_s$$

f_s' : 압축철근이 받는 응력
f_s : 인장철근이 받는 응력
A_s' : 압축철근의 단면적
A_s : 인장철근의 단면적
a : 등가직사각응력의 깊이

또한 단면에 작용하는 휨강도 M_n과 축하중 P_n 그리고 편심거리 e의 관계는 다음과 같다.

$$M_n = P_n \cdot e$$

그리고 단면의 설계강도는 강도감소계수를 적용하여 다음과 같이 구해진다.

$$P_d = \phi P_n$$

$$M_d = \phi M_n = \phi P_n \cdot e$$

한편, 계산의 편의를 위해 모멘트의 평형을 소성중심이 아닌 다른 곳을 기준으로 취할 경우가 종종 있다. 예를 들어 모멘트의 합을 인장철근의 도심에 대해 구해보면 다음과 같다.

$$P_n \cdot e' = C_c\left(d - \frac{a}{2}\right) + C_s(d - d')$$

여기서, $e'(= e + d'' - d')$는 인장철근의 도심으로부터 하중 P_n까지의 거리이다.

7.4.3 단면이 균형상태인 경우

균형상태는 압축측 연단의 콘크리트 변형률이 극한변형률 0.0033에 도달함과 동시에 철근의 응력이 항복강도 f_y에 도달하는 상태를 말한다는 것은 이미 앞에서 살펴보았었다. 여기서는 단면이 균형상태가 되도록 하는 균형하중 P_b와 균형모멘트 M_b, 균형편심거리 e_b를 구해본다. 그림 7-15에 있는 변형률도에서 삼각형의 닮음을 이용하면 중립축의 위치 c_b는 다음과 같이 구해진다.

$$c_b = \frac{0.0033}{0.0033 + f_y/E_s} d = \frac{660}{660 + f_y} d$$

따라서 압축측 콘크리트에 작용하는 등가직사각응력의 깊이 a_b는 다음과 같다.

$$a_b = \beta_1 c_b = \beta_1\left(\frac{660}{660 + f_y} d\right)$$

균형상태일 때 압축철근이 받는 응력 f_s'는 그림 7-15에 있는 변형률도에서 삼각형의 닮음을 이용하여 ε_s'를 구한 후, ε_s'에 철근의 탄성계수를 곱하여 구할 수 있다. 즉,

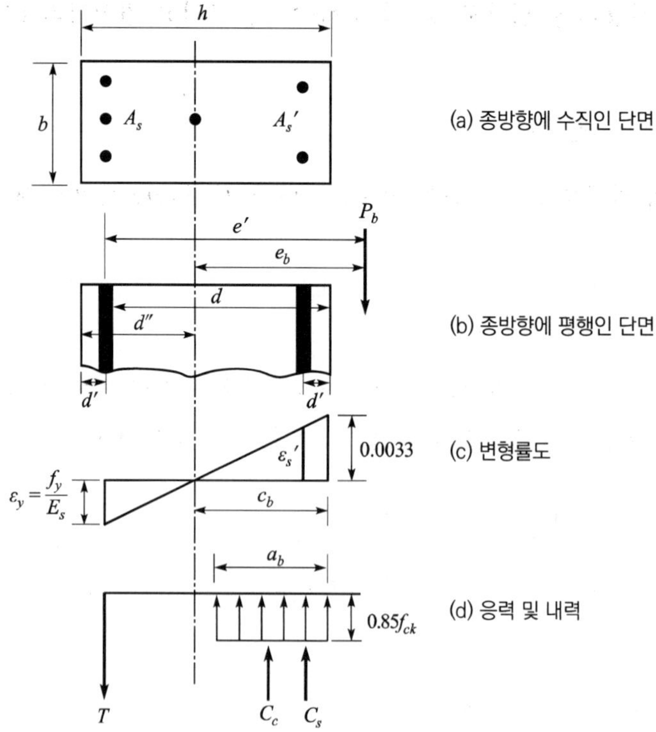

그림 7-15 균형상태인 사각형 기둥

$$c_b : 0.0033 = (c_b - d') : \varepsilon_s'$$

$$\therefore \ \varepsilon_s' = 0.0033 \times \frac{(c_b - d')}{c_b}$$

$$\begin{cases} \varepsilon_s' < \varepsilon_y \text{ 이면, } f_s' = E_s \varepsilon_s' \text{ 이고,} \\ \text{만일 } \varepsilon_s' \geq \varepsilon_y \text{ 이면, } f_s' = f_y \text{ 이다.} \end{cases}$$

여기서, $\varepsilon_y = \dfrac{f_y}{E_s}$ 이다.

또한 균형상태일 때는 인장철근이 설계기준항복강도 f_y를 받는 상태이다. 따라서 단면에 작용하는 내력은 다음과 같이 구해진다.

$$C_c = 0.85 f_{ck} a_b b$$

$$C_s = A_s'(f_s' - 0.85 f_{ck}) \text{ 또는 근사적으로 } C_s = A_s' f_s'$$

$$T = A_s f_y$$

하중의 평형조건에 의해 다음 두 식이 성립하며, 다음 식으로부터 P_b와 M_b를 구할 수 있다. 여기서 모멘트의 합은 소성중심에 대해 구하였다.

$$P_b = C_c + C_s - T$$

$$M_b = C_c\left(h - d'' - \frac{a_b}{2}\right) + C_s(h - d'' - d') + T(d'' - d')$$

균형편심 e_b는 다음과 같으며, 압축부재는 특정한 크기의 균형하중 P_b가 균형편심거리 e_b에 작용하면 균형상태가 된다.

$$e_b = \frac{M_b}{P_b}$$

결과적으로 설계균형하중 P_d와 설계균형모멘트 M_d는 다음과 같이 된다.

$$P_d = \phi P_b$$

$$M_d = \phi M_b$$

예제 7.5

다음 그림과 같은 단면을 가진 띠철근 직사각형 단주의 균형축하중강도 P_b와 균형휨강도 M_b, 균형편심 e_b를 구하시오.

단, $f_{ck} =$ 28MPa, $f_y =$ 400MPa이다.

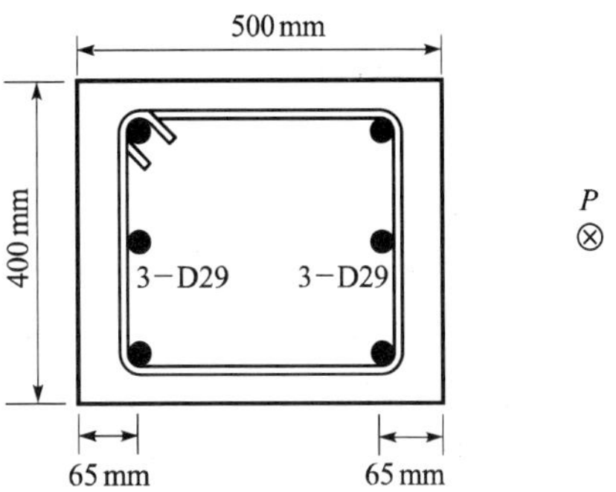

그림 7-16

풀이

균형상태일 경우의 중립축의 위치 c_b는 다음과 같이 구해지고,

$d = 500 - 65 = 435\,\text{mm}$

$c_b = \dfrac{660}{660 + f_y} \cdot d = \dfrac{660}{660 + 400} \times 435 = 271\,\text{mm}$

등가직사각응력의 깊이 a_b는 다음과 같이 구해진다.

$a_b = \beta_1 c_b = 0.80 \times 271 = 216.8\,\text{mm}$

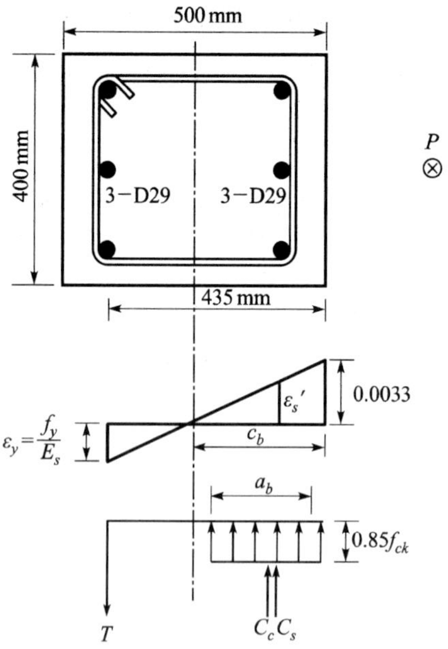

그림 7-17

압축철근의 변형률 ε_s'는 그림의 변형률도에서 삼각형의 닮음을 이용하여 다음과 같이 구해진다.

$$\varepsilon_s' = 0.0033 \times \frac{(c_b - d')}{c_b}$$

$$= 0.0033 \times \frac{271 - 65}{271}$$

$$= 0.00251$$

$$\varepsilon_y = \frac{f_y}{E_s} = \frac{400}{2.0 \times 10^5} = 0.002$$

$\varepsilon_s' > \varepsilon_y$이므로 $f_s' = f_y$이다.

압축측 콘크리트가 받는 압축력 C_c는 다음과 같다.

$$C_c = 0.85 f_{ck}\, a_b b$$

$$= 0.85 \times 28 \times 0.2168 \times 0.4$$

$$= 2.064 \text{ MN}$$

인장철근의 단면적 A_s와 압축철근의 단면적 A_s'는 다음과 같으므로

$$A_s = A_s' = 3 \times 642.4 = 1927.2 \text{ mm}^2$$

압축철근이 받는 압축력 C_s는 다음과 같이 구해진다.

$$C_s = A_s'(f_s' - 0.85 f_{ck})$$

$$= A_s'(f_y - 0.85 f_{ck})$$

$$= 1927.2 \times 10^{-6} \times (400 - 0.85 \times 28)$$

$$= 0.7250 \text{ MN}$$

인장철근이 받는 인장력 T는 다음과 같다.

$$T = A_s f_y = 1927.2 \times 10^{-6} \times 400 = 0.7709 \text{ MN}$$

따라서 하중의 평형조건으로부터 다음 결과가 구해지며, 모멘트의 합은 소성중심에 대해 취하였다. 그리고 대칭인 단면이므로 소성중심은 단면의 도심과 같다.

$$P_b = C_c + C_s - T$$

$$= 2.064 + 0.7250 - 0.7709$$

$$= 2.018 \text{ MN}$$

$$M_b = C_c\left(h - d'' - \frac{a_b}{2}\right) + C_s(h - d'' - d') + T(d'' - d')$$

$$= 2.064\left(0.5 - \frac{0.5}{2} - \frac{0.2168}{2}\right) + 0.7250\left(0.5 - \frac{0.5}{2} - 0.065\right) + 0.7709\left(\frac{0.5}{2} - 0.065\right)$$

$$= 0.569 \text{ MN} \cdot \text{m}$$

$$e_b = \frac{M_b}{P_b} = \frac{0.569}{2.018} = 0.2819\text{m} = 28.19\text{cm}$$

7.4.4 단면이 인장으로 지배되는 경우

주어진 단주에 작용하는 축하중의 편심거리가 e일 때 $e > e_b$이면, 기둥의 파괴는 인장철근의 항복으로 시작된다. 즉 기둥의 강도가 인장철근의 인장응력으로 지배된다. 이와 같이 인장으로 지배되는 직사각형단면 기둥의 편심거리 e에 대한 극한강도 P_n은 다음과 같이 구할 수 있다.

기둥이 파괴될 때 인장철근이 받는 응력은 f_y이고, 압축철근은 항복하거나 또는 근사적으로 항복한다고 보면 압축철근이 받는 응력 역시 f_y이다. 따라서 하중의 평형조건으로부터 다음 두 식을 얻을 수 있다. 여기서 모멘트의 평형은 인장철근의 도심에 대해 취하였으며, 그림 7-15를 참고하기 바란다.

$$P_n = 0.85 f_{ck} a b + A_s{}' f_y - A_s f_y \tag{7.5}$$

$$P_n \cdot e' = 0.85 f_{ck} a b \left(d - \frac{a}{2}\right) + A_s{}' f_y (d - d') \tag{7.6}$$

$$e' = e + d'' - d'$$

식 (7.5)의 P_n을 식 (7.6)에 대입하여 소거하면 a에 대한 2차방정식이 얻어지며, 이 2차방정식을 풀어 a를 구하면 다음과 같다.

$$a = (d - e') + \sqrt{(e' - d)^2 + 2d\{m\rho e' - m\rho'(e' - d + d')\}} \tag{7.7}$$

$$\rho = \frac{A_s}{bd}, \ \rho' = \frac{A_s{}'}{bd}, \ m = \frac{f_y}{0.85 f_{ck}}$$

따라서 식 (7.7)으로 구한 등가직사각응력의 깊이 a를 식 (7.5)에 대입하여 단면의 공칭축하중강도 P_n을 구할 수 있다.

예제 7.6

다음과 같은 단면으로된 띠철근단주에 계수축하중 1MN과 계수휨모멘트 0.35MN · m가 작용한다. 이 기둥이 안전한지 검토하시오.
단, 이 기둥의 균형편심 $e_b = 276\,\text{mm}$이고, $f_{ck} = 28\text{MPa}$, $f_y = 400\text{MPa}$이다.

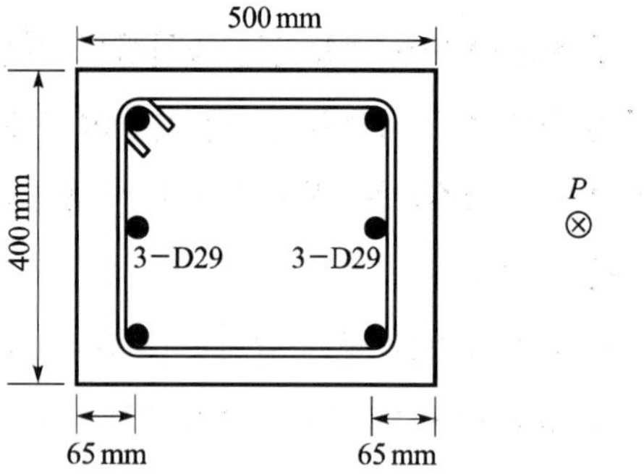

그림 7-18

풀이

$$e = \frac{M_u}{P_u} = \frac{0.35}{1} = 0.35\,\text{m} = 350\,\text{mm} > 276\,\text{mm} = e_b$$

$e > e_b$ 임으로 단면은 인장지배 된다.

인장철근의 도심으로부터 축하중까지의 편심거리 e'는 다음과 같다.

$$e' = e + d'' - d' = 350 + \frac{500}{2} - 65 = 535\,\text{mm}$$

인장철근의 단면적 A_s와 압축철근의 단면적 A_s'는 $A_s = A_s' = 3 \times 642.4 = 1927.2\,\text{mm}^2$이고,

$d = 500 - 65 = 435\,\text{mm}$ 이므로

$$\rho = \frac{A_s}{bd} = \frac{1927.2}{400 \times 435} = 0.01108$$

$$\rho' = \frac{A_s'}{bd} = \frac{1927.2}{400 \times 435} = 0.01108$$

이다. 그리고

$$m = \frac{f_y}{0.85 f_{ck}} = \frac{400}{0.85 \times 28} = 16.807$$

이므로 등가직사각응력의 깊이 a는 다음과 같이 구해진다.

$$a = (d - e') + \sqrt{(e' - d)^2 + 2d\{m\rho e' - m\rho'(e' - d + d')\}}$$

$$= (435 - 535)$$

$$+ \sqrt{(535 - 435)^2 + 2 \times 435\{16.807 \times 0.01108 \times 535 - 16.807 \times 0.01108(535 - 435 + 65)\}}$$

$$= 164.5\,\text{mm}$$

따라서 공칭축하중강도 P_n은 다음과 같고,

$$P_n = 0.85 f_{ck} ab + A_s' f_y - A_s f_y$$

$$= 0.85 \times 28 \times 0.1645 \times 0.4 + 1927.2 \times 10^{-6} \times 400 - 1927.2 \times 10^{-6} \times 400$$

$$= 1.566\ \text{MN}$$

하중 P_n이 계수축하중과 동일한 편심거리 $e=0.35\text{m}$를 가진다고 했을 때, 단면의 공칭휨강도 M_n은 다음과 같다.

$M_n = P_n e = 1.566 \times 0.35 = 0.5481\ \text{MN} \cdot \text{m}$

설계강도와 소요강도를 비교하여 안전을 검토한다.

$\phi P_n = 0.65 \times 1.566 = 1.018\ \text{MN} > P_u = 1\text{MN}$

$\phi M_n = 0.65 \times 0.5481 = 0.3563\ \text{MN} \cdot \text{m} > M_u = 0.35\text{MN} \cdot \text{m}$

∴ 안전하다.

7.4.5 단면이 압축으로 지배되는 경우

주어진 단주에 작용하는 축하중의 편심거리가 e일 때 $e < e_b$이면, 기둥이 파괴될 때 압축측 콘크리트가 먼저 항복한다. 즉 기둥의 강도가 콘크리트의 압축력으로 지배된다. 이와 같이 압축으로 지배되는 직사각형단면 기둥의 극한강도 P_n을 다음과 같은 근사적인 방법으로 구해보자.

그림 7-19와 같이 기둥의 공칭강도 P_n이 P_0와 P_b 사이에서 M_n에 비례한다고 하면, 즉 기둥의 공칭강도(P_n, M_n)이 점$(P_0, 0)$과 점(P_b, M_b)로 이루어지는 직선 위의 한 점이라고 하면, 공칭강도(P_n, M_n)은 실제의 공칭강도(P_n', M_n')에 비해 안전한 영역에 속한다. 따라서 이렇게 구해진 공칭강도(P_n, M_n)를 이용해 기둥을 설계해도 안전에는 이상이 없다.

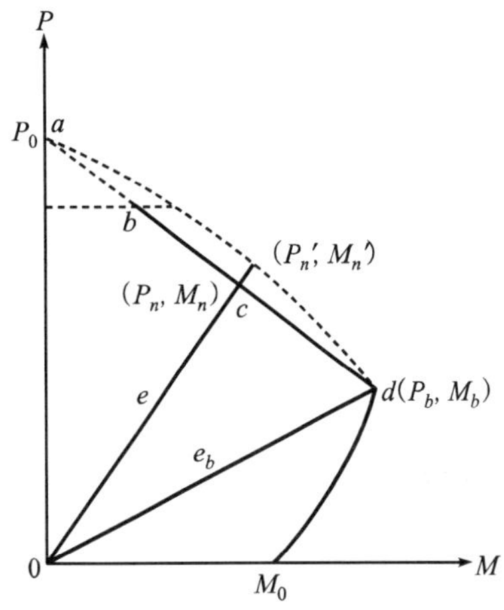

그림 7-19 $P-M$ 상관도

점$(P_0, 0)$과 점(P_b, M_b)를 지나가는 직선을 구해보면,

$$P_n = -\frac{M_n}{M_b}(P_0 - P_b) + P_0$$

이고, 이것은 그림 7-19에서 직선 ad 이다. 그리고 $M_n = P_n \cdot e$, $M_b = P_b \cdot e_b$ 임으로 이것을 위의 식에 대입하면, 공칭강도 P_n은 다음과 같이 된다.

$$P_n = \frac{P_0}{1 + \dfrac{e}{e_b}\left(\dfrac{P_0}{P_b} - 1\right)}$$

여기서, $P_0 = 0.85 f_{ck}(A_g - A_{st}) + f_y A_{st}$ 이다.

특히, 철근이 대칭으로 배근된 직사각형 단면에서 P_n은 근사적으로 다음 식과 같이 된다. 이 식은 압축에 의해 지배되는 단주의 공칭압축하중강도를 추정하기 위해 Whitney에 의해 제안된 근사식이며, 철근이 축에 나란하게 1열로 대칭 되게 배치되었을 때에만 적용된다.

$$P_n = \frac{b h f_{ck}}{\dfrac{3he}{d^2} + 1.18} + \frac{f_y A_s'}{\dfrac{e}{d-d'} + 0.5}$$

여기서, b는 단면의 폭이고 h는 편심방향의 단면두께이다.

7.4.6 근사적인 $P-M$ 상관도의 작성

가장 간단하게는 편심이 0 일 경우에 해당되는 중심축하중강도 $(P_0, 0)$, 균형축하중과 균형모멘트 $(P_b,\ M_b)$, 순수 휨만 작용할 때의 휨강도 $(0,\ M_0)$ 등과 같은 대표적인 몇 개의 점을 구하여 직선으로 연결함으로써 대략적인 $P-M$ 상관도를 작성할 수 있다.

주어진 어떤 기둥에 대한 $P-M$ 상관도는 그 기둥이 외력에 저항할 수 있는 강도를 설계자가 쉽게 파악할 수 있도록 해준다. 따라서 여러 가지 기둥의 단면을 적절하게 가정한 후, 이 단면들에 대한 $P-M$ 상관도를 미리 작성해두고, 설계시에 활용하면 매우 유용하다.

예제 7.7

380 mm × 380 mm 인 정사각형 단면으로 된 단주에 $4-D29$가 축방향 철근으로 배근되어 있다. 축방향 철근의 간격은 250 mm 이며, $D10$으로 된 띠철근이 사용되었고, $f_{ck} = 21\text{MPa}$, $f_y = 300\text{MPa}$이다. 이 단주에 대한 대략적인 $P-M$ 상관도를 작성하시오.

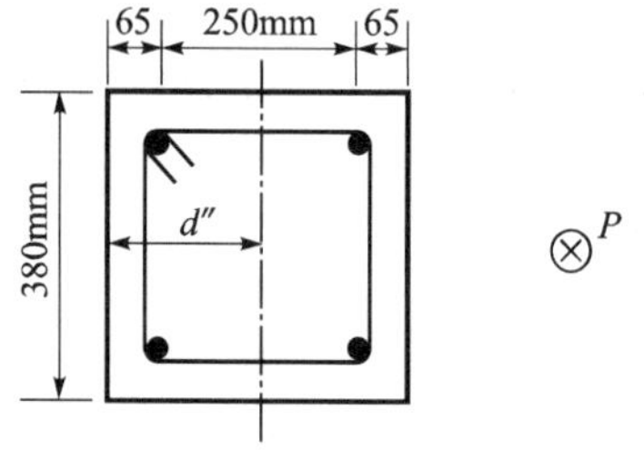

그림 7-20

풀이

(1) 편심이 0 일 경우의 설계축하중강도

단면의 도심에 작용하는 축하중만 받을 경우, 최대 축하중강도 P_0는 다음과 같다.

$A_{st} = 4 \times 642.4 = 2569.6\ \text{mm}^2$

$$P_0 = 0.85 f_{ck}(A_g - A_{st}) + f_y A_{st}$$
$$= 0.85 \times 21 (0.38^2 - 2569.6 \times 10^{-6}) + 300 \times 2569.6 \times 10^{-6}$$
$$= 3.303 \text{ MN}$$

따라서 설계축하중 강도는 다음과 같이 구해진다.

$$\phi P_n = 0.80(\phi P_0) = 0.80 \times (0.65 \times 3.303) = 1.718 \text{MN}$$

(2) 설계균형하중과 설계균형모멘트

균형상태일 경우의 중립축의 위치는 다음과 같다.

$$c_b = \frac{660}{660 + f_y} d = \frac{660}{660 + 300} \times 315 = 216 \text{ mm}$$

따라서 등가직사각응력의 깊이 a_b는 다음과 같다.

$$a_b = \beta_1 c_b = 0.80 \times 216 = 172.8 \text{mm}$$

이때 압축측 철근의 응력을 구해보면,

$$c_b : \varepsilon_c = (c_b - d') : \varepsilon_s'$$

$$\varepsilon_s' = \varepsilon_c \times \frac{c_b - d'}{c_b} = 0.0033 \times \frac{216 - 65}{216} = 0.002307$$

$$\varepsilon_y = \frac{f_y}{E_s} = \frac{300}{2.0 \times 10^5} = 0.00150$$

$$\therefore \ \varepsilon_s' > \varepsilon_y$$

이다. 따라서 압축측 철근은 항복한다.

$$\therefore \ f_s' = f_y = 300\text{MPa}$$

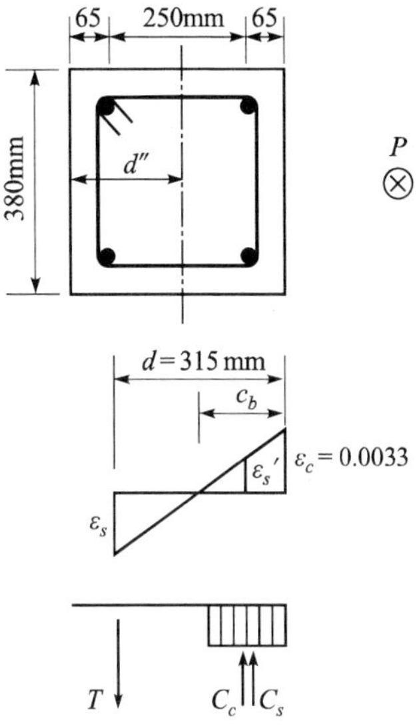

그림 7-21

균형하중 P_b는 다음과 같이 구해진다.

$$A_s = A_s' = 2 \times 642.4 = 1284.8 \text{mm}^2$$

$$P_b = 0.85 f_{ck} a_b b + f_s' A_s' - f_s A_s$$
$$= 0.85 \times 21 \times 172.8 \times 380 + 300 \times 1284.8 - 300 \times 1284.8$$
$$= 1172102.4 \text{N} = 1.172 \text{ MN}$$

$$\therefore \ \phi P_b = 0.65 \times 1.172 = 0.7618 \text{ MN}$$

균형모멘트 M_b는 단면의 소성중심에 대하여 모멘트의 합을 취함으로써 구할 수 있다. 기둥의 단면이 대칭이므로 소성중심은 단면의 도심과 같다.

$$M_b = 0.85 f_{ck} a_b b \left(h - d'' - \frac{a_b}{2}\right) + f_s' A_s' (h - d'' - d') + f_s A_s (d'' - d')$$
$$= 0.85 \times 21 \times 172.8 \times 380 \left(380 - \frac{380}{2} - \frac{172.8}{2}\right)$$
$$+ 300 \times 1284.8 \left(380 - \frac{380}{2} - 65\right) + 300 \times 1284.8 \left(\frac{380}{2} - 65\right)$$
$$= 217789808.6 \text{ N} \cdot \text{mm} = 0.2178 \text{ MN} \cdot \text{m}$$

$$\therefore \ \phi M_b = 0.65 \times 0.2178 = 0.1416 \text{MN} \cdot \text{m}$$

그러므로 균형편심 e_b는 다음과 같다.

$$e_b = \frac{M_b}{P_b} = \frac{0.2178}{1.172} = 0.1858\,\mathrm{m} = 185.8\,\mathrm{mm}$$

(3) $\phi P_n = 0.10 f_{ck} A_g$ 또는 $\phi P_n = \phi P_b$ 중 작은 값에 대한 휨강도와 편심거리

$\phi P_n = 0.10 f_{ck} A_g = 0.10 \times 21 \times 0.38^2 = 0.3032\ \mathrm{MN} < 0.7618\ \mathrm{MN} = \phi P_b$

따라서 여기서는 $\phi P_n = 0.10 f_{ck} A_g$에 대한 휨강도와 편심거리를 구해보자.

$$P_n = \frac{1}{\phi}\left(0.10 f_{ck} A_g\right) = \frac{0.3032}{0.65} = 0.4665\ \mathrm{MN}$$

이 경우는 인장파괴 되는 경우이므로 인장철근의 응력은 f_y이다. 또한 근사적으로 압축철근 역시 항복한다고 보면 다음 식이 성립하며, 다음 식으로부터 등가직사각응력의 깊이 a를 구할 수 있다.

$$P_n = 0.85 f_{ck} a b + A_s' f_y - A_s f_y$$

$$0.4665 = 0.85 \times 21 \times a \times 0.38 + 1284.8 \times 10^{-6} \times 300 - 1284.8 \times 10^{-6} \times 300$$

$$\therefore\ a = 0.06877\mathrm{m}$$

인장철근의 도심에 대해 모멘트의 합을 취하면, 다음 식이 얻어진다.

$$P_n \cdot e' = 0.85 f_{ck} a b\left(d - \frac{a}{2}\right) + A_s' f_y (d - d')$$

$$0.4665 \times e' = 0.85 \times 21 \times 0.06877 \times 0.38\left(0.315 - \frac{0.06877}{2}\right) + 1284.8 \times 10^{-6} \times 300\,(0.315 - 0.065)$$

$$\therefore\ e' = 0.4872\mathrm{m}$$

따라서 소성중심으로부터 P_n까지의 편심거리 e를 구하면

$$e = e' + d' - d'' = 0.4872 + 0.065 - \frac{0.38}{2} = 0.3622\,\mathrm{m}$$

그러므로 휨강도는 다음과 같이 구해진다.

$$M_n = P_n \cdot e = 0.4665 \times 0.3622 = 0.1690\ \mathrm{MN \cdot m}$$

$$\therefore\ \phi M_n = 0.65 \times 0.1690 = 0.1098\,\mathrm{MN \cdot m}$$

(4) 순수 휨만 작용하는 경우의 휨강도를 구한다.

단면에 작용하는 $P = 0$이고, 모멘트만 작용하는 경우의 휨강도를 구한다.

먼저 복철근보로 다룰 것인지, 단철근보로 다룰 것인지를 검토해 보자.

인장철근의 철근비 ρ는 다음과 같다.

$$\rho = \frac{1284.8}{380^2} = 0.00890$$

균형철근비 ρ_b는 다음과 같고,

$$\rho_b = 0.85\,\beta_1 \frac{f_{ck}}{f_y} \frac{660}{660 + f_y}$$

$$= 0.85 \times 0.80 \times \frac{21}{300} \times \frac{660}{660 + 300} = 0.0327$$

최대철근비 $\rho_{\max}$ 은 다음과 같다.

$\rho_{\max} = 0.643\rho_b = 0.643 \times 0.0327 = 0.0210 > 0.00890 = \rho$

따라서 $\rho < \rho_{\max}$ 임으로 압축철근은 무시하고 단철근보로 계산한다.

최소철근비에 대해 검토해 본다. 사각형 단면의 경우 다음 식으로 계산한다.

$$\rho_{\min} = 0.178\frac{\lambda\sqrt{f_{ck}}}{\phi f_y} = 0.178\frac{1 \times \sqrt{21}}{0.65 \times 300} = 0.00418$$

$\therefore \ \rho_{\min} = 0.00418 < 0.00890 = \rho$

등가응력사각형의 깊이 a 는 다음과 같고,

$$a = \frac{A_s f_y}{0.85 f_{ck} b} = \frac{1284.8 \times 10^{-6} \times 300}{0.85 \times 21 \times 0.38} = 0.05682\text{m}$$

단면의 휨강도는 다음과 같다.

$$M_0 = M_n = A_s f_y\left(d - \frac{a}{2}\right)$$

$$= 1284.8 \times 10^{-6} \times 300\left(0.315 - \frac{0.05682}{2}\right)$$

$$= 0.1105 \text{ MN} \cdot \text{m}$$

설계휨강도는 다음과 같이 구해진다.

$\phi M_0 = 0.85 \times 0.1105 = 0.09393 \text{ MN} \cdot \text{m}$

(5) $P-M$ 상관도의 작성

앞에서 구한 결과들을 종합하여 그림 7-22와 같이 개략적인 $P-M$ 상관도를 작성한다.

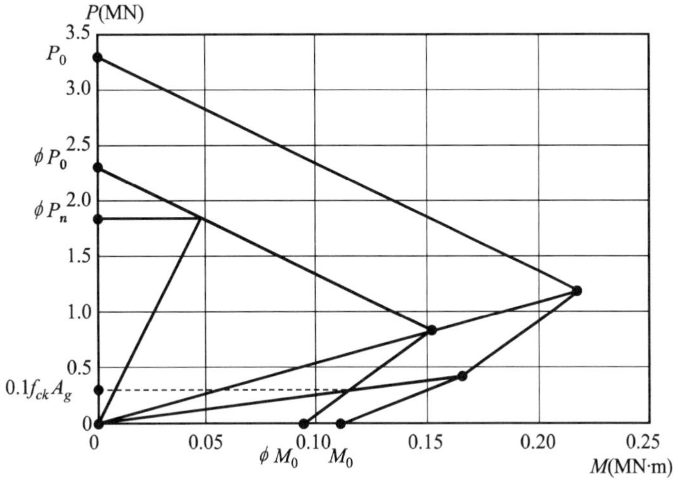

그림 7-22 $P-M$상관도

7.5 휨과 압축을 받는 원형 단주

일반적으로 띠철근 기둥은 직사각형 단면을 많이 사용하고, 나선철근 기둥은 원형단면을 많이 사용한다. 원형단면으로 된 나선철근 기둥을 해석하거나 설계하는 방법은 앞에서 살펴본 직사각형단면으로 된 띠철근 기둥의 경우와 같다. 이 절에서는 대칭인 원형단면의 설계균형하중과 설계균형모멘트를 구하는 것에 대해서만 알아보기로 한다. 원형단면 기둥에서는 단면이 대칭일 경우가 많으며, 단면이 대칭일 경우에 소성중심은 단면의 도심과 같다.

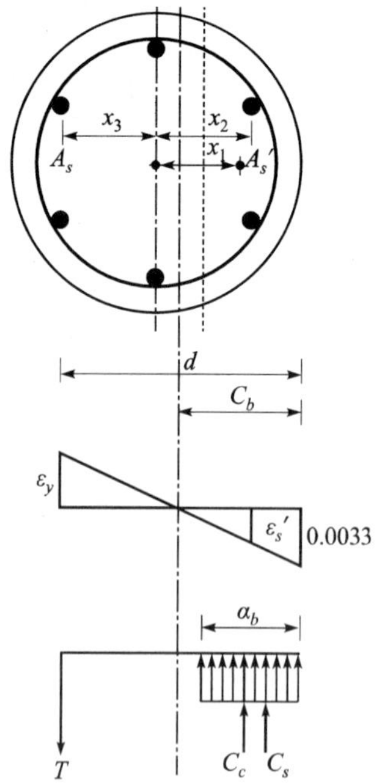

그림 7-23 원형 단주의 변형률과 응력 분포 및 작용력

그림 7-23에 있는 변형률도에서 삼각형의 닮음을 이용하면 중립축의 위치 c_b는 다음과 같이 구해진다.

$$c_b = \frac{0.0033}{0.0033 + f_y/E_s}d = \frac{660}{660 + f_y}d$$

따라서 압축측 콘크리트에 작용하는 등가직사각응력의 깊이 a_b는 다음과 같다.

$$a_b = \beta_1 c_b$$

균형상태일 때 압축철근이 받는 응력 f_s'는 그림 7-23에 있는 변형률도에서 삼각형의 닮음을 이용하여 ε_s'를 구한 후 ε_s'에 철근의 탄성계수를 곱하여 구할 수 있다. 즉,

$$\begin{cases} \varepsilon_s' < \varepsilon_y \text{ 이면, } f_s' = E_s \varepsilon_s' \text{ 이고,} \\ \text{만일 } \varepsilon_s' \geq \varepsilon_y \text{ 이면, } f_s' = f_y \text{ 이다.} \end{cases}$$

또한 균형상태일 때 인장철근은 설계기준항복강도 f_y를 받고 있는 상태이다. 따라서 단면에 작용하는 내력은 다음과 같이 구해진다.

$$C_c = 0.85 f_{ck} A_{seg}$$

$$C_s = A_s'(f_s' - 0.85 f_{ck})$$

$$T = A_s f_y$$

여기서, A_{seg}는 등가직사각응력이 작용하는 콘크리트의 면적이다.

하중의 평형조건에 의해 다음 두 식이 성립하며, 여기서 모멘트의 합은 소성중심에 대해 구하였다.

$$P_b = C_c + C_s - T$$

$$M_b = C_c x_1 + C_s x_2 + T x_3$$

여기서, x_1은 단면의 소성중심에서 A_{seg}의 도심까지의 거리이며, x_2, x_3는 소성중심에서 각각 해당되는 철근의 도심까지의 거리이다.

균형편심 e_b는 다음과 같고,

$$e_b = \frac{M_b}{P_b}$$

결과적으로 설계균형하중 P_d와 설계균형모멘트 M_d는 다음과 같이 구해진다.

$$P_d = \phi P_b$$

$$M_d = \phi M_b$$

7.6 2축 휨을 받는 기둥

앞에서는 기둥 단면의 주축 중에서 하나의 주축에서만 하중이 작용할 경우를 다루었다. 즉, 그림 7-24에서와 같이 x축 또는 y축 중에서 하나의 축 위에 편심하중이 작용하는 경우인 1축 휨(uniaxial bending)을 받는 기둥에 대해서만 살펴보았었다. 그러나 실제로는 건물의 모서리에 있는 기둥과 같이 단면의 두 주축에서 하중이 동시에 작용할 경우가 많은데, 이와 같이 단면의 두 주축에서 하중이 동시에 작용하는 기둥을 2축 휨(biaxial bending)을 받는 기둥이라고 한다.

두 축방향의 횡하중 또는 인접 경간의 하중 불균형 등으로 인하여 압축부재에 2축 휨모멘트가 작용될 경우에는 2축 휨을 받는 압축부재로 설계해야 하며, 또한 압축부재의 편심거리는 소성중심으로부터 축력까지의 거리로 취해야 한다. 그림 7-24(a)는 두 주축에 작용하는 하중의 합성력과 이 합성력에 대한 단면의 중립축을 나타낸 것이다. 2축 휨을 받는 압축부재의 설계는 축력과 두 축에 대한 휨모멘트의 합성모멘트를 구한 후 축력과 휨모멘트의 평형조건과 변형률의 적합조건을 이용하는 엄밀해법에 의해 설계하는 것이 원칙이다. 그러나 실제로는 계산이 복잡한 경우가 많기 때문에 엄밀해법 대신에 역하중법, 등하중법 및 기타의 근사해법에 의하여 설계할 수 있도록 구조기준에서는 허용하고 있다.

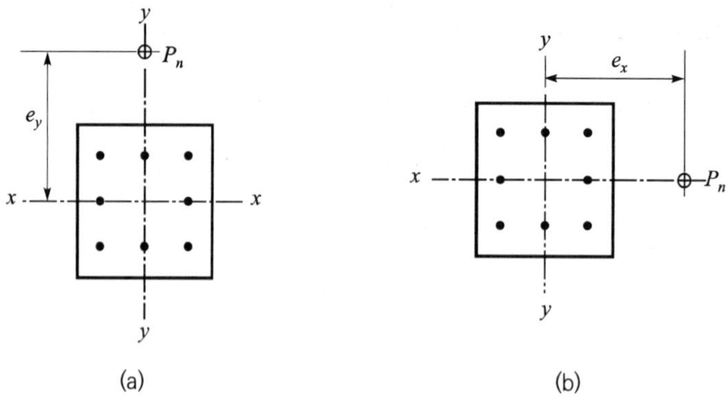

그림 7-24 1축 휨의 결합으로 나타낸 기둥의 2축 휨 상태

그림 7-25(b)는 2축 휨을 받는 기둥의 $P-M$상관도를 나타낸 것이다. 그림 7-25(b)에서 ⓐ의 경우는 x축 위에 하중이 있고 편심거리가 e_x인 경우 즉, 그림 7-25(b)와 같이 y축에 대한 1축 휨만을 받을 경우의 상관도이며, $M_{ny} = P_n e_x$이다. ⓑ의 경우는 y축 위에 하중이 있고 편심거리가 e_y인 경우 즉, 그림 7-24(a)와 같이 x축에 대한 1축 휨을 받을 경우의 상관도이며, $M_{nx} = P_n e_y$이다. 그리고 ⓒ의 경우는 그림 7-25(a)와 같이 2축 휨을 받는 경우에 해당되는 상관도이다.

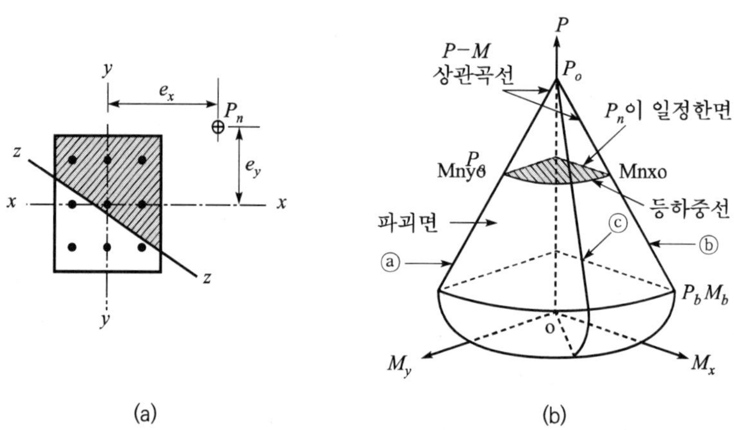

그림 7-25 2축 휨을 받는 기둥의 파괴곡선

2축 휨을 받는 기둥의 상관도인 그림 7-25(b)에서 파괴되는 점(P_n, M_{nx}, M_{ny})들의 집합을 나타내는 곡면을 파괴면(failure surface)이라고 한다. 그리고 P_n이 임의의 크기일 때, 점(P_n, 0, 0)을 지나고 P축에 직각인 평면이 파괴면과 만나는 곡선을 등하중선(load contour)이라고 한다. 1축 휨을 받는 기둥의 $P-M$상관도와 마찬가지로 2축 휨을 받는 경우에도 기둥에 작용하는 하중 (P_u, M_{ux}, M_{uy})이 $P-M$상관도의 곡면 안에 있으면 기둥은 안전하다는 것을 의미하고, 밖에 있으면 기둥이 파괴되는 것을 의미한다.

2축 휨을 받는 기둥은 역하중법, 등하중선법, PCA 등하중선법 중의 하나를 이용하여 설계할 수 있으며, 여기서는 역하중법에 대해서만 알아보기로 한다.

[1] 역하중법

그림 7-25(b)의 상관도는 P, M_x, M_y를 좌표축으로 하여 작성한 것이다. 이와 마찬가지로 $\frac{1}{P}$, e_x, e_y를 좌표축으로 하여 상관도를 얻을 수 있으며, 이러한 상관도에 의한 방법이 Bresler의 역하중법(Bresler Reciprocal Load Method)이다. 2축 휨을 받는 기둥의 강도는 다음 식으로 구할 수 있다.

$$\frac{1}{P_n} \fallingdotseq \frac{1}{P_{nx}} + \frac{1}{P_{ny}} - \frac{1}{P_0} \tag{7.8}$$

P_n : 2축 휨이 작용할 때의 공칭축하중강도, 이때의 편심거리는 e_x, e_y

P_{nx} : $e_x = 0$이고, 편심이 e_y일 때의 공칭축하중강도(1축 휨을 받는 상태)

P_{ny} : $e_y = 0$이고, 편심이 e_x일 때의 공칭축하중강도(1축 휨을 받는 상태)

P_0 : $e_x = e_y = 0$일 때의 공칭축하중강도

위의 식에 강도감소계수 ϕ를 적용하면 다음과 같이 된다.

$$\frac{1}{\phi P_n} \fallingdotseq \frac{1}{\phi P_{nx}} + \frac{1}{\phi P_{ny}} - \frac{1}{\phi P_0} \tag{7.9}$$

1축 휨을 받는 경우에 대한 공칭축하중강도 P_{nx}, P_{ny}와 중심축하중강도 P_0는 앞에서 살펴본 방법에 의해 구할 수 있으며, 이 값들을 식 (7.8)에 대입하여 2축 휨을 받는 경우에 대한 공칭축하중강도 P_n을 근사적으로 구할 수 있다. 식 (7.8)는 기둥이 인장지배일 때에는 잘 맞지 않는다는 것이 실험에 의해 알려져 있다. 따라서 식 (7.8)는 다음 식을 만족할 경우에만 적용되어야 한다.

$$P_n \geqq 0.1 f_{ck} A_g$$

예제 7.8

그림과 같이 $600\text{mm} \times 400\text{mm}$인 직사각형 단면에 $8-D32$가 배치된 띠철근 단주가 있다. 편심거리 $e_x = 200\text{mm}$, $e_y = 200\text{mm}$에 하중이 작용할 때, 단면의 공칭축하중 P_n을 역하중법으로 구하시오.

$f_{ck} = 28\text{MPa}$, $f_y = 400\text{MPa}$이다.

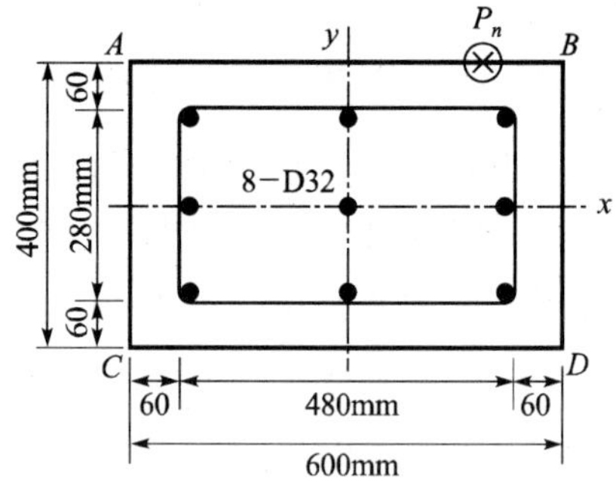

그림 7-26

풀이

(1) x축에 대한 공칭축하중강도 P_{nx}

1축휨에 대한 강도를 간단하게 구하기 위해 부록에 있는 $P-M$상관도를 활용하기로 한다.

$\gamma h = 280\text{mm}$

$$\gamma = \frac{280}{h} = \frac{280}{400} = 0.7$$

$$\frac{e_y}{h} = \frac{200}{400} = 0.5$$

x축에 대한 1축휨강도를 구하는 것이므로

단면의 변AB와 변CD에 인접한 철근 6개만을 고려한다.

$$\rho_g = \frac{6 \times 794.2}{400 \times 600} = 0.01986 \fallingdotseq 0.02$$

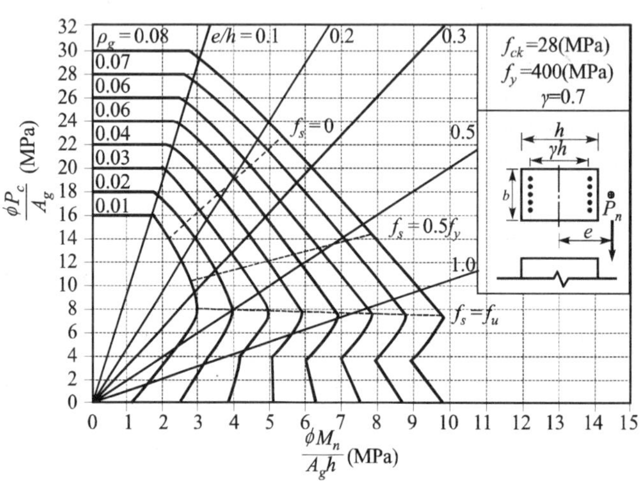

그림 7-27

따라서 $P-M$ 상관도로부터

$$\frac{\phi P_{nx}}{A_g} = 8\,\text{MPa}$$

이다.

$$\therefore\ P_{nx} = \frac{1}{\phi} \times 8A_g = \frac{1}{0.7} \times 8 \times 0.6 \times 0.4 = 2.74\,\text{MN}$$

(2) y축에 대한 공칭축하중강도 P_{ny}

$$\gamma h = 480\text{mm}$$

$$\gamma = \frac{480}{600} = 0.8$$

$$\frac{e_x}{h} = \frac{200}{600} = 0.33$$

y축에 대한 1축휨강도를 구하는 것이므로 단면의 변AC와 변BD에 인접한 철근 6개만을 고려한다.

$$\rho_g = \frac{6 \times 794.2}{400 \times 600} \fallingdotseq 0.02$$

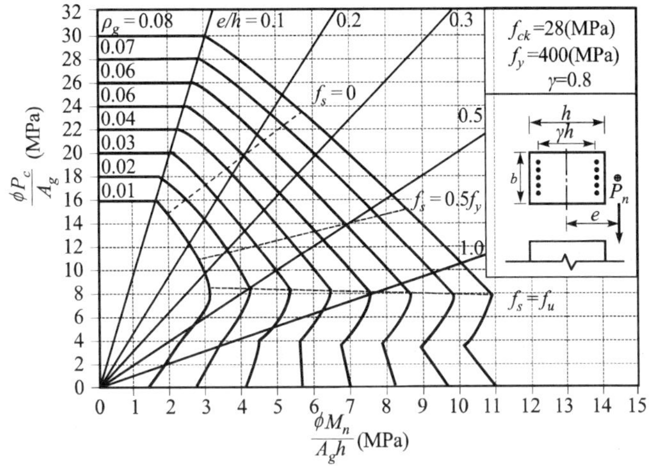

그림 7-28

따라서 $P-M$ 상관도로부터

$$\frac{\phi P_{ny}}{A_g} = 11\text{MPa}$$

이다.

$$\therefore\ P_{ny} = \frac{1}{0.7} \times 11 \times 0.6 \times 0.4 = 3.771\text{MN}$$

(3) $e_x = e_y = 0$ 일 때의 공칭축하중강도 P_o

$$A_{st} = 8 \times 794.2 = 6353.6\,\mathrm{mm}^2$$

$$P_o = 0.85 f_{ck}(A_g - A_{st}) + f_y A_{st}$$

$$= 0.85 \times 28(0.6 \times 0.4 - 6353.6 \times 10^{-6}) + 400 \times 6353.6 \times 10^{-6}$$

$$= 8.102\mathrm{MN}$$

(4) 2축휨에 대한 공칭축하중강도 P_n

$$\frac{1}{P_n} = \frac{1}{P_{nx}} + \frac{1}{P_{ny}} - \frac{1}{P_o}$$

$$\frac{1}{P_n} = \frac{1}{2.74} + \frac{1}{3.771} - \frac{1}{8.102}$$

$$\therefore\ P_n = 1.973\mathrm{MN}$$

$$0.1 f_{ck} A_g = 0.1 \times 28 \times 0.6 \times 0.4 = 0.672\mathrm{MN} < 1.973\mathrm{MN} = P_n$$

∴ 적합하다.

7.7 장주

7.7.1 서론

단면에 비해 상대적으로 길이가 긴 기둥을 장주(slender column)라고 하며, 장주는 횡방향 변위에 의해 추가되는 모멘트의 영향이 크기 때문에 그 영향을 고려해야 한다. 장주의 강도는 세장비(ratio of slenderness)[57]의 영향을 많이 받을 뿐만 아니라 횡방향에 대한 구속의 유무에 따라 많은 영향을 받는다. 즉, 그림 7-29와 같이 브레이싱(bracing)이 있는 라멘(braced frame)의 기둥에 비해 브레이싱이 없는 라멘(unbraced frame)의 기둥은 가로흔들림(side sway)이 있어서 횡방향 변위가 크게 발생한다.

편심이 없는 축하중 P_c를 받고 있는 장주에 대한 Euler의 좌굴하중은 다음과 같고,

$$P_c = \frac{\pi^2 EI}{(kl)^2}$$

57) 세장비(細長比)는 압축부재에서 부재의 길이를 단면의 회전 반경으로 나눈 값을 말한다.

좌굴응력은 다음과 같다.

$$f_c = \frac{P_c}{A} = \frac{\pi^2 E}{(kl/r)^2}$$

$\frac{kl}{r}$: 유효세장비 l : 기둥의 길이

k : 유효길이계수 kl : 기둥의 유효길이

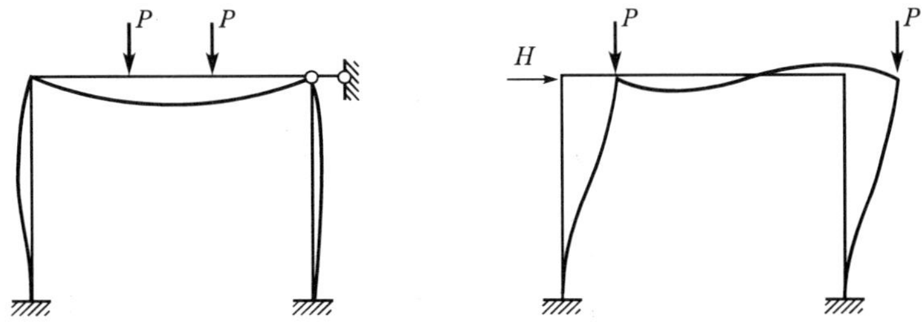

(a) 횡방향 브레이싱이 있는 라멘 (b) 횡방향 브레이싱이 없는 라멘

그림 7-29 횡방향에 대한 구속의 유무

기둥의 길이 l 은 압축부재의 비지지길이 l_u를 취하며, 비지지길이는 기둥의 비지지(非支持)된 순길이를 말한다. 즉 바닥 슬래브, 보 기타 압축부재를 횡방향으로 지지하는 부재들 사이의 순길이를 기둥의 길이로 취한다. 기둥머리나 헌치가 있는 경우의 비지지 된 길이는 기둥머리나 헌치의 하단으로부터 하부 슬래브의 상단까지 잰 거리가 된다.

7.7.2 기둥의 유효길이

[1] 횡구속 골조인 경우

기둥의 유효길이(kl)는 기둥에서 모멘트가 0인 두 점 사이의 거리를 말한다. 예를 들면, 그림 7-30(a)와 같이 가로흔들림이 없고 양단이 힌지로 된 경우, 양끝의 두 힌지에서 모멘트는 0이다. 따라서 양단이 힌지로 된 경우이고 기둥의 비지지길이가 l_u인 기둥의 유효길이는 $kl_u = 1.0 l_u$이며, 유효길이계수는 $k = 1.0$이 된다. 또 그림 7-30(b)와 같이 기둥의 양끝이 고정단일 경우에는 모멘트의 값이 0인 변곡점(inflection point)은 고정단으로부터 $\frac{l_u}{4}$ 되는 지점에서 발생한다. 따라서 이 경우의 유효길이는 $kl_u = 0.5 l_u$이며, 유효길이계수는 $k = 0.5$가 된다.

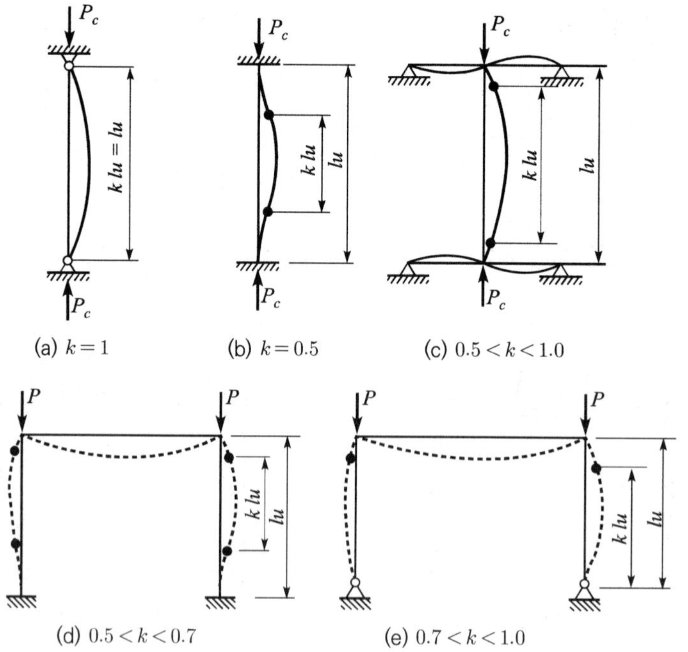

그림 7-30 횡구속 골조인 경우의 유효길이

그러나 실제의 구조물에서 기둥의 단부가 힌지 또는 고정으로 되는 일은 거의 없으며, 보 등과 같이 접속된 구조물에 의해 기둥 단부의 회전이 부분적으로 구속되는 경우가 대부분이다. 이런 경우를 나타낸 것이 그림 7-30(c)이다. 이와 같은 경우의 유효길이 kl_u는 $1.0l_u$와 $0.5l_u$ 사이의 값이 된다. 그리고 단부의 구속도(degree of end restrain)는 기둥의 양단을 구속하는 부재의 강성$\left(\frac{EI}{l}\right)_{beam}$의 합에 대한 기둥의 강성$\left(\frac{EI}{l}\right)_{col.}$의 비에 의해 정해지며, 이 값으로부터 유효길이를 구할 수 있다.

$$\Psi = \frac{\Sigma\left(\frac{EI}{l}\right)_{col.}}{\Sigma\left(\frac{EI}{l}\right)_{beam}}$$

Ψ : 압축부재 단부의 강성도비

구조기준에서는 압축부재 단부의 강성도비 Ψ를 사용하여 기둥의 유효길이계수 k를 정할 수 있는 근사적인 방법을 다음과 같은 두 가지 방법으로 주고 있다. 여기서, Ψ_A와 Ψ_B는 압축부재 양단의 Ψ값이며, $\Psi_{\min}$은 Ψ_A와 Ψ_B 중에서 작은 값을 나타낸다.

① 다경간 균일단면의 압축부재인 경우 그림 7-31을 이용하여 유효길이계수 k를 구할 수 있다. 그림 7-31에서 Ψ_A와 Ψ_B를 직선으로 연결했을 때, 그 직선이 k축과 만나는 점의 k 값이 유효길이 계수이다.

② 횡구속 골조 압축부재의 유효길이계수 k는 다음 식에 의한 값 중 작은 값을 취해야 한다.

$$k = 0.7 + 0.05(\Psi_A + \Psi_B) \leqq 1.0$$

$$k = 0.85 + 0.05\Psi_{\min} \leqq 1.0$$

횡변위에 저항하는 구조요소 중 기둥을 제외한 구조요소의 전체 총 강성이 해당 층에 있는 기둥 전체 강성의 12배보다 큰 골조는 횡구속 골조로 간주할 수 있다.

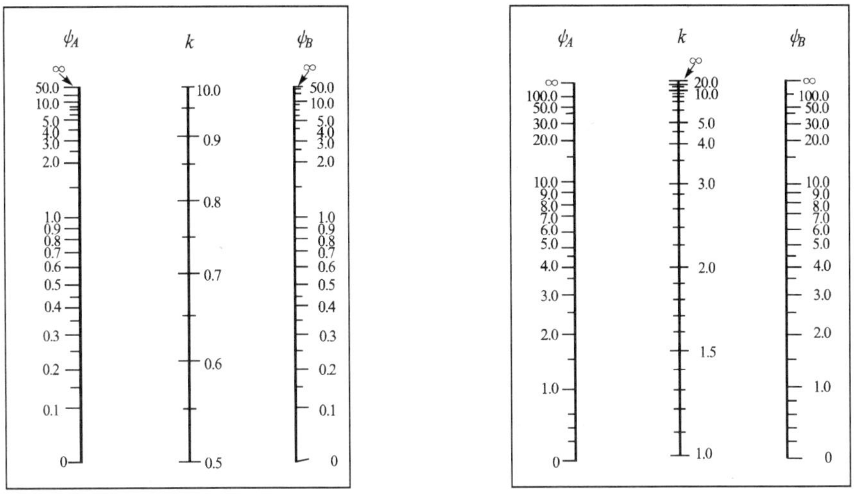

(a) 횡구속 골조인 경우

(b) 비횡속 골조인 경우

그림 7-31 횡구속 골조와 비횡구속 골조인 경우 강성도비에 따른 유효길이계수

[2] 비횡구속 골조인 경우

그림 7-32(a)와 같이 축하중이 작용하고 있는 1단 고정 타단 롤러인 기둥의 상단은 하단에 대하여 횡방향으로 변위가 발생하며, 이러한 변위를 가로흔들림(side sway)이라고 한다. 이 기둥의 유효길이는 $kl_u = 1.0l_u$이며, 유효길이계수는 $k = 1.0$이다. 또 그림 7-32(b)와 같이 1단 고정 타단 자유인 기둥의 유효길이는 $kl_u = 2.0l_u$이며, 유효길이계수는 $k = 2.0$이다. 그림 7-32(c)와 같이 실제의 구조물에서 기둥은 접속된 구조물에 의해 기둥 단부의

회전이 부분적으로 구속되는 경우가 대부분이며, 비횡구속 골조인 경우, 즉 가로흔들림이 있는 경우의 유효길이계수는 $k > 1.0$이다.

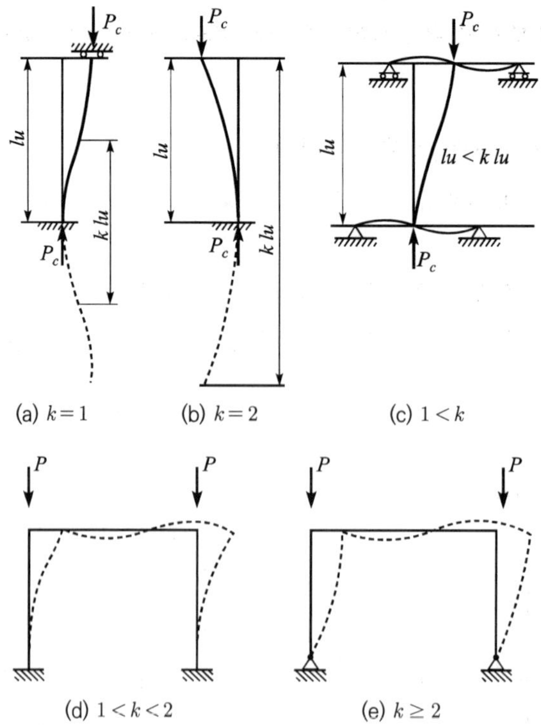

그림 7-32 비 횡구속 골조인 경우의 유효길이

구조기준에서는 비횡구속 골조인 경우에 대해서도 압축부재 단부의 강성도비 Ψ를 사용하여 기둥의 유효길이계수 k를 정할 수 있는 근사적인 방법을 다음과 같은 두 가지 방법으로 주고 있으며, Ψ_A와 Ψ_B는 압축부재 양단의 Ψ 값이다.

① 다경간 균일단면의 압축부재인 경우 그림 7-31을 이용하여 유효길이계수 k를 구할 수 있다.

② 비횡구속 골조 압축부재의 유효길이계수 k는 다음 식에 의해 구할 수 있다.

㉠ 양단이 구속된 압축부재

$$\Psi_m < 2\text{일 경우 : } k = \frac{20-\Psi_m}{20}\sqrt{1+\Psi_m}$$

$$\Psi_m \geq 2\text{일 경우 : } k = 0.9\sqrt{1+\Psi_m}$$

여기서, Ψ_m은 Ψ_A와 Ψ_B의 평균값이다.

㉡ 일단 구속 및 일단 힌지인 압축부재

$$k = 2.0 + 0.3\Psi$$

여기서, Ψ는 구속단의 값이다.

7.7.3 장주 설계에 대한 일반사항

압축부재는 비선형 2차 해석이나 탄성 2차 해석 또는 7.7.4절~7.7.5절에 나오는 확대휨모멘트 설계법과 같은 근사해법으로 설계할 수 있다. 비선형 2차 해석은 비선형성, 균열, 부재곡률, 횡방향 변위, 재하기간, 건조수축과 크리프, 지지 기초와의 상호 작용 등의 영향을 고려해야 한다. 장주효과에 대한 비선형 2차 해석은 부정정 콘크리트 구조물의 기둥에 대한 강도실험 결과와 유사한 결과를 예측하는 해석방법을 사용하여야 한다.

탄성 2차 해석은 축력의 영향, 부재길이에 걸쳐있는 균열구역, 하중지속효과 등을 고려하여 계산된 부재의 단면 특성을 사용하여야 한다. 계수축하중 P_u, 기둥 양단의 계수모멘트 M_1, M_2, 층간 기둥의 상대적인 횡변위 Δ_0를 탄성 1차 해석으로 구해야 한다. 그러나 위의 방법 대신에 구조물 부재에 대한 단면 특성 값은 근사적으로 다음 값을 사용할 수 있다. 여기서 I_g와 A_g는 철근을 무시하고 계산한 콘크리트 총단면에 대한 단면2차모멘트와 단면적이다.

(1) 탄성 2차 해석을 위한 구조물 부재의 단면 특성

① 탄성계수	E_c(콘크리트의 탄성계수)
② 단면2차모멘트	
보	$0.35I_g$
기둥	$0.70I_g$
비균열 벽체	$0.70I_g$
균열 벽체	$0.35I_g$
평판 및 플랫슬래브	$0.25I_g$
③ 단면적	$1.0A_g$

단, 횡방향 지속하중이 작용할 때에는 단면2차모멘트를$(1+\beta_{ds})$로 나눈 값을 사용한다.

(2) 단면의 회전반경 r은 다음 값을 사용해도 된다.

① 직사각형 단면 : $r = 0.30h$

② 원형 단면 : $r = 0.25d$

③ 그 밖의 단면 : 콘크리트 전체단면에 대하여 계산한 값

여기서, h : 좌굴이 고려되는 방향의 단면치수

d : 원형단면의 지름

(3) 탄성 2차 해석에 의한 기둥 단부 휨모멘트의 증가량이 탄성 1차 해석에 의한 단부 휨모멘트의 5%를 초과하지 않는 경우, 구조물의 기둥은 횡구속 구조물로 가정할 수 있다. 또 다음의 층안정성지수(stability index) Q의 값이 0.05 이하일 경우, 그 층은 횡구속 구조물로 가정할 수 있다. 즉 횡방향 상대변위가 없는 것(non-sway)으로 보아도 좋다.

$$Q = \frac{\sum P_u \Delta_0}{V_u l_c} \tag{7.10}$$

여기서, $\sum P_u$: 각 해당 층의 전체 수직하중

V_u : 각 해당 층의 층전단력

Δ_0 : V_u로 인한 해당 층의 상단과 하단사이의 탄성 1차 해석에 의한 상대변위

l_c : 골조에서 절점 중심을 기준으로 측정된 압축부재의 길이

(4) 골조구조에서 각 압축부재의 세장비가 $kl_u / r > 100$인 경우는 재료의 비선형성, 균열, 부재곡률, 횡방향 이동, 재하기간, 건조수축과 크리프, 지지 기초구조와의 상호작용 등의 영향을 고려하는 비선형 2차 해석으로 구한 계수축하중과 계수모멘트에 대해 압축부재, 구속 보, 기타 받침부재를 설계해야 한다.

7.7.4 횡구속 골조 압축부재의 확대휨모멘트

(1) 횡구속 골조구조물의 압축부재일 경우, 유효길이계수 k는 0.5와 1.0 사이의 값을 갖지만, 안전측 간편한 계산을 위하여 1.0을 사용할 수 있다.

(2) 횡구속 골조구조물의 압축부재는 세장비가 다음과 같을 때 단주로 본다.

$$\frac{kl_u}{r} \leq 34 - 12\left(\frac{M_1}{M_2}\right) \tag{7.11}$$

여기서, k : 기둥의 유효길이 계수

l_u : 기둥의 비지지 길이

r : 단면의 회전반경

이때 $(M_1 / M_2) \geq -0.5$가 되도록 취해야 하고, (M_1 / M_2)는 기둥이 단일 곡률일 때 양(+)으로 취해야 한다. M_1은 압축부재의 단부 계수휨모멘트 중 작은 값이며, 기둥이 단일곡률로 휜 경우에는 양(+), 2중곡률로 휜 경우에는 음(−)의 부호를 가진다(그림 7-33 참고). M_2는 압축부재의 단부 계수모멘트 중 큰 값이며, 항상 양(+)의 부호를 가진다. 또한 식 (7.11)의 $34 - 12(M_1 / M_2)$은 40을 초과할 수 없다.

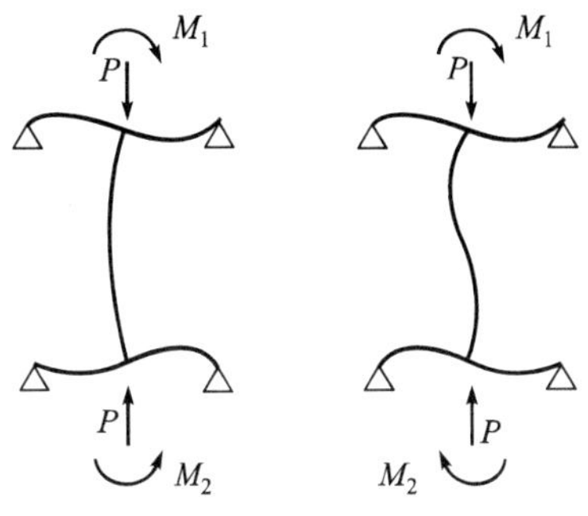

(a) 단일 곡률 (b) 2중 곡률

그림 7-33 기둥의 곡률

(3) 압축부재는 계수축력 P_u와 장주효과를 고려하여 구한 확대계수휨모멘트 M_c에 대해 설계해야 한다.

$$M_c = \delta_{ns} M_2 \tag{7.12}$$

여기서, δ_{ns}는 휨모멘트확대계수이며 다음과 같다.

$$\delta_{ns} = \frac{C_m}{1 - \dfrac{P_u}{0.75 P_c}} \geq 1.0 \tag{7.13}$$

위의 식에서 0.75는 강성감소계수(stiffness reduction factor)이며, 좌굴하중 P_c는 다음 식으로 구한다.

$$P_c = \frac{\pi^2 EI}{(kl_u)^2} \tag{7.14}$$

이때 사용된 부재의 휨강성은 다음 식 중의 하나로 계산할 수 있다. 개정된 2012년 콘크리트구조기준에서는 지속하중 효과를 고려하는 계수를 횡구속 β_{dns}와 비횡구속 β_{ds}로 구분하여 적용하였다.

$$EI = \frac{0.2E_cI_g + E_sI_{se}}{1+\beta_{dns}} \text{ 또는 } EI = \frac{0.4E_cI_g}{1+\beta_{dns}} \tag{7.15}$$

여기서, E_c : 콘크리트의 탄성계수

E_s : 철근의 탄성계수

I_g : 철근을 무시한 콘크리트 전체 단면의 중심축에 대한 단면2차모멘트

I_{se} : 부재단면의 중심축에 대한 철근의 단면2차모멘트

β_{dns} : 각각의 하중조합으로 계산된 최대 계수축력에 대한 최대 계수지속 축력의 비로서 1.0 이하의 값을 사용하여야 한다.

C_m의 값은 기둥의 양단 사이에 횡방향 하중이 없는 부재에 대해서는 다음 식으로 주어진 값을 사용해야 한다.

$$C_m = 0.6 + 0.4\frac{M_1}{M_2} \geq 0.4 \tag{7.16}$$

여기서, M_1/M_2는 기둥이 단일 곡률일 때에는 양(+)의 값을 취하고, 기둥의 양단 사이에 횡하중이 있는 경우에는 C_m을 1.0으로 취해야 한다.

계수휨모멘트 M_2는 각 주축에 대하여 다음 식의 값 이상으로 해야 한다.

$$M_{2,\min} = P_u e_{\min} \tag{7.17}$$

$$e_{\min} = 15 + 0.03h \text{ (mm)} \tag{7.18}$$

여기서, h는 부재의 전체 두께이며, mm 단위이다.

$M_{2,\min} > M_2$인 부재에 대해서는 식 (7.22)의 C_m은 1.0으로 취하거나 또는 계산된 단부모멘트 M_1과 M_2의 비를 이용하여 구해야 한다.

예제 7.9

횡구속된 골조의 기둥이 표와 같은 하중을 받아 단일 곡률로 휘어져 있으며, 기둥의 단면은 그림과 같다. 기둥의 비지지된 길이 $l_u = 5\,\mathrm{m}$이고, $f_{ck} = 28\mathrm{MPa}$, $f_y = 400\mathrm{MPa}$일 때 기둥이 적합한지 검토하시오.

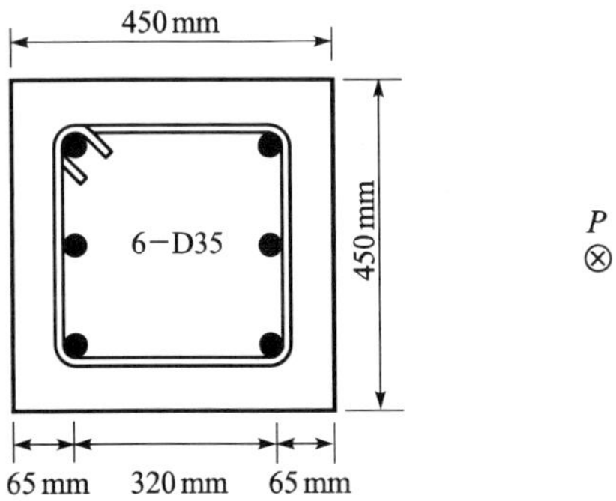

그림 7-34

표 7-4

하중의 종류	축하중 (MN)		모멘트(MN · m)			
			상단		하단	
	P_D	P_L	M_D	M_L	M_D	M_L
하중	0.8	0.2	0.15	0.08	0.15	0.08

풀이

(1) 계수 하중

$P_u = 1.2P_D + 1.6P_L = 1.2\times 0.8 + 1.6\times 0.2 = 1.28\,\mathrm{MN}$

$M_u = 1.2M_D + 1.6M_L = 1.2\times 0.15 + 1.6\times 0.08 = 0.308\,\mathrm{MN\cdot m}$

(2) 세장비 검토

유효세장비를 구하여 장주인지, 단주인지를 검토한다.

횡구속 골조의 기둥이고, 기둥 양단의 지지조건이 명시되어 있지 않으므로 유효길이 계수 $k = 1.0$이라고 가정한다. 또 $l_u = 5\,\mathrm{m}$이고, 단면의 회전반경 r은

$r = 0.30h = 0.30\times 0.45 = 0.135\,\mathrm{m}$

임으로 기둥의 유효세장비는 다음과 같다.

$$\frac{kl_u}{r} = \frac{1.0\times 5}{0.135} = 37.04$$

횡구속 골조일 경우 $\dfrac{kl_u}{r} \le 34 - 12\left(\dfrac{M_1}{M_2}\right)$이면, 단주로 본다.

여기서, M_1은 기둥 단부의 계수모멘트 중 작은 값이며, M_2는 큰 값이다.

또 $\left(\dfrac{M_1}{M_2}\right)$은 기둥이 단일 곡률로 휘어질 때 양(+)으로 취해야 한다.

$$34 - 12\left(\frac{M_1}{M_2}\right) = 34 - 12\left(\frac{0.308}{0.308}\right) = 22 < 37.04 = \frac{kl_u}{r}$$

∴ 장주이다.

(3) 확대계수모멘트

콘크리트의 탄성계수 E_c는 다음과 같고,

$$E_c = 8500\sqrt[3]{f_{cm}} = 8500\sqrt[3]{f_{ck}+8} = 8500 \times \sqrt[3]{28+8} = 28066\ \text{MPa}$$

철근을 무시한 전체 단면의 중심축에 대한 단면2차모멘트 I_g는 다음과 같다.

$$I_g = \frac{0.45 \times 0.45^3}{12} = 0.003417\ \text{m}^4$$

따라서 휨강성은 다음과 같이 구해지고,

$$\beta_{ds} = \frac{\text{축방향 계수고정하중에 의한 최대계수축력}}{\text{전체 계수축하중에 의한 계수축력}} = \frac{1.2 \times 0.8}{1.28} = 0.75$$

$$EI = \frac{0.4E_cI_g}{1+\beta_{ds}} = \frac{0.4 \times 28066 \times 0.003417}{1+0.7671} = 21.71\ \text{MN}\cdot\text{m}^2$$

기둥의 좌굴하중 P_c는 다음과 같다.

$$P_c = \frac{\pi^2 EI}{(kl_u)^2} = \frac{\pi^2 \times 21.71}{(1.0 \times 5)^2} = 8.571\ \text{MN}$$

계수모멘트 M_2는 다음 값 이상이 되어야 한다.

$$\begin{aligned} M_{2,\min} &= P_u e_{\min} = P_u(15+0.03h) \times 10^{-3} \\ &= 1.28(15+0.03 \times 450) \times 10^{-3} \\ &= 0.03648\ \text{MN}\cdot\text{m} < M_2 = 0.308\text{MN}\cdot\text{m} \end{aligned}$$

∴ 적합하다.

$$C_m = 0.6 + 0.4\frac{M_1}{M_2} = 0.6 + 0.4\left(\frac{0.346}{0.346}\right) = 1.0 > 0.4$$

그러므로 모멘트확대계수 δ_{ns}는 다음과 같이 구해진다.

$$\delta_{ns} = \frac{C_m}{1-\left(\dfrac{P_u}{0.75P_c}\right)} = \frac{1.0}{1-\left(\dfrac{1.28}{0.75 \times 8.571}\right)} = 1.249 > 1.0$$

확대계수모멘트 M_c는 다음과 같다.

$$M_c = \delta_{ns} M_2 = 1.249 \times 0.308 = 0.385\ \text{MN}\cdot\text{m}$$

(4) 단면의 검토

장주는 계수축하중과 확대계수모멘트를 적용하여 단주와 동일한 방법으로 해석하거나 설계한다. 따라서 구해진 확대계수모멘트와 계수축하중에 대하여 주어진 기둥의 단면이 적합한지를 단주의 해석방법에 따라 검토해 보자.

$$P_n = \frac{P_u}{\phi} = \frac{1.28}{0.65} = 1.969\,\text{MN}$$

$$M_n = \frac{M_c}{\phi} = \frac{0.385}{0.65} = 0.592\ \text{MN}\cdot\text{m}$$

$$e = \frac{M_n}{P_n} = \frac{0.592}{1.969} = 0.301\,\text{m}$$

따라서 편심거리 0.301 m 에 대해 기둥이 견딜 수 있는 강도를 구하여, 앞에서 구한 확대계수모멘트 및 계수축하중과 비교해 본다. 먼저 균형편심을 구하여 단면의 파괴가 압축으로 지배되는지 인장으로 지배되는지 검토해 보자.

균형상태일 때의 중립축의 위치는 다음과 같다.

$$c_b = \frac{660}{660+f_y} d = \frac{660}{660+400} \times 0.385 = 0.240\,\mathrm{m}$$

$$a_b = \beta_1 c_b = 0.80 \times 0.240 = 0.192\,\mathrm{m}$$

압축철근이 항복하는지 검토한다.

$$\frac{\varepsilon_s'}{0.0033} = \frac{c_b - d'}{c_b}$$

$$\varepsilon_s' = 0.0033 \times \frac{0.240 - 0.065}{0.240} = 0.00246$$

$$f_s' = E_s \varepsilon_s' = 2 \times 10^5 \times 0.00246 = 492\,\mathrm{MPa} > f_y$$

∴ 항복한다.

따라서 균형하중은 다음과 같다.

$$A_s = A_s' = 3 \times 956.6 = 2869.8\,\mathrm{mm}^2$$

$$\begin{aligned} P_b &= 0.85 f_{ck} a_b b + f_y A_s' - f_y A_s \\ &= 0.85 \times 28 \times 0.192 \times 0.45 + 400 \times 2869.8 \times 10^{-6} - 400 \times 2869.8 \times 10^{-6} \\ &= 2.056\ \mathrm{MN} \end{aligned}$$

단면이 대칭이므로 소성중심은 단면의 도심과 같다. 소성중심에 대하여 모멘트의 합을 취하면 균형모멘트는 다음과 같다.

$$\begin{aligned} M_b &= 0.85 f_{ck} a_b b \left(h - d'' - \frac{a_b}{2}\right) + f_y A_s' (h - d'' - d') + f_y A_s (d'' - d') \\ &= 0.85 \times 28 \times 0.192 \times 0.45 \left(0.45 - \frac{0.45}{2} - \frac{0.192}{2}\right) \\ &\quad + 400 \times 2869.8 \times 10^{-6} \left(0.45 - \frac{0.45}{2} - 0.065\right) \\ &\quad + 400 \times 2869.8 \times 10^{-6} \left(\frac{0.45}{2} - 0.065\right) \\ &= 0.6326\ \mathrm{MN \cdot m} \end{aligned}$$

따라서 균형편심거리 e_b는 다음과 같고,

$$e_b = \frac{M_b}{P_b} = \frac{0.6326}{2.056} = 0.3077\mathrm{m} < 0.301\,\mathrm{m} = e$$

$e < e_b$ 임으로 만일 단면이 파괴된다면, 압축파괴를 일으키게 된다.

$$d = 0.45 - 0.065 = 0.385\mathrm{m}$$

$$\rho = \rho' = \frac{2869.8}{450 \times 385} = 0.01656$$

$$m = \frac{f_y}{0.85 f_{ck}} = \frac{400}{0.85 \times 28} = 16.81$$

$e' = e + d'' - d' = 0.301 + \dfrac{0.45}{2} - 0.065 = 0.461$

$a = (d - e') + \sqrt{(e' - d)^2 + 2d\{m\rho e' - m\rho'(e' - d + d')\}}$

$= (0.385 - 0.461)$

$+ \sqrt{(0.461 - 0.385)^2 + 2 \times 0.385\{16.81 \times 0.01656 \times 0.461 - 16.81 \times 0.01656(0.461 - 0.385 + 0.065)\}}$

$= 0.1971\,\text{m}$

$P_n = 0.85 f_{ck} ab + A_s' f_y - A_s f_y = 0.85 \times 28 \times 0.1971 \times 0.45 = 2.111$ MN

$M_n = P_n \cdot e = 2.111 \times 0.301 = 0.6354$ MN · m

$\phi P_n = 0.65 \times 2.111 = 1.382\,\text{MN} > P_u = 1.28\,\text{MN}$

$\phi M_n = 0.65 \times 0.6354 = 0.4130\text{MN} \cdot \text{m} < M_c = 0.4143\text{MN} \cdot \text{m}$

∴ 적합하지 못하다.

7.7.5 비횡구속 골조 압축부재의 확대휨모멘트

(1) 비횡구속 골조구조물의 압축부재일 경우, 유효길이계수 k는 7.7.3절의 탄성계수(E_c)와 단면2차모멘트(I)값을 사용하며, 이 값은 1.0 이상이어야 한다.

(2) 비횡구속 골조구조물의 압축부재는 세장비가 다음과 같을 때 단주로 본다.

$$\frac{kl_u}{r} < 22 \tag{7.19}$$

(3) 압축부재의 양단 모멘트 M_1과 M_2는 다음과 같이 계산해야 한다.

$$M_1 = M_{1ns} + \delta_s M_{1s} \tag{7.20}$$

$$M_2 = M_{2ns} + \delta_s M_{2s} \tag{7.21}$$

M_1은 압축부재의 단부 계수휨모멘트 중 작은 값이며, 기둥이 단일곡률로 휜 경우에는 양(+), 2중곡률로 휜 경우에는 부(−)의 부호를 가진다. M_2는 압축부재의 단부 계수모멘트 중 큰 값이며, 항상 양(+)의 부호를 가진다.

M_{1ns}는 M_1이 작용하는 압축부재의 단부에 횡변위를 일으키지 않는 하중에 대해 탄성 1차 해석으로 계산된 단부 계수휨모멘트이고, M_{2ns}는 M_2가 작용하는 압축부재의 단부에 횡변위를 일으키지 않는 하중에 대해 탄성 1차 해석으로 계산된 단부 계수휨모멘트이다.

M_{1s}는 M_1이 작용하는 압축부재의 단부에 횡변위를 일으키는 하중에 대해 1계탄성

골조해석으로 계산된 단부 계수모멘트이고, M_{2s}는 M_2가 작용하는 압축부재의 단부에 횡변위를 일으키는 하중에 대해 탄성 1차 해석으로 계산된 단부 계수모멘트이다. δ_s는 횡방향하중과 연직하중으로 인한 횡방향 변위를 반영하기 위한 계수로서, 비횡구속골조에 대한 모멘트확대계수이다.
위의 식에 있는 확대모멘트 $\delta_s M_s (= \delta_s M_{1s}$ 또는 $\delta_s M_{2s})$는 다음 방법 중의 하나로 계산할 수 있다.

① 다음 식으로도 계산할 수 있다.

$$\delta_s = \frac{1}{1-Q} \geqq 1 \tag{7.22}$$

만일 이 방법으로 계산된 δ_s가 $\delta_s > 1.5$이면 δ_s는 탄성 2차 해석 또는 다음의 ②의 방법으로 계산해야 한다.

② 위의 ①의 방법으로 계산된 δ_s가 $\delta_s > 1.5$이면 다음 식으로 구할 수 있다.

$$\delta_s = \frac{1}{1 - \dfrac{\sum P_u}{0.75 \sum P_c}} \geqq 1 \tag{7.23}$$

여기서, $\sum P_u$: 한 층의 모든 기둥의 연직계수축력의 합
$\sum P_c$: 횡방향 변위에 저항하는 모든 기둥의 임계축력 P_c의 합

P_c는 식 (7.14)을 이용하여 구하며, 이때 유효길이계수 k는 (1)에서 설명한 비횡구속 골조 구조물에 대한 값을 사용하고, EI는 식 (7.15)로 계산해야 한다. 이때 β_{dns} 대신 β_{ds}를 사용해야 한다. β_{ds}는 비횡구속 골조에서 1개 층 전체의 최대 계수전단력에 대한 최대 계수지속전단력의 비이다.

연습문제

7-1 나선철근 기둥의 심부지름이 350mm, 기둥 단면의 지름이 450mm인 단면에 D10 ($A_s = 71.3\text{mm}^2$)으로 된 나선철근을 배근할 때 피치를 구하면 얼마인가? (단, $f_{ck} = 28\text{MPa}$, $f_y = 400\text{MPa}$이다.)

7-2 단면이 400mm×400mm이고, 축방향 철근량이 400mm^2인 띠철근 압축부재가 편심거리가 0인 중심축하중을 받고있을 때, f_{ck}가 240MPa, f_y가 280MPa이면 이 기둥의 축방향 설계강도 P_d는 얼마인가?

7-3 단면이 350mm×450mm인 띠철근 기둥의 설계강도(ϕP_n)는 얼마인가? (단, $f_{ck} = 21\text{MPa}$, $f_y = 300\text{MPa}$, $A_{st} = 3177\text{mm}^2$이고, 하중은 단면의 소성중심에 작용하고 있으며, 철근의 배치는 대칭을 이루고 있다.)

7-4 기둥의 직경이 420mm인 나선철근 단주의 설계축하중강도 P_u는 얼마인가? (단, $f_{ck} = 28\text{MPa}$, $f_y = 350\text{MPa}$, 축방향 철근은 $8-\text{D}25$ ($A_s = 4050\text{mm}^2$)를 사용하였다.)

7-5 나선철근 기둥(단주)의 강도 이론에 의한 축방향 설계강도는? (단, 기둥의 총 단면적 $A_g = 20000\text{mm}^2$, $f_{ck} = 21\text{MPa}$, $f_y = 300\text{MPa}$, 축방향 철근은 $6-\text{D}35$가 배근되어 있다.)

7-6 계수축하중 $P_u = 1.8\text{MN}$이 편심거리 $e = 120\text{mm}$로 작용하고 있을 때 적합한 띠철근 기둥을 설계하시오. 단주이고, $f_{ck} = 28\text{MPa}$, $f_y = 350\text{MPa}$이다.

7-7 $420\text{mm} \times 420\text{mm}$인 정사각형 단면으로 된 단주에 $4 - \text{D}32$가 축방향 철근으로 배근되어 있다. 축방향 철근의 간격은 290mm이며, D10으로 된 띠철근이 사용되었다. 이 단주에 대한 대략적인 $P - M$ 상관도를 작성하시오. $f_{ck} = 28\text{MPa}$, $f_y = 400\text{MPa}$이다.

7-8 양단이 힌지로 되어 있고, 횡방향 변위가 구속되어 있는 지름이 400mm인 원형기둥의 유효세장비는 얼마인가? (단, 기둥의 유효길이 $l = 5\text{m}$ 이다.)

7-9 양단이 힌지로 되어 있고, 횡방향 변위가 구속되어 있는 띠철근 기둥이 $360\text{mm} \times 480\text{mm}$인 직사각형 단면으로 되어 있다. 기둥의 비지지된 길이가 6m일 때 이 기둥이 장주인지 단주인지를 검토하시오.

7-10 횡구속된 골조의 기둥이 계수축하중 1MN과 계수휨모멘트 $1.6\text{MN} \cdot \text{m}$를 받아 단일곡률로 휘어져 있으며, 기둥의 단면은 $450\text{mm} \times 450\text{mm}$인 정사각형이고, 축방향 철근은 $4 - \text{D}35$가 단면의 모서리에 배근되어 있다. 최소피복두께는 40mm이고, 띠철근은 D13이 사용되었으며, 기둥의 비지지된 길이는 $l_u = 5\text{m}$ 이다. $f_{ck} = 28\text{MPa}$, $f_y = 400\text{MPa}$일 때 기둥이 적합한지 검토하시오.

7-11 다음 물음에 답하시오.

(1) 세장비에 대해 설명하고, 장주와 단주의 특징과 차이점에 대해 기술하시오.

(2) 기둥의 $P-M$ 상관도 개략적으로 작성하고, 기둥의 파괴모드와 강도감수계수(ϕ)를 적용하는 방법을 포함하여 안전도를 평가하는 방법에 대해 설명하시오.

(3) 소성중심의 개념과 계산방법에 대해 설명하시오.

(4) 균형기둥의 정의와 P_b, e_b, M_b를 계산하는 방법에 대해 기술하시오.

(5) 균형보와 균형기둥의 차이점에 대해 설명하시오.

7-12 아래의 RC 기둥에 대한 물음에 답하시오.

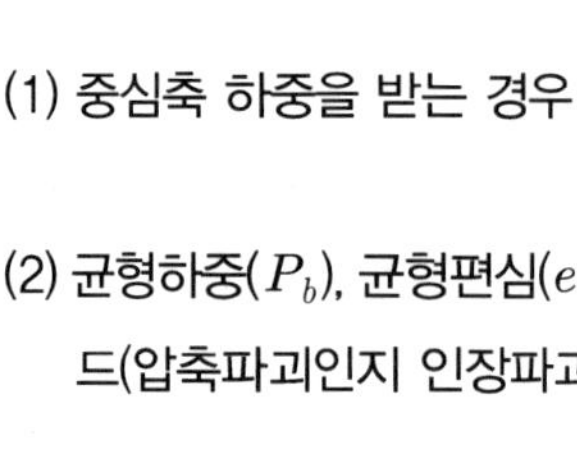

- $f_{ck} = 24\,\text{MPa}$
- $f_y = 400\,\text{MPa}\,(\text{SD400})$
- $A_{st} = 6-\text{D}29 = 3854\,\text{mm}^2$
- 띠철근 D10@300mm
- 덮개 40mm (또는 수직철근 중심에서 콘크리트 표면까지 65mm로 가정)

(1) 중심축 하중을 받는 경우 강도(P_u)를 계산하시오.

(2) 균형하중(P_b), 균형편심(e_b)를 계산한 후, 단편심($e_x = 7.5\text{cm}$)을 받는 경우 파괴모드(압축파괴인지 인장파괴인지)에 대해 설명하시오.

Reinforced Concrete Design

CHAPTER

08 슬래브

8.1 서 론

8.1.1 슬래브의 종류

슬래브는 두께에 비하여 폭이나 길이가 매우 큰 판 모양으로 부재축에 직교방향으로 작용하는 하중을 받는 모든 평면구조시스템을 말한다. 교량이나 건축물의 상판이 그 예이다. 슬래브의 종류는 구조상의 차이와 지지조건 등에 따라 여러 가지로 분류되고 있으며, 다음은 구조상의 차이에 따라 분류된 슬래브의 종류이다.

[1] 1방향 슬래브(one-way slab)

작용하는 하중의 대부분이 한 방향으로만 영향을 미치기 때문에 한 방향으로만 주철근을 배근한 슬래브를 1방향 슬래브라고 한다. 구조기준에서는 마주보는 두 변에 의해서만 지지된 경우이거나, 네 변이 지지된 슬래브 중에서 $L/S \geq 2$일 경우를 1방향 슬래브로 설계하도록 하고 있다. 여기서 L은 슬래브의 장변(긴 변)의 길이이고, S는 단변(짧은 변)의 길이이다.

[2] 2방향 슬래브(two-way slab)

작용하는 하중이 직교하는 두 방향으로 영향을 미치기 때문에 직교하는 두 방향으로 주철근을 배근하는 슬래브를 2방향 슬래브라고 한다. 네 변이 지지된 슬래브로서 $1 \leq \dfrac{L}{S} < 2$일 경우가 이에 해당된다.

[3] 플랫 플레이트(flat plate slab)

보나 지판이 없이 기둥으로 하중을 전달하는 2방향으로 철근이 배치된 콘크리트 슬래브를 의미한다.

[4] 플랫 슬래브(flat slab)

보 없이 지판에 의해 하중이 기둥으로 전달되며, 2방향으로 철근이 배치된 콘크리트 슬래브를 의미한다.

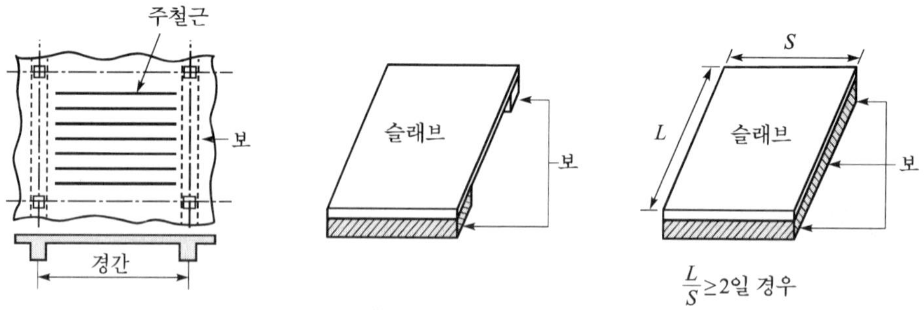

그림 8-1 1방향 슬래브

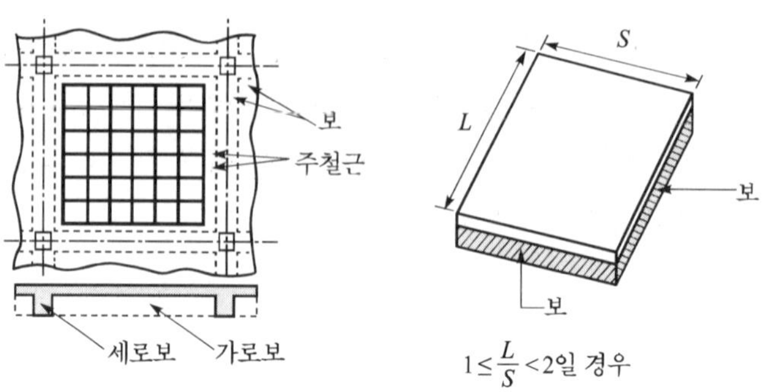

그림 8-2 2방향 슬래브

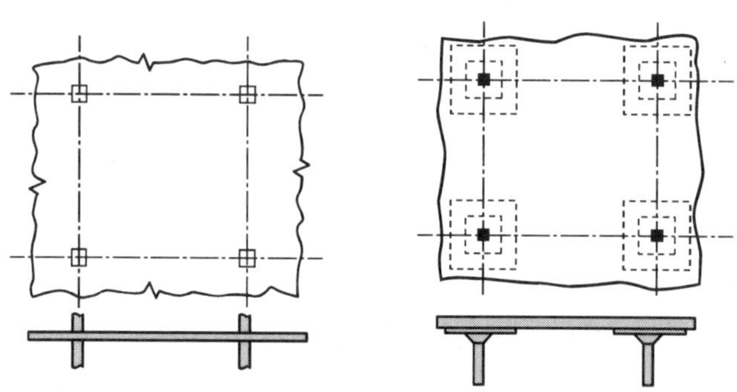

(a) 평판 슬래브　　(b) 플랫 슬래브

그림 8-3 평판 슬래브와 플랫 슬래브

[5] 장선 구조(joist floor system)

일정하고 비교적 좁은 간격의 장선(長線)과 그 위에 있는 슬래브가 일체로 강결 되어 있는 구조형태를 장선 구조라고 하며, 장선은 1방향 또는 직각을 이루는 2방향으로 구성될 수 있다. 특히 2방향 장선구조를 와플(waffle)구조라고도 한다. 구조기준에서는 그 폭이 100mm 이상이고, 그 깊이는 최소 폭의 3.5배 이하이며, 장선 사이의 순 간격은 750mm를 초과하지 않은 경우에 대해 장선구조라고 한다.

8.1.2 연속보 또는 1방향 슬래브의 근사적인 구조해석법

골조 또는 연속 구조물의 모든 부재는 특별한 경우 외에는 계수하중으로 탄성이론에 의해 결정된 최대 단면력에 대하여 설계해야 한다. 즉, 구조물을 설계할 때, 소요 단면력은 최대 응력이 발생하도록 하중을 재하하고, 정밀하게 해석하여 구해야 한다.

철근콘크리트 구조물의 구조 해석은 탄성해석을 기본으로 하고 있으나, 편의를 위해 구조기준에서는 1방향 슬래브와 연속 휨부재에 대해 근사적인 계산법을 주고 있다. 그러나 연속보 또는 1방향 슬래브에 대한 근사해석법은 다음 조건을 만족할 경우에만 적용할 수 있다.

① 2경간 이상인 경우
② 인접 2경간의 차이가 짧은 경간의 20% 이상 차이가 나지 않을 경우
③ 등분포 하중이 작용할 경우
④ 활하중이 고정 하중의 3배를 초과하지 않는 경우
⑤ 부재의 단면 크기가 일정한 경우

위의 조건을 만족하는 연속보 또는 1방향 슬래브의 모멘트와 전단력은 다음 규정에 따라 계산할 수 있다. 그리고 아래의 $\frac{1}{x}w_u l_n^2$에서 $\frac{1}{x}$을 모멘트계수라고 한다. 즉 $\frac{1}{11}w_u l_n^2$에서 $\frac{1}{11}$을 모멘트계수라고 한다. 또한 $\frac{1.15}{2}w_u l_n$과 $\frac{1}{2}w_u l_n$에서 $\frac{1.15}{2}$, $\frac{1}{2}$을 전단력계수라고 한다. 여기서 w_u는 계수분포하중이고, l_n은 부재의 순경간이다.

[1] 정모멘트

① 최외측 경간

불연속 단부가 구속되지 않은 경우 : $\frac{1}{11}w_u l_n^2$

불연속 단부가 받침부와 일체로 된 경우 : $\frac{1}{14}w_u l_n^2$

② 내부 경간 : $\frac{1}{16}w_u l_n^2$

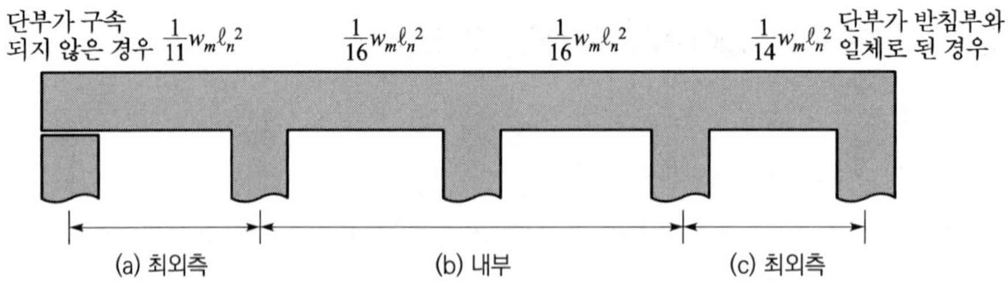

그림 8-4 근사 해법에 의한 정모멘트

[2] 부모멘트

① 첫 번째 내부 받침부에서 외측면의 부모멘트

2경간일 경우 : $\frac{1}{9}w_u l_n^2$

3경간 이상일 경우 : $\frac{1}{10}w_u l_n^2$

② 내부 받침부에서 다른 면의 부모멘트 : $\frac{1}{11}w_u l_n^2$

③ 모든 받침부면의 부모멘트로서 경간이 3m 이하인 슬래브 : $\frac{1}{12}w_u l_n^2$

④ 경간의 각 단부에서 보의 강성에 대한 기둥 강성의 합의 비가 8 이상인 보 : $\frac{1}{12}w_u l_n^2$

⑤ 받침부와 일체로 된 부재의 최외단 받침부 내면의 부모멘트

받침부가 테두리보일 경우 : $\frac{1}{24}w_u l_n^2$

받침부가 기둥일 경우 : $\frac{1}{16}w_u l_n^2$

[3] 전단력

① 첫 번째 내부 받침부에서 외측면의 전단력 : $\frac{1.15}{2}w_u l_n$

② 기타 받침부면에서의 전단력 : $\frac{1}{2}w_u l_n$

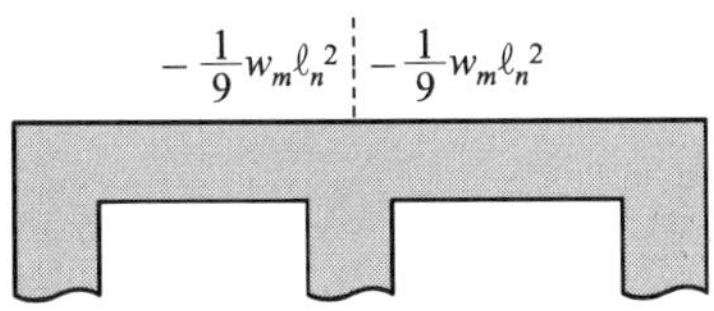

(a) 2경간일 경우 내부 받침부에서의 부 모멘트

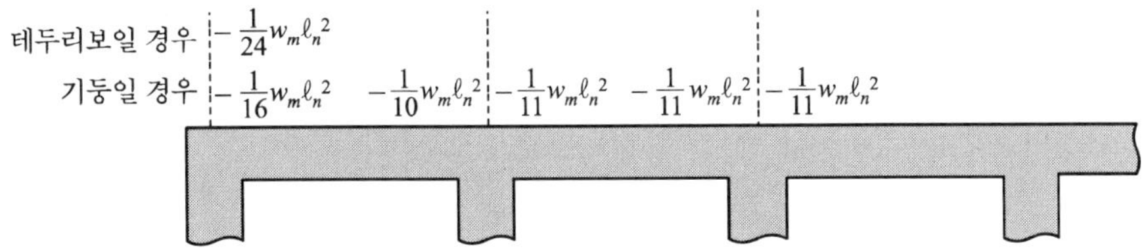

(b) 3경간 이상일 경우의 내부 받침부와 최외단 받침부의 부 모멘트

그림 8-5 근사해법에 의한 부모멘트

8.1.3 부재의 경간

부재의 경간(徑間, span, 또는 지간)은 다음과 같이 취하여 사용한다.

(1) 받침부와 일체가 아닌 부재는 순경간에 보나 슬래브의 두께를 더한 값을 경간으로 하여야 한다. 그러나 그 값이 받침부의 중심간 거리를 넘을 필요는 없다.

(2) 골조 또는 연속 구조물의 해석에서 휨모멘트를 계산할 때 사용하는 경간은 받침부의 중심간 거리로 해야 한다. 받침부와 일체로 된 보의 경우 받침부 전면의 모멘트로 설계할 수 있다.

(3) 받침부와 일체로 된 3m 이하의 순경간을 갖는 슬래브는 그 지지보의 폭이 없는 것으로 보고, 순경간을 경간으로 하는 연속보로 해석할 수 있다.

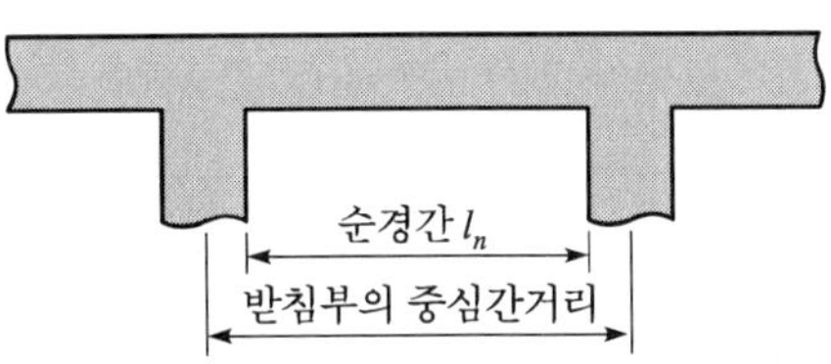

그림 8-6 슬래브 부재의 순경간

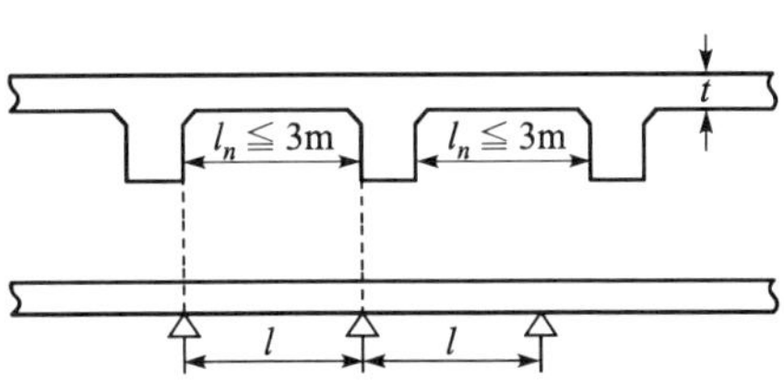

그림 8-7 슬래브 부재의 경간

8.2 1방향 슬래브

8.2.1 1방향 슬래브의 설계 일반

한 방향으로만 주철근이 배근된 슬래브를 1방향 슬래브라고 하며, 1방향 슬래브는 다음과 같이 설계한다.

마주보는 두 변에만 지지되는 1방향 슬래브는 휨 부재로 보고 설계한다.

즉 슬래브의 지지된 경간을 경간으로 하는 직사각형 보로 설계한다.

4변이 지지되는 2방향 슬래브 중에서 $\frac{L}{S} \geq 2$ 일 경우는 1방향 슬래브로 해석하며, 단변 방향의 경간을 사용하여 휨 부재로 설계한다.

이 경우는 대부분의 하중이 단변 방향으로 전달되기 때문이며, 주철근은 단변 방향으로 평행하게 배치하고, 장변 방향에는 배력철근을 배치한다. 여기서 L은 장변의 길이 S는 단변의 길이이다. 그리고 1방향 슬래브는 폭 1m에 대해 설계한 후에 이것을 전체에 적용하면 편리하다.

8.2.2 철근콘크리트 보와 일체로 된 연속 슬래브

철근콘크리트 구조물의 구조 해석은 탄성 해석을 기본으로 하고 있으나, 편의를 위해 구조기준에서는 철근콘크리트 보와 일체로 된 연속 슬래브와 연속 휨 부재에 대해 근사적인 계산법을 주고 있다.

(1) 철근콘크리트 보와 일체로 만든 연속 슬래브의 휨 모멘트 및 전단력을 구하기 위해서 단순 받침부 위에 놓인 연속보로 가정하여 탄성해석을 하거나, 또는 8.1.2절에 있는 근사적인 계산방법을 사용할 수 있으며, 이 때 산정된 휨 모멘트는 다음과 같이 수정하여 설계한다.

① 활하중에 의해 계산된 경간 중앙의 부모멘트는 산정된 값의 $\frac{1}{2}$만을 취할 수 있다.

② 경간 중앙의 정(+)모멘트는 양단 고정으로 보고 계산한 값 이상으로 취해야 한다.

③ 순경간이 3.0m를 초과할 때 순경간 내면의 휨 모멘트를 사용할 수 있다. 그러나 이 값들이 순경간 l_n을 경간으로 보고 계산한 고정단 휨모멘트 이상이어야 한다.

(2) 슬래브 양단부에 있는 보의 처짐이 다를 때는 그 영향을 고려해야 한다.

8.2.3 1방향 슬래브의 구조 상세

(1) 1방향 슬래브의 두께는 최소 100mm 이상 이라야 하고, 처짐의 제한 등 사용하중 하에서 사용성을 만족시킬 수 있는 적절한 두께를 가져야 한다.

(2) 슬래브의 정모멘트 철근 및 부모멘트 철근의 중심간격은 최대 휨 모멘트가 일어나는 단면에서 슬래브 두께의 2배 이하, 300mm 이하라야 한다. 기타의 단면에서는 슬래브 두께의 3배 이하이고, 450mm 이하라야 한다.

(3) 1방향 슬래브에서는 정모멘트 철근 및 부모멘트 철근에 직각방향으로 수축·온도 철근을 배치해야 한다.

(4) 수축·온도철근으로 배근되는 이형철근의 철근비는 다음 값 이상이라야 한다. 그러나 어떤 경우에 있어서도 철근비는 0.0014 이상이어야 한다. 여기서, 수축·온도철근비는 콘크리트 전체단면적에 대한 수축·온도철근 단면적의 비이다.

① 설계기준항복강도가 400MPa 이하인 이형철근을 사용한 슬래브 : 0.0020

② 설계기준항복강도가 400MPa을 초과하는 이형철근 또는 용접철망을 사용한 슬래브 : $0.0020 \times \dfrac{400}{f_y}$

(5) 수축·온도철근의 간격은 슬래브 두께의 5배 이하, 또한 450mm 이하로 하여야 하며, 수축·온도철근은 f_y를 발휘할 수 있도록 정착해야 한다.

위의 (4)와 (5)에 있는 수축·온도 철근량은 수축 및 온도변화에 대한 변형이 심하게 구속되지 않은 부재에 적용되는 최소철근량이며, 심하게 구속된 부재에 대해서는 그 영향을 고려하여 최소철근량을 증가시켜야 한다.

정모멘트 철근 또는 부모멘트 철근에 직각 또는 직각에 가까운 방향으로 배치한 보조철근을 배력철근이라고 한다. 배력철근은 다음과 같은 목적을 위해 배근된다.

① 응력을 고르게 분포시키고
② 주철근의 간격을 유지시켜 주며,
③ 수축이나 온도변화에 의한 수축을 감소시키며 균열을 분포시킨다.(특히 ③과 같은 목적으로 배치된 철근을 수축·온도철근이라고 한다.)

8.2.4 1방향 슬래브의 전단 설계

1방향 슬래브는 직사각형 단면인 보와 같이 설계한다. 따라서 전단에 대한 설계도 보의 경우와 같다.

예제 8.1

그림과 같이 보와 일체로 된 연속 1방향 슬래브의 단면이 있다. 슬래브에는 슬래브의 자중을 제외한 고정하중 $6\,\mathrm{kN/m^2}$, 활하중 $8\,\mathrm{kN/m^2}$가 작용하고 있으며, $f_{ck}=24\mathrm{MPa}$, $f_y=300\mathrm{MPa}$일 때 적합한 슬래브를 설계하시오.

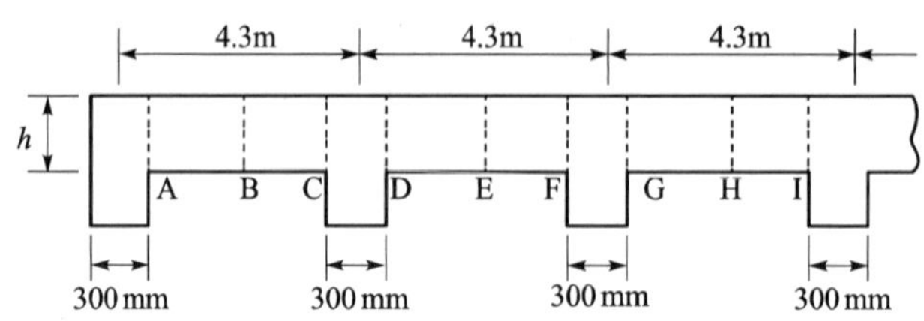

그림 8-8

풀이

(1) 슬래브의 최소두께

처짐을 계산하지 않아도 되는 1방향 슬래브의 최소두께는 슬래브의 1단이 연속인 경우는 $\dfrac{l}{24}$ 이고, 양단이 연속인 경우는 $\dfrac{l}{28}$ 이다. l은 슬래브의 지간이며, 여기서 $l=4300\,\mathrm{mm}$ 이다.

또 $f_y \neq 400\mathrm{MPa}$ 임으로 계산된 두께에 $\left(0.43+\dfrac{f_y}{700}\right)$를 곱해서 최소두께를 구한다.

외측 슬래브의 최소두께

$$h=\frac{l}{24}\times\left(0.43+\frac{f_y}{700}\right)=\frac{4300}{24}\left(0.43+\frac{300}{700}\right)=154\,\mathrm{mm}$$

내측 슬래브의 최소두께

$$h=\frac{l}{28}\times\left(0.43+\frac{f_y}{700}\right)=\frac{4300}{28}\left(0.43+\frac{300}{700}\right)=132\,\mathrm{mm}$$

따라서 내측과 외측 슬래브의 두께를 $h = 160\,\mathrm{mm}$ 로 가정한다.

(2) 계수하중

1방향 슬래브이므로 슬래브는 폭이 1m인 보로 설계한 후 전체에 적용시킨다.

따라서 슬래브의 폭 1m에 작용하는 고정하중은 다음과 같고,

$$w_D = D + w_{rc} gbh$$
$$= 6 \times 10^3 + 2500 \times 9.81 \times 1 \times 0.16$$
$$= 9924\,\mathrm{N/m} = 9.924\mathrm{kN/m}$$

계수하중은 다음과 같다.

$$w_u = 1.2 w_D + 1.6 w_L$$
$$= 1.2 \times 7.924 + 1.6 \times 8 = 11.91 + 12.8$$
$$= 24.71\,\mathrm{kN/m}$$

(3) 소요휨강도

2경간 이상이고, 인접 2경간의 차이가 짧은 경간의 20% 이내이며, 등분포하중이 작용하고 활하중이 고정하중의 3배를 초과하지 않는다. 또 부재의 단면 크기가 일정하므로 연속보 또는 1방향 슬래브에 대한 근사해법을 적용해도 된다.

순경간 l_n 은 다음과 같다.

$$l_n = 4.3 - 0.3 = 4\,\mathrm{m}$$

① 단면 A의 경우, 즉 받침부와 일체로된 부재의 최외단 받침부의 내면에 해당되는 경우이며, 부모멘트가 작용하고 받침부가 보인 경우이다.

$$M_u = \frac{1}{24} w_u l_n^2 = \frac{1}{24} \times 24.71 \times 4^2 = 16.47\,\mathrm{kN \cdot m}$$

② 단면 B의 경우, 즉 최외측 경간인 경우이며, 불연속 단부가 받침부와 일체로된 경우이다. 정모멘트가 작용한다.

$$M_u = \frac{1}{14} w_u l_n^2 = \frac{1}{14} \times 24.71 \times 4^2 = 28.24\,\mathrm{kN \cdot m}$$

③ 단면 C의 경우, 즉 첫 번째 내부 받침부에서 외측면인 경우이며, 3경간 이상인 경우이다. 부모멘트가 작용한다.

$$M_u = \frac{1}{10} w_u l_n^2 = \frac{1}{10} \times 24.71 \times 4^2 = 39.54\,\mathrm{kN \cdot m}$$

④ 단면 D, F, G, I의 경우, 즉 내부 받침부에서 단면 C를 제외한 다른 면의 경우이며, 부모멘트가 작용한다.

$$M_u = \frac{1}{11} w_u l_n^2 = \frac{1}{11} \times 24.71 \times 4^2 = 35.94\,\mathrm{kN \cdot m}$$

⑤ 단면 E, H의 경우, 즉 내부경간인 경우이며, 정 모멘트가 작용한다.

$$M_u = \frac{1}{16} w_u l_n^2 = \frac{1}{16} \times 24.71 \times 4^2 = 24.71\,\mathrm{kN \cdot m}$$

(4) 휨설계

피복두께와 휨철근의 반경을 고려하여 유효깊이 $d=120\,\mathrm{mm}$ 라고 가정한다.

① 최대철근비

먼저 균형철근비를 계산해보면 다음과 같고,

$$\rho_b = 0.85\beta_1 \frac{f_{ck}}{f_y}\frac{660}{660+300} = 0.85\times 0.80\times \frac{24}{300}\times \frac{660}{660+300} = 0.0374$$

최대철근비는 다음과 같다.

$$\rho_{\max} = 0.643\rho_b = 0.643\times 0.0374 = 0.02405$$

따라서 단면에 배근할 수 있는 최대철근량은 다음과 같이 구해진다.

$$A_{s,\max} = \rho_{\max} bd = 0.02405\times 1000\times 120 = 2886\,\mathrm{mm}^2$$

② 최소철근비

최소철근비에 대해 검토해본다. 사각형 단면의 경우 다음 식으로 계산한다.

$$\rho_{\min} = 0.178\frac{\lambda\sqrt{f_{ck}}}{\phi f_y} = 0.178\frac{1\times\sqrt{24}}{0.85\times 300} = 0.00342$$

$$\therefore\ \rho_{\min} = 0.00342$$

$$A_{s,\min} = \rho_{\min} bd = 0.00342\times 1000\times 120 = 410\,\mathrm{mm}$$

③ 단면 A의 경우

$a=20\,\mathrm{mm}=0.02\mathrm{m}$ 라 가정하면

$$A_s = \frac{M_u}{\phi f_y\left(d-\dfrac{a}{2}\right)} = \frac{16.47\times 10^{-3}}{0.85\times 300\left(0.12-\dfrac{0.02}{2}\right)} = 0.0543\times 10^{-6}\,\mathrm{m}^2$$

$$a = \frac{A_s f_y}{0.85 f_{ck} b} = \frac{0.0543\times 10^{-6}\times 300}{0.85\times 24\times 1} = 0.00798\mathrm{m} \neq 0.02\mathrm{m}$$

$a=0.00798\,\mathrm{m}$ 라고 가정하면

$$A_s = \frac{16.47\times 10^{-3}}{0.85\times 300\left(0.12-\dfrac{0.00798}{2}\right)} = 0.0557\times 10^{-6}\,\mathrm{m}^2$$

$$a = \frac{0.0557\times 10^{-6}\times 300}{0.85\times 24\times 1} = 0.00819\mathrm{m} \fallingdotseq 0.00798\mathrm{m}$$

$a=0.00819\,\mathrm{m}$ 라고 가정하면

$$A_s = \frac{16.47\times 10^{-3}}{0.85\times 300\left(0.12-\dfrac{0.00819}{2}\right)} = 0.0557\times 10^{-6}\,\mathrm{m}^2$$

$$a = \frac{0.0557\times 10^{-6}\times 300}{0.85\times 24\times 1} = 0.00820\mathrm{m} \fallingdotseq 0.00819\mathrm{m}$$

$$\therefore\ A_s = 0.0557\times 10^{-6}\mathrm{m}^2 = 557\,\mathrm{mm}^2$$

동일한 방법으로 나머지 단면에 대해서도 소요 철근량을 구할 수 있다.

④ 단면 B의 경우

$a = 14.4\text{mm}$ $\quad\quad\quad\quad$ $A_s = 982\text{ mm}^2$

⑤ 단면 C의 경우

$a = 20.8\text{ mm}$ $\quad\quad\quad\quad$ $A_s = 1415\text{mm}^2$

⑥ 단면 D, F, G, I의 경우

$a = 18.7\text{mm}$ $\quad\quad\quad\quad$ $A_s = 1274\text{mm}^2$

⑦ 단면 E, H의 경우

$a = 12.5\text{mm}$ $\quad\quad\quad\quad$ $A_s = 852\text{ mm}^2$

단면 A~I에 대해 구한 각각의 소요 철근량 중 A 단면의 경우 $A_s < A_{s,\min}$이므로 $A_s = A_{s,\min} = 560\text{ mm}^2$으로 하고 B~I 단면은 A_s가 최대철근량 $A_{s,\max}$ 보다 적고 최소철근량 $A_{s,\min}$보다 많으므로 적합하다.

시공의 편의를 위해 사용하는 철근의 종류는 적은 것이 좋으며, 철근을 배치하는 간격은 등간격으로 하는 것이 편리하다. 여기서는 D13과 D16을 사용하기로 하고, 위의 결과들을 정리하면 표 8-1과 같다.

그리고 슬래브에는 D13과 D16을 100mm 간격으로 교대로 배치하고, D16은 적절한 위치에서 굽혀 올리거나 굽혀 내리는 굽힘철근으로 한다.

최대 정모멘트와 부모멘트를 받는 단면에서 균열폭이 허용균열폭 이내가 되는지의 여부와 철근을 끊어내는 점, 철근의 정착길이에 대해서도 검토해 봐야 하나 여기서는 생략하기로 한다.

표 8-1

단면	A	B	C	D, F, G, I	E, H
M_u (kN·m)	16.46	28.22	39.50	35.91	24.69
소요 A_s (mm^2)	560	982	1415	1274	852
철근의 종류와 간격	D16@200mm	D13@200mm D16@200mm	D13@200mm D16@200mm	D13@200mm D16@200mm	D13@200mm D16@200mm
사용 A_s (mm^2)	993	1626.5	1626.5	1626.5	1626.5

(5) 전단설계

각각의 받침부 내면과 유효깊이 d 만큼 떨어진 단면 사이에는 작용하는 집중하중이 없으므로 전단에 대한 위험 단면은 받침부 내면으로부터 유효깊이 d 만큼 떨어진 단면이다.

그리고 첫 번째 내부 받침부의 외측면에 작용하는 전단력은 근사적으로 $\frac{1.15}{2} w_u l_n$ 이고, 그 외의 받침부면에서는 $\frac{1}{2} w_u l_n$ 이다. 따라서 소요전단강도 V_u 는 다음과 같다.

$$V_u = \frac{1.15}{2} w_u l_n - w_u d$$
$$= \frac{1.15}{2} \times 24.71 \times 4 - 24.71 \times 0.12 = 56.83 - 2.97$$
$$= 53.86\ \text{kN} = 0.05386\ \text{MN}$$

전단철근 없이 콘크리트가 부담할 수 있는 전단강도는 다음과 같다.

$$\phi V_c = \phi\left(\frac{1}{6}\sqrt{f_{ck}}\, b_w d\right)$$
$$= 0.75\left(\frac{1}{6}\sqrt{24} \times 1 \times 0.12\right)$$
$$= 0.07348\ \text{MN} > 0.05386\ \text{MN} = V_u$$

$$\frac{1}{2}\phi V_c = \frac{1}{2} \times 0.07348 = 0.03674\ \text{MN} < 0.05382\ \text{MN} = V_u$$

$\frac{1}{2}\phi V_c < V_u < \phi V_c$ 임으로 일반적인 보의 경우에는 최소전단철근량을 배치해야 한다. 그러나 슬래브, 확대기초, 콘크리트 장선구조 등에서는 최소전단철근량 규정이 적용되지 않으므로 전단철근의 배치는 필요 없다.

(6) 수축·온도 철근

f_y 가 400MPa이하인 이형철근을 사용한 슬래브는 철근비가 0.0020 이상이 되도록 주철근에 직각방향으로 수축·온도 철근을 배치해야 한다.

따라서 1m 당 배치해야할 수축·온도 철근의 최소량은 다음과 같다.

$$0.0020\, bh = 0.0020 \times 1000 \times 160 = 320\,\text{mm}^2$$

또한 수축·온도 철근은 슬래브 두께의 5배 이하, 450mm 이하의 간격으로 배치해야 한다. 만일 D10을 200mm간격으로 배치한다면, 폭 1m당 배근되는 철근의 양은 다음과 같다.

$$71.33 \times \frac{1000}{200} = 357\,\text{mm}^2 > 320\,\text{mm}^2$$

∴ 적합하다.

따라서 수축·온도철근으로는 D10을 200mm 간격으로 배치한다.

8.3 2방향 슬래브

8.3.1 2방향 슬래브의 설계 일반

2방향 슬래브는 작용하는 하중이 직교하는 두 방향으로 영향을 미치기 때문에 두 방향으로 주철근을 배근한 슬래브를 말하며, 네 변이 지지된 슬래브로서 $1 \leq L/S < 2$일 경우가 이에 해당된다.

그리고 이러한 2방향 슬래브는 평형조건과 기하학적 적합조건을 만족시킬 수 있다면 어떠한 방법으로도 설계할 수 있다. 슬래브는 판 이론(plate theory)으로 설계할 수 있으나, 복잡하기 때문에 일반적으로는 근사 해법을 사용하여 설계하며, 구조기준에서는 근사해법으로 직접설계법(direct design method)과 등가골조법(equivalent frame method)을 주고 있다. 따라서 슬래브와 보가 있을 경우 받침부 사이의 보 및 이들과 직교하여 골조를 이루는 기둥 또는 벽체를 포함하는 슬래브시스템은 연직하중에 대하여 직접설계법이나 등가골조법으로 설계할 수 있다.

[1] 2방향 슬래브의 하중 분담

2방향 슬래브에 하중이 작용할 때 긴 변과 짧은 변 방향으로 분배되는 하중을 비교해 보자. 그림 8-9와 같은 2방향 슬래브에 등분포 하중 w가 작용할 때, 중앙 e 점에서의 처짐 δ_e는 긴 변과 짧은 변 방향에 대해 같으므로

$$\delta_e = \frac{5w_S S^4}{384EI} = \frac{5w_L L^4}{384EI} \qquad (8.1)$$

이다. 그리고

$$w = w_L + w_S \qquad (8.2)$$

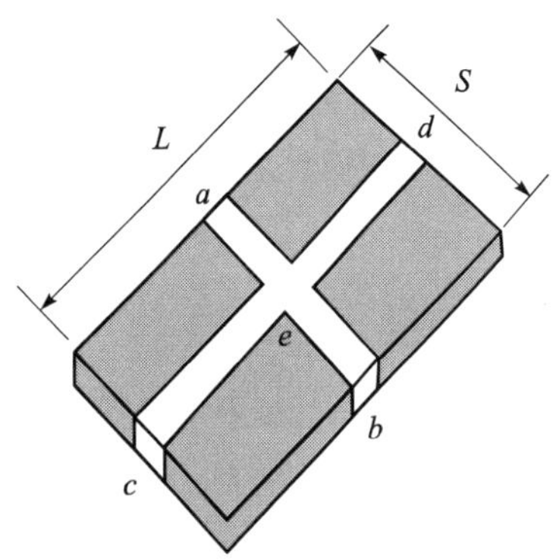

그림 8-9 2방향 슬래브

이다. 식 (8.1)과 (8.2)를 연립하여 풀면, 등분포 하중 w가 작용할 때 각 방향으로 분배되는 하중은 다음과 같이 구해진다.

$$\text{긴 변이 부담하는 하중 : } w_L = \frac{S^4}{L^4 + S^4} w \tag{8.3}$$

$$\text{짧은 변이 부담하는 하중 : } w_S = \frac{L^4}{L^4 + S^4} w \tag{8.4}$$

만일 긴 변과 짧은 변의 비가 $\frac{L}{S} = 1.5$인 경우라고 하면, 각 방향으로 분배되는 하중은 다음과 같이 되고,

$$w_S = 0.835w, \qquad w_L = 0.165w$$

또 $\frac{L}{S} = 2$인 경우라고 하면, 다음과 같다.

$$w_S = 0.941w, \qquad w_L = 0.059w$$

이 결과로부터 $\frac{L}{S} \geq 2$일 경우는 대부분의 하중이 짧은 변 방향으로 작용하고 있음을 알 수 있으며, 이런 경우는 1방향 슬래브로 보는 것이 타당함을 알 수 있다. 반면에 $1 \leq \frac{L}{S} < 2$일 경우는 2방향 슬래브로 설계해야 함을 알 수 있다. 위와 같은 방법으로 슬래브의 중앙에 집중 하중 P가 작용할 때 각 방향으로 분배되는 하중은 다음과 같이 구해진다.

$$\text{긴 변이 부담하는 하중 : } P_L = \frac{S^3}{L^3 + S^3} P \tag{8.5}$$

$$\text{짧은 변이 부담하는 하중 : } P_S = \frac{L^3}{L^3 + S^3} P \tag{8.6}$$

[2] 주열대와 중간대

2방향 슬래브는 그 해석이 복잡하여 근사해법을 사용하고 있다. 이 때 슬래브를 그림 8-10과 같이 주열대와 중간대로 나누어 다루고 있으며, 근사적으로 각각 균일한 크기의 모멘트가 각 대에 작용하는 것으로 보고 설계한다. 구조기준에 의하면 주열대와 중간대는 다음과 같이 정의된다.

주열대(柱列帶, column strip)는 기둥 중심선에서 양측으로 각각 $0.25l_1$과 $0.25l_2$ 중에서 작은 값과 같은 폭을 갖는 설계대이며, 보가 있는 경우에 주열대는 그 보를 포함한다. 여기서 l_1은 모멘트가 결정되는 방향으로 측정한 받침부 중심사이의 경간이며, l_2는 l_1에 수직한 방향으로 측정한 받침부 중심사이의 경간이다. 한편, 중간대(中間帶, middle strip)는 두 주열대 사이의 슬래브 영역을 가리킨다. 그림 8-10(a)에 보인 바와 같이 슬래브가 등분

포하중을 받고 있다면, 작용하는 휨모멘트는 기둥 주변에서는 부(−)모멘트이고 경간 중앙에서는 정(+)모멘트이다. 따라서 주열대와 중간대로 나누어 다루게 된다.

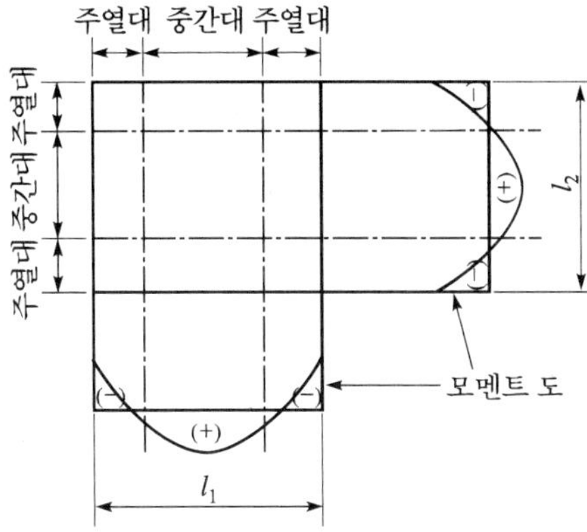

(a)

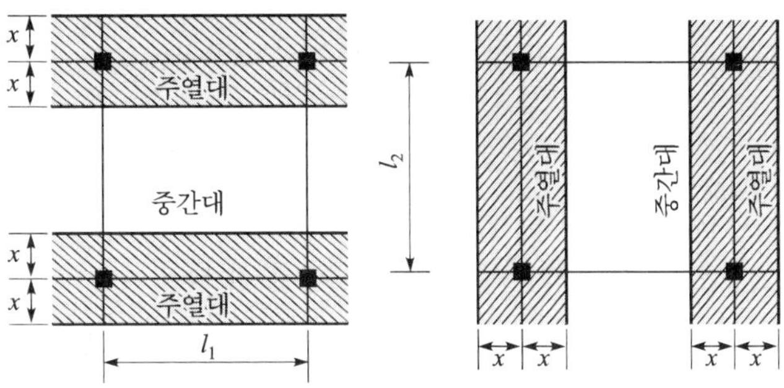

x는 $0.25\,l_1$과 $0.25\,l_2$ 중에서 작은 값

(b) (c)

그림 8-10 주열대와 중간대

8.3.2 2방향 구조의 최소두께

과도한 처짐을 방지하기 위해 최소두께를 정하고 있으며, 구조기준에서 단변경간에 대한 장변경간의 비가 2를 초과하지 않는 슬래브 또는 기타 2방향 구조의 최소두께는 다음의 규정에 따르도록 하고 있다. 그러나 5장에서 살펴본 1방향 구조의 처짐에서와 같이, 유효단면2차모멘트 I_e값과 장기처짐 효과를 고려하여 계산된 처짐량이 구조기준에서 제한한 최대 허용처짐 값을 초과하지 않는다는 것이 계산에 의해 확인된 경우에는 다음에 규정한 최소 소요두께보다 작은 두께의 슬래브를 사용할 수 있다. 이때 처짐은 패널의 크기, 모양, 지지조건, 패널 단부의 구속상태 등을 고려하여 계산하여야 한다.

(1) 테두리보를 제외하고 슬래브 주변에 보가 없거나 보의 강성비 α_m 이 0.2 이하일 경우, 슬래브의 최소 두께는 표 8-2의 값을 만족해야 하고, 또한 다음 값 이상으로 해야 한다. 여기서 α_m은 한 슬래브 주변의 모든 보의 α값의 평균값이며, α는 보 양쪽의 슬래브판의 중앙선에 의해 구획되는 슬래브의 휨강성에 대한 보의 휨강성의 비이다.
① 지판이 없는 슬래브의 경우 : 120mm
② 지판을 가진 슬래브의 경우 : 100mm

(2) 보의 강성비 α_m 이 0.2를 초과하는 보가 슬래브 주변에 있는 경우 슬래브의 최소 두께는 다음과 같이 해야 한다.
① $0.2 < \alpha_m < 2.0$인 경우 다음 식 (8.7)의 값 이상으로 해야 하며, 또한 120mm 이상으로 해야 한다.

$$h = \frac{l_n\left(800 + \frac{f_y}{1.4}\right)}{36{,}000 + 5{,}000\beta(\alpha_m - 0.2)} \geq 120 \text{ mm} \tag{8.7}$$

여기서, β : 2방향슬래브에서 단변방향에 대한 장변방향의 순경간 비
l_n : 긴 변의 순경간
α_m : 한 슬래브 주위의 모든 보의 α값의 평균
α : 보 양쪽의 슬래브판의 중앙선에 의해 구획되는 슬래브의 휨강성에 대한 보의 휨강성의 비

$$\alpha = \frac{\text{보의 휨강성}}{\text{슬래브의 휨강성}} = \frac{4E_{cb}I_b/l}{4E_{cs}I_s/l} = \frac{E_{cb}I_b}{E_{cs}I_s}$$

② $\alpha_m \geq 2.0$인 경우 다음 식 (8.8)의 값 이상으로 해야 하며, 또한 90mm 이상으로 해야 한다.

$$h = \frac{l_n\left(800 + \frac{f_y}{1.4}\right)}{36{,}000 + 9{,}000\beta} \geq 90 \text{ mm} \tag{8.8}$$

③ 불연속단을 갖는 슬래브에는 강성비 α 의 값이 0.8 이상이 되는 테두리보를 설치하거나, 식 (8.7)과 식 (8.8)에서 구한 최소 소요두께를 적어도 10% 이상 증대시켜야 한다.

표 8-2 슬래브시스템에서 테두리보를 제외하고 내부에 보가 없는 슬래브의 최소두께

설계기준 항복강도 f_y (MPa)	지판이 없는 경우			지판이 있는 경우		
	외부 슬래브		내부 슬래브	외부 슬래브		내부 슬래브
	테두리보가 없는 경우	테두리보가 있는 경우		테두리보가 없는 경우	테두리보가 있는 경우	
300	$l_n/32$	$l_n/35$	$l_n/35$	$l_n/35$	$l_n/39$	$l_n/39$
350	$l_n/31$	$l_n/34$	$l_n/34$	$l_n/34$	$l_n/37.5$	$l_n/37.5$
400	$l_n/30$	$l_n/33$	$l_n/33$	$l_n/33$	$l_n/36$	$l_n/36$
500	$l_n/28$	$l_n/31$	$l_n/31$	$l_n/31$	$l_n/33$	$l_n/33$
600	$l_n/26$	$l_n/29$	$l_n/29$	$l_n/29$	$l_n/31$	$l_n/31$

예제 8.2

그림과 같이 보와 일체로된 2방향 슬래브가 450 mm × 450 mm인 정사각형 기둥에 지지되어 있다. 보의 단면은 350 mm × 700 mm이고, $f_{ck}=28\text{MPa}$, $f_y=400\text{MPa}$, 슬래브의 두께 $t=200\text{mm}$일 때, 슬래브의 두께가 구조기준의 규정에 의한 최소 두께를 만족하는지 검토하시오.

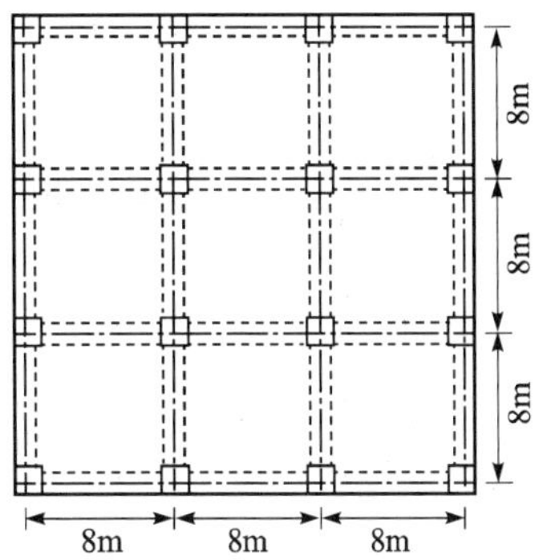

그림 8-11

풀이

(1) 보의 단면

보의 단면2차모멘트 I_b는 다음 그림과 같은 T형 단면에 대해 계산한다.

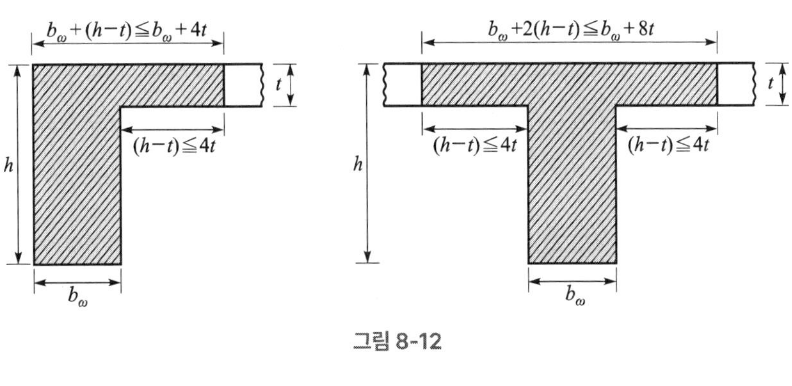

그림 8-12

(2) 보의 슬래브에 대한 강성비

연단 보의 슬래브에 대한 강성비 α는 다음과 같이 구해진다.

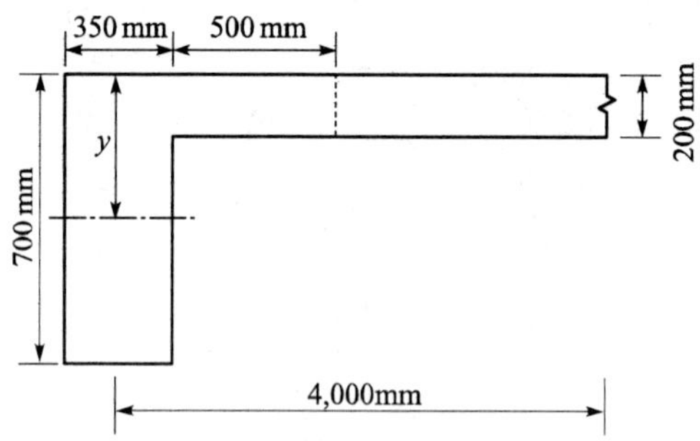

그림 8-13

$$y = \frac{350\times 700\times \dfrac{700}{2} + 500\times 200\times \dfrac{200}{2}}{350\times 700 + 500\times 200} = 277.5\,\text{mm}$$

보의 단면2차모멘트 I_b

$$I_b = \left[\frac{350\times 700^3}{12} + 350\times 700\left(\frac{700}{2} - 277.5\right)^2\right] + \left[\frac{500\times 200^3}{12} + 500\times 200\left(277.5 - \frac{200}{2}\right)^2\right] = 14776\times 10^6\,\text{mm}^4$$

슬래브의 단면2차모멘트 I_s

$$I_s = \frac{1}{12}\times\left(4000 + \frac{350}{2}\right)\times 200^3 = 2783.3\times 10^6\,\text{mm}^4$$

강성비 α

$$\alpha = \frac{E_{cb}\, I_b}{E_{cs}\, I_s} = \frac{14776\times 10^6}{2783.3\times 10^6} = 5.31$$

E_{cb}와 E_{cs}는 각각 보와 슬래브에 대한 콘크리트의 탄성계수이며, 여기서는 같은 값이다.

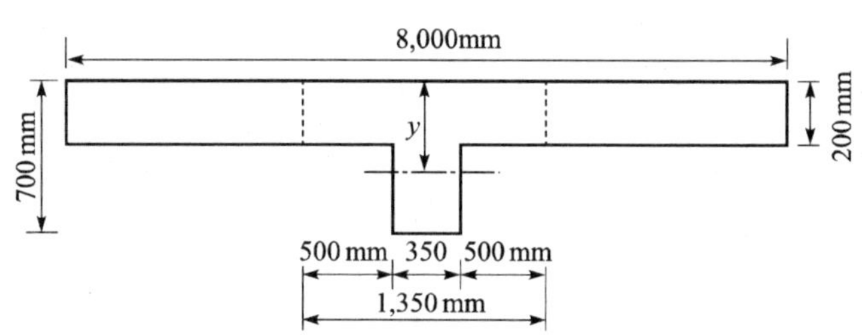

그림 8-14

내부 보의 슬래브에 대한 강성비는 다음과 같다.

$$y = \frac{350 \times 700 \times \dfrac{700}{2} + 1000 \times 200 \times \dfrac{200}{2}}{350 \times 700 + 1000 \times 200} = 237.6\,\mathrm{mm}$$

$$I_b = \left[\frac{350 \times 700^3}{12} + 350 \times 700\left(\frac{700}{2} - 237.6\right)^2\right]$$

$$+ \left[\frac{1000 \times 200^3}{12} + 1000 \times 200\left(237.6 - \frac{200}{2}\right)^2\right]$$

$$= 17553 \times 10^6\,\mathrm{mm}^4$$

$$I_s = \frac{1}{12} \times 8000 \times 200^3 = 5333.3 \times 10^6\,\mathrm{mm}^4$$

$$\alpha = \frac{E_{cb}\, I_b}{E_{cs}\, I_s} = \frac{17553 \times 10^6}{5333.3 \times 10^6} = 3.29$$

따라서 모서리쪽 슬래브에서 보의 슬래브에 대한 평균강성비 α_m 은 다음과 같으며, 이외의 경우는 모두 그 평균강성비가 다음 값 이상이 된다.

$$\alpha_m = \frac{1}{4}(5.31 \times 2 + 3.29 \times 2) = 4.3$$

$\alpha_m > 2.0$ 임으로 구조기준에 의한 최소두께 h 는 다음 식에 의한 값 이상이어야 하고, 또한 90mm 이상이어야 한다.

$$\beta = \frac{\text{장변방향의 순경간}}{\text{단변방향의 순경간}} = \frac{8000 - 350}{8000 - 350} = 1.0$$

$$l_n = 8000 - 350 = 7650\,\mathrm{mm}$$

$$h = \frac{l_n\left(800 + \dfrac{f_y}{1.4}\right)}{36000 + 9000\beta} = \frac{7650\left(800 + \dfrac{400}{1.4}\right)}{36000 + 9000 \times 1.0} = 184.6\,\mathrm{mm} < 200\,\mathrm{mm}$$

∴ 적합하다.

8.3.3 2방향 슬래브의 전단설계

[1] 전단에 대한 위험단면

집중하중이나 반력 부근에서 슬래브의 전단설계는 다음의 (1)과 (2) 중에서 불리한 단면에 대하여 검토해야 한다.

(1) 슬래브가 폭이 넓은 보와 같이 휨거동할 때, 설계위험단면은 전체 폭으로 이루어진 단면으로 하고, 보와 같은 방법으로 전단설계를 한다.

(2) 슬래브가 2방향 슬래브로 작용함으로써 슬래브의 면에 수직한 위험단면이 집중하중

또는 반력을 받는 면적의 주위에 걸쳐 연장되는 경우, 슬래브는 2방향 작용을 고려하여 전단설계를 해야한다. 이 때 둘레길이 b_0는 최소로 되어야 하나 집중하중이나 반력구역의 주변에서 $d/2$ 보다 가까이 위치시킬 필요는 없다.

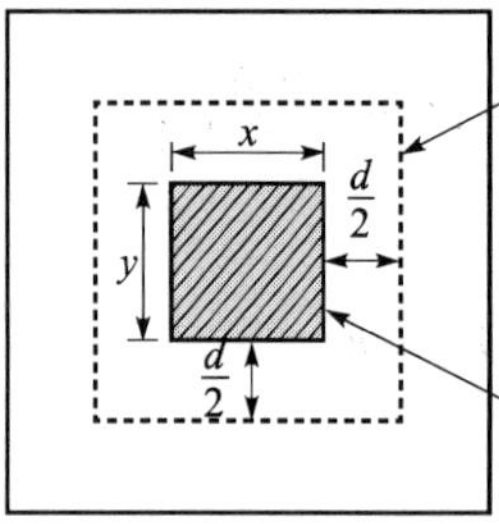

그림 8-15 2방향슬래브의 전단에 대한 위험단면

[2] 2방향작용에 대한 전단강도

(1) 2방향으로 작용하는 슬래브는 다음 식을 만족하도록 설계한다.

$$V_u \le V_d = \phi V_n = \phi(V_c + V_s) \quad (8.9)$$

콘크리트에 의한 공칭전단강도 V_c는 아래의 (2)에 따라 구하고, 전단보강철근이 필요할 경우 전단철근에 의한 전단강도 V_s는 아래의 (3)에 따라 구한다.

(2) 철근콘크리트 슬래브에 대한 전단강도 V_c는 아래의 식 (8.10)에 의해 구한다.

$$V_c = v_c b_0 d \quad (8.10)$$

$$v_c = \lambda k_s k_{b0} f_{te} \cot\psi (c_u / d) \quad (8.11)$$

여기서, v_c는 콘크리트 재료의 공칭전단응력강도, b_o는 2방향 전단에 대해 정의된 위험단면의 둘레길이, λ는 경량콘크리트계수, k_s는 슬래브의 두께계수, k_{b0}는 위험단면 둘레길이의 영향계수, f_{te}은 압축대 콘크리트의 인장강도, ψ는 슬래브 휨 압축대의 균열각도, c_u는 압축철근의 영향을 무시하고 계산된 슬래브 위험단면 압축대 깊이의 평균값, 그리고 f_{cc}는 위험단면의 압축대에 작용하는 평균 압축응력이다. 아래에 이 값들에 대한 상세한 설계식을 제시하였다.

$$k_s = (300/d)^{0.25} \le 1.0 \quad (8.12)$$

$$k_{b0} = 4 / \sqrt{\alpha_s(b_0/d)} \le 1.25 \tag{8.13}$$

$$f_{te} = 0.21\sqrt{f_{ck}} \tag{8.14}$$

$$\cot\psi = \sqrt{f_{te}(f_{te} + f_{cc})} / f_{te} \tag{8.15}$$

$$c_u = d\left[25\sqrt{\rho / f_{ck}} - 300(\rho / f_{ck})\right] \tag{8.16}$$

$$f_{cc} = (2/3) f_{ck} \tag{8.17}$$

식 (8.12)에서 d의 단위는 mm이다. α_s는 내부기둥에 대하여 1.0, 외부기둥(모서리 기둥 제외)에 대하여 1.33, 모서리 기둥에 대하여 2.0이다. 식 (8.16)은 $\rho \le 0.03$ 의 범위에서 사용할 수 있으며 ρ가 0.005 이하인 경우 0.005를 사용할 수 있다.

2012년 콘크리트구조기준에서 개정된 내용 중에 하나가 2방향 슬래브의 전단강도이다. 종전 기준에서는 2방향으로 휨을 받는 슬래브와 기초판에서 뚫림전단강도는 콘크리트 압축강도만을 고려하여 경험적으로 $v_c = (1/3)\sqrt{f_{ck}}$로 정의하였다. 그러나 슬래브에 대한 정밀해석과 뚫림전단 실험결과에 의하면 콘크리트의 압축강도만의 함수로는 강도를 정확하게 예측하지 못한다는 결론에 도달하여 개정된 콘크리트구조기준에서는 최신 연구성과를 반영하여 공칭강도식을 개정한 것이다.

(3) 철근이나 철선으로 구성되는 전단보강철근은 다음 규정에 따라 슬래브에 적용될 수 있다.

① 공칭전단강도는 다음 식으로 계산하며,

$$V_n = V_c + V_s \tag{8.18}$$

전단철근에 의한 공칭전단강도 V_s는 다음과 같다.

$$V_s = \frac{0.5 A_v f_{yt} d}{s} \tag{8.19}$$

여기서, A_v는 전단위험단면에 따라 배치된 모든 전단철근의 단면적이다. f_{yt}는 전단철근의 설계기준항복강도로서 400MPa을 초과할 수 없다.

② 공칭전단강도 V_n은 $0.58 f_{ck} b_o c_u$ 이하여야 한다. ($V_n = V_c + V_s \le 0.58 f_{ck} b_o c_u$)

한편, KDS 14 20 22 구조설계기준에 따라 전단철근에 의한 보강 설계는 다음의 사항들을 추가적으로 고려해야 한다.

(1) 철근이나 철선으로 구성되는 전단철근과 한 가닥 또는 여러 가닥의 스터럽은 다음의 규정에 따라 d가 150 mm 이상이고 전단철근의 지름의 16배 이상인 슬래브와 기초판에 적용될 수 있다. 즉, $d \geq \max(150mm,\ 16d_t)$이다.

(2) 철근콘크리트 슬래브의 전단에 대한 극한강도는
$V_u \leq \phi V_n = \phi(V_c + V_s) \leq \phi 0.58 f_{ck} b_o d$를 만족해야 하며, 공칭전단강도는
$V_n \leq 0.58 f_{ck} b_o d$ 의 조건을 만족해야 한다.

8.3.4 2방향 슬래브에서의 철근 배근

[1] 소요철근량과 간격

(1) 2방향 슬래브 시스템의 각 방향의 철근 단면적은 위험단면의 모멘트에 의해 결정되지만 1방향 슬래브에서 수축·온도철근으로 요구되는 최소철근량 이상이 되어야 한다.

(2) 위험단면에서 철근 간격은 슬래브 두께의 2배 이하 또한 300mm 이하로 해야 하며, 단 와플구조나 리브 구조로 된 부분은 예외로 한다.

[2] 철근의 정착

(1) 불연속 단부 모서리에 수직한 정모멘트에 대한 철근은 슬래브의 끝까지 연장하고 직선 또는 갈고리를 150mm 이상 테두리보, 기둥 또는 벽체 속에 묻어야 한다.

(2) 불연속 단부 모서리에 수직한 부모멘트에 대한 철근은 6장의 규정에 따라 받침면에 정착되도록 테두리보, 기둥 또는 벽체 속으로 구부리거나 갈고리로 하며, 그렇지 못하면 다른 적절한 방법으로 정착시켜야 한다.

(3) 불연속 단부에서 슬래브가 테두리보나 벽체로 지지되어 있지 않은 경우, 또는 슬래브가 받침부를 지나 캔틸레버로 되어 있는 경우에는 철근을 슬래브 내부에서 정착시킬 수 있다.

[3] 외부 모퉁이의 보강철근

(1) 받침부 사이에 α값이 1.0보다 큰 보가 있는 슬래브의 경우, 다음에 따라 외부 모서리 부분의 슬래브에 특별한 상부 및 하부 철근을 배근해야 한다.

① 슬래브 상하에 두는 이 특별 보강철근은 슬래브 단위 폭 당 최대 정모멘트와 같은 크기의 모멘트에 견딜 만큼 충분해야 한다.

② 슬래브 상부는 모서리로부터 그은 대각선에 수직인 축에 대하여, 슬래브 하부는 이 대각선에 평행한 축에 대하여 휨모멘트가 작용하는 것으로 가정할 수 있다.

③ 특별 보강철근은 모서리로부터 긴 경간의 1/5길이만큼 각 방향에 배치해야 한다.

(2) 특별 보강철근은 슬래브 상부에서 대각선에 평행하게 배근하고, 슬래브 하부의 경우 대각선에 수직하게 배근해야 한다. 또는 특별 보강철근은 슬래브 상부나 하부에서 슬래브의 각 모서리에 평행하게 두 층으로 배근할 수 있다.

8.3.5 직접설계법

[1] 직접설계법의 제한 사항

근사적 방법인 직접설계법을 사용하여 슬래브 시스템을 설계하려면 다음과 같은 제한 사항을 만족해야 하다. 그러나 슬래브 시스템이 평형조건과 기하학적 적합조건을 만족시킬 수 있으며, 모든 단면의 설계강도가 소요강도 이상이고, 처짐의 제한과 같은 사용하중 하에서의 사용성을 만족시킬 수 있다는 것 등을 해석에 의해 증명할 수 있다면 다음의 제한 규정을 다소 벗어나도 직접설계법을 적용할 수 있다.

(1) 모든 하중은 연직하중으로서 슬래브판 전체에 등분포되는 것으로 간주한다. 활하중은 고정하중의 2배 이하라야 한다.

(2) 각 방향으로 3경간 이상이 연속되어야 한다.

(3) 각 방향으로 연속한 받침부 중심간 경간 길이의 차이는 긴 경간의 1/3 이하이어야 한다.

(4) 슬래브판들은 단변 경간에 대한 장변 경간의 비가 2 이하인 직사각형이라야 한다.

(5) 연속한 기둥 중심선으로부터 기둥의 이탈은 이탈방향 경간의 최대 10%까지 허용된다.

(6) 보가 모든 변에서 슬래브판을 지지할 경우, 직교하는 두 방향에서 $\dfrac{\alpha_1 l_2^{\,2}}{\alpha_2 l_1^{\,2}}$에 해당하는 보의 상대강성은 0.2 이상 0.5 이하이어야 한다.

여기서, l_1 : 모멘트가 결정되는 방향으로 측정한 받침부 중심사이의 경간

l_2 : l_1에 수직한 방향인 받침부 중심사이의 경간

α_1은 l_1 방향으로의 α이고, α_2는 l_2 방향으로의 α이다.

α : 보의 양측 또는 한측에 인접하여 있는 슬래브판의 중심선에 의해 구획된 폭으로 이루어진 슬래브의 휨강성에 대한 보의 휨강성의 비

즉, $\alpha = \dfrac{E_{cb} I_b}{E_{cs} I_s}$

E_{cb} : 보에 사용되는 콘크리트의 탄성계수

E_{cs} : 슬래브에 사용되는 콘크리트의 탄성계수

I_b : 비틀림 보 단면의 중심축에 대한 단면2차모멘트

I_s : 슬래브 전체 단면의 중심축에 대한 단면2차모멘트

[2] 전체 정적 계수휨모멘트

(1) 어느 한 경간의 전체 정적 계수휨모멘트는 받침부를 잇는 중심선의 양측에 있는 슬래브판 중심선에 의해 구분되는 설계대에서 결정되어야 하며, 정계수휨모멘트와 평균부계수휨모멘트의 절대값의 합인 전체 정적 계수휨모멘트 M_o는 어느 방향에서나 다음 값 이상으로 해야 한다.

$$M_o = \frac{(w_u l_2) l_n^{\,2}}{8} \tag{8.20}$$

(2) l_n 은 모멘트가 결정되는 방향으로 측정한 받침부 사이의 순경간이며, 기둥, 기둥머리, 브래킷, 또는 벽체의 내면사이의 거리이다. 단, 식 (8.20)에서 사용된 l_n 값은 $0.65 l_1$ 이상으로 해야하며, 원형이나 정다각형의 받침부는 똑같은 단면적을 갖는 정사각형 받침부로 환산하여 취급할 수 있다. 여기서 l_1은 모멘트가 결정되는 방향으로 측정한 받침부 중심사이의 경간이다.

(3) l_2는 l_1에 수직한 방향인 받침부 중심사이의 경간이며, 받침부를 잇는 중심선으로부터 측정한 양측 슬래브판의 횡방향 경간이 서로 다른 경우에는 식 (8.20)에 사용된 l_2 는 이들 횡방향 경간의 평균값으로 해야 한다. 또한 l_2는 단부에 인접하고 이 단부에 평행한 경간을 고려할 경우에는 단부로부터 슬래브판 중심선까지의 거리로 해야 한다.

만일 경간이 l_1인 단순보에 등분포하중 w_u가 작용한다면, 전체 정적 계수휨모멘트

M_o는 지간의 중앙에서 발생하며, 그 크기는 다음과 같다.

$$M_o = \frac{w_u l_1^2}{8} \tag{8.21}$$

역시 경간이 l_1이고 등분포하중 w_u가 작용하고 있을 때, 양단에 같은 크기의 부모멘트가 작용하는 보 또는 양단 고정보인 경우 전체 정적 계수휨모멘트 M_o는 다음과 같다.

$$M_o = M_{op} + M_{on} = \frac{w_u l_1^2}{8} \tag{8.22}$$

M_{op} : 지간의 중앙에서 작용하는 정계수모멘트의 절대값

M_{on} : 지지점에서 작용하는 부계수모멘트의 절대값

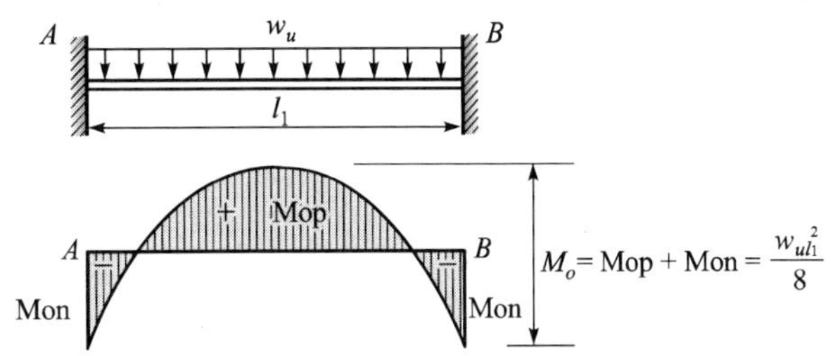

그림 8-16

또한 순경간이 l_n인 보에 l_n과 수직한 방향으로 폭이 l_2인 슬래브가 놓여 있을 경우, 슬래브에 등분포하중 w_u가 작용한다면, 이 보의 전체 정적 계수모멘트 M_o는 다음과 같이 구해진다.

$$M_o = \frac{(w_u l_2) l_n^2}{8} \tag{8.23}$$

[3] 정 및 부계수휨모멘트

(1) 내부 경간에서 전체 정적 계수휨모멘트 M_0는 다음과 같이 두 개의 휨모멘트로 분배해야 하며, 그림 8-18에 이것을 나타내었다.

① 부계수휨모멘트 $M_{on} = 0.65 M_o$

② 정계수휨모멘트 $M_{op} = 0.35 M_o$

(2) 단부 경간에서 전체 정적 계수휨모멘트 M_0는 표 8-3에 따라 분배해야 한다. 이것을 그림 8-18에 나타내었으며, 표 8-3에 있는 ①의 경우는 그림 8-17에 더 자세히 나타내었다.

표 8-3 단부 경간에서 정 및 부계수휨모멘트의 분배율

구분	①	②	③	④	⑤
	구속되지 않은 외부 받침부	모든 받침부 사이에 보가 있는 슬래브	내부 받침부 사이에 보가 없는 슬래브		완전 구속된 외부 받침부
			테두리보가 없는 경우	테두리보가 있는 경우	
내부 받침부의 부계수모멘트	0.75	0.70	0.70	0.70	0.65
정계수모멘트	0.63	0.57	0.52	0.50	0.35
외부 받침부의 부계수모멘트	0	0.16	0.26	0.30	0.65

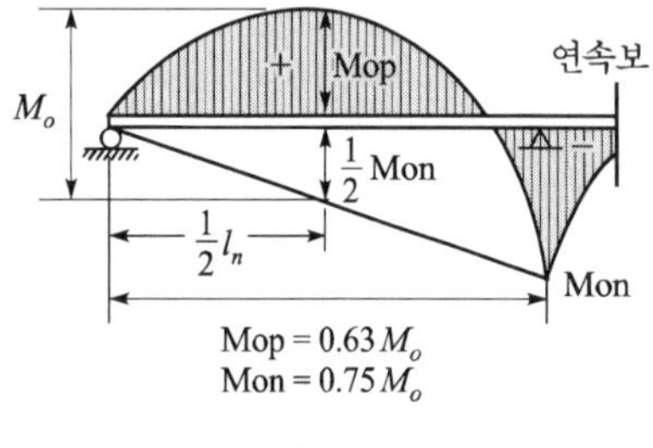

그림 8-17

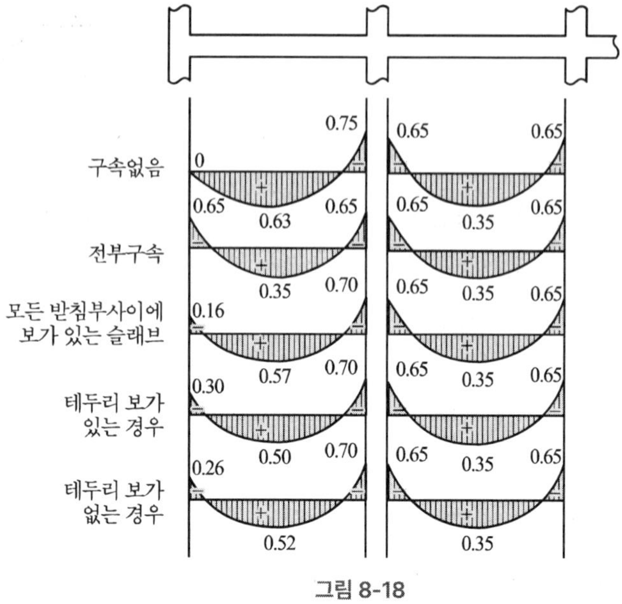

그림 8-18

(3) 부계수휨모멘트는 직사각형 받침부의 내면에 위치하는 것으로 한다. 원형이나 정다각형 받침부는 같은 면적으로 된 정사각형 받침부로 환산하여 취급할 수 있다.

(4) 만일 불균형 모멘트를 인접한 부재의 강성에 따라 분배되도록 해석하지 않는다면, 부

휨모멘트 단면은 받침부의 양쪽 경간에서 결정된 두 개의 부계수휨모멘트 중 큰 모멘트에 견디도록 설계해야 한다.

(5) 슬래브의 단부 또는 테두리보는 외부 받침부의 부계수휨모멘트가 분배되는 만큼의 비틀림에 견디도록 설계해야 한다.

[4] 주열대의 계수휨모멘트

(1) 주열대는 내부 받침부의 부계수휨모멘트가 표 8-4와 같은 비율로 분배되는 휨모멘트에 견디도록 설계해야 하며, 표 8-4에 있는 값 사이에 있는 값은 직선보간법을 적용하여 구한다.

표 8-4 주열대 내부 받침부의 분배율(%)

l_2/l_1	0.5	1.0	2.0
$(\alpha_1 l_2/l_1)=0$	75	75	75
$(\alpha_1 l_2/l_1)\geq 1.0$	90	75	45

(2) 주열대는 외부 받침부의 부계수휨모멘트가 표 8-5와 같은 비율로 분배되는 모멘트에 견디도록 설계해야 하며, 표 8-5의 값 사이에서는 직선보간법을 적용한다.

표 8-5 주열대 외부 받침부의 분배율(%)

l_2/l_1		0.5	1.0	2.0
$(\alpha_1 l_2/l_1)=0$	$\beta_t=0$	100	100	100
	$\beta_t\geq 2.5$	75	75	75
$(\alpha_1 l_2/l_1)\geq 1.0$	$\beta_t=0$	100	100	100
	$\beta_t\geq 2.5$	90	75	45

(3) 주열대는 정계수휨모멘트가 표 8-6과 같은 비율로 분배되는 모멘트에 견디도록 설계해야 하며, 표 8-6의 값 사이에서는 직선보간법을 적용한다.

표 8-6 주열대 중앙부의 분배율(%)

l_2/l_1	0.5	1.0	2.0
$(\alpha_1 l_2/l_1)=0$	60	60	60
$(\alpha_1 l_2/l_1)\geq 1.0$	90	75	45

(4) 전체 정적 계수휨모멘트 M_0 계산에 이용된 경간 l_2의 3/4 이상이 기둥이나 벽체에 의해 길게 지지되어 있는 경우, 부 휨모멘트는 전체 l_2를 따라 균등하게 분포된다고 볼 수 있다.

(5) 받침부 사이에 보가 있는 슬래브인 경우에는 주열대의 슬래브 부분은 보가 부담하지 않는 주열대 휨모멘트에 견디도록 설계해야 한다.

[5] 보의 계수휨모멘트

(1) $\left(\frac{\alpha_1 l_2}{l_1}\right) \geq 1.0$인 경우, 받침부 사이의 보는 주열대 휨모멘트의 85%를 견디도록 설계해야 한다.

(2) $0 < \left(\frac{\alpha_1 l_2}{l_1}\right) < 1$인 경우, 보가 견딜 주열대 휨모멘트 분담률은 85%와 0% 사이를 직선보간법을 적용하여 구해야 한다.

(3) 보는 8.3.5절의 [2]와 8.3.5 [5]의 (1) 및 (2)에 따라 등분포 하중에 대하여 계산된 휨모멘트 외에도, 슬래브 상하로 내민보 부분의 무게를 포함하여 보에 직접 작용하는 집중하중이나 선형하중에 의해 발생되는 모멘트에 견디도록 설계해야 한다.

[6] 중간대의 계수휨모멘트

(1) 주열대가 부담하지 않는 정 및 부계수휨모멘트의 분담분은 해당되는 주열대 양쪽의 1/2 중간대에 비례하여 할당해야 한다.

(2) 각 중간대는 2개의 1/2 중간대에 할당된 휨모멘트들의 합에 견디도록 설계해야 한다.

(3) 벽체에 의해 지지되는 단부에 인접하고, 그에 평행한 중간대는 첫 번째 내부 받침부의 1/2 중간대에 할당된 모멘트의 2배를 견디도록 설계해야 한다.

[7] 계수휨모멘트의 수정

고려된 방향에서 슬래브판에 대한 전체 정적 계수휨모멘트 M_o가 식 (8.15)에 의해 요구된 휨모멘트보다 작지 않은 범위 내에서 정 및 부계수휨모멘트는 10%까지 수정할 수 있다.

[8] 보가 있는 슬래브의 계수전단력

(1) $\left(\frac{\alpha_1 l_2}{l_1}\right) \geq 1$인 보는 슬래브판의 네 모퉁이에서 변과 $45°$의 각을 이루는 선과 장변에 평행한 슬래브판 중심선이 만드는 면적에 작용하는 계수하중에 의한 전단력에 견디도록 설계해야 한다. 이것을 그림 8-19에 나타내었다.

(2) $\left(\frac{\alpha_1 l_2}{l_1}\right) < 1$일 때에는 $\alpha_1 = 0$ 인 경우 보가 하중을 받지 않는다고 가정하여 직선보간 간법을 적용하여 보가 분담하는 전단력을 구할 수 있다.

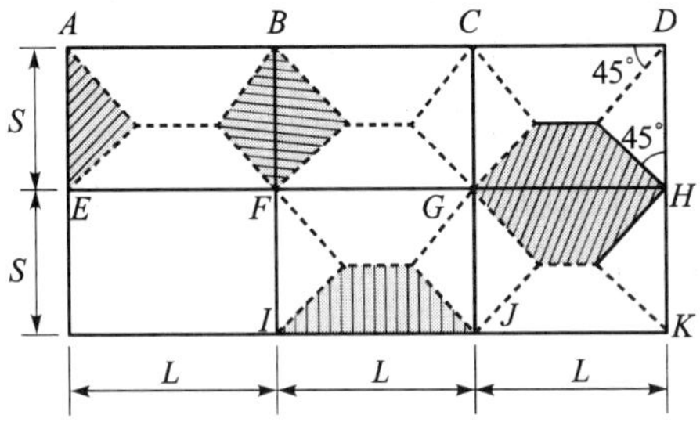

그림 8-19 보가 분담하는 전단력

(3) 보는 8.3.5 [8]의 (1)과 (2)에 따라 계산된 전단력 외에도 보에 직접 작용하는 계수하중에 의한 전단력에 견디도록 설계해야 한다.

(4) 슬래브의 전단강도는 하중이 8.3.5 [8]의 (1)과 (2)에 따라 보에 분배된다는 가정 하에 산정해야 한다. 또한 슬래브는 슬래브판에 일어나는 전체 전단력에 견디도록 설계해야 한다.

[9] 기둥과 벽체의 계수휨모멘트

(1) 슬래브 시스템과 일체로 이루어진 기둥과 벽체들은 슬래브 시스템에 작용하는 계수하중으로부터 발생되는 휨모멘트에 견딜 수 있도록 해야 한다.

(2) 전체적인 해석을 하지 않는 한, 내부 받침부에서 슬래브 상하의 받침부재는 상하 부재의 강성에 직접 비례하여 다음 식으로 구해진 휨모멘트를 견디도록 해야한다.

$$M = 0.07\left[(w_d + 0.5w_l)l_2 l_n^{\,2} - w_d' l_2' (l_n')^2\right] \tag{8.24}$$

여기서, w_d', l_2', l_n' 는 짧은 경간에 대한 값이다.

예제 8.3

다음 그림과 같은 평판 슬래브의 내부판을 직접설계법으로 설계하시오. 슬래브는 단면이 500mm × 500mm이고 길이가 3.5m인 기둥에 의해 지지되어 있으며, 등분포 활하중 3kN/m^2와 자중을 제외한 추가적인 고정하중 1kN/m^2를 받고 있다.

$f_{ck} = 28\text{MPa}$, $f_y = 400\text{MPa}$이다.

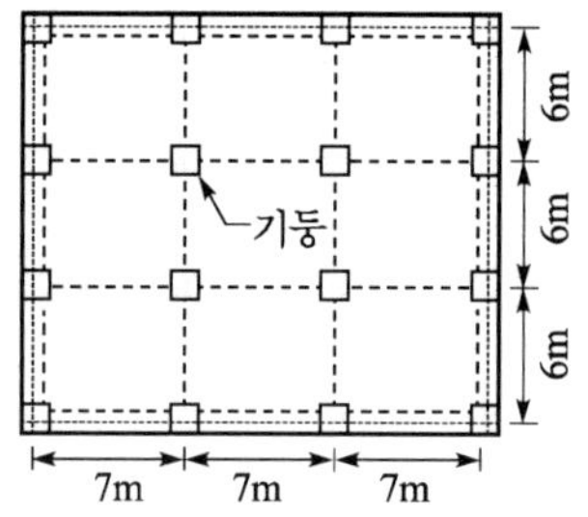

그림 8-20

풀이

(1) 슬래브의 최소 두께

보가 사용되지 않을 때 $\alpha_m = 0$ 이다.

장지간의 순경간 $l_n = 7 - 0.5 = 6.5\text{m}$

단지간의 순경간 $l_n = 6 - 0.5 = 5.5\text{m}$

$$\therefore \; h = \frac{l_n}{33} = \frac{6.5}{33} = 0.197\text{m} = 197\text{mm}$$

따라서 슬래브의 두께 $h = 200\text{mm}$ 를 사용한다.

(2) 계수 하중

슬래브의 자중 $= w_{rc}gh = 2500 \times 9.81 \times 0.2 = 4905\ \text{N/m}^2 = 4.905\ \text{kN/m}^2$

$w_d = 4.905 + 1 = 5.905\text{kN/m}^2$

따라서 계수하중 w_u 는 다음과 같다.

$$\begin{aligned} w_u &= 1.2\, w_d + 1.6\, w_l \\ &= 1.2 \times 5.905 + 1.6 \times 3 = 7.086 + 4.8 \\ &= 11.89\ \text{kN/m}^2 \end{aligned}$$

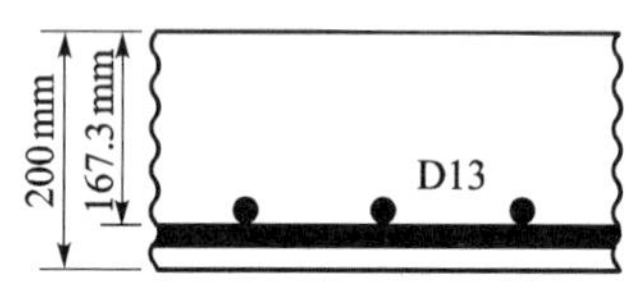

(3) 1방향전단에 대한 검토

콘크리트의 최소피복두께가 20mm이고, 휨철근으로 D13을 사용한다면, 평균유효깊이 d는 다음과 같다.

$d = 200 - 20 - 12.7 = 167.3\text{mm}$

1방향전단은 기둥으로부터 d만큼 떨어진 단면에서 폭 1m에 대해 검토한다. 그리고 이때 최소철근비 규정은 적용되지 않는다.

$$\begin{aligned} V_u &= 11.89 \times 3.083 \times 1 = 36.66\ \text{kN} \\ &= 0.03666\ \text{MN} \end{aligned}$$

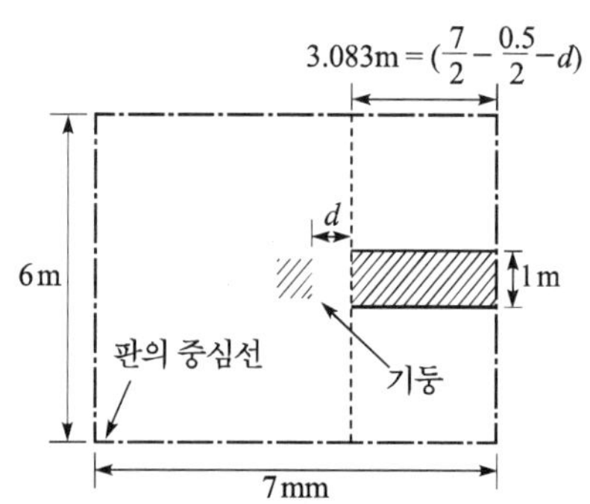

그림 8-21

$$\phi V_c = \phi\left\{\frac{1}{6}\sqrt{f_{ck}}\, b_w d\right\}$$

$$= 0.75 \times \frac{1}{6}\sqrt{28} \times 1 \times 0.1673$$

$$= 0.1107\,\text{MN} > 0.03666\,\text{MN}$$

∴ 적합하다.

(4) 2방향 전단에 대한 검토

그림 8-22에 점선으로 나타낸 것과 같이 지지점에서 $\frac{d}{2}$ 만큼 떨어진 단면에 대해 전단강도를 검토한다.

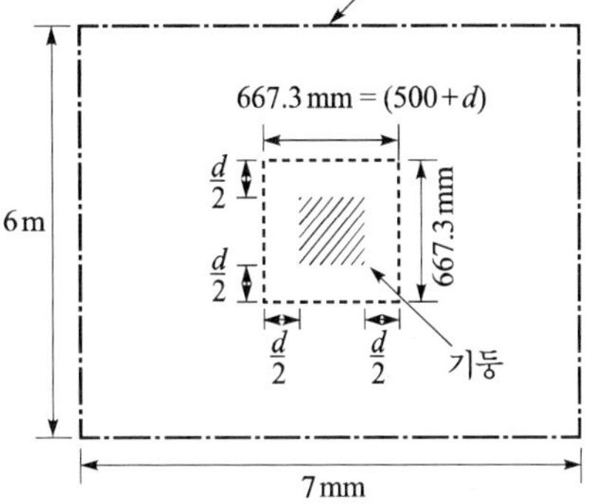

그림 8-22

$$V_u = 11.89 \times (6 \times 7 - 0.6673^2)$$

$$= 494.09\,\text{kN} = 0.4941\,\text{MN}$$

전단보강철근을 배치하지 않을 경우, 전단강도 V_c는 아래의 세식에 의한 값 중에서 가장 작은 값으로 해야 한다.

$$b_o = 4 \times 0.6673 = 2.669\text{ m}$$

$$\alpha_s = 1.0 \quad (\because \text{ 내부 기둥이므로})$$

$$k_s = (300/d)^{0.25} = (300/167.3)^{0.25}$$

$$= 1.157 \le 1.0$$

$$k_{b0} = 4/\sqrt{\alpha_s(b_0/d)} = 4/\sqrt{1.0(2669/167.3)}$$

$$= 1.00 \le 1.25$$

$$f_{te} = 0.21\sqrt{f_{ck}} = 0.21\sqrt{28} = 1.111\text{MPa}$$

$$f_{cc} = (2/3)f_{ck} = (2/3)28 = 18.667\text{MPa}$$

$$\cot\psi = \sqrt{f_{te}(f_{te} + f_{cc})}\,/\,f_{te}$$

$$= \sqrt{1.111(1.111 + 18.667)}\,/\,1.111 = 4.219$$

$$c_u = d\left[25\sqrt{\rho/f_{ck}} - 300(\rho/f_{ck})\right]$$

$$= 167.3\left[25\sqrt{0.005/28} - 300(0.005/28)\right] = 46.9\text{mm}$$

$$v_c = \lambda k_s k_{b0} f_{te} \cot\psi(c_u/d) = 1.0 \times 1.0 \times 1.0 \times 1.111 \times 4.219 \times (46.9/167.3) = 1.314\text{MPa}$$

$$V_c = v_c b_0 d = 1.314 \times 2669 \times 167.3 = 937{,}438\text{N} = 0.937\text{MN}$$

(또한, KDS 14 20 22에 따라 공칭전단강도 $V_n(=V_c)$ 는 $0.58 f_{ck} b_o c_u$를 초과하지 않아야 하는데, $0.58 f_{ck} b_o c_u = 0.85 \times 28 \times 2{,}669 \times 46.9 = 2{,}032{,}860\text{N} = 2.03\text{MN}$이므로 이 조건을 만족한다)

$\phi V_c = 0.75 \times 0.937 = 0.703\,\text{MN} > 0.4941\text{MN} = V_u$ ∴ 적합하다.

(5) 직접설계법의 적용에 대한 제한 사항검토

① 모든 하중은 연직하중으로서 슬래브판 전체에 등분포되는 것으로 간주한다. 활하중은 고정하중의 2배 이하라야 한다.

$$\frac{\text{사용 활하중}}{\text{사용 고정하중}} = \frac{3}{5.905} = 0.5080 < 2$$

∴ 적합하다.

② 각 방향으로 3경간 이상이 연속되어야 한다.
각 방향으로 3경간이 연속되어 있으므로 적합하다.

③ 각 방향으로 연속한 받침부 중심간 경간 길이의 차는 긴 경간의 $\frac{1}{3}$ 이하이어야 한다.
각 방향으로 연속한 경간의 길이가 같으므로 적합하다.

④ 슬래브판들은 단변 경간에 대한 장변 경간의 비가 2 이하인 직사각형이라야 한다.

$$\frac{L}{S} = \frac{7}{6} = 1.17 < 2$$

∴ 적합하다.

⑤ 연속한 기둥 중심선으로부터 기둥의 이탈은 이탈방향 경간의 최대 10%까지 허용된다.
기둥들이 일직선상에 있으므로 적합하다.

(6) 전체정적계수휨모멘트와 정 및 부 계수휨모멘트

장경간에 대한 전체정적계수휨모멘트 M_{OL}과 내부경간일 경우에 대해 M_{OL}이 분배된 부계수휨모멘트 M_{on}, 정계수휨모멘트 M_{op}는 다음과 같다.

$$M_{OL} = \frac{(w_u l_2)\, l_n^2}{8} = \frac{11.89 \times 6 \times 6.5^2}{8} = 376.76\,\text{kN} \cdot \text{m} = 0.3768\,\text{MN} \cdot \text{m}$$

$$M_{on} = -0.65\, M_{OL} = -0.65 \times 0.3768 = -0.2449\,\text{MN} \cdot \text{m}$$

$$M_{op} = 0.35\, M_{OL} = 0.35 \times 0.3768 = 0.1319\,\text{MN} \cdot \text{m}$$

단경간에 대한 전체정적계수휨모멘트 M_{OS}와 부계수휨모멘트 M_{on}, 정계수휨모멘트 M_{op}는 다음과 같이 구해진다.

$$M_{OS} = \frac{(w_u l_2)\, l_n^2}{8} = \frac{11.89 \times 7 \times 5.5^2}{8} = 314.71\,\text{kN} \cdot \text{m} = 0.3147\,\text{MN} \cdot \text{m}$$

$$M_{on} = -0.65\, M_{OS} = -0.65 \times 0.3147 = -0.2046\,\text{MN} \cdot \text{m}$$

$$M_{op} = 0.35\, M_{OS} = 0.35 \times 0.3147 = 0.1101\,\text{MN} \cdot \text{m}$$

(7) 소요 철근량 산정

주열대의 폭 x는 다음과 같다.

$x = 0.25 \times 6 = 1.5\,\text{m}$

따라서 장경간 방향에 대한 중간대의 폭은

$6 - 2 \times .5 = 3\text{m}$

이고, 단경간 방향에 대한 중간대의 폭은

$7 - 2 \times 1.5 = 4\,\text{m}$ 이다.

장경간 방향으로 배치되는 철근을 단경간 방향으로 배치되는 철근의 아래에 두기로 하면, 장경간 방향에 대한 유효깊이 d_L과 단경간 방향에 대한 유효깊이 d_S는 다음과 같이 구해진다. 이때 철근은 D13을 사용하는 것으로 가정하였다.

$$d_L = 200 - 20 - \frac{12.7}{2} = 173.7\,\mathrm{mm}$$

$$d_S = 200 - 20 - 12.7 - \frac{12.7}{2} = 161.0\,\mathrm{mm}$$

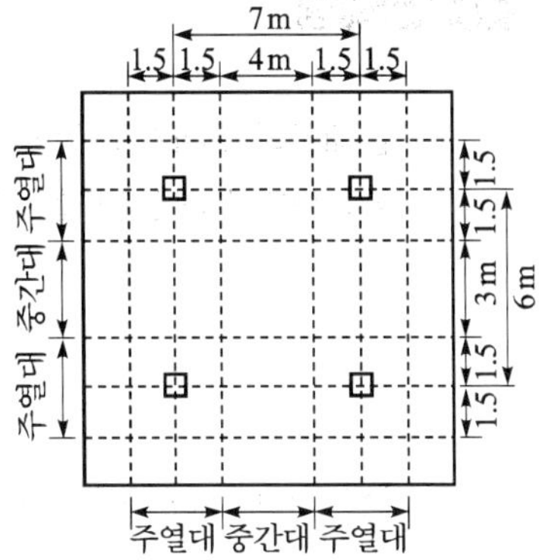

그림 8-23

소요철근을 구하는 과정은 표 8-7로 나타내었다. 표 8-7에서 R은 휨저항계수는

$$R = f_{ck}\,q(1-0.59q)$$

이며, 이 때, $q = \rho \cdot \dfrac{f_y}{f_{ck}}$과 같다. 이 식을 이용하여 철근비 ρ를 구하였다.

표 8-7

	장경간 방향				단경간 방향			
전체정적계수 휨모멘트 M_O	0.3786MN · m				0.3147MN · m			
부계수휨모멘트 $M_{on} = -0.65M_o$	−0.2449MN · m				−0.2046MN · m			
정계수휨모멘트 $M_{op} = 0.35M_o$	0.1319MN · m				0.1101MN · m			
	주열대		중간대		주열대		중간대	
계수모멘트의 분배	$0.75M_{on}$	$0.6M_{op}$	$0.25M_{on}$	$0.4M_{op}$	$0.75M_{on}$	$0.6M_{op}$	$0.25M_{on}$	$0.4M_{op}$
M_u(MN · km)	−0.1846	0.07951	−0.06152	0.05300	−0.1534	0.07159	−0.05114	0.04406
설계대의 폭 b(mm)	3000	3000	3000	3000	3000	3000	4000	4000
유효깊이 d(mm)	173.7	173.7	173.7	173.7	161.0	161.0	161.0	161.0
$R = \dfrac{M_u}{\phi bd^2}$(MPa)	2.3989	1.0334	0.7996	0.6889	−2.3210	1.0831	−0.5803	0.4999
철근비 ρ	0.00952	0.00352	0.00271	0.00233	0.00816	0.00370	0.00195	0.00168
철근량 $A_s(\mathrm{mm}^2)$	4962	1836	1413	1214	3939	1785	1261	1085
최소철근량 $A_{s,\min} = 0.002bh$ (mm^2)	1200	1200	1200	1200	1200	1200	1600	1600
사용철근	40−D13	15−D13	12−D13	10−D13	32−D13	15−D13	10−D13	9−D13
철근의 간격(mm)	75	200	350	300	90	200	300	330

연습문제

8-1 슬래브의 두께가 140mm이고, 휨철근으로 D16을 120mm 간격으로 배치한 1방향 슬래브의 설계휨강도를 구하시오. (단, $f_{ck} = 24\text{MPa}$, $f_y = 400\text{MPa}$)

8-2 폭이 360mm인 보와 일체로 된 연속 1방향 슬래브를 설계하시오. 슬래브의 경간은 4.2m이고, 3경간 이상 연속된 슬래브이며, 슬래브에는 자중을 제외한 고정하중 3kN/m^2와 활하중 7.5kN/m^2가 작용하고 있다. (단, $f_{ck} = 21\text{MPa}$, $f_y = 300\text{MPa}$)

8-3 폭이 300mm인 보와 일체로 된 연속 1방향 슬래브를 설계하시오. 슬래브의 경간은 3.8m이고, 2경간인 슬래브이며, 슬래브에는 슬래브의 자중을 제외한 고정하중 2.5kN/m^2와 활하중 6kN/m^2가 작용하고 있다. (단, $f_{ck} = 24\text{MPa}$, $f_y = 350\text{MPa}$이다.)

8-4 국내 모기업에 장기근속 했던 A씨는 퇴직금으로 경기도 ㅇㅇ군 ㅇㅇ면에 있는 별장 부지를 구입했다. 아담한 집을 지으려고 하는데 공사를 위해 부지 앞에 폭 4m의 조그만 수로가 있어서 임시로 교량을 가설해야 한다. 교대는 기존의 수로벽을 그대로 이용할 수 있다. 공사용 차량의 이동을 위해 교량의 폭은 최소 3m 정도가 필요하다. 공사용 차량하중은 15의 집중하중이 이동하는 것으로 가정할 때, 슬래브의 높이와 철근의 직경 그리고 간격을 결정하시오. (설계조건은 $f_{ck} = 24\text{MPa}$, $f_y = 300\text{MPa}$이다.)

8-5 앞 예제와 유사하게 임시로 수로를 넘어 가는 콘크리트 슬래브 교량을 가설하고자 한다. 교대는 기존의 수로벽을 그대로 이용할 수 있다. 다음의 물음에 답하시오.

(1) 교량의 연장은 6.0m, 공사용 차량의 이동을 위해 교량의 폭은 최소 3m 정도가 필요하다. 공사용 차량하중은 15 의 집중하중이 이동하는 것으로 고려할 때, 슬래브 높이를 가정하고 철근의 직경과 간격을 계산한 후 개략적인 배근도를 스케치하시오.

- $f_{ck} = 24\,\mathrm{MPa}$, $f_y = 300\,\mathrm{MPa}$
- $M_{집중하중} = \dfrac{PL}{4}$, $M_{분포하중} = \dfrac{wL^2}{8}$
- 전단은 지점부에서만 검토하고 균열 검토 수행할 것

(2) 폭 3m, 연장 6m인 슬래브 교량에 대해 슬래브의 높이를 50cm로 가정하고 철근의 간격을 150mm로 제한한다면, 아래의 조건을 갖는 경우 각각 최대 몇 ton의 차량하중이 통과할 수 있는지 결정하시오. (휨에 의한 파괴를 일으키는 집중하중의 크기와 전단에 의한 파괴를 일으키는 집중하중의 크기를 계산하고 비교하여 실제 통과 가능한 최대 하중을 결정하시오)

① 휨 철근 D19@150mm, 전단 철근이 없는 경우

② 휨 철근 D22@150mm, 전단 철근 D10@200mm(다리수 4개)

③ 휨 철근 D25@150mm, 전단 철근 D 13@200mm(다리수 4개)

※ 구조계산은 단위폭 1m를 고려하고 실제 교량의 폭은 3m인 것을 주의하시오.

CHAPTER

09 기초판

9.1 서론

확대기초는 상부 구조물의 하중을 넓은 면적에 분포시켜 지반의 허용 지지력 이내가 되도록 함으로써 구조물의 하중을 안전하게 지반에 전달하기 위하여 설치되는 구조물을 말한다. 확대기초의 종류는 하나의 기둥을 지지하는 독립기초와 2개 이상의 기둥이나 벽체를 지지하는 기초판(복합기초와 전면기초)으로 크게 나누어 볼 수 있는데, 구조의 형상에 따라 세세하게 구분하면 다음과 같다.

(1) 독립기초(isolated footing)는 하나의 기둥을 지지하는 확대기초를 말한다. 기초판의 형상은 주로 정사각형 또는 직사각형의 평판 형태를 사용한다. 그러나 경사를 두거나 계단을 만드는 경우도 있으며, 이런 경우를 각각 경사형 기초판(sloped footing), 계단형 기초판(stepped footing)이라고 한다.

(2) 벽기초(wall footing)는 벽을 지지하는 확대기초를 말한다.

(3) 복합기초(combined footing) 또는 연결 확대기초는 하나의 확대기초를 사용하여 2개 이상의 기둥을 지지하도록 만든 것을 말한다. 특히 연결 확대기초에서 하나의 보로 2개의 독립 확대기초를 연결한 것을 캔틸레버 확대기초(cantilever footing) 또는 스트랩 기초(strap footing)라고 한다.

(4) 전면기초(mat foundation)는 구조물 또는 건축물의 밑바닥 전부를 기초판으로 만든 기초이다. 이것은 기초지반이 연약한 경우에 사용된다.

(5) 말뚝기초(pile foundation)는 지반 강화를 위해 기초를 말뚝으로 만든 것을 말한다. 말뚝기초는 현장 타설 말뚝을 만들거나 또는 미리 제작된 말뚝을 박아서 설치하며, 그 위에 기초판을 만들어 기둥의 하중을 말뚝에 전달한다.

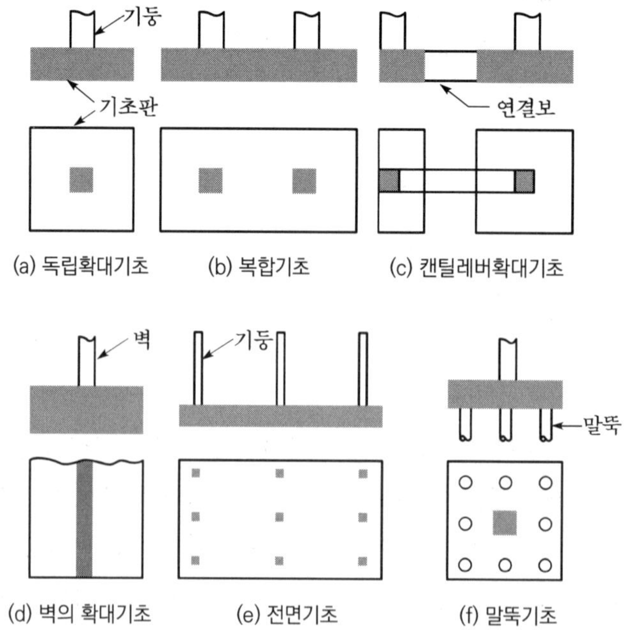

그림 9-1 기초판의 종류

9.2 독립기초

9.2.1 설계의 일반사항

이 절에서는 독립기초의 기초판 설계에 적용되는 원칙들을 살펴본다. 그리고 이러한 독립기초의 설계원칙들은 복합기초와 전면기초의 설계에도 역시 적용될 수 있다.

(1) 기초판은 계수하중과 그에 의해 발생되는 반력에 견딜 수 있도록 설계해야 한다. 즉, 기초판의 설계는 계수하중을 적용하여야 한다.

(2) 기초판의 밑면적, 말뚝의 개수와 배열은 기초판에 의해 지반 또는 말뚝에 전달되는 힘과 휨모멘트, 그리고 토질역학의 원리에 의하여 계산된 지반 또는 말뚝의 허용지지력을 사용하여 산정하여야 한다. 이 때 힘과 휨모멘트는 하중계수를 곱하지 않은 사용하중을 적용해야 한다.
(3) 말뚝기초의 기초판 설계에서 말뚝의 반력은 각 말뚝의 중심에 집중된다고 가정하여 전단력과 휨모멘트를 계산할 수 있다.
(4) 기초판에서 휨모멘트, 전단력 및 철근정착에 대한 위험단면의 위치를 정할 경우, 원형 또는 정다각형인 콘크리트 기둥이나 주각은 같은 면적을 가진 정사각형 부재로 취급할 수 있다.
(5) 기초판 윗면에서부터 하부 철근까지의 깊이는 직접기초의 경우 150mm 이상, 말뚝기초의 경우는 300mm 이상으로 하여야 한다.

구조물의 부재는 작용하는 외력에 의해 파괴되지 않도록 충분한 안전성을 확보하고 있어야 한다. 따라서 기초판의 설계는 안전율이 고려된 계수하중을 적용하여 설계해야 한다. 구조물이 침하되는 것은 좋지 않으며, 특히 부등침하는 구조물에 큰 악영향을 미칠 수 있다. 따라서 위로부터 기초판에 주어지는 하중과 지반의 지지력은 균형을 유지하고 있는 것이 좋다. 그러므로 필요한 기초판의 저면적을 구할 때에는 사용하중을 적용한다.

허용지내력은 기초판의 형태와 크기, 관입 깊이 등에 따라 달라지고, 그 분포 또한 흙의 성질과 기초판의 휨 강성 등에 따라 다르게 나타난다. 그러나 기초판을 설계할 때에는 편의를 위해 허용지내력의 분포는 중심 축하중에 대해서는 등분포로 가정하고, 편심하중에 대해서는 사다리꼴이나 삼각형분포로 가정하여 설계하며[58], 허용지내력의 크기는 토질역학의 이론에 의해 구한다.

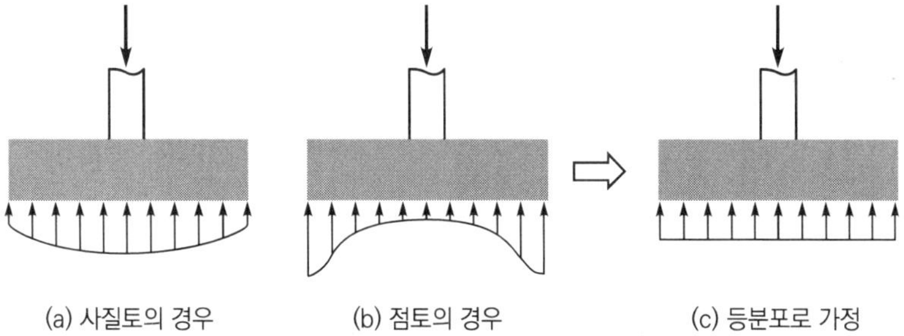

그림 9-2 중심축하중이 작용할 때 지반 지지력의 분포

58) 독립기초 밑면에 작용하는 토압의 분포는 직선으로 본다.

예제 9.1

그림과 같이 수직하중 $P = 0.2\,\mathrm{MN}$과 모멘트 $M = 0.03\,\mathrm{MN \cdot m}$가 철근콘크리트 확대기초에 작용할 때, 기초판의 저면에 발생하는 토압의 최대값과 최소값을 구하시오. 단 기초판의 자중은 무시한다.

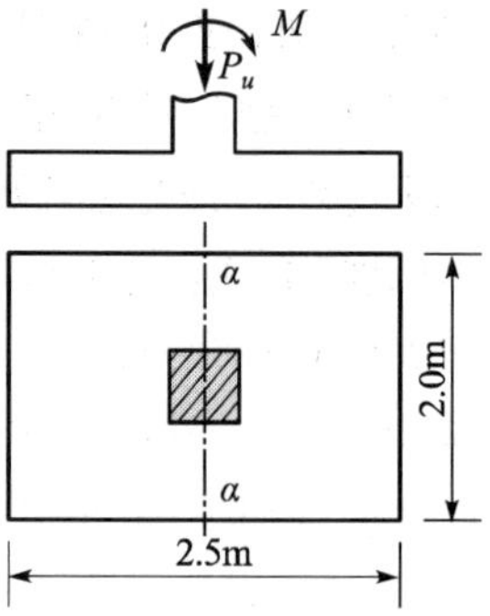

그림 9-3

풀이

$a \sim a$ 축에 대한 기초판의 단면2차모멘트 I는 다음과 같다.

$$I = \frac{bh^3}{12} = \frac{2.0 \times 2.5^3}{12} = 2.604\,\mathrm{m}^4$$

기초판의 저면에 발생하는 토압의 최대값 $q_{\max}$과 최소값 $q_{\min}$은 다음과 같이 구해진다.

$$q_{\max} = \frac{P}{A} + \frac{M}{I}y$$

$$= \frac{0.2}{2.0 \times 2.5} + \frac{0.03}{2.604} \times \frac{2.5}{2}$$

$$= 0.05440\ \mathrm{MPa}$$

$$q_{\min} = \frac{0.2}{2.0 \times 2.5} - \frac{0.03}{2.604} \times \frac{2.5}{2}$$

$$= 0.02560\ \mathrm{MPa}$$

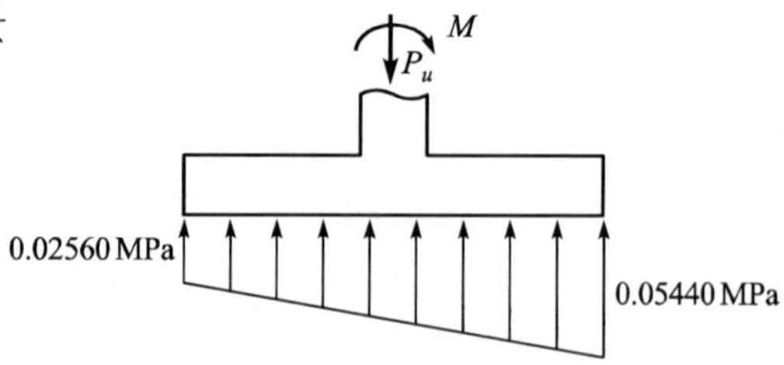

그림 9-4

9.2.2 기초판의 넓이

확대기초는 기둥으로부터 전달되는 하중을 넓게 분포시켜 지반에 전달함으로써 침하가 발생되지 않도록 하기 위한 구조물이다. 따라서 다음과 같이 기초판의 면적을 결정한다.

> 기둥으로부터 전달되는 하중에 의해 기초판 저면에 작용하는 압력이 지반의 허용지내력 보다 크지 않도록 기초판의 면적을 결정한다. 이때 기둥에 의해 기초판에 작용하는 하중은 사용하중(service load)이 적용된다.

$$A = \frac{P}{q_a} \tag{9.1}$$

A : 기초판의 넓이(만일 직사각형 판이면 $A = S \cdot L$이다.)

P : 기둥으로부터 기초판에 전달되는 하중 (사용하중이 적용된다.)

q_a : 허용지내력

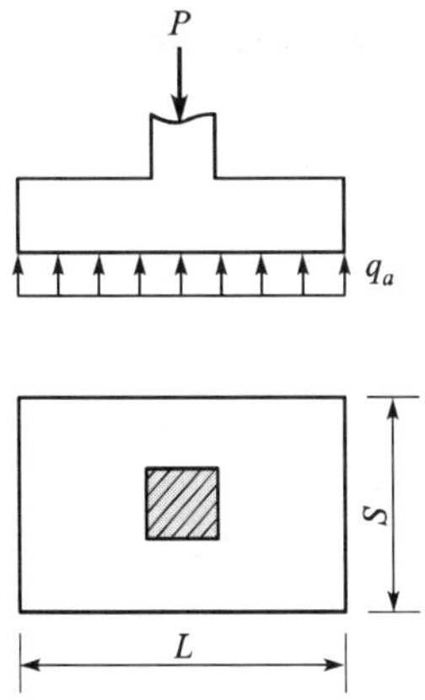

그림 9-5 독립확대기초

예제 9.2

그림과 같은 정사각형 확대기초가 상부의 기둥으로부터 사용고정하중 1MN, 사용활하중 0.7MN을 받고 있다. 하중을 지반에 안전하게 전달하기 위해 필요한 확대기초의 한 변의 길이를 구하시오. 지반의 허용지내력 $q_a = 0.2\text{MPa}$, 철근콘크리트의 단위질량 $m_{rc} = 2500\text{kg/m}^3$ 이다.

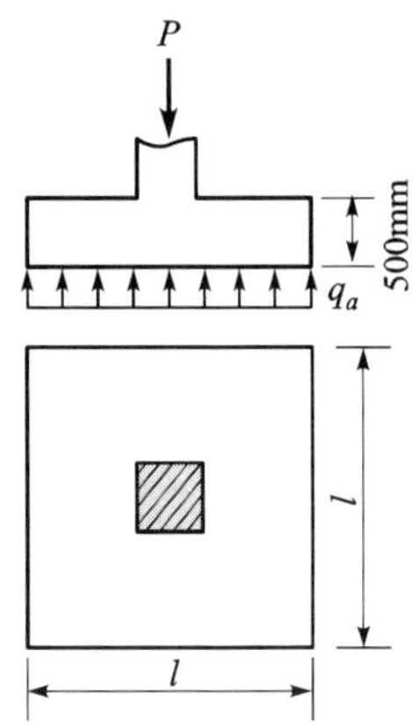

그림 9-6

풀이

기초판의 소요넓이는 사용하중을 적용하여 구한다. 따라서 기초판의 저면에 작용하는 하중 P는 기둥으로부터 전달되는 사용하중과 기초판의 자중을 고려하여 다음과 같이 구한다.

$P = 1 + 0.7 + 2500 \times 9.81 \times 10^{-6}(0.5l^2) = 1.7 + 0.01226l^2 \text{ MN}$

따라서 기초판의 한변의 길이 l은 다음과 같이 구해진다.

$A = \dfrac{P}{q_a}$

$l^2 = \dfrac{1.7 + 0.01226l^2}{0.2}$

$\therefore\ l = 3.01\text{m}$

9.2.3 휨모멘트에 대한 설계

[1] 휨모멘트에 대한 위험단면

기초판의 최대 계수휨모멘트를 구할 때, 그 위험단면은 다음과 같다.

(1) 콘크리트로 된 기둥, 주각 또는 벽체를 지지하는 기초판은 기둥, 주각 또는 벽체의 외면을 위험단면으로 본다.
(2) 조적조[59] 벽체를 지지하는 기초판에서는 벽체의 중심과 벽체의 중심과 단부의 중간을 위험단면으로 본다. (그림 9-7(a)를 참고할 것)
(3) 강재 밑판을 갖는 기둥을 지지하는 기초판은 기둥 외측면과 강재 밑판 단부의 중간을 위험단면으로 본다. (그림 9-7(b)를 참고할 것)
(4) 독립기초에서 콘크리트로 된 기둥이나 주각이 원형 또는 정다각형일 경우는 그것과 같은 면적을 가진 정사각형 단면으로 환산하여 그 전면을 위험단면으로 볼 수 있다. (그림 9-7(c)를 참고할 것)

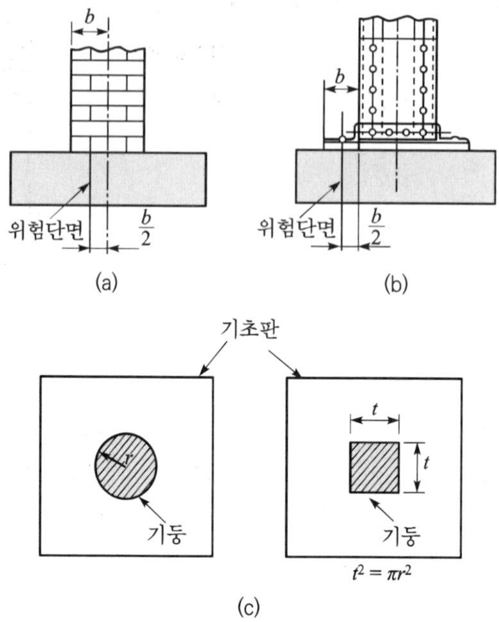

그림 9-7 휨에 대한 위험단면

59) 조적식구조(組積式構造, **masonry structure**)는 벽돌, 돌, 시멘트 블록 등과 같은 개개의 재료를 교착재로 붙여 구성한 구조를 말한다.

[2] 위험단면에 대한 휨모멘트

기초판의 각 단면에 작용하는 휨모멘트는 그 수직단면을 따라 기초판을 두 쪽으로 절단했을 때, 절단된 한쪽의 전체 수평면적에 작용하는 힘으로부터 구한다. 그리고 기초판의 단면을 설계할 경우에는 계수하중을 적용하여 소요휨강도를 구한다.

그림 9-8과 같이 직사각형 기초판을 가진 확대기초에서 위험단면 a~a에 작용하는 휨모멘트를 구해 보면, 단면 a~a의 바깥부분의 전체 수평면적에 작용하는 힘은 토압 q에 의해 $q\left\{\frac{1}{2}(L-t)S\right\}$이므로 단면 a~a에 작용하는 휨모멘트 M은 다음과 같다.

$$M = (\text{응력} \times \text{단면적}) \times \text{도심까지의 거리}$$

$$= q \times \left\{\frac{L-t}{2} \times S\right\} \times \left\{\frac{L-t}{4}\right\}$$

$$= \frac{1}{8} q S (L-t)^2 \tag{9.2}$$

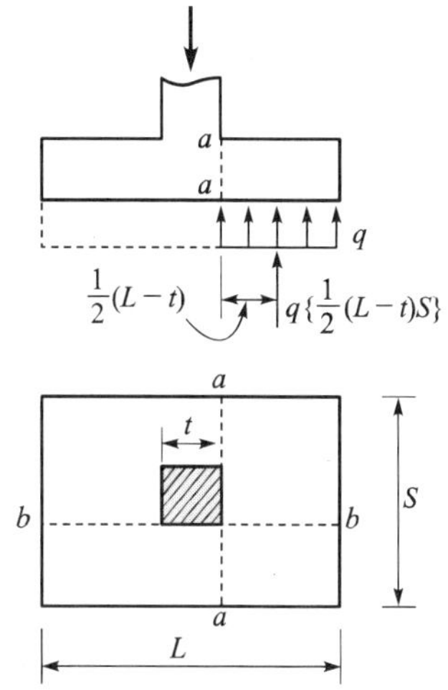

그림 9-8 위험단면에 작용하는 휨모멘트

기초판의 설계는 먼저 사용하중을 적용하여 기초판의 면적 A를 결정하고 난 뒤에 계수하중을 적용하는 강도설계법으로 기초판의 단면을 설계한다. 따라서 소요휨강도를 구하기 위해, 계수하중 P_u가 작용할 경우에 대한 지반의 극한지지력 q_u를 구하면 다음과 같고,

$$q_u = \frac{P_u}{A} \tag{9.3}$$

단면a ~ a의 소요휨강도 M_u는 다음과 같이 구해진다.

$$M_u = \frac{1}{8} q_u S (L-t)^2 \tag{9.4}$$

위험단면 $b \sim b$에 대한 소요휨강도 역시 같은 방법으로 구할 수 있다.

예제 9.3

그림과 같은 정사각형 독립확대 기초에 기초판의 자중을 포함한 고정하중 1.5MN과 활하중 0.5MN이 수직 방향으로 작용하고 있다. 휨에 대한 위험단면의 소요휨강도 M_u를 구하시오.

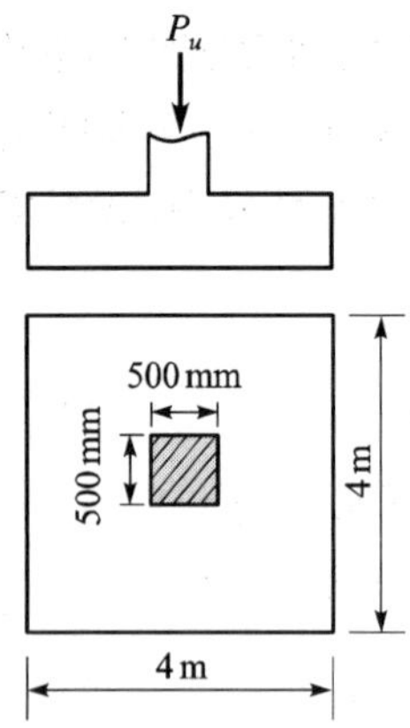

그림 9-9

풀이

기초판의 단면을 설계할 때에는 계수하중을 적용해야 한다. 따라서 먼저 계수하중 P_u에 의한 지반의 극한지지력 q_u를 구한다.

$$P_u = 1.2D + 1.6L = 1.2 \times 1.5 + 1.6 \times 0.5 = 2.60 \text{ MN}$$

$$q_u = \frac{P_u}{A} = \frac{2.60}{4 \times 4} = 0.1625 \text{ MPa}$$

콘크리트로 된 기둥을 지지하는 기초판에 있어서는 기둥의 전면을 휨에 대한 위험단면으로 본다. 따라서 기둥의 전면을 지나는 기초판의 단면에 대한 소요휨강도 M_u는 다음과 같이 구해진다.

$$M_u = \frac{1}{8} q_u S(L-t)^2 = \frac{1}{8} \times 0.1625 \times 4(4-0.5)^2$$

$$= 0.9953 \text{ MN} \cdot \text{m}$$

[3] 휨 철근의 배치

확대기초에서의 휨 철근은 다음과 같이 배치한다.

(1) 1방향 기초판, 또는 2방향 정사각형 기초판에서 철근은 기초판 전체 폭에 균등하게 배치시켜야 한다.

(2) 2방향 직사각형 기초판의 각 방향 철근배치는 다음 규정을 따라야 한다.

① 장변 방향으로의 철근은 폭 전체에 균등히 배치시킨다.

② 단변 방향의 철근은 다음 식으로 구한 철근량을 유효폭 내에 균등하게 배치한 후, 나머지 철근량을 유효폭 이외의 부분에 균등하게 배치시킨다. 여기서, 유효폭은

기둥이나 받침대의 중심선이 유효폭의 중심이 되도록 하며, 기초판의 단면 길이로 취한다.

$$\frac{A_{se}}{A_{ss}} = \frac{2}{\beta+1} \tag{9.5}$$

A_{se} : 유효폭 내에 배치되는 철근량

A_{ss} : 단면 방향의 전체 철근량

β : 기초판의 단변에 대한 장변의 비$\left(=\frac{장변}{단변}=\frac{L}{S}\right)$

9.2.4 전단 설계

기초판의 전단거동은 집중하중을 받는 슬래브의 경우와 같다. 따라서, 기초판의 전단거동은 1방향 작용일 경우와 2방향 작용일 경우로 나누어 다루며, 기초판의 전단설계는 이 중에서 불리한 쪽에 대하여 검토해야 한다.

[1] 1방향 작용일 경우

기초판이나 슬래브가 폭이 넓은 보와 같이 거동하는 것을 1방향 작용이라고 한다. 이와 같이 기초판이 폭이 넓은 보와 같이 거동함으로써 위험단면이 기둥의 전면으로부터[60] 유효깊이 d만큼의 거리에서 전체 폭에 해당된다고 볼 수 있는 경우에는 그 전단설계를 보의 경우와 같이 한다.

그림 9-10에 나타낸 기초판이 보와 같이 거동할 경우, 전단에 대한 위험단면은 기둥의 전면으로부터 유효깊이 d 만큼의 거리에 있는 단면이며, 위험단면에 작용하는 계수전단력은 다음과 같이 구해진다.

$$V_u = q_u S\left(\frac{L-t}{2} - d\right) \tag{9.6}$$

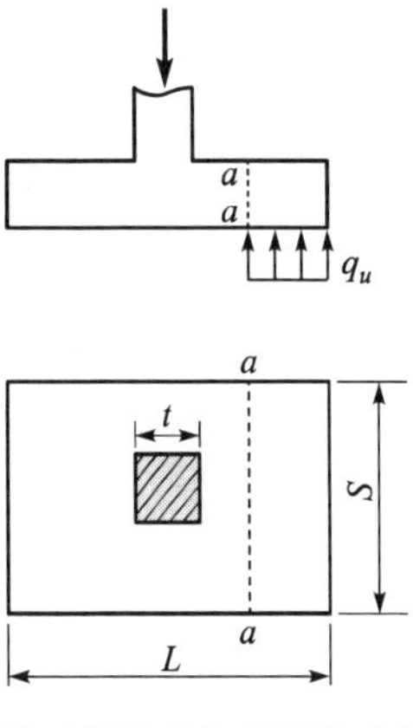

그림 9-10 1방향 작용일 경우 전단에 대한 위험단면

60) 강재 베이스 플레이트를 갖는 기둥을 지지하는 기초판은 기둥 외면과 강재 베이스 플레이트 단부와의 중간으로부터 위험단면을 산정한다.

[2] 2방향 작용일 경우

기초판이 2방향 슬래브와 같이 거동함으로써 위험단면이 집중하중을 받는 면적의 주위에 걸쳐 연장되는 경우, 즉 펀칭전단이 발생한다고 볼 수 있는 경우에는 집중하중을 받는 2방향 슬래브와 같이 전단설계를 한다. 이 경우 위험단면은 기둥전면으로부터 $\frac{d}{2}$만큼 떨어진 단면으로 본다.

기초판이 2방향 슬래브와 같이 거동할 경우, 전단에 대한 위험단면은 그림 9-11에 나타낸 바와 같이 기둥전면으로부터 $\frac{d}{2}$만큼 떨어진 단면으로 본다. 따라서 위험단면의 둘레 길이 b_0는 다음과 같고,

$$b_0 = 4(t+d) \tag{9.7}$$

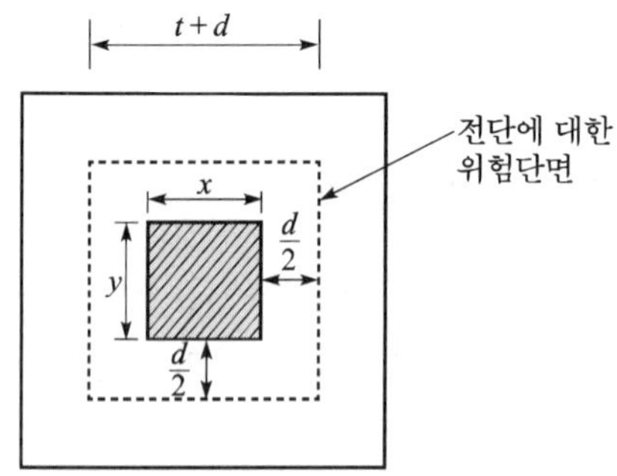

그림 9-11 2방향 작용일 경우 전단에 대한 위험단면

위험단면에 작용하는 계수전단력은 다음과 같이 구해진다.

$$V_u = q_u\{SL-(t+d)^2\} \tag{9.8}$$

예제 9.4

그림과 같은 독립확대기초에 2방향 작용에 의한 펀칭전단이 발생한다고 할 때, 전단에 대한 위험단면의 둘레길이 b_o와 위험단면에 작용하는 소요전단강도 V_u를 구하시오. 기초판에는 자중을 포함한 고정하중 1MN과 활하중 0.3MN이 수직으로 작용하고 있으며, 기초판의 유효깊이 $d=\ 600\,\text{mm}$ 이다.

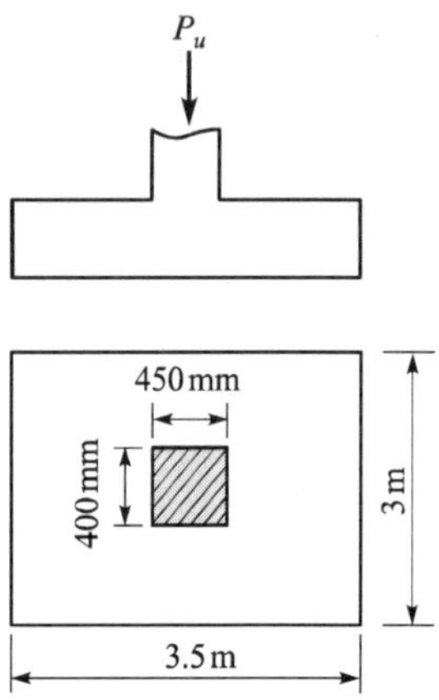

그림 9-12

풀이

2방향 작용일 경우 전단에 대한 위험단면은 기둥의 전면으로부터 $\frac{d}{2}$ 만큼 떨어진 단면이다. 따라서 그림 9-13에 점선으로 나타낸 것이 위험단면이며, 그 둘레의 길이가 b_0는 다음과 같이 구해진다.

$b_o = 2 \times 1050 + 2 \times 1000 = 4100\,\text{mm}$

계수하중 P_u는 다음과 같고,

$P_u = 1.2D + 1.6L = 1.2 \times 1 + 1.6 \times 0.3 = 1.68\ \text{MN}$

지반의 극한지지력 q_u는 다음과 같다.

$q_u = \frac{P_u}{A} = \frac{1.68}{3.5 \times 3} = 0.160\ \text{MN/m}^2$

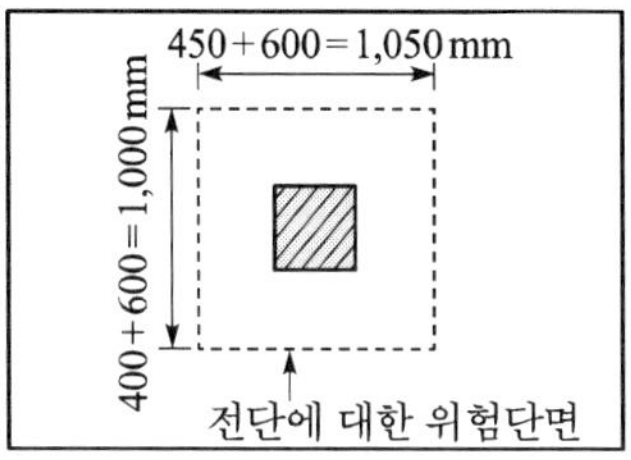

그림 9-13

따라서 위험단면에 대한 소요전단강도 V_u는 다음과 같이 구해진다.

$V_u = q_u\{SL - (\text{위험단면 내부의 면적})\}$

$= 0.160\{3 \times 3.5 - 1.05 \times 1.0\}$

$= 1.512\ \text{MN}$

9.2.5 지압 강도(bearing strength)

기둥으로부터 기초판에 전달되는 모든 하중은 콘크리트와 철근의 압축에 의해 전달된다. 따라서 기둥과 기초판에 작용하는 지압력이 설계지압강도를 초과해서는 안 된다. 콘크리트의 공칭지압강도는 $0.85f_{ck}$이다. 따라서 콘크리트의 설계지압강도 P_{db}는 다음 값을 초과할 수 없다.

$$P_{db} \leq \phi(0.85 f_{ck} A_1) \tag{9.9}$$

A_1 : 재하 면적(loaded area)

ϕ : 콘크리트의 지압에 대한 강도감소계수($\phi = 0.65$)

하중을 지지하는 표면이 재하면 보다 모든 변에서 큰 경우, 즉 확대기초에서와 같이 기둥의 하중을 지지하는 기초판의 표면이 기둥의 밑면보다 모든 변에서 큰 경우, 재하면의 콘크리트 설계지압강도 P_{db}는 다음 식으로 구할 수 있다.

$$P_{db} \leq \phi(0.85 f_{ck} A_1) \cdot \sqrt{\frac{A_2}{A_1}} \tag{9.10}$$

여기서, $\sqrt{\frac{A_2}{A_1}}$ 값은 2이하로 해야 한다.

A_1 : 재하면적

A_2 : 상부의 재하 면적으로부터 수직 1, 수평 2의 비율로 측면 경사를 취하여, 지지부 내부에 완전히 포함된 가장 큰 피라미드, 원뿔 또는 쐐기모양의 하부 면적이며, 그림 9-14에 나타내었다.

기둥의 지압력이 콘크리트의 설계지압강도를 초과할 경우에는 종방향 주철근을 받침부재 또는 기초판까지 연장시키거나, 다우얼 철근(연결 철근, dowel)을 사용하여 초과하중을 기초에 전달시켜야 한다. 연결철근의 소요철근량 A_s는 다음과 같이 구할 수 있다.

$$P_u = \phi(P_{nb} + f_y A_s) \tag{9.11}$$

$$A_s = \frac{P_u - \phi P_{nb}}{\phi f_y} \tag{9.12}$$

여기서, $P_{db} = \phi P_{nb} = \phi(0.85 f_{ck} A_1)$이다.

작용하는 지압력이 콘크리트의 설계지압강도를 초과하지 않을 경우에도 기둥과 기초의 접촉면을 통과하는 최소한의 보강철근을 두는 것이 좋다. 이때 현장치기콘크리트 기둥과 주각의 경우에는 양 부재의 접촉면을 통과하는 철근량이 기둥 단면적의 0.005배 이상이 되어야 한다.

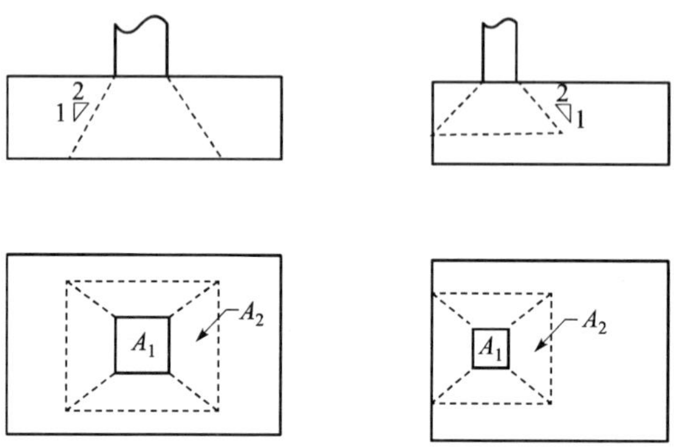

그림 9-14 기초판의 재하면적

기초에서 압축력만을 받는 D41과 D51인 종방향철근은 힘을 전달하는 철근으로 사용되는 다월철근과 겹침이음 할 수 있다. 다월철근은 D35 이하이어야 하며, D41 또는 D51 철근의 정착길이와 또는 다월철근의 압축겹침이음길이 중 큰 값 이상으로 지지되는 부재 속으로 연장하여야 하며, 기초판 속으로는 다월철근의 정착길이 이상으로 연장하여야 한다.

9.3 독립기초의 설계

예제 9.5

단면이 500 mm × 500 mm 인 기둥이 축방향으로 고정하중 1MN과 활하중 0.8MN을 받고 있을 때, 이 기둥을 지지하기 위한 독립기초를 설계하시오. 기둥은 주철근으로 8 − D 29가 배근되어 있으며, 띠철근으로 보강되어 있다. 지반의 허용지내력은 $0.24\mathrm{MN/m^2}$ 이며, 기초판의 하부는 지표면으로부터 1.2m 아래에 설치되고, 흙의 단위질량 $\gamma = 1730\,\mathrm{kg/m^3}$ 이다. $f_{ck} = 24\mathrm{MPa}$, $f_y = 300\mathrm{MPa}$을 사용하고, 주변의 여건에 의해 기초판의 한변의 길이는 2.5 m 이하로 해야만 한다.

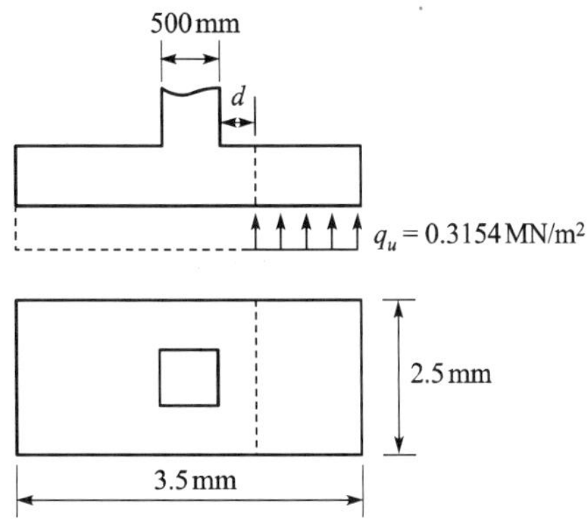

그림 9-15

풀이

(1) 기초판의 넓이

먼저 기초판의 하면에 대한 실제의 허용지내력을 구한다.

기초판의 두께를 600 mm 라고 가정하면 다음과 같이 된다.

$$q_a = 0.24 - (\text{기초판 위의 토압}) - (\text{기초판의 자중})$$
$$= 0.24 - 1730 \times 9.81 \times (1.2 - 0.6) \times 10^{-6} - 2500 \times 9.81 \times 0.6 \times 10^{-6}$$
$$= 0.2151\,\mathrm{MN/m^2}$$

기초판이 지지해야할 사용하중 P

$$P = D + L = 1 + 0.8 = 1.8\,\mathrm{MN}$$

기초판의 소요면적 A

$$A = \frac{P}{q_a} = \frac{1.8}{0.2151} = 8.368\,\mathrm{m^2}$$

따라서 기초판은 다음과 같은 면적을 갖는 직사각형을 사용하기로 한다.

$$A = 2.5 \times 3.5 = 8.75\,\mathrm{m^2} > 8.368\,\mathrm{m^2}$$

(2) 기초판의 두께

기초판의 단면을 설계할 때에는 계수하중을 적용해야 한다. 따라서 계수하중 P_u 에 의한 극한지지력 q_u 를 구한다.

$$P_u = 1.2D + 1.6L = 1.2 \times 1 + 1.6 \times 0.8 = 2.48\,\mathrm{MN}$$

$$q_u = \frac{P_u}{A} = \frac{2.48}{8.75} = 0.2834\,\mathrm{MN/m^2}$$

전단철근을 사용하지 않고 전단력에 견딜 수 있도록 기초판의 두께를 정하는 것이 설계할 때에 편리하다.

기초판의 전단 설계는 전단 거동이 1방향 작용일 경우와 2방향 작용일 경우 중에서 불리한 쪽에 대하여 검토해야 한다.

따라서 먼저 전단거동이 1방향 작용일 경우에 전단 철근을 사용하지 않아도 되는 기초판의 두께를 구해 보자.

전단에 대한 위험단면은 1방향 작용일 경우는 기둥의 전면으로부터 유효깊이 d만큼 떨어진 단면이다.

위험단면에서의 소요전단강도 V_u

$$V_u = q_u S\left(\frac{L-t}{2} - d\right)$$

$$= 0.2834 \times 2.5\left(\frac{3.5-0.5}{2} - d\right)$$

$$= 1.063 - 0.7085\, d$$

$V_u \leqq \phi V_c$가 되어야 한다.

$$V_u \leqq \phi\left(\frac{1}{6}\sqrt{f_{ck}}\, b\, d\right)$$

$$(1.063 - 0.7085\, d) \leqq 0.75\left(\frac{1}{6}\sqrt{24} \times 2.5\, d\right)$$

$$\therefore\ d \geqq 0.4747\,\mathrm{m} = 474.7\,\mathrm{mm}$$

그러므로 $d = 520\,\mathrm{mm}$ 를 사용하기로 한다. 기초판은 흙에 접하여 콘크리트를 친 후 영구히 흙속에 묻히는 구조물이므로 피복 두께는 80mm 이상을 확보해야 한다.

또 휨에 대한 인장철근으로 D25를 사용한다면, 기초판의 두께는 다음과 같이 구해진다.

$$h = 520 + 80 + 25.4/2 = 612.7\,\mathrm{mm} \fallingdotseq 620\,\mathrm{mm}$$

다음으로 기초판의 전단거동이 2방향 작용일 경우에 대해서도 $d = 520\,\mathrm{mm}$ 를 취한다면 전단 철근을 사용하지 않아도 되는지 검토해 보자. 2방향 작용일 경우 전단에 대한 위험 단면은 기둥의 전면으로부터 $d/2$ 만큼 떨어진 단면이다.

2방향 작용일 경우, 위험단면에서의 소요전단강도 V_u

$$V_u = q_u\{SL - (t+d)^2\}$$

$$= 0.2834\{2.5 \times 3.5 - (0.5 + 0.48)^2\}$$

$$= 2.208\ \mathrm{MN}$$

2방향 작용일 경우, 전단철근을 사용하지 않은 기초판의 전단강도 V_c는 개정된 2012년 콘크리트구조기준에 따라서 다음과 같이 계산한다.

$$b_0 = 4(t+d) = 4(0.5 + 0.52) = 4.08\,\mathrm{m}$$

$$\alpha_s = 1.0 \qquad (\because\ 내부\ 기둥이므로)$$

$$k_s = (300/d)^{0.25} = (300/520)^{0.25} = 0.872 \leq 1.0$$

$$k_{b0} = 4/\sqrt{\alpha_s(b_0/d)} = 4/\sqrt{1.0(3920/520)} = 1.457 \leq 1.25$$

$f_{te} = 0.21\sqrt{f_{ck}} = 0.21\sqrt{24} = 1.029\text{MPa}$

$f_{cc} = (2/3)f_{ck} = (2/3)24 = 16.0\text{MPa}$

$\cot\psi = \sqrt{f_{te}(f_{te} + f_{cc})} / f_{te} = \sqrt{1.029(1.029 + 16.0)} / 1.029 = 4.068$

$c_u = d\left[25\sqrt{\rho / f_{ck}} - 300(\rho / f_{ck})\right]$

$\quad = 520\left[25\sqrt{0.005457/24} - 300(0.005457/24)\right] = 160.6\text{mm}$

$v_c = \lambda k_s k_{bo} f_{te} \cot\psi (c_u / d)$

$\quad = 1.0 \times 0.872 \times 1.25 \times 1.029 \times 4.068 \times (160.6/520) = 1.409\text{MPa}$

$V_c = v_c b_0 d = 1.409 \times 4080 \times 520 = 2{,}989{,}334\text{N} = 2.989\text{MN}$

$\therefore\ V_c = 2.989\ \text{MN}$

$\phi V_c = 0.75 \times 2.989 = 2.242\text{MN} > 2.208\text{MN} = V_u$

∴ 전단보강 불필요

(3) 장변 방향에 대한 휨설계

콘크리트로 된 기둥을 지지하는 기초판의 휨에 대한 위험 단면은 기둥의 전면이다. 장변 방향과 연직을 이루고 있는 기둥의 전면에 작용하는 소요휨강도 $M_{u,L}$ 은 다음과 같다.

$$M_{u,L} = q_u\left\{\frac{L-t}{2} \times S\right\} \times \left\{\frac{L-t}{4}\right\}$$

$$= 0.2834\left\{\frac{3.5-0.5}{2} \times 2.5\right\} \times \left\{\frac{3.5-0.5}{4}\right\}$$

$$= 0.7971\ \text{MN}\cdot\text{m}$$

단면에서는 휨에 대하여 다음 두 조건식이 만족되어야 하며, 다음 두 식으로부터 소요 인장철근량 $A_{s,L}$ 를 구할 수 있다.

$$0.85 f_{ck} a b = A_{s,L} f_y$$

$$M_{u,L} = \phi A_{s,L} f_y \left(d - \frac{a}{2}\right)$$

위의 두 식에서 $A_{s,L}$ 과 a 만 미지수이다. 따라서 두 식을 정리하여 2차방정식을 풀거나, 또는 시산법을 사용하여 해를 구할 수 있다. 시산법을 이용하면 다음과 같다.

$a = 50\text{mm} = 0.05\text{m}$ 로 가정

$$A_{s,L} = \frac{M_{u,L}}{\phi f_y\left(d - \frac{a}{2}\right)} = \frac{0.7971}{0.85 \times 300\left(0.52 - \frac{0.05}{2}\right)} = 0.006315\,\text{m}^2$$

$$a = \frac{A_{s,L} f_y}{0.85 f_{ck} b} = \frac{0.006315 \times 300}{0.85 \times 24 \times 2.5} = 0.03715\,\text{m} \neq 0.05\text{m}$$

$a = 0.03715\text{m}$ 로 가정

$$A_{s,L} = \frac{0.7971}{0.85 \times 300\left(0.52 - \frac{0.03715}{2}\right)} = 0.006234\,\text{m}^2$$

$$a = \frac{0.006234 \times 300}{0.85 \times 24 \times 2.5} = 0.03667\,\text{m} \fallingdotseq 0.037\text{m}$$

$\therefore \ A_{s,L} = 0.006234\text{m}^2 = 6234\,\text{mm}^2$

인장철근으로 14-D25를 사용한다고 하면,

$A_{s,L} = 14 \times 506.7 = 7093.8\,\text{mm}^2 > 6234\,\text{mm}^2$

이다. 계산된 인장철근량이 비교적 적어 보이므로 최소철근비에 대해서만 검토해 보기로 한다. 인장철근비는 다음과 같고,

$$\rho = \frac{A_{s,L}}{bd} = \frac{7093.8}{2500 \times 520} = 0.005457$$

최소철근비에 대해 검토해본다. 사각형 단면의 경우 다음 식으로 계산한다.

$$\rho_{\min} = 0.178 \frac{\lambda \sqrt{f_{ck}}}{\phi f_y} = 0.178 \frac{1 \times \sqrt{24}}{0.85 \times 300} = 0.00342$$

$\therefore \ \rho_{\min} = 0.00342$

$\rho > \rho_{\min}$ 임으로 단면에는 14-D25($A_{s,L} = 7093.8\,\text{mm}^2$)를 배치한다.

14-D25를 배치했을 때의 휨강도를 검토해 보자.

일반적으로 단변방향 보다는 장변방향에 대한 위험단면이 더 큰 휨모멘트를 받으므로 장변방향으로 배치되는 철근을 단변방향의 것보다 아래쪽에 놓는 것이 좋다. 따라서 유효깊이 d는 다음과 같이 된다.

$$d = 620 - 80 - \frac{25.4}{2} = 527.3\,\text{mm} = 0.5273\,\text{m}$$

$0.85 f_{ck} ab = A_{s,L} f_y$

$0.85 \times 24 \times a \times 2.5 = 7093.8 \times 10^{-6} \times 300$

$\therefore \ a = 0.04173\text{m}$

$$M_{d,L} = \phi A_{s,L} f_y \left(d - \frac{a}{2}\right) = 0.85 \times 7093.8 \times 10^{-6} \times 300 \left(0.5237 - \frac{0.04173}{2}\right)$$

$$= 0.9161 MN \cdot m > M_{u,L} = 0.7971\text{MN} \cdot \text{m}$$

$\therefore$ 적합하다.

인장철근의 정착길이를 검토한다.

D25의 기본정착길이 l_{db}는 다음과 같다.

$$l_{db} = \frac{0.6 d_b f_y}{\lambda \sqrt{f_{ck}}} = \frac{0.6 \times 25.4 \times 300}{1.0 \times \sqrt{24}} = 933.3\text{mm}$$

사용되는 철근이 D25이다. 그리고 검토는 생략하였으나 정착되는 철근의 순간격이 $2d_b$ 이상이고, 피복두께가 d_b 이상인 경우에 해당되기 때문에 적용해야할 보정계수는 $\alpha\beta$이다. 인장철근은 단면의 하부에 배치된다. 또한 에폭시 도막이 되지 않은 보통의 철근을 사용하고, 보통중량콘크리트를 사용한다면, 보정계수는 다음과 같이 구해진다.

따라서 정착길이 l_d는 다음과 같다.

$l_d = 1.0 \times 933.3 = 933.3\,\mathrm{mm}$

기초판의 측면에도 피복두께를 확보해야 하므로 인장철근을 정착할 수 있는 길이는 기둥의 전면으로부터 다음과 같이 구해지는 길이 l 만큼이다.

$$l = \frac{3500-500}{2} - 80 = 1420\,\mathrm{mm} > 933.3\,\mathrm{mm} = l_d$$

∴ 정착길이는 충분하다.

(4) 단변 방향에 대한 휨설계

단변 방향과 연직을 이루는 기둥의 전면에 작용하는 소요휨강도 $M_{u,S}$는 다음과 같다.

$$M_{u,S} = q_u\left\{\frac{S-t}{2}\times L\right\}\times\left\{\frac{S-t}{4}\right\}$$

$$= 0.2834\left\{\frac{2.5-0.5}{2}\times 3.5\right\}\times\left\{\frac{2.5-0.5}{4}\right\}$$

$$= 0.4960\,\mathrm{MN}\cdot\mathrm{m}$$

인장철근량 $A_{s,S}$는 다음 식으로부터 구한다.

$$0.85 f_{ck}ab = A_{s,S}f_y$$

$$M_{u,S} = \phi A_{s,S} f_y\left(d-\frac{a}{2}\right)$$

여기서는 위의 첫 번째 식을 $A_{s,S}$에 대하여 정리한 후, 두 번째 식에 대입하여 얻어지는 2차방정식을 풀어 해를 구해보기로 한다.

$$0.85\times 24\times a\times 3.5 = A_{s,S}\times 300$$

$$A_{s,S} = 0.238a$$

$$0.5520 = 0.85\times(0.238a)\times 300\left(0.4946-\frac{a}{2}\right)$$

$$30.345a^2 - 30.0173a + 0.5520 = 0$$

$$\therefore\ a = 0.01874\mathrm{m}$$

$$A_{s,S} = \frac{M_{u,S}}{\phi f_y\left(d-\frac{a}{2}\right)} = \frac{0.4960}{0.85\times 300\left(0.4946-\frac{0.01874}{2}\right)} = 0.004009\mathrm{m}^2 = 4009\,\mathrm{mm}^2$$

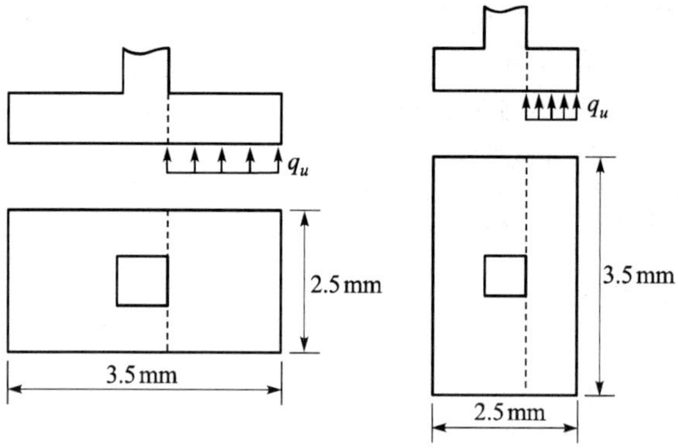

그림 9-16

인장철근비

$$\rho = \frac{A_{s,S}}{bd} = \frac{4009}{3500 \times 494.6} = 0.002316$$

최소철근비에 대해 검토해본다. 사각형 단면의 경우 다음 식으로 계산한다.

$$\rho_{\min} = 0.178 \frac{\lambda\sqrt{f_{ck}}}{\phi f_y} = 0.178 \frac{1 \times \sqrt{24}}{0.85 \times 300} = 0.00342$$

$\therefore \ \rho_{\min} = 0.00342$

$\rho < \rho_{\min}$ 임으로 단면에는 최소철근비 이상의 철근을 배치해야 한다.

최소철근량 $A_{s,\min}$ 은 다음과 같다.

$$A_{s,\min} = \rho_{\min} bd = 0.00342 \times 3500 \times 494.6 = 5920\,\mathrm{mm}^2$$

따라서 17-D25를 사용하기로 한다.

$$A_{s,S} = 16 \times 506.7 = 8107.2\,\mathrm{mm}^2 > 5920\,\mathrm{mm}^2$$

16-D25를 단변 방향에 배치했을때의 휨강도를 검토한다.

단변 방향에 대한 인장철근을 장변 방향에 대한 인장철근의 위에 배치한다면 유효깊이 d는 다음과 같다.

$$d = 520 - 25.4 = 494.6\,\mathrm{mm}$$

$$0.85 f_{ck} ab = A_{s,S} f_y$$

$$0.85 \times 24 \times a \times 3.5 = 8107.2 \times 10^{-6} \times 300$$

$\therefore \ a = 0.03406\,\mathrm{m}$

$$M_{d,S} = \phi A_{s,S} f_y \left(d - \frac{a}{2}\right) = 0.85 \times 8107.2 \times 10^{-6} \times 300 \left(0.4946 - \frac{0.03406}{2}\right)$$

$$= 0.9873\mathrm{MN} \cdot \mathrm{m} > M_{u,S} = 0.4960\,\mathrm{MN} \cdot \mathrm{m}$$

정착길이 l_d는 장변 방향에 대한 경우와 같이 구한다. 그러나 이 경우는 배근되는 철근량이 소요 철근량 보다 많으므로 다음 보정계수를 고려한다.

$$\left(\frac{\text{소요 } A_s}{\text{배근 } A_s}\right) = \frac{4129}{8107.2} = 0.5093$$

따라서 정착길이는 다음과 같이 구해진다.

$\therefore l_d = 0.5093 \times 933.3 = 475.3\,\text{mm}$

기초판 측면의 피복두께를 제외하고 남는 정착 가능한 길이 l은 다음과 같이 구해진다.

$$l = \frac{2500-500}{2} - 80 = 920\,\text{mm} > 475.3\,\text{mm}$$

∴ 적합하다.

(5) 휨철근의 배치

장변 방향의 철근은 기초판의 전체 폭에 균등하게 배치시켜야 한다. 따라서 14-D25를 2.5m 폭에 170mm 간격으로 균등하게 배치한다.

단변 방향의 철근은 다음 식으로 구한 철근량 A_{se}를 유효폭 내에 균등하게 배치 한 후, 나머지 철근량 $(A_{s,S} - A_{se})$를 유효폭 외의 부분에 균등하게 배치시킨다. 여기서 유효폭은 기초판의 단변 폭의 길이 만큼을 기둥을 중심으로 하여 취한 것이다.

$$\beta = \frac{L}{S} = \frac{3.5}{2.5} = 1.4$$

$$\frac{A_{se}}{A_{s,S}} = \frac{2}{\beta+1} = \frac{2}{1.4+1} = 0.833$$

따라서 유효폭 내에 배치할 철근의 수 n_{se}는 다음과 같다.

$n_{se} = 0.833 \times 16 = 13.33 \fallingdotseq 14$개

그러므로 유효폭 2.5m 내에 190mm 간격으로 14-D25를 배치하고, 2-D25는 양측의 각각에 대해 측면으로부터 260mm 되는 곳에 한 가닥씩 배치한다.

(6) 기둥 하부의 지압강도 검토

기둥에 작용하는 계수하중 P_u

$P_u = 1.2 \times 1 + 1.6 \times 0.8 = 2.48\,\text{MN}$

콘크리트만에 의한 기둥의 설계지압강도 P_{db}

$$\begin{aligned} P_{db} &= \phi(0.85 f_{ck} A_1) \\ &= 0.65(0.85 \times 24 \times 0.5^2) \\ &= 3.315\,\text{MN} > 2.76\,\text{MN} = P_u \end{aligned}$$

∴ 기둥은 콘크리트만으로 하중을 전달할 수 있다.

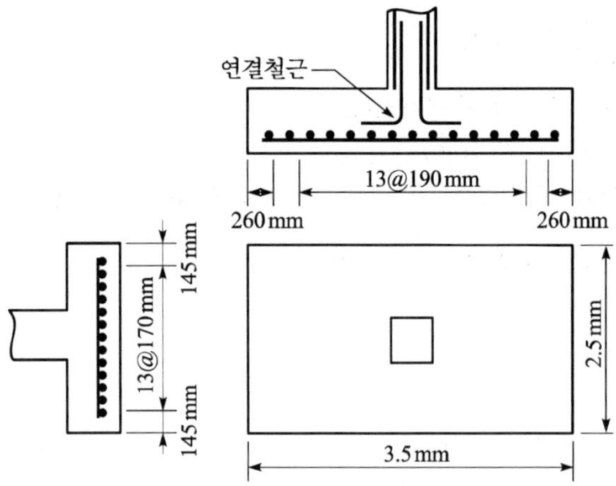

그림 9-17

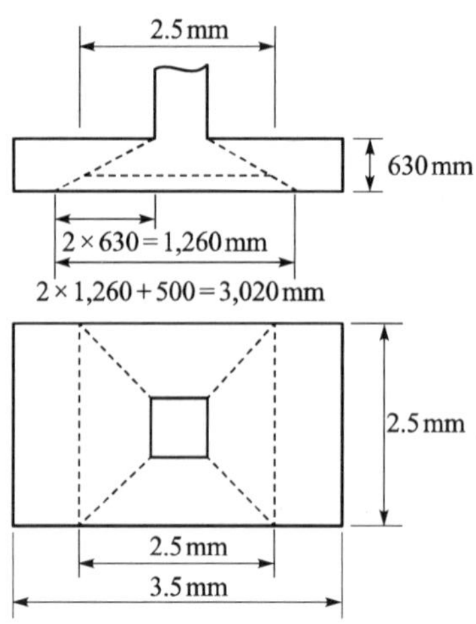

그림 9-18

재하면적 $A_1 = 0.5^2\mathrm{m}^2$ 로부터 수직 1, 수평 2의 비율로 측면 경사를 취하여 지지부 내부에 완전히 포함되는 가장 큰 쐐기모양의 하부 면적 $A_2 = 2.5^2\mathrm{m}^2$ 이다.

$$\sqrt{\frac{A_2}{A_1}} = \sqrt{\frac{2.5^2}{0.5^2}} = 5$$

그러나 $\sqrt{\frac{A_2}{A_1}}$ 의 값은 2 이하로 해야한다.

그러므로 기초판의 설계지압강도 P_{db} 는 다음과 같다.

$$P_{db} = \phi(0.85 f_{ck} A_1) \cdot \sqrt{\frac{A_2}{A_1}}$$
$$= 0.70(0.85 \times 24 \times 0.5^2) \times 2$$
$$= 6.63\mathrm{MN} > 2.48\mathrm{MN} = P_u$$

∴ 적합하다.

그러나 구조기준에서는 연결철근을 $0.005A_1$ 이상 배치하도록 하고 있다.

$0.005A_1 = 0.005 \times 0.5^2 = 0.00125\mathrm{m}^2 = 1250\mathrm{mm}^2$

연결철근으로 4-D25를 기둥의 각 모서리에 배치하기로 한다.

$4 \times 506.7 = 2026.8\mathrm{mm}^2 > 1250\mathrm{mm}^2$

∴ 적합하다.

연결철근의 정착길이를 구해보자. 연결철근은 압축을 받으므로 압축 이형철근의 정착에 관한 식으로 기본정착길이 l_{db} 를 구한다.

$$l_{db} = \frac{0.25 d_b f_y}{\lambda\sqrt{f_{ck}}} = \frac{0.25 \times 25.4 \times 300}{1.0 \times \sqrt{24}} = 388.9\mathrm{mm}$$

l_{db}는 다음 값 이상이어야 한다.

$l_{db} \geq 0.04 d_b f_y = 0.04 \times 25.4 \times 300 = 304.8\text{mm}$

$\therefore \ l_{db} = 388.9\text{mm}$

해석 결과 요구되는 철근량을 초과하여 철근을 배근하는 경우이므로 보정계수는 다음 값을 적용한다.

$\left(\dfrac{소요\ A_s}{배근\ A_s}\right) = \dfrac{1250}{2026.8} = 0.6167$

그러므로 연결철근의 소요정착길이 l_d는 다음과 같이 구해진다.

$l_d = 0.6167 \times 388.9 = 239.8\text{mm} > 200\text{mm}$

따라서 연결철근은 기초판과 기둥 속으로 각각 250mm 이상 배근해야 한다.

연습문제

9-1 기둥의 연직하중 1.25 MN을 받을 수 있는 독립확대기초의 기초판을 정사각형으로 설계하고자 한다. 필요한 기초판의 면적을 구하시오. 지반의 허용지지력 $q_a = 0.2\text{MPa}$ 이고, 기초판의 자중은 무시한다.

9-2 자중을 포함한 하중 80kN/m를 받는 벽의 확대기초를 설계한다.
허용지내력 $q_a = 200\text{kN/m}^2$일 때 기초판의 필요한 폭을 구하시오.

9-3 기초판의 중앙에 있는 기둥에 축하중 200kN과 모멘트 150kN · m가 작용하고 있으며, 이 기둥을 지지하고 있는 기초판은 $2\text{m} \times 2.5\text{m}$인 직사각형이다. 이 때 기초판의 저면에 발생하는 지반 반력은 얼마인가?

9-4 $4\text{m} \times 4\text{m}$인 정사각형 기초판이 $500\text{mm} \times 500\text{mm}$인 기둥을 지지하고 있다. 기둥은 기초판의 중앙에 있으며, 기초판의 저면에 작용하는 지압력 $q = 0.16\text{MPa}$일 때 휨에 대한 위험단면에 작용하는 모멘트는?

9-5 $2\text{m} \times 3\text{m}$인 직사각형 기초판이 $400\text{mm} \times 400\text{mm}$인 기둥을 지지하고 있다. 기둥은 기초판의 중앙에 있으며, 기초판의 유효깊이 $d = 600\text{mm}$, 기초판의 두께 $h = 710\text{mm}$이다. 기초판에서 2방향 작용에 의해 뚫림전단이 일어난다고 할 때 전단에 대한 위험단면의 주변길이를 구하시오. 또 기둥에 1.6MN의 축하중이 작용한다면, 전단에 대한 위험단면에 작용하는 계수전단력은 얼마인가?

9-6 단면이 $500\text{mm} \times 500\text{mm}$ 인 기둥이 축방향으로 고정하중 1MN과 활하중 0.8MN을 받고 있을 때, 이 기둥을 지지하기 위한 정사각형 기초판을 설계하시오. 기둥은 주철근으로 8 − D 29가 배근되어 있으며, 띠철근으로 보강되어 있다. 지반의 허용지내력은 0.24MPa이며, 기초판의 하부는 지표면으로부터 1.2m 아래에 설치되고, 흙의 단위질량 $\gamma = 1700\text{kg/m}^3$, $f_{ck} = 24\text{MPa}$, $f_y = 350\text{MPa}$이다.

CHAPTER

10 옹벽

10.1 서론

옹벽(retaining wall)은 옹벽 자체의 자중 또는 저판 위에 있는 흙의 중량으로 토압에 저항하고 지표면의 고저차를 유지시켜 구조물의 안정을 도모하기 위한 구조물을 말한다. 옹벽의 종류는 다음과 같다.

(1) 중력식 옹벽(gravity wall)

중력식 옹벽은 석재나 벽돌, 무근콘크리트 등으로 만들어지며 자중에 의하여 안정을 유지한다. 일반적으로 높이가 3m 이하일 경우에 사용된다.

(2) 캔틸레버식 옹벽(cantilever retaining wall)

캔틸레버식 옹벽은 철근콘크리트로 만들어지며, 역T형 옹벽, L형 옹벽, 역L형 옹벽이 있고, 벽체(stem), 뒷굽판(heel) 및 앞굽판(toe)과 같은 옹벽의 각 부분이 캔틸레버 처럼 거동한다. 캔틸레버식 옹벽은 일반적으로 높이가 3 ~ 7.5 m 정도일 때 사용되며, 비교적 시공이 간단하고 경제적이어서 잘 이용되는 형식이다.

(3) 부벽식 옹벽

부벽식 옹벽은 철근콘크리트로 만들어지며, 캔틸레버식 옹벽에 일정한 간격으로 부벽을 설치하여 보강한 옹벽을 말한다. 부벽식 옹벽은 뒷부벽식과 앞부벽식이 있으며, 일반적으로 높이가 7.5 m 이상일 때 사용하면 경제적이다.

① 뒷부벽식 옹벽(counterfort wall) : 캔틸레버식 옹벽의 뒷면, 즉 흙 속에 묻히는 쪽에 일정한 간격의 부벽을 설치하여 보강한 옹벽을 말한다. 이 때 부벽은 인장에 저항하는 인장재로 작용한다.

② 앞부벽식 옹벽(buttress wall) : 캔틸레버식 옹벽의 앞면, 즉 흙 속에 묻히지 않는 쪽에 일정한 간격의 부벽을 설치하여 보강한 옹벽을 말한다.

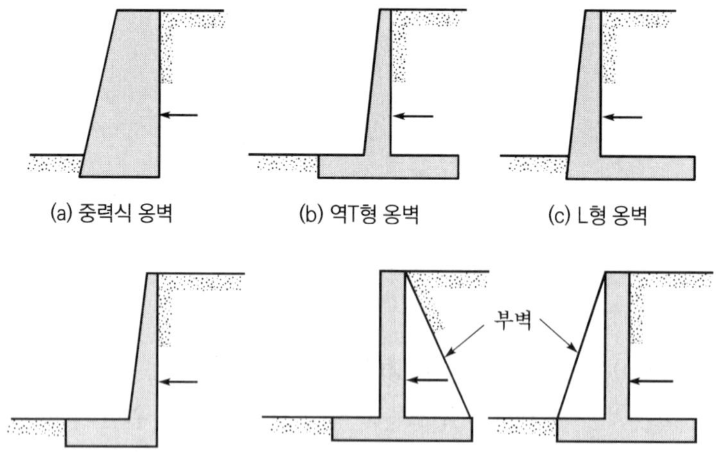

(a) 중력식 옹벽 (b) 역T형 옹벽 (c) L형 옹벽

(d) 역L형 옹벽 (e) 뒷부벽식 옹벽 (f) 앞부벽식 옹벽

그림 10-1 옹벽의 종류

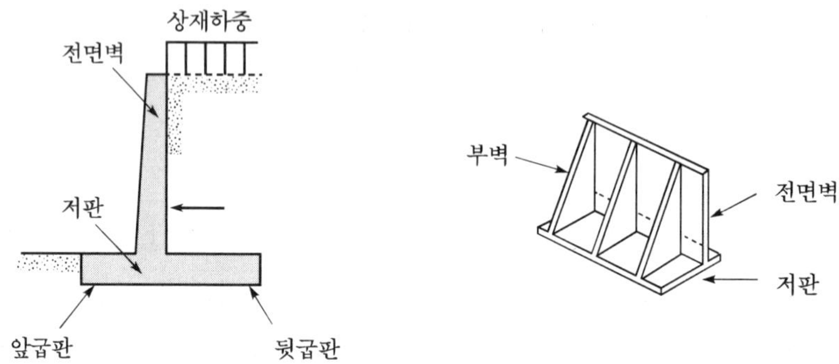

(a) 캔틸레버식 옹벽 (b) 부벽식 옹벽

그림 10-2 옹벽 각부의 명칭

이 외에도 벽체식 교대(wall type bridge abutment), 지하벽(basement wall), 암거(box culvert) 등도 옹벽과 마찬가지로 토사(土砂)의 붕괴를 방지할 목적으로 설치되는 구조물들이다.

10.2 옹벽설계의 일반사항

옹벽은 상재하중, 뒷채움 흙의 중량, 옹벽의 자중 및 옹벽에 작용하는 토압, 필요에 따라서는 수압에 견딜 수 있도록 설계해야 하며, 활동, 전도 및 지반의 지지력에 대한 안정을 검토해야 한다. 옹벽은 절토된 면을 따라 길게 설치되는 구조물이므로 길이 방향으로는 단위길이에 대해 설계하거나 해석하여 전체에 적용하는 것이 편리하며, 그 중 부벽식 옹벽은 부벽을 기준으로 나누어 다루는 것이 편하다.

10.2.1 토압

토압은 토질역학의 원리에 의해 구하며, 이때 필요한 재료특성에 관한 각종 계수는 측정을 통해 정하여야 한다. 지중의 토압은 흙의 단위질량과 지표면(地表面)으로부터의 깊이에 비례한다.

$$p = C\gamma gh \tag{10.1}$$

p : 토압
C : 흙의 특성에 따르는 계수
γ : 흙의 단위질량
g : 중력 가속도
h : 지표면으로부터의 깊이

옹벽의 배면(背面)이 경사지거나 상재하중이 있는 등 좀더 일반적인 경우에 있어서의 토압 계산에는 Coulomb, Rankine, Terzaghi 등의 토압 이론이 많이 사용되고 있다.

10.2.2 옹벽의 안정조건

옹벽은 전도, 활동 및 지반 지지력에 대해 안정을 검토해야하며, 이때에는 사용하중(service load)을 적용해야 한다.

[1] 전도에 대한 안정

그림 10-3에서와 같이 옹벽에 작용하는 토압 등 모든 수평력의 합력을 ΣH 라하고, 옹벽에 있는 저판의 밑면으로부터 수평력의 합력이 작용하는 점까지의 거리를 y라고 하면,

옹벽을 전도시키려는 전도모멘트(overturning moment)는 다음과 같다.

$$M_0 = (\Sigma H) \cdot y \tag{10.2}$$

또한 옹벽의 자중 등 모든 연직력의 합력을 ΣV라하고, 저판의 앞쪽 끝에서부터 합력의 작용점까지의 거리를 x라 하면, 전도에 대하여 옹벽이 저항할 수 있는 저항모멘트는 다음과 같이 된다.

$$M_r = (\Sigma V) \cdot x \tag{10.3}$$

따라서 전도에 대한 안전율(FS)은 전도모멘트와 저항모멘트의 비로써 다음과 같으며, 구조기준에서는 전도에 대한 안전율이 2.0 이상이어야 한다고 규정하고 있다.

전도에 대한 안전율

$$FS = \frac{\text{저항 모멘트}}{\text{전도 모멘트}} = \frac{M_r}{M_0} \geq 2.0 \tag{10.4}$$

이때 저판의 밑면에 대한 모든 외력의 합력 R 의 작용점은 옹벽 저판의 중앙 $\frac{1}{3}$구간 내에 있는 것이 좋다. 즉, 저판의 폭을 3등분했을 때 중앙의 $\frac{1}{3}$구간 내에 합력의 작용점이 있도록 하는 것이 좋다.

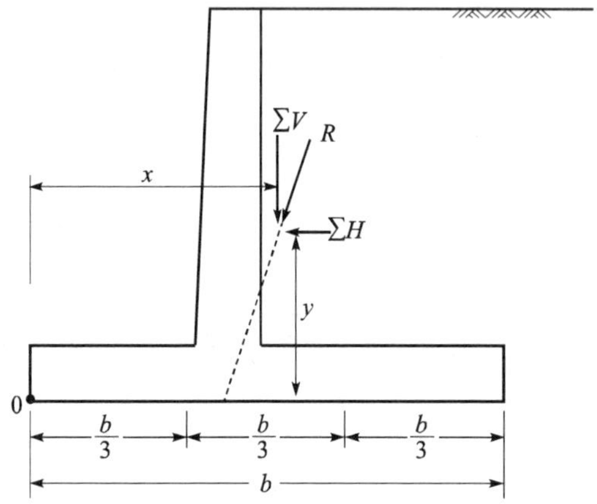

그림 10-3 옹벽의 전도에 대한 안정

[2] 활동에 대한 안정

옹벽에 작용하는 수평력의 합력 $H_0 = \sum H$는 옹벽을 수평방향으로 활동시키려고 한다. 이와 같은 활동에 저항하는 것은 지반과 저판 밑면 사이의 마찰력, 그리고 저판의 전면(前面)에 작용하는 수동토압이다. 그러나 활동에 대한 안정을 검토할 때에는 저판의 전면에 작용하는 수동토압은 무시하는 것이 보통이다. 왜냐하면, 옹벽을 시공할 때에는 주변의 흙을 파내고 옹벽을 설치한 후에 흙을 되메움 함으로써 저판의 전면에 있는 지반이 흐트러져 있게되기 때문이다.

저판의 밑면과 지반 사이에서 발휘될 수 있는 마찰력은 다음과 같다.

$$H_r = \mu(\sum V) \tag{10.5}$$

μ : 마찰계수

$(\sum V)$: 저판에 작용하는 수직력의 합

따라서 활동에 대한 안전율은 다음과 같으며, 구조기준에서 활동에 대한 안전율은 1.5 이상을 확보하도록 하고 있다.

활동에 대한 안전율

$$FS = \frac{\text{저판의 밑면과 지반 사이의 마찰력}}{\text{옹벽에 작용하는 수평력의 합력}} = \frac{H_r}{H_0} \geq 1.5 \tag{10.6}$$

옹벽이 전도 및 지반지지력에 대해서는 안정조건을 만족하나, 활동에 대한 안정조건을 만족시키지 못할 경우에는 활동방지벽을 설치하여 활동에 대한 저항력을 증대시킬 수 있다.

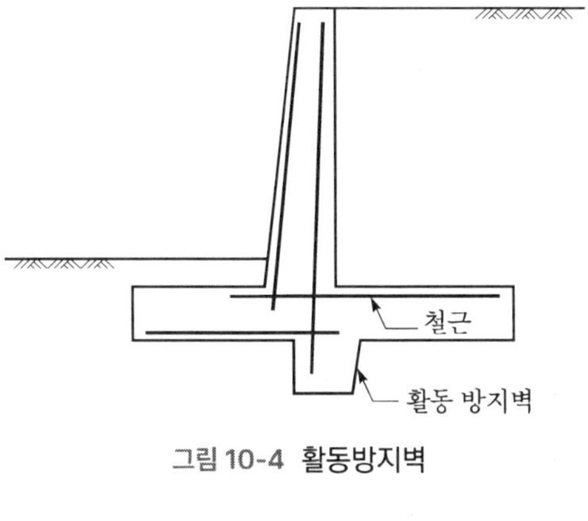

그림 10-4 활동방지벽

활동방지벽(base shear key)은 그림 10-4와 같이 옹벽의 저판 하부에 만드는 벽체를 말하며, 활동을 일으키는 수평력에 충분히 저항할 수 있을 만큼 큰 수동토압을 얻기 위해 설치한다. 활동방지벽을 설치할 때에는 저판과 활동방지벽이 일체가 되도록 만들어야 한다.

[3] 지반 지지력에 대한 안정

지반 지지력에 대한 안정

옹벽이 침하에 대해 안정하기 위해서는 지지 지반에 작용하는 최대 지반반력이 지반의 허용지지력을 초과해서는 안 된다.

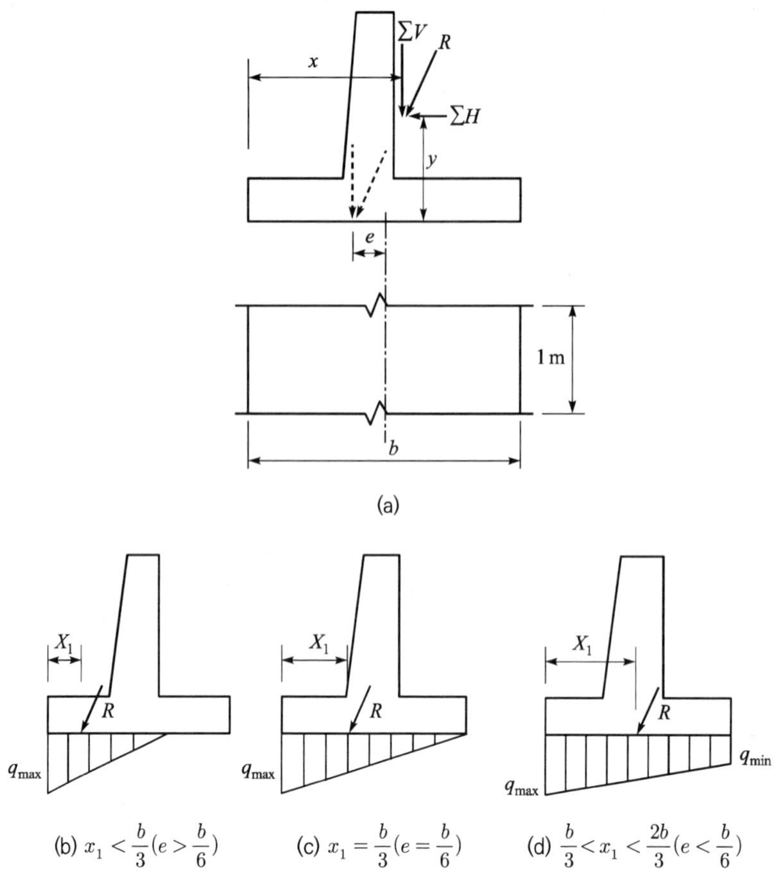

그림 10-5 저면에 발생하는 토압 분포

즉, 지지 반력이 나타내는 분포의 경사가 비교적 작은 경우, 최대 지반반력 q_{max}이 지반의 허용지지력 q_a 이하가 되도록 해야한다. 지반의 지지력을 추정하는 것은 지반공학의 여러 방법 중에서 적절한 것을 선택하여 적용할 수 있으며, 지반의 내부 마찰각이나 점착력은 흙의 특성으로부터 지반의 극한지지력 q_u를 추정할 수 있다. 그러나 이러한 경우에는 안전율을 3으로 적용하여 허용지지력 $q_a = \dfrac{q_u}{3}$로 취해야 한다.

옹벽의 저면에 작용하는 토압의 분포와 최대, 최소값을 구해보기로 하자. 그림 10-5(a)와 같이 길이가 1m 이고 저판의 폭이 b 인 옹벽에 수평력 ΣH 와 수직력 ΣV 의 합력 R 이 작용하고 있다고 하면, 이때 저판에 작용하는 수직 분력은 ΣV이고, 저판의 도심에 대해 작용하는 모멘트는 $M = e(\Sigma V)$이다. 따라서 저판의 밑면에 작용하는 토압 q의 최대와 최소값은 다음과 같이 구해진다.

$$q_{\left\{\substack{\max \\ \min}\right.} = \frac{\Sigma V}{A} \pm \frac{e(\Sigma V)}{I} \cdot \frac{b}{2} = \frac{\Sigma V}{b}\left(1 \pm \frac{6e}{b}\right) \tag{10.7}$$

$$A = b \times 1$$

$$I = \frac{1 \times b^3}{12}$$

이때 편심 거리 e는 임의 점에 대한 모멘트의 평형으로부터 구할 수 있다. 저판 밑면의 앞쪽 끝인 O점을 기준으로 모멘트의 평형을 취하면 e는 다음과 같이 구해진다.

$$\left(\frac{b}{2} - e\right)(\Sigma V) = x(\Sigma V) - y(\Sigma H)$$

$$\therefore \quad e = y \cdot \left(\frac{\Sigma H}{\Sigma V}\right) + \left(\frac{b}{2} - x\right) \tag{10.8}$$

저판의 밑면에 발생하는 토압의 분포는 합력R의 작용점이 있는 위치에 따라 달라지며, 저판과 지반의 접촉면은 인장력에 저항할 수 없으므로 토압의 분포는 그림 10-5(b), (c), (d)와 같이 된다.

10.3 옹벽의 구조 해석

옹벽의 각 부분은 캔틸레버, 보, 슬래브 등으로 보고 해석하거나 설계한다. 옹벽 저판의 뒷굽판은 정확한 방법을 사용하지 않는 한, 뒷굽판 상부에 작용하는 모든 하중을 지지할 수 있도록 설계해야 한다. 또 전면벽의 하부는 캔틸레버로서 뿐만 아니라 벽체로서도 작용하므로 구조기준에서 정한 적절한 양의 보강철근을 배치해야 한다.

[1] 캔틸레버식 옹벽

캔틸레버식 옹벽의 저판은 전면벽과의 접합부를 고정단으로 본 캔틸레버로 가정하여 단면을 설계할 수 있으며, 전면 벽은 저판에 지지된 캔틸레버로 가정하여 단면을 설계할 수 있다.

즉, 그림 10-6에서 점선으로 나타낸 단면을 고정단으로 보고 각 부분을 설계한다.

[2] 부벽식 옹벽

부벽식 옹벽의 저판은 정확한 방법을 사용하지 않는 한 뒷부벽 또는 앞부벽간의 거리를 경간으로 가정한 고정보 또는 연속보로 설계할 수 있다.
부벽식 옹벽의 전면벽이나 저판은 뒷부벽을 받침부로 하는 연속 2방향 슬래브로 보고 설계할 수 있다.
부벽식 옹벽의 뒷부벽은 T형 직사각형보로 설계하며, 앞부벽은 역T형 직사각형보로 설계한다.

뒷부벽이나 앞부벽은 저판에 고정된 캔틸레버로 본다. 따라서 그림 10-7의 단면 a ~ a와 같이 뒷부벽은 전면벽이 플랜지가 되고 부벽이 복부가 되는 T형보로 설계하며, 앞부벽은 직사각형보로 설계한다.

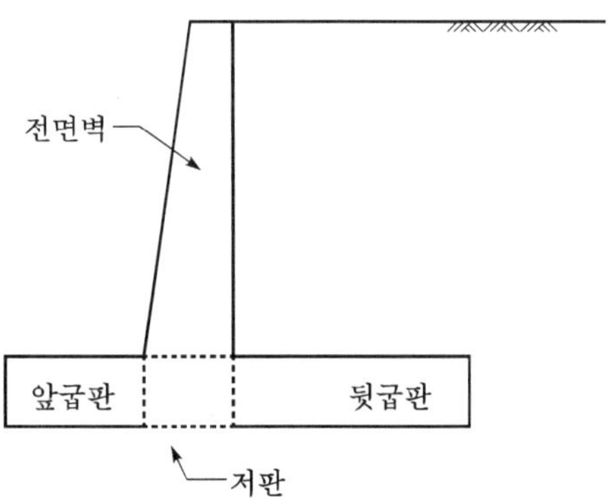

그림 10-6 캔틸레버식 옹벽

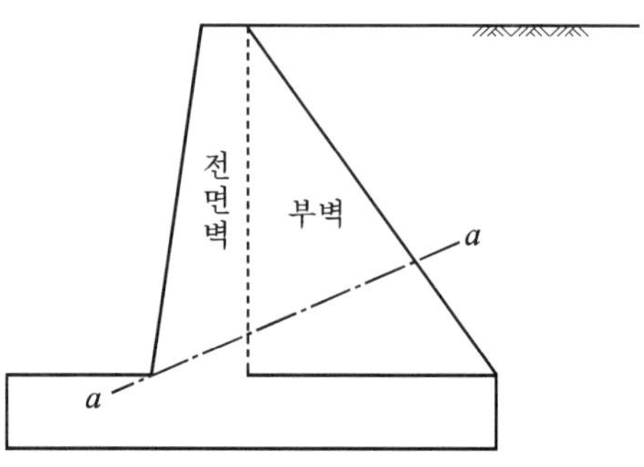

그림 10-7 뒷부벽식 옹벽

10.4 옹벽의 구조 상세

(1) 부벽식 옹벽은 전면벽과 저판에 의해서 부벽에 전달되는 응력을 저항할 수 있도록 필요한 철근을 구조기준의 규정에 따라 잘 정착시켜야 한다.

(2) 활동에 대한 효과적인 저항을 위하여 저판의 밑면에 활동방지벽을 설치하는 경우 활동방지벽과 저판을 일체로 만들어야 한다.

(3) 옹벽을 설계할 때 콘크리트의 수화열, 온도변화, 건조수축 등에 의한 부피변화에 대해 해석을 하여 검토하지 않은 경우에는 신축이음을 설치할 수 있다. 그러나 부피변화에 대해 구조해석을 수행한 경우는 신축이음을 두지 않고 수평철근을 연속으로 배치할 수 있다.

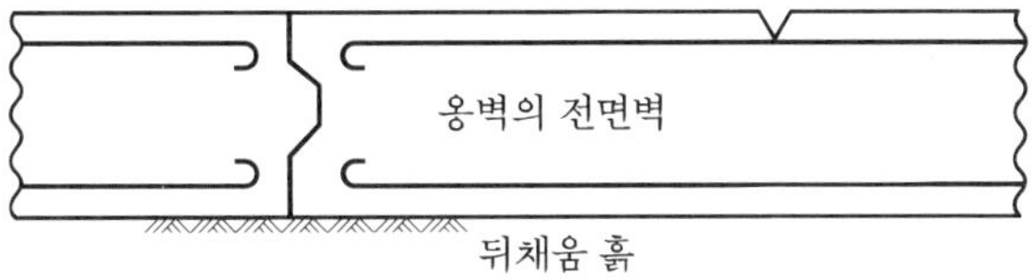

그림 10-8 신축이음과 수축이음

이외에도 전면벽의 앞면에는 건조수축으로 인한 균열에 대비하여 수축이음을 두는 것이 좋으며, 또한 1 : 0.02 정도의 경사를 두는 것이 좋다. 앞면이 수직이면, 지반 침하나 시공상의 오차로 인해 벽면이 앞으로 기울어질 염려가 있고, 또 불안감을 유발시킬 수 있기 때문에 적당한 경사를 두는 것이 좋다.

10.5 캔틸레버식 옹벽의 설계

캔틸레버식 옹벽의 설계는 옹벽의 길이 방향으로는 단위폭에 대해 설계하여 전체에 적용하며, 옹벽의 벽체, 압굽판, 뒷굽판은 각각 캔틸레버처럼 설계한다. 캔틸레버식 옹벽은 일반적으로 높이가 3 ~ 7.5 m 일 때 잘 이용되는 형식이다.

옹벽의 설계는 먼저 단면을 가정하고 난 후, 가정된 단면이 적합한지 검토하는 방식으로 하며, 단면을 가정할 때에는 다음과 같은 범위의 값을 취하는 것이 편리하다.

① 옹벽의 높이는 일반적으로 필요한 높이에 1 ~ 1.2 m 를 더한 값으로 한다.
② 옹벽 저판의 폭은 옹벽 높이의 50 ~ 65% 정도를 취한다.
③ 앞 굽판의 폭은 저판폭의 25 ~ 35% 정도를 취한다.
④ 저판의 두께는 옹벽 높이의 8 ~ 12% 정도를 취한다.
⑤ 벽체 상부의 두께는 20 ~ 30 cm 정도로 한다.
⑥ 벽체 하부의 두께는 옹벽 높이의 8 ~ 12% 정도를 취한다.

예제 10.1

절토된 면의 높이가 5 m 이다. 여기에 적합한 캔킬레버식 옹벽을 다음 조건에 따라 설계하시오.

흙의 단위질량 $\gamma = 1800\,\mathrm{kg/m^3}$
흙의 내부 마찰각 $\phi = 35^\circ$
콘크리트와 지반 사이의 마찰계수 $\mu = 0.5$
지반의 허용지지력 $q_a = 0.2\,\mathrm{MPa}$
콘크리트의 설계기준압축강도 $f_{ck} = 24\,\mathrm{MPa}$
철근의 설계기준항복강도 $f_y = 300\,\mathrm{MPa}$
옹벽 뒤의 지표면은 수평이다.

풀이

(1) 옹벽 단면의 가정

옹벽은 예상되는 동결깊이보다 더 깊게 설치되어야 한다.
따라서 예상되는 동결깊이가 1.2 m 라고 하면, 옹벽의 전체 높이 h 를 다음과 같이 가정한다.
$h = 5 + 1.2 = 6.2\,\mathrm{m}$

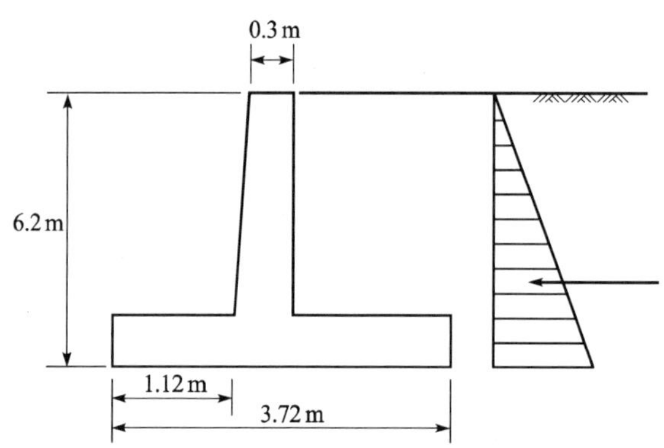

그림 10-9

가정된 높이 h 에 따라 옹벽 단면의 치수를 다음과 같이 가정한다.

저판의 폭 b : $b = 0.6h = 0.6 \times 6.2 = 3.72\,\text{m}$

압굽판의 폭 b_1 : $b_1 = 0.3b = 0.3 \times 3.72 = 1.12\,\text{m}$

저판의 두께 t_1 : $t_1 = 0.1h = 0.1 \times 6.2 = 0.62\,\text{m}$

벽체 상부의 두께 t_2 : $t_2 = 0.3\,\text{m}$

벽체 하부의 두께 t_3 : $t_3 = 0.1h = 0.1 \times 6.2 = 0.62\,\text{m}$

벽체 앞면의 기울기를 검토해 보면 다음과 같다.

$$\frac{0.62 - 0.3}{6.2 - 0.62} = 0.057$$

(2) 전도에 대한 안정 검토

Rankine의 식을 이용하여 주동 토압계수를 구해본다.

$$C_a = \frac{1 - \sin\phi}{1 + \sin\phi} = \frac{1 - \sin 35^\circ}{1 + \sin 35^\circ} = 0.271$$

토압에 의해 옹벽에 작용하는 수평력은 다음과 같다.

$$\begin{aligned} H_1 &= \frac{1}{2}(C_a \gamma g h) \times h \times 1 \\ &= \frac{1}{2}\{0.271 \times 1800 \times 9.81 \times 6.2\} \times 6.2 \times 1 \\ &= 91974\,\text{N} \end{aligned}$$

수평력 H의 작용점은 옹벽 저판의 밑면으로부터 $y_1 = \dfrac{6.2}{3} = 2.067\,\text{m}$ 이다.

옹벽에 작용하는 수직력을 계산하기 위해 옹벽의 자중과 뒷굽판 위에 있는 흙의 무게를 계산한다. 이때 옹벽은 그림 10-10처럼 여러 부분으로 나누어 그 자중을 계산하며, 철근콘크리트의 단위질량은 2500kg/m^3 이다.

$$V_1 = 2500 \times 9.81 \times \left(\frac{1}{2} \times 0.32 \times 5.58 \times 1\right) = 21896\,\text{N}$$

$$x_1 = 1.12 + \frac{0.32}{3} = 1.227\,\text{m}$$

$$V_2 = 2500 \times 9.81 \times (0.3 \times 5.58 \times 1) = 41055\,\text{N}$$

$$x_2 = 1.12 + 0.32 + \frac{0.3}{2} = 1.59\,\text{m}$$

$$V_3 = 2500 \times 9.81 \times (3.72 \times 0.62 \times 1) = 56564\,\text{N}$$

$$x_3 = \frac{3.72}{2} = 1.860\,\text{m}$$

$$V_4 = 1800 \times 9.81 \times (1.98 \times 5.58 \times 1) = 0.1951 \times 10^6\,\text{N}$$

$$x_4 = 3.72 - \frac{1.98}{2} = 2.73\,\text{m}$$

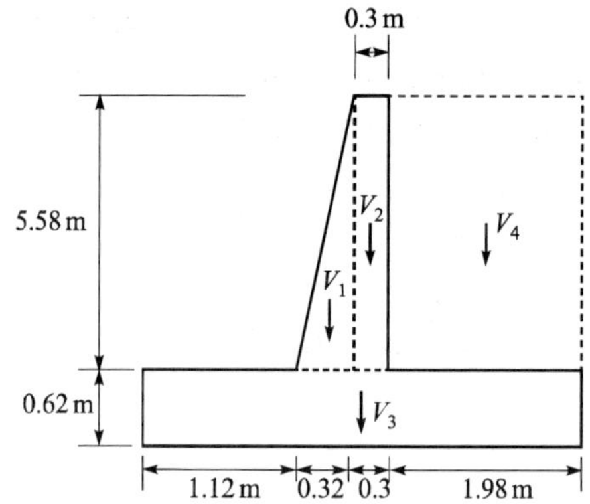

그림 10-10

전도모멘트 M_0

$$M_0 = \Sigma(H_i \cdot y_i) = H_1 \cdot y_1 = 91974 \times 2.067 = 0.1901 \times 10^6 \text{ N} \cdot \text{m}$$

저항모멘트 M_r

$$\begin{aligned} M_r &= \Sigma(V_i \cdot x_i) \\ &= V_1 x_1 + V_2 x_2 + V_3 x_3 + V_4 x_4 \\ &= 21896 \times 1.227 + 41055 \times 1.59 + 56564 \times 1.86 + 0.1901 \times 10^6 \times 2.73 \\ &= 0.7163 \times 10^6 \text{N} \cdot \text{m} \end{aligned}$$

전도에 대한 안전율 검토

$$FS = \frac{M_r}{M_0} = \frac{0.7163 \times 10^6}{0.1901 \times 10^6} = 3.768 > 2.0$$

∴ 적합하다.

(3) 활동에 대한 안정 검토

저판의 밑면과 지반 사이에서 발휘될 수 있는 마찰력, 즉 활동에 대한 저항력 H_r은 다음과 같이 구해진다.

$$\begin{aligned} \Sigma V_i &= V_1 + V_2 + V_3 + V_4 \\ &= 21896 + 41055 + 56564 + 0.1951 \times 10^6 \\ &= 0.3146 \times 10^6 \text{ N} \end{aligned}$$

$$H_r = \mu(\Sigma V_i) = 0.5 \times 0.3146 \times 10^6 = 0.1573 \times 10^6 \text{ N}$$

활동을 일으키는 수평력 H_0

$$H_0 = \Sigma H_i = H_1 = 91974 \text{ N}$$

활동에 대한 안전율 검토

$$FS = \frac{H_r}{H_0} = \frac{0.1573 \times 10^6}{91974} = 1.710 > 1.5$$

∴ 적합하다.

+(4) 침하에 대한 안정 검토

먼저 모든 외력의 합력 R 의 작용선이 저판의 밑면과 만나는 점의 위치를 구해야 한다. 저판 밑면의 도심에 대한 작용점의 편심거리 e 는 모멘트의 평형으로부터 구할 수 있다.

저판 밑면의 앞쪽 끝인 0 점에 대해 모멘트의 평형을 취하면 다음과 같다.

$$\left(\frac{b}{2}-e\right)(\Sigma\, V_i) = (\Sigma\, V_i \cdot x_i) - (\Sigma\, H_i \cdot y_i)$$

$$\left(\frac{3.72}{2}-e\right)\times 0.3146\times 10^6 = 0.7163\times 10^6 - 0.1901\times 10^6$$

$\therefore\ \ e = 0.1874\,\text{m}$

$\dfrac{b}{6} = \dfrac{3.72}{6} = 0.62 > e$ 임으로 작용점은 저판의 폭을 3등분 했을 때 중앙의 $\dfrac{1}{3}$ 구간 내에 있다.

$$q_{\{\substack{max\\min}} = \frac{\Sigma\, V}{b\times 1} \pm \frac{e\cdot(\Sigma\, V)}{1\times b^3/12}\cdot\frac{b}{2}$$

$$= \frac{0.3146\times 10^6}{3.72} \pm \frac{0.1874\times 0.3146\times 10^6}{3.72^3/12}\times\frac{3.72}{2}$$

$$= \begin{cases} 110132\text{N/m}^2 \\ 59008\text{N/m}^2 \end{cases} = \begin{cases} 0.1101\text{MPa} \\ 0.05901\text{MPa} \end{cases}$$

$q_{max} = 0.1101\text{MPa} < q_a = 0.2\text{MPa}$

$\therefore$ 적합하다.

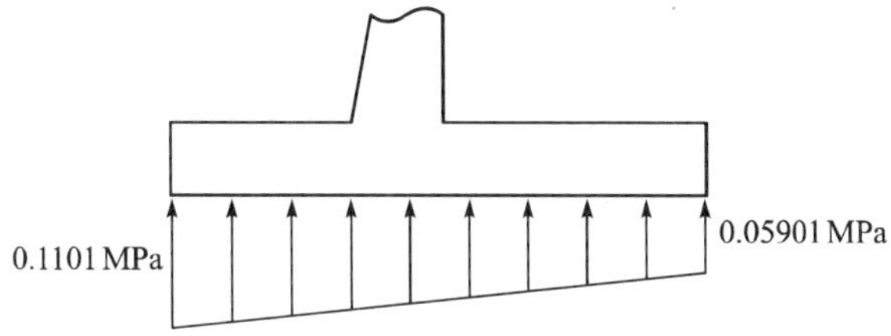

그림 10-11

(5) 뒷굽판의 설계

뒷굽판은 벽체의 뒷면을 고정단으로 하는 캔틸레버로 보고 설계하며, 뒷굽판의 상부에 작용하는 모든 하중을 지지할 수 있도록 설계해야 한다. 이때 지반에 의한 상향 지지력은 뒷굽판에 작용하는 하향력의 영향을 감소시키므로 무시한다. 단면의 설계는 계수하중을 적용해야 하며, 고정하중이 지배적이므로 1.2D 대신에 1.4D를 적용해야 한다.

뒷굽판에 작용하는 계수하중은 뒷굽판의 자중과 뒷굽판 위에 있는 흙의 중량에 의해 옹벽의 길이 1m와 뒷굽판의 단위길이에 대하여 다음과 같이 구해진다.

$$w_u = 1.4\,\text{D}$$
$$= 1.4\times(2500\times 9.81\times 0.62\times 1 + 1800\times 9.81\times 5.58\times 1)$$
$$= 0.1593\times 10^6\ \text{N/m}$$

전단에 대한 위험단면은 벽체의 뒷면이 된다. 따라서 옹벽의 길이 1m에 대한 소요전단강도는 다음과 같다.

$V_u = 0.1593 \times 10^6 \times 1.98 = 0.3115$ MN

전단철근 없이 콘크리트만으로 소요전단강도를 견딜 수 있는 유효깊이 d를 구해보자.

$$V_u = \phi\left(\frac{1}{6}\lambda\sqrt{f_{ck}}\,bd\right)$$

$$0.3115 = 0.75 \times 1.0 \times \frac{1}{6}\sqrt{24} \times 1.0 \times d$$

$\therefore\ d = 0.5087\text{m} < 540\text{mm}$

인장철근으로 D29를 사용한다고 가정한다. 그리고 뒷굽판은 부(–)의 휨모멘트를 받기 때문에 인장철근은 상부에 배치되고, 완성된 후 흙 속에 묻히므로 최소피복두께는 60mm이다. 따라서 전단철근 없이 소요전단강도를 견딜 수 있는 뒷굽판의 두께는 다음과 같이 된다.

$$t_1 = 540 + \frac{28.6}{2} + 60 = 614.3\text{mm} < 620\text{mm}$$

$\therefore$ 뒷굽판의 두께는 620mm = 0.62m를 사용한다.

다음으로 휨에 대한 설계를 해보자.

소요휨강도 M_u는 다음과 같고,

$$M_u = (0.1593 \times 10^6 \times 1.98) \times \left(\frac{1.98}{2}\right)$$
$$= 0.3123 \times 10^6\text{N} \cdot \text{m} = 0.3123\text{MN} \cdot \text{m}$$

인장철근량 A_s는 다음 두 식으로부터 구할 수 있다.

$$0.85 f_{ck} ab = A_s f_y$$

$$M_u = \phi A_s f_y\left(d - \frac{a}{2}\right)$$

위의 두 식에서 A_s와 a만 미지수이므로 두 식을 정리하여 2차방정식을 풀거나, 또는 시산법으로 해를 구할 수 있다. 여기서는 시산법으로 해를 구해 보자.

$a = 40\text{mm} = 0.04\text{m}$로 가정

$$A_s = \frac{M_u}{\phi f_y\left(d - \frac{a}{2}\right)} = \frac{0.3123}{0.85 \times 300\left(0.54 - \frac{0.04}{2}\right)} = 0.002355\text{m}^2$$

$$a = \frac{A_s f_y}{0.85 f_{ck} b} = \frac{0.0022355 \times 300}{0.85 \times 24 \times 1} = 0.03464\text{m} \neq 0.04\text{m}$$

$a = 384.64\text{mm} = 0.03464\text{m}$로 가정

$$A_s = \frac{M_u}{\phi f_y\left(d - \frac{a}{2}\right)} = \frac{0.3434}{0.85 \times 300\left(0.54 - \frac{0.03464}{2}\right)} = 0.002343\text{m}^2$$

$$a = \frac{A_s f_y}{0.85 f_{ck} b} = \frac{0.002343 \times 300}{0.85 \times 24 \times 1} = 0.03446\text{m} \fallingdotseq 0.03464\text{m}$$

$\therefore\ A_s = 0.002343\text{m}^2 = 2343\text{mm}^2$

최소철근비에 대해 검토해본다. 사각형 단면의 경우 다음 식으로 계산한다.

$$\rho_{\min} = 0.178\frac{\lambda\sqrt{f_{ck}}}{\phi f_y} = 0.178\frac{1\times\sqrt{24}}{0.85\times 300} = 0.00342$$

$\therefore\ \rho_{\min} = 0.00342$

$A_{s,\min} = \rho_{\min} bd = 0.00342\times 1000\times 540 = 1846\,\text{mm}^2 < 2343\,\text{mm}^2 = A_s$

$\therefore$ 철근량 사용, $A_s = 2343\,\text{mm}^2$

D29$(A_s = 642.4\,\text{mm}^2)$를 사용하기로 하였으므로 옹벽의 길이 1m 당 뒷굽판에 필요한 휨철근의 개수 n_1은 다음과 같다.

$$n_1 = \frac{2520}{642.4} = 3.92\ \text{개}/\text{m}$$

따라서 철근의 배근 간격은 다음과 같이 구해진다.

$$\frac{1000}{4.02} = 255.10\,\text{mm}$$

그러므로 뒷굽판에는 휨에 대한 인장철근으로 D29를 250mm 간격으로 상부에 배치한다.

(6) 앞굽판의 설계

앞굽판은 벽체의 전면을 고정단으로 하는 캔틸레버로 보고 설계하며, 앞굽판의 상부에 있는 복토는 설계에서 그 영향을 무시하는 것이 일반적이다. 휨에 대한 위험 단면은 벽체의 전면이며, 벽체의 반력으로 인한 수직 압축력이 단면의 전단 강도에 유리하게 작용하기 때문에 전단에 대한 위험 단면은 벽체의 전면으로부터 유효깊이 d만큼 떨어진 단면으로 본다.

앞굽판의 두께는 시공상의 편의를 위해 뒷굽판의 두께와 같은 크기로 한다. 따라서 앞굽판의 단위면적에 대한 자중은 다음과 같다.

$2500\times 9.81\times 0.62 = 15210\,\text{N/m}^2 = 0.01521\,\text{MN/m}^2$

휨에 대한 위험단면은 벽체의 전면이며, 이 단면의 하부에 작용하는 상향 토압은 그림 10-12에서 삼각형의 닮음을 이용하여 다음과 같이 구해진다.

$$0.05901 + (0.1101 - 0.05901)\times\frac{3.72 - 1.12}{3.72} = 0.09472\ \text{MPa}$$

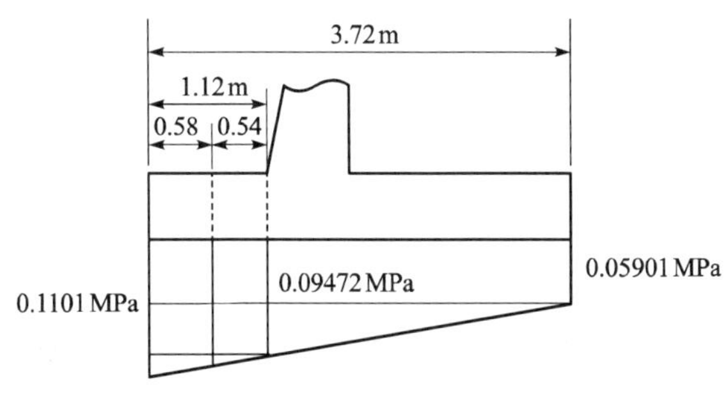

그림 10-12

압굽판의 저면에 작용하는 상향토압은 근원적으로 횡토압에 의한 것이다. 따라서 계수하중을 구할 때 하중계수는 횡토압에 대한 하중계수 1.6을 적용한다. 위험단면에 작용하는 계수휨모멘트는 다음과 같이 구해진다.

$$M_u = 1.2\left(-0.01521\times 1.0\times 1.12\times \frac{1.12}{2}\right)$$
$$+1.6\left\{0.09472\times 1.0\times 1.12\times \frac{1.12}{2}+\frac{1}{2}(0.1101-0.09472)\times 1.0\times 1.12\times \frac{2}{3}\times 1.12\right\}$$
$$= -0.01145+0.1053=0.9390\ \mathrm{MN\cdot m}$$

전단에 대한 위험단면, 즉 벽체의 전면으로부터 유효깊이 $d=540\mathrm{mm}$ 만큼 떨어진 단면의 하부에 작용하는 토압을 계산하면 다음과 같다.

$$0.05901+(0.1101-0.05901)\times \frac{3.72-0.58}{3.72}=0.1021\ \mathrm{MPa}$$

따라서 전단에 대한 위험단면에 작용하는 계수전단력은 다음과 같이 구해진다.

$$V_u = 1.2(-0.01521\times 1.0\times 0.58)$$
$$+1.6\left\{0.1021\times 1.0\times 0.58+\frac{1}{2}(0.1101-0.1021)\times 0.58\times 1.0\right\}$$
$$= -0.01059+0.09846=0.08787\ \mathrm{MN}$$

전단에 대해 검토해 보면,

$$\phi V_c=\phi\left(\frac{1}{6}\lambda\sqrt{f_{ck}}bd\right)$$
$$=0.75\times\frac{1}{6}\times 1.0\times\sqrt{24}\times 1\times 0.54$$
$$=0.3307\mathrm{MN}>0.08787\mathrm{MN}=V_u$$

이다. 그러므로 전단철근 없이 콘크리트만으로 충분히 계수전단력을 견딜 수 있다.

뒷굽판의 휨설계와 비교해 보면, 앞굽판의 경우는 작용하는 계수휨모멘트에 비해 단면이 충분히 크므로 최소철근량에 대한 설계휨강도를 검토해 보기로 한다.

최소철근량은 뒷굽판의 설계에서 계산된 것과 동일하므로

$$A_{s,\min}=2343\ \mathrm{mm^2}$$

이다.

$$a=\frac{A_{s,\min}f_y}{0.85f_{ck}b}=\frac{2343\times 10^{-6}\times 300}{0.85\times 24\times 1}=0.03445\mathrm{m}$$

$$\phi M_n=\phi A_{s,\min}f_y\left(d-\frac{a}{2}\right)$$
$$=0.85\times 2343\times 10^{-6}\times 300\left(0.54-\frac{0.03445}{2}\right)$$
$$=0.3123\mathrm{MN\cdot m}>0.1052\mathrm{MN\cdot m}$$

∴ 적합하다.

따라서 인장철근으로 D29를 사용한다면, 옹벽의 길이 1m에 대해 필요한 철근의 개수는 다음과 같다.

$$n_2 = \frac{2343}{642.4} = 3.65\text{개}/\text{m}$$

$$\frac{1000}{3.65} = 274\,\text{mm}$$

앞굽판에는 270mm 간격으로 인장철근을 배치한다.

(7) 벽체의 설계

벽체는 벽체와 접하는 저판의 상면을 고정단으로 하는 캔틸레버로 보고 설계한다.

앞에서 벽체 하면의 두께를 620mm로 가정하였으므로 벽체 하면의 유효깊이 d는 피복두께를 60mm로 하고, D29를 사용하면, 다음과 같이 된다.

$$d = 620 - 60 - \frac{28.6}{2} = 545.7\,\text{mm}$$

벽체의 높이는

$$6.2 - 0.62 = 5.58\,\text{m}$$

이다. 벽체의 하면에 작용하는 계수전단력은 횡토압에 대한 하중계수 1.6을 적용하여 다음과 같이 구해진다.

$$V_u = 1.6 \times \frac{1}{2}(C_a \gamma g \times 5.58) \times 5.58 \times 1$$

$$= 1.6 \times \frac{1}{2}(0.271 \times 1800 \times 9.81 \times 5.58) \times 5.58$$

$$= 0.1192 \times 10^6\text{N} = 0.1192\text{MN}$$

전단철근을 배치하지 않는다고 하면, 콘크리트가 부담할 수 있는 전단강도는 다음과 같다. $(\lambda = 1.0)$

$$\phi V_c = \phi\left(\frac{1}{6}\sqrt{f_{ck}}\,bd\right)$$

$$= 0.75 \times \frac{1}{6}\sqrt{24} \times 1 \times 0.5457$$

$$= 0.3342\text{MN} > 0.1192\text{MN} = V_u$$

∴ 가정한 벽체의 두께가 적합하다.

토압에 의해 벽체에 작용하는 수평력은 다음과 같다.

$$H_2 = \frac{1}{2}(0.271 \times 1800 \times 9.81 \times 5.58) \times 5.58 \times 1$$

$$= 74500\text{N} = 0.07450\text{MN}$$

휨에 대한 위험단면은 벽체가 저판의 상면과 접하는 면이다. 횡토압에 대한 하중계수는 1.8이므로 이를 적용하면, 위험단면에 작용하는 계수휨모멘트는 다음과 같이 구해진다.

$$M_u = 1.6\left(0.07450 \times \frac{5.58}{3}\right) = 0.2217\text{MN} \cdot \text{m}$$

다음으로 소요인장철근량을 구한다.

$a = 27\,\text{mm} = 0.0270\text{m}$라고 가정하면

$$A_s = \frac{M_u}{\phi f_y\left(d - \frac{a}{2}\right)}$$

$$= \frac{0.2217}{0.85 \times 300\left(0.5457 - \frac{0.027}{2}\right)} = 0.001651\ \text{m}^2$$

$$a = \frac{A_s f_y}{0.85 f_{ck} b} = \frac{0.001651 \times 300}{0.85 \times 24 \times 1} = 0.02428\text{m} \neq 0.02700\text{m}$$

$a = 2428\,\text{mm} = 0.02428\text{m}$ 라고 가정하면

$$A_s = \frac{M_u}{\phi f_y\left(d - \frac{a}{2}\right)} = \frac{0.2217}{0.85 \times 300\left(0.5457 - \frac{0.02428}{2}\right)} = 0.001647\ \text{m}^2$$

$$a = \frac{A_s f_y}{0.85 f_{ck} b} = \frac{0.001647 \times 300}{0.85 \times 24 \times 1} = 0.02422\text{m} \fallingdotseq 0.022428\text{m}$$

$\therefore\ A_s = 0.001647\text{m}^2 = 1647\,\text{mm}^2$

최소철근량을 검토해 보면, 다음과 같다.

$\rho_{\min} = 0.00342$

$\therefore\ A_{s,\min} = \rho_{\min} bd = 0.00342 \times 1000 \times 545.7 = 1866\,\text{mm}^2 > 1647\,\text{mm}^2 = A_s$

따라서 단면에는 최소철근량 이상을 배근해야 한다.

D29를 사용할 때, 옹벽의 길이 1m에 대해 필요한 철근의 개수는 다음과 같고,

$$n_3 = \frac{1866}{642.4} = 2.9\,\text{개}/\text{m}$$

간격은 다음과 같다.

$$\frac{1000}{2.9} = 252.5\,\text{mm}$$

그러므로 340mm 간격으로 D29를 휨에 대한 인장철근으로 벽체에 배치한다.

여기서는 생략하였으나 인장철근에 대한 정착을 검토해 봐야하고, 벽체의 상부로 갈수록 휨모멘트가 감소하므로 필요 없는 철근량을 계산하여 끊어 낼 수도 있다.

(8) 온도 및 수축철근

벽체가 $V_u \leq \frac{1}{2}\phi V_c$일 경우에는 아래의 규정에 따라 철근을 배치해야 한다.

$$\frac{1}{2}\phi V_c = \frac{1}{2} \times 0.3342 = 0.1671\text{MN} > 0.1341\text{MN} = V_u$$

① 벽체의 전체 단면적에 대한 최소 수직철근비는 다음과 같다.

㉠ $f_y \geq 400\text{MPa}$이고, D16이하의 이형철근 : 0.0012

㉡ 기타의 이형철근 : 0.0015

㉢ 지름이 16mm 이하인 용접철망 : 0.0012

② 벽체의 전체 단면적에 대한 최소 수평철근비는 다음과 같다.

㉠ $f_y \geq$ 400MPa이고, D16이하의 이형철근 : 0.0020

㉡ 그 외의 이형 철근 : 0.0025

㉢ 지름이 16mm 이하인 용접 철망 :0.0020

③ 두께 250mm 이상의 벽체에 대해서는 다음과 같이 수평 및 수직철근을 벽면에 평행하게 양면으로 배근해야 한다.

㉠ 벽체의 외측면은 각 방향으로 전체 소요철근량의 $\frac{1}{2} \sim \frac{2}{3}$ 를 외측면으로부터 50mm 이상, 벽두께의 $\frac{1}{3}$ 이내에 배근해야 한다.

㉡ 벽체의 내측면은 각 방향에 대한 소요철근량의 잔여분을 내측면으로부터 20mm 이상, 벽두께의 $\frac{1}{3}$ 이내에 배근해야 한다.

④ 수직 및 수평철근의 간격은 벽두께의 3배 이하, 또한 400mm 이하로 해야 한다.

따라서 f_y= 300MPa를 사용하고, 벽체의 두께를 평균으로 취하여 t= 460mm로 하면, 배치해야 될 수직철근은 옹벽의 길이 1m당 다음 값 이상이다.

$A_s = 0.0015 \times 1000 \times t = 0.0015 \times 1000 \times 460 = 690\,\mathrm{mm^2/m}$

수평철근은 1m당 다음 값 이상이 되어야 한다.

$A_s = 0.0025 \times 1000 \times t = 0.0025 \times 1000 \times 460 = 1150\,\mathrm{mm^2/m}$

온도변화와 콘크리트의 수축으로 인한 균열에 대비하기 위해 온도 및 수축철근을 배근하므로 옹벽이 노출되는 면 쪽에 더 많은 철근을 배근하도록 하고 있다.

따라서 앞면에 수평 철근량의 $\frac{2}{3}$ 를 배근하기로 한다.

앞면의 수평철근량 $= \frac{2}{3} \times 1150 = 767\,\mathrm{mm^2/m}$

뒷면의 수평철근량 $= \frac{1}{3} \times 1150 = 383\,\mathrm{mm^2/m}$

그러므로 노출이 되는 앞면에는 D16을 25cm 간격으로 배치하고, 뒷면에는 D13을 300mm 간격으로 배치한다.

또한 수직철근량의 $\frac{2}{3}$ 를 앞면에 배근하기로 한다.

앞면의 수직철근량 $= \frac{2}{3} \times 690 = 460\,\mathrm{mm^2/m}$

그러므로 D13을 250mm 간격으로 배치한다.

(9) 전면벽과 저판사이의 전단홈

옹벽의 전면벽과 저판을 동시에 시공하는 것은 매우 어렵기 때문에, 일반적으로 저판을 먼저 시공한 후 그 위에 전면벽을 설치하게 된다. 따라서 시공이음에서 수평력이 충분히 전달 될 수 있도록 하기 위해 전면벽과 저판 사이에 전단홈(shear key)을 설치하며, 전단홈은 전단마찰(shear friction) 이론으로 설계한다.

연습문제

10-1 옹벽 상면의 폭이 b, 하면의 폭이 $2b$, 그리고 높이가 3m로 된 사다리꼴 단면을 가진 무근콘크리트 옹벽이 활동에 대하여 안전하려면 폭 b는 얼마 이상이어야 하는가? (단, 흙의 단위질량은 1800kg/m^3, 토압계수는 0.3, 지반과 콘크리트사이의 마찰계수는 0.5이며, 콘크리트의 단위질량은 2300kg/m^3이다.)

10-2 절토된 면의 높이가 5 m 이다. 여기에 적합한 역T형 옹벽을 다음 조건에 따라 설계하시오.

- 흙의 단위질량 $\gamma = 1800\text{kg/m}^3$
- 흙의 내부마찰각 $\phi = 35°$
- 콘크리트와 지반 사이의 마찰계수 $\mu = 0.5$
- 지반의 허용지지력 $q_a = 0.2\text{MPa}$
- 콘크리트의 설계기준압축강도 $f_{ck} = 24\text{MPa}$
- 철근의 설계기준항복강도 $f_y = 300\text{MPa}$
- 옹벽 뒤의 지표면은 수평이며, 지표면 위에는 등분포하중 0.05MPa이 작용

Appendix

부 록

A. 허용응력설계법

A.1 서 론

강도설계법에 대한 대체 방법으로서 부록편에 별도설계법을 두고 있으며, 별도설계법은 근본적으로 허용응력설계법과 같다. 따라서 부재는 사용하중이 작용할 때 부재가 받는 응력을 선형탄성이론으로 계산하여 그 응력이 허용응력을 초과하지 않도록 설계한다. 사용하중이란 고정하중, 활하중, 풍하중 등과 같은 하중으로서 구조물이 사용되는 상태에서 실제 작용할 것으로 예상되는 하중이다.

A.2 보의 휨설계

A.2.1 단철근 직사각형 보

[1] 내력과 하중의 평형

그림 A-1(a)와 같은 단철근 직사각형 보의 한 단면에 사용하중에 의한 휨모멘트 M이 작용한다면 단면에 발생하는 응력의 분포는 그림 A-1(b)와 같다.

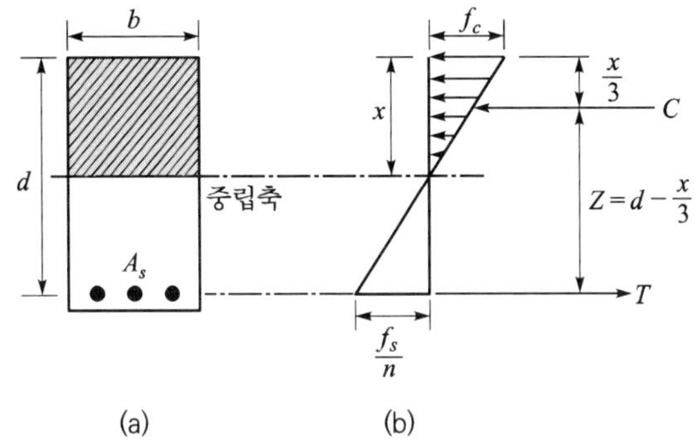

그림 A-1 탄성단면의 내력

인장응력을 받는 중립축 아래의 단면에서 콘크리트의 인장강도는 무시된다. 따라서 단면에 작용하는 내력은 중립축 위의 콘크리트 단면이 받는 압축력 C와 인장철근이 받는 인장력 T이며, 그 크기는 각각 다음과 같다.

$$C = \frac{1}{2} f_c b x \tag{A.1}$$

$$T = f_s A_s \tag{A.2}$$

여기서, f_c는 압축측 연단의 콘크리트가 받는 응력이고, f_s는 철근이 받는 인장응력이며, b는 보의 폭, x는 압축측 상단으로부터 중립축까지의 거리, A_s는 철근의 단면적이다.

단면이 평형을 유지하기 위해서는 수평 방향의 두 내력 C와 T는 평형을 이루어야 하고, 외력에 의해 단면에 작용하는 모멘트 M과 내력에 의한 모멘트가 평형을 이루어야 한다. 즉 다음과 같은 하중의 평형식이 성립해야 한다.

$$C - T = 0 \tag{A.3}$$

$$M = C \cdot z \qquad \text{또는} \qquad M = T \cdot z \tag{A.4}$$

여기서, z는 내력 C와 T 사이의 거리이다. 압축응력의 분포가 삼각형을 이루고 있다고 한다면, 압축력 C는 그 삼각형의 도심에 작용하므로 z는 다음과 같이 된다.

$$z = d - \frac{x}{3}$$

[2] 중립축

중립축은 휨을 받는 부재에서 압축도 인장도 받지 않는 축을 말한다. 압축측 상단으로부터 중립축까지의 거리 x를 구해 보자. 하중의 평형조건식인 다음식이 성립한다.

$$C - T = 0$$

$$\frac{1}{2} f_c b x - f_s A_s = 0 \tag{A.5}$$

그림 A-1(b)의 응력도에서 삼각형의 닮음을 이용하면 다음식이 얻어진다.

$$f_c : x = \frac{f_s}{n} : (d - x)$$

$$\therefore \; f_s = n f_c \frac{d - x}{x} \tag{A.6}$$

$$n : \text{탄성계수비} \left(= \frac{E_s}{E_c} \right)$$

식 (A.6)을 식 (A.5)에 대입하고 정리하면 다음 식을 얻을 수 있다. 또한 다음 식은 철근의 환산단면적(nA_s)을 고려하고, "도심축에 대한 단면1차모멘트의 합은 0이다."라는 조건을 이용하여 구할 수 있다.

$$\frac{1}{2} b x^2 - n A_s (d - x) = 0 \tag{A.7}$$

식 (A.7)은 x에 관한 2차방정식이다. 따라서 근의 공식을 이용하여 두 개의 해를 구할 수 있으며, 그 중에서 유용한 해는 양의 값이다. 그러므로 중립축의 위치 x는 다음과 같이 구해진다.

$$x = \frac{1}{b}\left[-nA_s + \sqrt{(nA_s)^2 + 2(nA_s)bd}\right] \tag{A.8}$$

$A_s = \rho bd$라 놓고, 식 (A.8)에 대입한 후, 정리하면 다음 식이 얻어진다.

$$x = \left[-n\rho + \sqrt{(n\rho)^2 + 2n\rho}\right] \cdot d \tag{A.9}$$

여기서

$$k = -n\rho + \sqrt{(n\rho)^2 + 2n\rho} \tag{A.10}$$

라고 하면, 중립축의 위치 x는 다음과 같이 간략하게 나타낼 수 있으며,

$$x = kd \tag{A.11}$$

k를 중립축비라 하고, $\rho\left(=\dfrac{A_s}{bd}\right)$를 철근비라 한다.

예제 A.1

그림과 같은 단철근 직사각형 단면에 대해 중립축의 위치를 구하시오. 인장철근의 단면적 $A_s = 1520\,\mathrm{mm}^2$이고, $f_{ck} = 28\mathrm{MPa}$, $f_y = 400\mathrm{MPa}$이다.

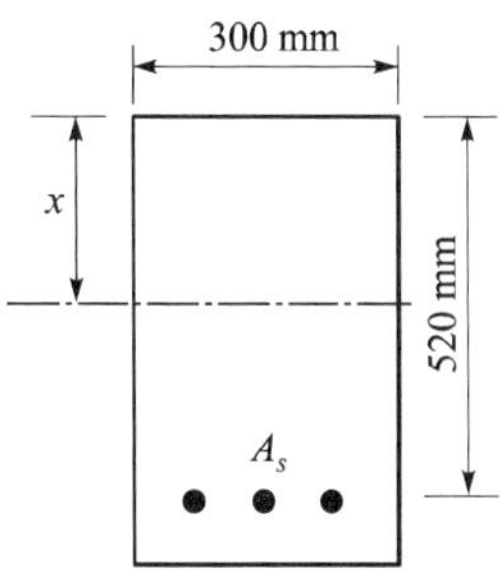

그림 A-2

풀이

보통골재를 사용한 콘크리트일 경우 탄성계수비 n은 다음과 같고,

$$n = \frac{2.0\times 10^5}{4700\sqrt{f_{ck}}} = \frac{2.0\times 10^5}{4700\sqrt{28}} = 8.04$$

$$\therefore\ n = 8$$

철근비 ρ는 다음과 같다.

$$\rho = \frac{A_s}{bd} = \frac{1520}{300\times 520} = 0.00974$$

따라서 중립축비 k는 다음과 같이 구해진다.

$k = -n\rho + \sqrt{(n\rho)^2 + 2n\rho}$

$\quad = -8\times 0.00974 + \sqrt{(8\times 0.00974)^2 + 2\times 8\times 0.00974}$

$\quad = 0.3245$

그러므로 압축측 상단으로부터 중립축까지의 거리 x는 다음과 같이 구해진다.

$x = kd = 0.3245\times 520 = 168.7\,\text{mm}$

[3] 응력

그림 A-1(a)와 같은 단철근 직사각형 보의 한 단면에 사용하중에 의한 휨모멘트 M이 작용할 때, 상단의 콘크리트가 받는 응력 f_c와 철근이 받는 응력 f_s를 구해보자.

외력과 내력에 의한 모멘트의 평형조건식인 식 (A.4)로부터 다음식이 얻어진다.

$$M = C\cdot z = \frac{1}{2}f_c bx\left(d - \frac{x}{3}\right) \tag{A.12}$$

$$M = T\cdot z = f_s A_s\left(d - \frac{x}{3}\right) \tag{A.13}$$

보의 단면과 그 단면에 작용하는 휨모멘트의 크기 M이 주어지면, 위의 두 식으로부터 응력 f_c와 f_s를 구할 수 있다.

$$f_c = \frac{2M}{bx\left(d - \dfrac{x}{3}\right)} \tag{A.14}$$

$$f_s = \frac{M}{A_s\left(d - \dfrac{x}{3}\right)} \tag{A.15}$$

이 때, $j = 1 - \dfrac{k}{3}$ 라고 두면, 내력 C와 T 사이의 거리 z는 다음과 같이 간략하게 나타낼 수 있다.

$$z = d - \frac{x}{3} = d - \frac{kd}{3} = \left(1 - \frac{k}{3}\right)d = jd$$

여기서, $x = kd,\ z = d - \dfrac{x}{3} = jd,\ A_s = \rho bd$를 식 (A.14)와 (A.15)에 대입하면 다음 식이 얻어지며, 중립축비 k는 식 (A.10)으로 구할 수 있다.

$$f_c = \frac{2M}{kjbd^2} \tag{A.16}$$

$$f_s = \frac{M}{\rho jbd^2} \tag{A.17}$$

또한 압축측 콘크리트의 상단이 받는 압축응력 f_c와 철근이 받는 인장응력 f_s는 다음 식으로 구할 수도 있다.

$$f_c = \frac{M}{I_{cr}} x \tag{A.18}$$

$$\frac{f_s}{n} = \frac{M}{I_{cr}}(d-x) \tag{A.19}$$

여기서, I_{cr} 은 균열환산단면2차모멘트이다. 균열환산단면2차모멘트 I_{cr} 은 인장측 콘크리트는 무시하고, 철근은 환산단면적을 고려하여 중립축에 대해 구한 단면2차모멘트이다.

$$I_{cr} = \frac{bx^3}{3} + nA_s(d-x)^2 \tag{A.20}$$

예제 A.2

그림과 같은 단철근 직사각형 단면에 휨모멘트 $M = 0.12\,\text{MN}\cdot\text{m}$가 작용할 때, 상단의 콘크리트가 받는 압축응력 f_c와 철근이 받는 인장응력 f_s를 구하시오. $A_s = 1520\,\text{mm}^2$, $f_{ck} = 28\text{MPa}$, $f_y = 400\text{MPa}$이다. (예제 A.1)에서 주어진 단면과 동일하며, (예제 A.1)에서 구한 몇 가지 값은 다음과 같다.

$\rho = 0.00974$

$k = 0.3245$

$x = 168.7\,\text{mm}$

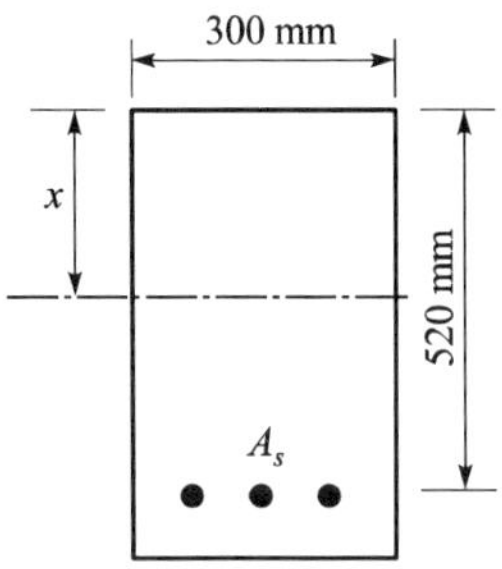

그림 A-3

풀이

식 (A.14)와 (A.15)를 이용하면,

$$f_c = \frac{2M}{bx\left(d-\dfrac{x}{3}\right)} = \frac{2\times 0.12}{0.3\times 0.1687\left(0.52-\dfrac{0.1687}{3}\right)} = 10.23\,\text{MPa}$$

$$f_s = \frac{M}{A_s\left(d-\dfrac{x}{3}\right)} = \frac{0.12}{1520\times 10^{-6}\times\left(0.52-\dfrac{0.1687}{3}\right)} = 170.2\,\text{MPa}$$

[4] 저항모멘트

저항모멘트는 보의 단면이 외력에 저항할 수 있는 최대의 휨모멘트를 말하며, 이때 재료가 견딜 수 있는 최대 응력은 허용응력인 것으로 본다. 따라서 압축측 상단의 콘크리트가 허용응력 f_{ca}를 받는 경우에 해당되는 모멘트 M_{rc}와 인장측 철근이 받을 수 있는 최대의 응력인 허용응력 f_{sa}를 철근이 받을 경우에 해당되는 모멘트 M_{rs} 중 작은 값이 저항모멘트 M_r이다. 즉, 다음 두 식에 의한 값 중에서 작은 값이 저항모멘트 M_r이다.

$$M_{rc} = C \cdot z = \frac{1}{2} f_{ca} bx \left(d - \frac{x}{3} \right) = \frac{1}{2} f_{ca} kjbd^2 \quad \text{(A.21)}$$

$$M_{rs} = T \cdot z = f_{sa} A_s \left(d - \frac{x}{3} \right) = f_{sa} \rho jbd^2 \quad \text{(A.22)}$$

예제 A.3

그림과 같은 단철근 직사각형 단면으로된 보의 저항모멘트 M_r을 구하시오. $A_s = 1520\,\text{mm}^2$, $f_{ck} = 28\text{MPa}$, $f_y = 400\text{MPa}$이며, $x = 168.7\text{mm}$이다.

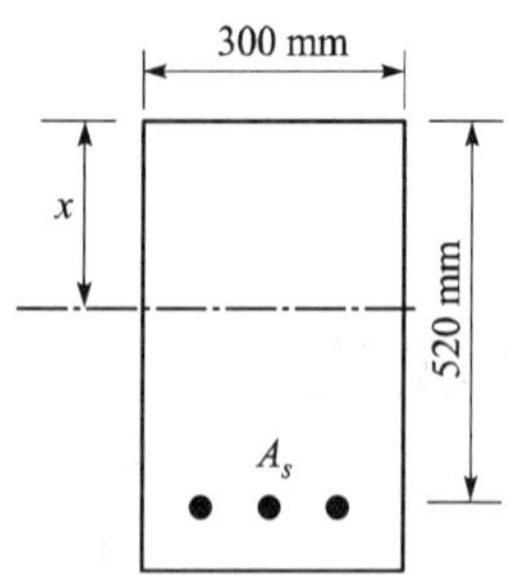

그림 A-4

풀이

표 2-1에서 철근이 SD400일 경우, 철근의 허용응력 $f_{sa} = 180\text{MPa}$이고, 표 2-2에서 휨부재일 경우 콘크리트의 허용휨압축응력 $f_{ca} = 0.40 f_{ck}$이다.

$f_{ca} = 0.40 f_{ck} = 0.40 \times 28 = 11.2\text{MPa}$

따라서 저항모멘트 M_r은 다음과 같이 구해진다.

$$\begin{aligned} M_{rc} &= \frac{1}{2} f_{ca} bx \left(d - \frac{x}{3} \right) \\ &= \frac{1}{2} \times 11.2 \times 0.3 \times 0.1687 \left(0.52 - \frac{0.1687}{3} \right) \\ &= 0.1314\,\text{MN} \cdot \text{m} \end{aligned}$$

$$\begin{aligned} M_{rs} &= f_{sa} A_s \left(d - \frac{x}{3} \right) \\ &= 180 \times 1520 \times 10^{-6} \left(0.52 - \frac{0.1687}{3} \right) \\ &= 0.1269\,\text{MN} \cdot \text{m} \end{aligned}$$

$\therefore \; M_r = 0.1269\,\text{MN} \cdot \text{m}$

[5] 균형 단면

어떤 보의 단면에 적당한 모멘트가 가해질 때, 압축측 상단의 콘크리트가 허용응력 f_{ca}가 되는 동시에 인장측 철근의 응력이 허용응력 f_{sa}가 되도록 단면의 치수와 철근량이 정해져 있는 단면을 균형단면(balanced section)이라 한다. 그리고 균형단면에 대한 철근비를 균형철근비 ρ_b라고 한다.

균형단면일 때 중립축의 위치 x는 그림A-1(b)의 응력도에서 압축측 상단의 응력을 f_{ca}, 인장측 철근의 응력을 f_{sa}로 두고, 삼각형의 닮음을 이용하여 다음과 같이 구할 수 있다.

$$f_{ca}: \ x = \frac{f_{sa}}{n} : (d-x)$$

$$\therefore \ x = \left(\frac{nf_{ca}}{f_{sa}+nf_{ca}}\right)d \tag{A.23}$$

여기서,

$$k = \frac{nf_{ca}}{f_{sa}+nf_{ca}} \tag{A.24}$$

라고 두면 중립축의 위치 x는 다음과 같이 간략히 나타낼 수 있다.

$$x = kd \tag{A.25}$$

균형철근비 ρ_b는 하중의 평형조건으로부터 구할 수 있다.

$$C = T$$

$$\frac{1}{2}f_{ca}bx = f_{sa}A_s$$

$A_s = \rho_b bd$를 위의 식에 대입하면 다음과 같이되고,

$$\frac{1}{2}f_{ca}bx = f_{sa}\rho_b bd$$

또 $x = kd$를 대입하고 정리하면, 균형철근비 ρ_b는 다음과 같이 구해진다.

$$\rho_b = \frac{kf_{ca}}{2f_{sa}} \tag{A.26}$$

여기서, $k = \dfrac{nf_{ca}}{f_{sa}+nf_{ca}}$이다.

예제 A.4

단철근 직사각형 보의 단면이 폭 $b = 300\text{mm}$, 유효깊이 $d = 520\text{mm}$일 때, 이 단면이 균형단면이 되기 위한 철근량 A_s를 구하시오.

$f_{ck} = 28\text{MPa}$, $f_y = 400\text{MPa(SD 40)}$, $n = 8$이다.

풀이

표 2-1로부터 철근의 허용응력 $f_{sa} = 180\text{MPa}$이다. 표 2-2로부터 f_{ca}는 다음과 같다.

$f_{ca} = 0.40 f_{ck} = 0.40 \times 28 = 11.2\text{MPa}$

따라서

$$k = \frac{nf_{ca}}{f_{sa} + nf_{ca}} = \frac{8 \times 11.2}{180 + 8 \times 11.2} = 0.3323$$

이고, 균형철근비 ρ_b는

$$\rho_b = \frac{kf_{ca}}{2f_{sa}} = \frac{0.3323 \times 11.2}{2 \times 180} = 0.01034$$

이다. 그러므로 균형철근량은 다음과 같이 구해진다.

$A_s = \rho_b bd = 0.01034 \times 300 \times 520 = 1613\,\text{mm}^2$

[6] 단면의 설계

단철근 직사각형 보에 외력이 작용할 때, 그 외력에 견딜 수 있는 단면의 치수를 추정하는 식을 찾아보자. 즉, 보의 단면에 대해 다음이 성립하도록 단면의 치수를 추정하는 식을 찾는다.

(외력에 의한 모멘트) ≦ (단면의 저항 모멘트)

다음 식을 고려해 보자. 여기서 M은 외력에 의해 단면에 작용하게 되는 모멘트이다.

$$M = \frac{1}{2} f_{ca} bx \left(d - \frac{x}{3} \right)$$

위의 식에 $x = kd$를 대입하고, 유효깊이 d에 대하여 정리한 후, 식 (A.24)를 대입하고 정리하면, 다음 식이 얻어진다.

$$d = \sqrt{\frac{2}{f_{ca} k \left(1 - \frac{k}{3}\right)}} \cdot \sqrt{\frac{M}{b}}$$

$$= \left\{ \frac{f_{sa} + nf_{ca}}{nf_{ca}} \sqrt{\frac{6n}{3f_{sa} + 2nf_{ca}}} \right\} \cdot \sqrt{\frac{M}{b}}$$

위 식은 다음과 같이 나타낼 수 있다.

$$d = C_1 \sqrt{\frac{M}{b}} \tag{A.27}$$

$$C_1 = \frac{f_{sa} + nf_{ca}}{nf_{ca}} \sqrt{\frac{6n}{3f_{sa} + 2nf_{ca}}}$$

식 (A.27)을 이용하면, 단면에 작용하는 모멘트 M이 주어질 때, 단면의 폭 b를 가정함으로써 유효깊이 d를 추정할 수 있다.

또한 단면에 작용하는 내력은 평형을 이루므로 다음 식이 성립한다.

$$\frac{1}{2} f_{ca} bx = f_{sa} A_s$$

위의 식을 철근량 A_s에 대하여 정리한 후, $x = kd$, 식 (A.27), 식 (A.24)를 대입하고 정리하면, 다음 식이 얻어진다.

$$\begin{aligned} A_s &= \frac{1}{2} \frac{f_{ca}}{f_{sa}} bkd \\ &= \frac{f_{ca}}{2f_{sa}} bk \left\{ C_1 \sqrt{\frac{M}{b}} \right\} \\ &= \left\{ \frac{f_{ca} k C_1}{2f_{sa}} \right\} \cdot \sqrt{Mb} \\ &= \left\{ \frac{f_{ca}}{2f_{sa}} \sqrt{\frac{6n}{3f_{sa} + 2nf_{ca}}} \right\} \cdot \sqrt{Mb} \end{aligned}$$

위 식은 역시 다음과 같이 나타낼 수 있으며, 단면의 폭 b를 가정함으로써 필요한 철근량 A_s를 추정할 수 있다.

$$A_s = C_2 \sqrt{Mb} \tag{A.28}$$

$$C_2 = \frac{f_{ca}}{2f_{sa}} \sqrt{\frac{6n}{3f_{sa} + 2nf_{ca}}}$$

과도한 하중에 의해 파괴될 때는 연성파괴가 될 수 있도록, 보는 과소 철근보(under reinforced beam)로 설계하는 것이 바람직하며, 이것은 설계자의 적절한 판단에 의해 이루어 질 수 있다.

예제 A.5

활하중 0.03MN/m, 고정하중(자중포함) 0.017MN/m를 지지할 수 있는 지간 6m의 단순보를 단철근 직사각형 단면으로 설계할 때, 지간의 중앙에서 필요한 단면의 폭과 유효깊이 그리고 철근량을 구하시오. 단 허용응력설계법으로 설계하고, $f_{ck}=21\text{MPa}$, $f_y=300\text{MPa}$ (SD 30)이다.

풀이

콘크리트의 허용휨압축응력 f_{ca}와 철근의 허용응력 f_{sa}, 탄성계수비 n은 다음과 같다.

$$f_{ca}=0.40f_{ck}=0.40\times 21=8.4\text{MPa}$$

$$f_{sa}=150\text{MPa}$$

$$n=\frac{E_s}{E_c}=\frac{E_s}{4700\sqrt{f_{ck}}}=\frac{2.0\times 10^5}{4700\sqrt{21}}=9.3$$

$$\therefore\ n=9$$

보에 작용하는 등분포하중 w는 다음과 같다.

$$w=D+L=0.017+0.03=0.047\text{MN/m}$$

따라서 지간의 중앙단면에 작용하는 모멘트 M은 다음과 같이 구해진다.

$$M=\frac{wl^2}{8}=\frac{0.047\times 6^2}{8}=0.2115\text{MN}\cdot\text{m}$$

보의 폭 $b=50\text{cm}$라 가정하고, 식 (A.27)을 이용하여 유효깊이 d를 구해보자.

$$C_1=\frac{f_{sa}+nf_{ca}}{nf_{ca}}\sqrt{\frac{6n}{3f_{sa}+2nf_{ca}}}$$

$$=\frac{150+9\times 8.4}{9\times 8.4}\sqrt{\frac{6\times 9}{3\times 150+2\times 9\times 8.4}}$$

$$=0.8943$$

$$d=C_1\sqrt{\frac{M}{b}}=0.8943\times\sqrt{\frac{0.2115}{0.5}}=0.5816\text{m}$$

따라서 $d=0.65\text{m}$를 사용하기로 하고, 식 (A.28)을 이용하여 필요한 철근량 A_s를 구해본다.

$$C_2=\frac{f_{ca}}{2f_{sa}}\sqrt{\frac{6n}{3f_{sa}+2nf_{ca}}}$$

$$=\frac{8.4}{2\times 150}\sqrt{\frac{6\times 9}{3\times 150+2\times 9\times 8.4}}$$

$$=0.008392$$

$$A_s=C_2\sqrt{Mb}=0.008392\times\sqrt{0.2115\times 0.5}=0.002729\text{m}^2=2729\text{mm}^2$$

따라서 인장철근으로 6-D25를 사용한다.

$$A_s=6\times 506.7=3040.2\text{mm}^2>2729\text{mm}^2$$

단면이 받는 응력을 검토해 보자. 먼저 중립축의 위치 x를 구해보면, 다음과 같다.

$$\rho = \frac{A_s}{bd} = \frac{3040.2}{500 \times 650} = 0.009354$$

$$k = -n\rho + \sqrt{(n\rho)^2 + 2n\rho}$$

$$= -9 \times 0.009354 + \sqrt{(9 \times 0.009354)^2 + 2 \times 9 \times 0.009354}$$

$$= 0.3347$$

$$x = kd = 0.3347 \times 650 = 217.6\,\mathrm{mm}$$

압축측 상단의 콘크리트와 철근이 받는 응력은 다음과 같다.

$$f_c = \frac{2M}{bx\left(d - \dfrac{x}{3}\right)} = \frac{2 \times 0.2115}{0.5 \times 0.2176\left(0.65 - \dfrac{0.2176}{3}\right)} = 6.733\,\mathrm{MPa} < 8.4\,\mathrm{MPa}$$

$$f_s = \frac{M}{A_s\left(d - \dfrac{x}{3}\right)} = \frac{0.2115}{3040.2 \times 10^{-6}\left(0.65 - \dfrac{0.2176}{3}\right)} = 120.5\,\mathrm{MPa} < 150\,\mathrm{MPa}$$

∴ 적합하다.

A.2.2 복철근 직사각형 보

[1] 중립축

구조기준에서 복철근보의 압축철근에 대해 다음과 같이 규정하고 있다. "복철근 보에서 압축철근을 등가콘크리트로 환산할 때 탄성계수비는 $2n$을 사용해야 한다. 그리고 이 때 계산된 압축철근의 응력은 철근의 허용인장 응력을 초과하지 않아야 한다." 압축철근을 등가콘크리트로 환산할 때 $2n$을 사용하도록 한 것은 지속하중에 의한 콘크리트의 크리프로 인해 최종적으로 압축철근에 가해지는 응력이 탄성이론에 의한 값보다 커지기 때문이다. 즉, 압축철근이 그 주변의 콘크리트와 일체로 거동한다고 보면,

$$\epsilon_s{}' = \epsilon_{cs}$$

$\epsilon_s{}'$: 압축철근의 변형률

ϵ_{cs} : 압축철근의 주변에 있는 콘크리트의 변형률

이다. 따라서

$$\frac{f_s{}'}{E_s} = \frac{f_{cs}}{E_c}$$

$$\therefore\ f_s{}' = nf_{cs}$$

$f_s{}'$: 압축철근이 받는 응력

f_{cs} : 압축철근의 주변에 있는 콘크리트가 받는 응력

이다. 그런데 충분한 시간이 경과한 후에는 콘크리트의 크리프로 인해 실제로 압축철근이 받는 응력은 탄성이론으로 구한 값보다 훨씬 커지기 때문에 압축철근이 받는 응력을 탄성이론으로 구한 값의 2배로 취하도록 하고, 그 값이 철근의 허용응력 이하가 되도록 규제하고 있다.

$$f_s' = 2nf_{cs} \leq f_{sa}$$

복철근 보에서 압축측 상단으로부터 중립축까지의 거리 x는 "도심축에 대한 단면1차모멘트의 합은 0이다."인 것으로부터 구할 수 있다. 즉,

$$bx \cdot \frac{x}{2} + (2n-1)\,A_s'(x-d') - nA_s(d-x) = 0 \tag{A.29}$$

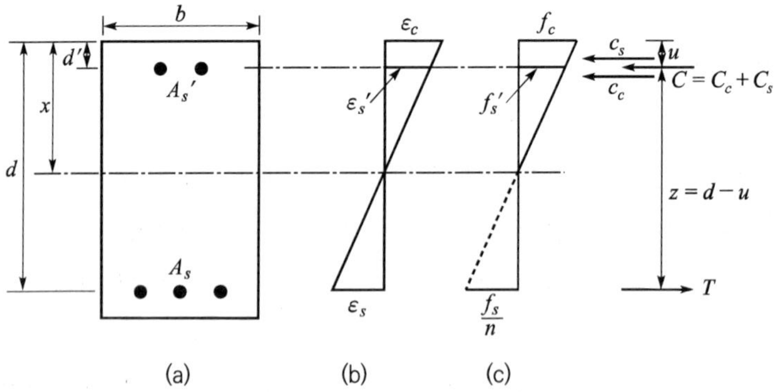

그림 A-5 복철근 보의 내력

식 (A.29)는 x에 관한 2차방정식이므로 근의 공식을 이용하여 그 해를 구할 수 있다.

[2] 응력

그림 A-5(c)에서 삼각형의 닮음을 이용하면 다음 식이 얻어진다.

$$f_c : \frac{f_s'}{2n} = x : (x - d')$$

$$\therefore\ f_s' = 2nf_c\frac{x-d'}{x}$$

따라서 압축철근 A_s'가 받는 압축력 C_s는 다음과 같이 구해진다.

$$C_s = f'_s A'_s = 2nA'_s f_c \frac{x-d'}{x} \tag{A.31}$$

압축철근의 단면적 A'_s에 의해 배제된 콘크리트의 단면적을 고려한 유효환산단면적은 $(2n-1)A'_s$ 이다. 그러므로 압축력 C_s는 다음과 같이 나타낼 수 있다.

$$C_s = (2n-1)A'_s f_c \frac{x-d'}{x} \tag{A.32}$$

압축측 콘크리트가 받는 압축력 C_c는 다음과 같다.

$$C_c = \frac{1}{2} f_c bx \tag{A.33}$$

따라서 압축측에 작용하는 총압축력 C는 다음과 같이 구해지고,

$$C = C_c + C_s = \frac{1}{2} f_c bx + (2n-1)A'_s f_c \frac{x-d'}{x} \tag{A.34}$$

상단으로부터 총압축력 C의 작용점까지의 거리 u는 다음과 같다.

$$C \cdot u = C_c \cdot \frac{x}{3} + C_s \cdot d'$$

$$\therefore \ u = \frac{1}{C}\left[C_c \cdot \frac{x}{3} + C_s \cdot d' \right] \tag{A.35}$$

또한 인장력 T는 다음과 같다.

$$T = f_s A_s \tag{A.36}$$

콘크리트와 철근에 작용하는 응력은 다음 식으로 구할 수 있다.

$$M = C \cdot z = \left\{ \frac{1}{2} f_c bx + (2n-1)A'_s f_c \frac{x-d'}{x} \right\} \cdot z$$

$$M = T \cdot z = f_s A_s z$$

위 식을 정리하면, 압축측 상단의 콘크리트에 작용하는 응력 f_c와 인장철근에 작용하는 응력 f_s가 다음과 같이 구해진다.

$$f_c = \frac{M}{\left\{\frac{1}{2}bx + (2n-1)A_s' \frac{x-d'}{x}\right\}z} \tag{A.37}$$

$$f_s = \frac{M}{A_s z} \tag{A.38}$$

여기서, $z = d - u$이다.

또한 단면에 작용하는 응력은 다음 식을 이용하여 계산할 수도 있다.

$$f_c = \frac{M}{I_{cr}}x \tag{A.39}$$

$$f_s = n\frac{M}{I_{cr}}(d-x) \tag{A.40}$$

$$f_s' = 2n\frac{M}{I_{cr}}(x-d') \tag{A.41}$$

여기서, I_{cr} 은 중립축에 대한 균열환산단면2차모멘트이며, 미소항을 무시하면 다음과 같다.

$$I_{cr} = \frac{bx^3}{3} + 2nA_s'(x-d')^2 + nA_s(d-x)^2 \tag{A.42}$$

[3] 저항모멘트

보의 단면이 외력에 저항할 수 있는 최대의 휨모멘트인 저항모멘트 M_r 은 다음 식으로 계산되는 M_{rc}와 M_{rs} 중에서 작은 값이다.

$$M_{rc} = \left\{\frac{1}{2}f_{ca}bx + (2n-1)A_s' f_{ca}\frac{x-d'}{x}\right\}z \tag{A.43}$$

$$= \frac{1}{2}f_{ca}bx\left(d - \frac{x}{3}\right) + (2n-1)A_s' f_{ca}\frac{x-d'}{x}(d-d')$$

$$M_{rs} = f_{sa}A_s z \tag{A.44}$$

여기서, $z = d - u$이다.

[4] 단면의 설계

그림 A-6에 나타낸 바와 같이 복철근보의 설계는 그림 A-6(b)와 같은 균형단면 단철근 직사각형 보가 부담할 수 있는 휨모멘트 M_1 과 그림 A-6(c)와 같은 압축철근과 이에 해당하는 인장철근이 부담할 수 있는 휨모멘트 M_2 로 구분하여 다룬다.

$$M_1 = C_c\left(d-\frac{x}{3}\right) = \frac{1}{2}f_{ca}bx\left(d-\frac{x}{3}\right) \tag{A.45}$$

위의 식에서 중립축의 위치 x 는 균형단면인 단철근 직사각형 보에 대한 다음 식으로 구한다.

$$x = kd = \frac{nf_{ca}}{f_{sa}+nf_{ca}}d \tag{A.46}$$

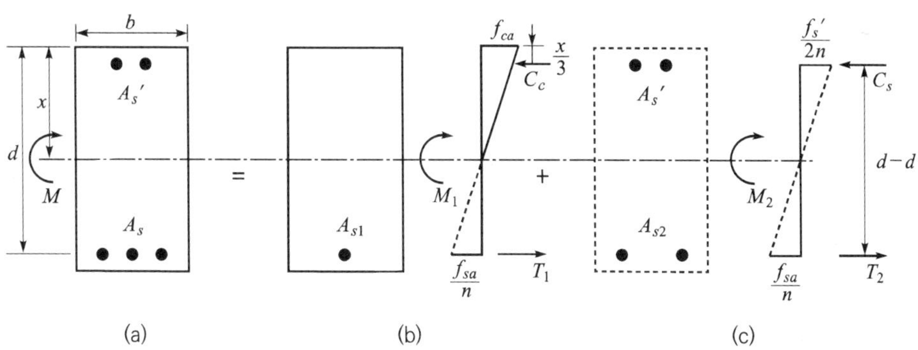

그림 A-6 복철근 보의 설계

이 경우에 대한 인장철근량 A_{s1} 은 다음 식으로 구하거나,

$$A_{s1} = \rho_b bd = \frac{k}{2}\frac{f_{ca}}{f_{sa}}bd \tag{A.47}$$

또는 다음 식으로 구할 수 있다.

$$A_{s1} = \frac{M_1}{f_{sa}\left(d-\frac{x}{3}\right)} \tag{A.48}$$

$M_2 = M - M_1 > 0$ 이면, M_2 에 저항할 수 있도록 추가적인 압축철근과 인장철근을 더 배치한다.

$$M_2 = T_2(d-d') = f_{sa}A_{s2}(d-d')$$

임으로 추가되는 인장철근량 A_{s2}는 다음과 같이 구해진다.

$$A_{s2} = \frac{M_2}{f_{sa}(d-d')} = \frac{M-M_1}{f_{sa}(d-d')} \tag{A.49}$$

따라서 총 인장철근량 A_s는 다음과 같다.

$$A_s = A_{s1} + A_{s2}$$

압축철근과 같은 위치에 있는 콘크리트가 받는 응력 f_{cs}는 그림 A-5(c)에서 삼각형의 닮음을 이용하여 다음과 같이 구해진다.

$$f_c : f_{cs} = x : (x-d')$$

$$\therefore\ f_{cs} = f_c\frac{x-d'}{x} \tag{A.50}$$

압축철근량 A_s'는 압축철근이 받는 응력의 크기에 따라 두가지 경우로 나누어 구한다.

$f_s' = 2nf_{cs} \leq f_{sa}$일 경우에 압축철근이 받는 압축력 C_s는

$$C_s = (2n-1)A_s'f_{cs}$$

이다. 식 (A.50)을 상단 콘크리트가 받는 응력이 f_{ca}인 경우로 고치고, 위의 식에 대입하면, 다음 식이 얻어진다.

$$C_s = (2n-1)A_s'f_{cs} = (2n-1)A_s'f_{ca}\frac{x-d'}{x} \tag{A.51}$$

또한 다음 식이 성립한다.

$$M_2 = C_s(d-d') \tag{A.52}$$

따라서 식 (A.51)을 (A.52)에 대입한 후, A_s'에 대해 정리하면, 다음과 같이 A_s'가 구해진다.

$$A_s' = \frac{M_2}{(2n-1)f_{ca}\left(\frac{x-d'}{x}\right)(d-d')} \tag{A.53}$$

$f_s^{'} = 2nf_{cs} > f_{sa}$ 일 경우, $f_s^{'} = f_{sa}$ 로 보아야 한다.

또한, 압축철근이 받는 압축력 C_s 는 다음 식과 같이 되며, 다음 식에서 "$-f_{cs}$"항이 포함된 이유는 압축철근에 의해 배제된 콘크리트의 영향을 고려한 것이다.

$$C_s = (f_{sa} - f_{cs})A_s^{'} = \left(f_{sa} - f_{ca}\frac{x-d^{'}}{x}\right)A_s^{'} \tag{A.54}$$

f_{cs} : 압축철근과 같은 위치에 있는 콘크리트가 받는 응력

식 (A.54)를 (A.52)에 대입한 후 정리하면 다음 식이 얻어진다.

$$A_s^{'} = \frac{M_2}{\left(f_{sa} - f_{ca}\frac{x-d^{'}}{x}\right)(d-d^{'})} \tag{A.55}$$

예제 A.6

보의 폭 $b = 400\text{mm}$, 유효깊이 $d = 500\text{mm}$인 직사각형 보의 한 단면에 모멘트 $M = 0.18\text{MN}\cdot\text{m}$가 작용할 때, 그 단면에 필요한 철근량을 구하시오.
$f_{ck} = 21\text{MPa}$, $f_y = 300\text{MPa}$(SD 30), $n = 9$, $d' = 60\text{mm}$ 이다.

풀이

허용응력은 다음과 같다.

$f_{ca} = 0.40 \times 21 = 8.4\text{MPa}$

$f_{sa} = 150\text{MPa}$

균형단면에 대한 중립축의 위치 x 는 다음과 같다.

$$k = \frac{nf_{ca}}{f_{sa} + nf_{ca}} = \frac{9 \times 8.4}{150 + 9 \times 8.4} = 0.3351$$

$x = kd = 0.3351 \times 500 = 167.6\text{mm}$

균형단면 단철근 직사각형 보가 부담할 수 있는 휨모멘트 M_1 은 다음과 같다.

$$M_1 = \frac{1}{2}f_{ca}bx\left(d - \frac{x}{3}\right) = \frac{1}{2} \times 8.4 \times 0.4 \times 0.1676\left(0.5 - \frac{0.1676}{3}\right) = 0.1251\ \text{MN}\cdot\text{m}$$

휨모멘트 M_1 에 대한 소요 인장철근량 A_{s1} 은 다음과 같다.

$$A_{s1} = \frac{M_1}{f_{sa}\left(d - \frac{x}{3}\right)} = \frac{0.1251}{150\left(0.5 - \frac{0.1676}{3}\right)} = 0.001878\text{m}^2 = 1878\text{mm}^2$$

$M_2 = M - M_1 = 0.18 - 0.1251 = 0.0549\,\text{MN}\cdot\text{m} > 0$

따라서 복철근보로 설계해야 한다.

휨모멘트 M_2에 대한 소요 인장철근량 A_{s2}는 다음과 같이 구해진다.

$$A_{s2} = \frac{M_2}{f_{sa}(d-d')} = \frac{0.0549}{150(0.5-0.06)} = 0.0008318\text{m}^2 = 831.8\,\text{mm}^2$$

따라서 총인장철근량 A_s는 다음과 같다.

$$A_s = A_{s1} + A_{s2} = 1878 + 831.8 = 2710\,\text{mm}^2$$

압축철근과 같은 위치에 있는 콘크리트가 받는 응력 f_{cs}는 다음과 같다.

$$f_{cs} = f_{ca}\frac{x-d'}{x} = 8.4 \times \frac{0.1676-0.06}{0.1676} = 5.393\,\text{MPa}$$

$$f_s' = 2nf_{cs} = 2 \times 9 \times 5.393 = 97.07\,\text{MPa} < 150\text{MPa}$$

따라서 압축철근량 A_s'는 식 (A.53)을 이용하여 다음과 같이 구해지다.

$$A_s' = \frac{M_2}{(2n-1)f_{ca}\left(\frac{x-d'}{x}\right)(d-d')}$$

$$= \frac{0.0549}{(2\times 9-1)\times 8.4\left(\frac{0.1676-0.06}{0.1676}\right)(0.5-0.06)}$$

$$= 0.001361\text{m}^2 = 1361\,\text{mm}^2$$

A.2.3 T형 단면 보

[1] 중립축의 위치와 T형 단면

그림 A-7(b)와 같이 정(+)모멘트가 작용할 때 단면의 중립축이 플랜지 내에 있으면 폭이 b인 직사각형 보로 보고 설계하며, 그림 A-7(a)와 같이 정모멘트가 작용할 때 중립축이 복부에 있을 경우에만 T형 보로 설계한다. 만일 그림 A-7(c)와 같이 부(−)모멘트가 작용할 때 중립축이 복부에 있다면, 이런 경우에는 폭이 b_w인 직사각형 보로 설계한다.

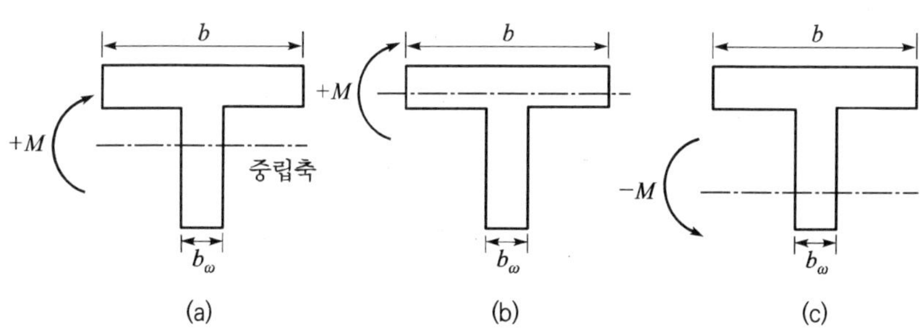

그림 A-7 T형단면 보

[2] 중립축

중립축은 도심축에 대한 단면1차모멘트의 합은 0인 조건을 이용하여 구한다. 식을 간단하게 하기 위해 압축측 복부의 면적은 무시하고 구할 수 있으며, 이것은 압축측 복부의 면적이 플랜지의 면적에 비해 작고 또한 압축측 복부에 작용하는 압축력이 플랜지에 작용하는 압축력에 비해 작기 때문이다. 압축측 복부의 면적을 무시하고, 중립축에 대해 단면1차모멘트의 합을 취하면 다음과 같이 된다.

$$bt_f\left(x-\frac{t_f}{2}\right)-nA_s(d-x)=0$$

$$\therefore\ x=\frac{nA_s d+\frac{1}{2}bt_f^2}{nA_s+bt_f} \qquad (A.56)$$

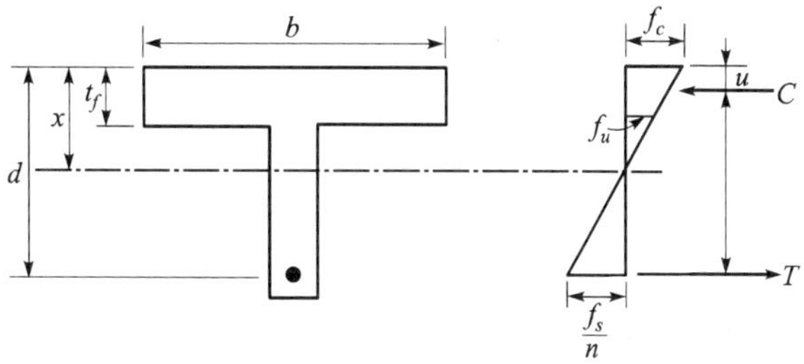

그림 A-8 T형보에 작용하는 응력과 힘

[3] 응력

(1) 복부에 작용하는 압축력을 무시한 경우

압축측 복부에 작용하는 압축력은 무시하고, 콘크리트와 철근에 작용하는 응력을 구해보자. 플랜지의 하단에 작용하는 응력 f_u 와 상단에 작용하는 응력 f_c 에 관한 식이 그림 A-8(b)에서 삼각형의 닮음을 이용하여 다음과 같이 얻어진다.

$$f_u : f_c=(x-t_f) : x$$

$$\therefore\ f_u=f_c\frac{x-t_f}{x} \qquad (A.57)$$

따라서 압축력 C는 다음과 같다.

$$C = \frac{f_c + f_u}{2} t_f b = \frac{1}{2} f_c t_f b\left(2 - \frac{t_f}{x}\right) \tag{A.58}$$

플랜지 상단으로부터 압축력 C의 작용점까지의 거리 u는 다음과 같이 구해지고,

$$\left\{\frac{f_c + f_u}{2} t_f b\right\} u = f_u t_f b \cdot \frac{t_f}{2} + \frac{1}{2}(f_c - f_u) t_f b \cdot \frac{t_f}{3}$$

$$\therefore\ u = \frac{t_f}{3} \frac{f_c + 2f_u}{f_c + f_u} = \frac{t_f}{3} \frac{3x - 2t_f}{2x - t_f} \tag{A.59}$$

콘크리트와 철근에 작용하는 응력은 $M = C \cdot z$, $M = T \cdot z$로부터 각각 다음과 같이 구해진다.

$$f_c = \frac{2M}{t_f b\left(2 - \frac{t_f}{x}\right) z} \tag{A.60}$$

$$f_s = \frac{M}{A_s z} \tag{A.61}$$

여기서, $z = d - u$이다.

(2) 복부에 작용하는 압축력을 무시하고, $u = \frac{t_f}{2}$로 한 경우

압축력 C의 작용점이 근사적으로 플랜지의 중심선 위에 있다고 보아도 실용상 지장은 없다. 즉 근사적으로 $u = \frac{t_f}{2}$로 두고 계산해도 그렇게 큰 오차는 없다. 따라서

$$z = d - u = d - \frac{t_f}{2}$$

이다. 그러므로 식 (A.60)과 (A.61)은 다음과 같이 된다.

$$f_c = \frac{2M}{t_f b\left(2 - \frac{t_f}{x}\right)\left(d - \frac{t_f}{2}\right)} \tag{A.62}$$

$$f_s = \frac{M}{A_s\left(d - \frac{t_f}{2}\right)} \tag{A.63}$$

(3) 휨응력 공식에 의한 경우

휨응력 공식을 사용하여 작용하는 응력을 구할 수 있다.

$$f_c = \frac{M}{I_{cr}} x \tag{A.64}$$

$$f_s = n \frac{M}{I_{cr}} (d - x) \tag{A.65}$$

여기서, I_{cr} 은 균열환산단면2차모멘트이며, 압축을 받는 복부 부분과 미소항을 무시하면 다음과 같다.

$$I_{cr} = \frac{1}{3} b x^3 - \frac{1}{3} b (x - t_f)^3 + n A_s (d - x)^2 \tag{A.66}$$

[4] 저항 모멘트

압축측 복부에 작용하는 압축력은 무시하고, $u = \dfrac{t_f}{2}$ 로 근사적으로 보고 계산한다. T형 단면의 저항모멘트 M_r는 다음 두 식에 의한 값 중에서 작은 값이다.

$$M_{rc} = \frac{1}{2} f_{ca} t_f b \left(2 - \frac{t_f}{x}\right)\left(d - \frac{t_f}{2}\right) \tag{A.67}$$

$$M_{rs} = f_{sa} A_s \left(d - \frac{t_f}{2}\right) \tag{A.68}$$

[5] 단면의 설계

T형 단면보의 플랜지는 슬래브로 작용하기 때문에 그 크기가 슬래브로서의 필요조건에 의해 정해지는 경우가 대부분이다. 따라서 플랜지의 폭 b와 두께 t_f가 주어질 때 필요한 유효깊이 d와 철근량 A_s를 구해보자. 이때 식을 간단하게 하기 위해 압축측 복부에 작용하는 압축력은 무시하고 $u = \dfrac{t_f}{2}$ 로 두고 구한다.

균형단면이라고 하면 $M = C \cdot z$ 로부터 다음 식이 얻어진다.

$$M = \left\{\frac{1}{2} f_{ca} t_f b \left(2 - \frac{t_f}{x}\right)\right\}\left(d - \frac{t_f}{2}\right) \tag{A.69}$$

위의 식 (A.69)에서 x는 균형단면에 대한 값이며 다음과 같다.

$$x = kd = \frac{nf_{ca}}{f_{sa}+nf_{ca}}d$$

식 (A.69)에 $x = kd$를 대입한 후 정리하면, d에 관한 2차방정식이 얻어지며, 근의 공식으로 그 해를 구하면 다음과 같다.

$$d = \eta + \sqrt{\eta^2 - \frac{t_f^2}{4k}} \tag{A.70}$$

여기서, $\eta = \dfrac{M}{2f_{ca}bt_f} + \dfrac{t_f(k+1)}{4k}$이다. 또 $M = T \cdot z$로부터 다음 식이 얻어진다.

$$A_s = \frac{M}{f_{sa}\left(d - \dfrac{t_f}{2}\right)} \tag{A.71}$$

예제 A.7

플랜지의 두께 $t_f = 100\,\mathrm{mm}$, 유효폭 $b = 1600\,\mathrm{mm}$, 복부의 폭 $b_w = 350\,\mathrm{mm}$인 T형 단면에 휨모멘트 $M = 0.6\mathrm{MN} \cdot \mathrm{m}$가 작용할 때, 필요한 유효깊이와 철근량을 구하시오. $f_{ck} = 21\mathrm{MPa}$, $f_y = 300\mathrm{MPa}\,(\mathrm{SD\,30})$, $n = 9$이다.

풀이

콘크리트와 철근의 허용응력은 각각 다음과 같다.

$f_{ca} = 0.40 f_{ck} = 0.40 \times 21 = 8.4\mathrm{MPa}$

$f_{sa} = 150\mathrm{MPa}$

폭이 1600mm인 직사각형 단면의 중립축을 구하여 플랜지의 두께와 비교해 봄으로써 T형 단면의 중립축이 플랜지 내에 있는지 또는 복부에 있는지를 검토한다.

$$C_1 = \frac{f_{sa}+nf_{ca}}{nf_{ca}}\sqrt{\frac{6n}{3f_{sa}+2nf_{ca}}}$$

$$= \frac{150+9\times 8.4}{9\times 8.4}\sqrt{\frac{6\times 9}{3\times 150+2\times 9\times 8.4}}$$

$$= 0.8943$$

$$d = C_1\sqrt{\frac{M}{b}} = 0.8943\times\sqrt{\frac{0.6}{1.6}} = 0.5476\mathrm{m}$$

$$k = \frac{nf_{ca}}{f_{sa}+nf_{ca}} = \frac{9\times 8.4}{150+9\times 8.4} = 0.3351$$

$$\therefore\ x = kd = 0.3351\times 0.5476 = 0.1835\mathrm{m} > 100\mathrm{mm} = t_f$$

따라서 중립축은 복부에 있으며, T형 단면으로 계산한다.

식 (A.70)을 이용하여 필요한 유효깊이를 구하면, 다음과 같다.

$$\eta = \frac{M}{2f_{ca}bt_f} + \frac{t_f(k+1)}{4k}$$
$$= \frac{0.6}{2\times 8.4\times 1.6\times 0.1} + \frac{0.1(0.3351+1)}{4\times 0.3351}$$
$$= 0.3228$$

$$d = \eta + \sqrt{\eta^2 - \frac{t_f^2}{4k}}$$
$$= 0.3228 + \sqrt{0.3228^2 - \frac{0.1^2}{4\times 0.3351}}$$
$$= 0.6338\,\text{m} = 633.8\,\text{mm}$$

식 (A.71)을 이용하여 필요한 철근량을 구하면 다음과 같다.

$$A_s = \frac{M}{f_{sa}\left(d - \frac{t_f}{2}\right)}$$
$$= \frac{0.6}{150\left(0.6338 - \frac{0.1}{2}\right)} = 0.006852\text{m}^2 = 6852\,\text{mm}^2$$

A.3 보의 전단 설계

A.3.1 평균전단응력 및 허용전단응력

철근콘크리트 보의 전단 설계에서는 평균전단응력이 사용된다.

$$v = \frac{V}{b_w d} \tag{A.72}$$

여기서, b_w 는 복부의 폭, V는 고려하는 단면에서의 설계전단력이다.

전단과 휨만을 받는 부재에 대해 콘크리트가 부담할 수 있는 허용전단응력 v_{ca} 는 다음과 같다.

$$v_{ca} \leqq 0.08\sqrt{f_{ck}} \tag{A.73}$$

전단과 휨만을 받는 부재에 대한 콘크리트의 좀 더 상세한 허용전단응력 값은 다음식으로 구할 수 있다.

$$v_{ca} = 0.07\sqrt{f_{ck}} + 7.8\rho_w \frac{Vd}{M} \leqq 0.13\sqrt{f_{ck}} \tag{A.74}$$

여기서, $\rho_w = \dfrac{A_s}{b_w d}$ 이며, M은 고려하는 단면에서 전단력 V와 동시에 발생하는 설계휨모멘트로서 $\dfrac{Vd}{M} \leqq 1.0$로 취해야 한다.

A.3.2 전단 철근량

전단철근이 부담해야 할 전단응력 v'는 다음과 같다.

$$v' = v - v_{ca} \tag{A.75}$$

여기서, v는 외력에 의해 단면에 작용하는 전단응력, v_{ca}는 콘크리트가 부담할 수 있는 허용전단응력이다.

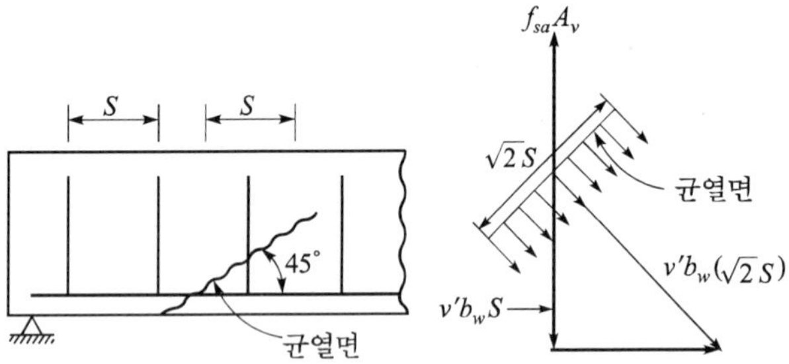

그림 A-9

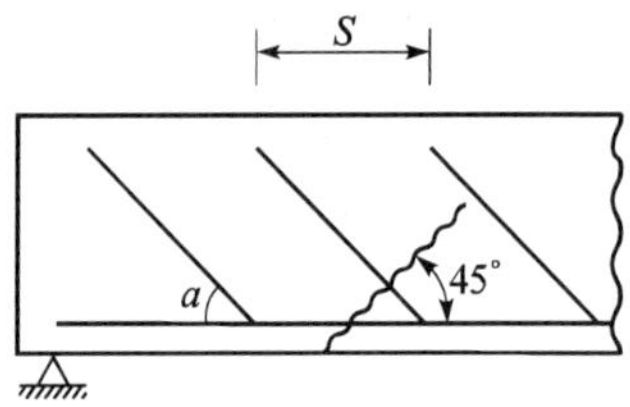

그림 A-10

주철근에 직각 방향으로 배치되는 수직스터럽의 소요량은 그림 A-9에 나타낸 바와 같이 균열면에 작용하는 인장력의 수직분력과 수직스터럽 1개가 받을 수 있는 인장력이 같다는 것을 이용하여 구할 수 있다. 즉,

$$v' b_w s = f_{sa} A_v$$

$$\therefore \; A_v = \frac{v' b_w s}{f_{sa}} \tag{A.76}$$

위에서 s는 전단철근의 간격, A_v는 전단철근의 단면적이며, U형 스터럽인 경우는 스터럽의 다리 2개의 단면적이다.

주철근과 α 만큼의 경사를 이루도록 배치되는 경사스터럽이나 굽힘철근(여러 곳에서 구부려 올릴 때)의 소요량은 다음 식으로 구한다.

$$A_v = \frac{v' b_w s}{f_{sa}(\sin\alpha + \cos\alpha)} \tag{A.77}$$

A.3.3 전단철근의 설계

반력이 작용전단력 방향으로 부재의 단부를 압축할 경우에 받침부 내면에서 d거리 이내의 단면은 d거리에서 구한 것과 동일한 크기의 전단응력 v에 대해 설계할 수 있다. 보에 작용하는 전단응력 v의 크기에 따라 전단철근의 설계는 다음과 같이 한다. 그리고 전단철근의 설계기준항복강도는 400MPa을 초과하지 않아야 한다.

[1] $\frac{1}{2}v_{ca} < v$ 일 경우

다음 식으로 계산되는 최소전단철근을 배치해야 한다.

$$A_v = 0.35\frac{b_w s}{f_y} \quad (A.78)$$

여기서, f_y의 단위는 MPa이다. 그러나 슬래브나 확대기초의 경우, 부재의 깊이가 250mm 이하이거나 플랜지 두께의 2.5배 또는 복부 폭의 $\frac{1}{2}$ 중 큰 값 이하인 보의 경우, 콘크리트의 장선구조일 경우는 제외한다.

[2] $v_{ca} < v$ 일 경우

소요 전단응력이 콘크리트가 부담할 수 있는 허용전단응력 v_{ca}를 초과한 경우, $v'(= v - v_{ca})$ 만큼을 전단철근이 부담하도록 설계한다. 그러나 v'의 값은 $0.28\sqrt{f_{ck}}$ 를 초과 할 수 없다.

A.3.4 전단철근의 간격

종방향 철근을 구부려서 전단철근으로 사용할 때는 그 경사길이의 중간 $\frac{3}{4}$만이 유효하다고 보아야 한다. 전단철근으로 사용된 스터럽과 기타철근 또는 철선은 압축 연단부에서 d거리까지 연장되어야 하며, 철근의 항복강도를 발휘할 수 있도록 구조기준의 규정에 따라 양단에 정착시켜야 한다. 전단철근의 간격은 다음 규정을 만족해야 한다.

① 부재축에 직각인 스터럽의 간격은 0.5d이하, 600mm 이하라야 한다.
② 스터럽과 굽힘철근은 부재의 중간높이(0.5d)에서 반력점 방향으로 주인장철근까지 연장된 45°경사선과 한번 이상 교차하도록 배치해야 한다.
③ $v'(= v - v_{ca})$가 $0.16\sqrt{f_{ck}}$ 를 초과할 때는 위의 ①과 ②에서 규정된 최대간격을 $\frac{1}{2}$로 감소시켜야 한다.

예제 A.8

지간이 8m인 단순보에 고정하중 8kN/m, 활하중 35kN/m가 작용할 때, 필요한 수직스터럽을 설계하시오. 직사각형 단면이며, 보의 폭 $b_w = 300\text{mm}$, 유효깊이 $d = 600\text{mm}$, 보의 전체 높이 $h = 660\text{mm}$이고, $f_{ck} = 21\text{MPa}$, $f_y = 300\text{MPa}$(SD30)이다.

풀이

작용하는 총하중은 보의 자중을 포함시켜 다음과 같이 구해진다.

$$w = 2500 \times 9.81 \times 0.3 \times 0.66 + 8000 + 35000$$
$$= 47856\text{N/m} = 0.04786\text{MN/m}$$

따라서 지점 반력 R_A은 다음과 같고,

$$R_A = \frac{1}{2}wl = \frac{1}{2} \times 0.04786 \times 8 = 0.1914\text{MN}$$

지점으로부터 유효깊이 $d = 60\text{cm} = 0.6\text{m}$ 만큼 떨어진 단면에 작용하는 전단력 V는 다음과 같다.

$$V = R_A - wd = 0.1914 - 0.04786 \times 0.6 = 0.1627\text{MN}$$

따라서 소요 전단응력은 다음과 같이 구해진다.

$$v = \frac{V}{b_w d} = \frac{0.1674}{0.3 \times 0.6} = 0.9039\text{MPa}$$

콘크리트가 부담할 수 있는 허용전단응력 v_{ca}는 다음과 같다.

$$v_{ca} = 0.08\sqrt{f_{ck}} = 0.08\sqrt{21} = 0.3666\text{MPa} < 0.9039\text{MPa} = v$$

$v_{ca} < v$ 임으로 전단철근을 배치해야 한다.

$$v' = v - v_{ca} = 0.9039 - 0.3666 = 0.5373\text{MPa}$$

v'의 값은 $0.28\sqrt{f_{ck}}$를 초과할 수 없다.

$$0.28\sqrt{f_{ck}} = 0.28\sqrt{21} = 1.283\text{MPa} > 0.5373\text{MPa} = v'$$

따라서 단면을 증가시킬 필요 없이 전단철근으로 보강하면 된다.

$$0.16\sqrt{f_{ck}} = 0.16\sqrt{21} = 0.7332\text{MPa} > 0.5373\text{MPa} = v'$$

∴ 적합하다.

$0.16\sqrt{f_{ck}} > v'$ 임으로 전단철근의 간격은 부재축에 직각인 스터럽의 간격은 0.5d 이하, 600mm 이하라야 한다.

$$0.5d = 0.5 \times 600 = 300\text{mm}$$

그러므로 수직스터럽의 간격은 300mm 이하라야 한다.

D10으로된 U형 스터럽을 사용한다면, 전단철근의 단면적 A_v는 다음과 같고,

$$A_v = 2 \times 71.33 = 142.66\text{mm}^2$$

식 (A.76)을 사용하여 스터럽의 간격 s를 구하면 다음과 같다.

$$s = \frac{f_{sa}A_v}{v'b_w} = \frac{150 \times 142.66 \times 10^{-6}}{0.5373 \times 0.3} = 0.1328\text{m} = 132.8\text{mm}$$

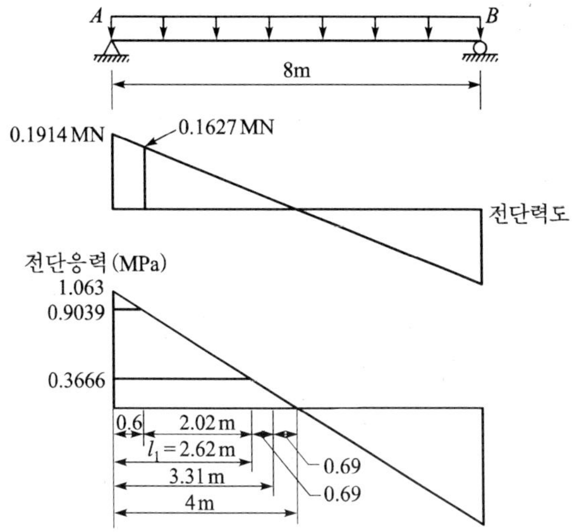

그림 A-11

D10으로된 U형 스터럽을 사용할 때, 최소전단철근의 간격은 식 (A.78)을 이용하여 다음과 같이 구해진다.

$$s = \frac{f_y A_v}{0.35 b_w} = \frac{300 \times 142.66 \times 10^{-6}}{0.35 \times 0.3} = 0.4076\text{m} = 407.6\,\text{mm}$$

따라서 스터럽의 간격은 300mm 이하, 132.8mm 이하, 407.6mm 이하라야 한다. 그러므로 스터럽의 간격 $s = 120\text{mm}$ 로 정한다.

$1.063 : 4 = (1.063 - 0.3666) : l_1$

$\therefore\ l_1 = 2.62\text{m}$

지점으로부터 2.62m 구간에는 D10으로된 U형 스터럽을 120mm 간격으로 배치하고, 2.62 3.31m 구간에는 300mm 간격으로 배치하면 된다. 그러나 여기서는 시공의 편의를 위해 지점으로부터 3.31m 구간에 D10으로된 U형 스터럽을 120mm 간격으로 균등하게 배치하기로 한다.

A.4 기둥

휨과 축하중이 작용하는 압축부재의 강도는 7장의 강도설계법으로 계산한 값의 40%로 취한다. 즉, 기둥의 허용축하중은 주어진 편심상태에서($\phi = 1.0$) 세장효과에 의한 강도감소를 감안하여 7장의 강도설계법에 의하여 계산된 공칭축하중강도 P_n 의 40%로 해야 한다. 여기서 허용축하중을 공칭강도의 40%로 취하는 것은 안전율을 2.5로 한 것에 해당된다. 장주일 경우에는 장주효과를 고려해야 한다. 이 때 식 (7.19)과 식 (7.29)의 P_u 는 설계축하중에 2.5를 곱한 값으로 취하고, 계수 0.75는 1.0으로 대체시켜야 한다.

B. 기둥의 강도 상관도

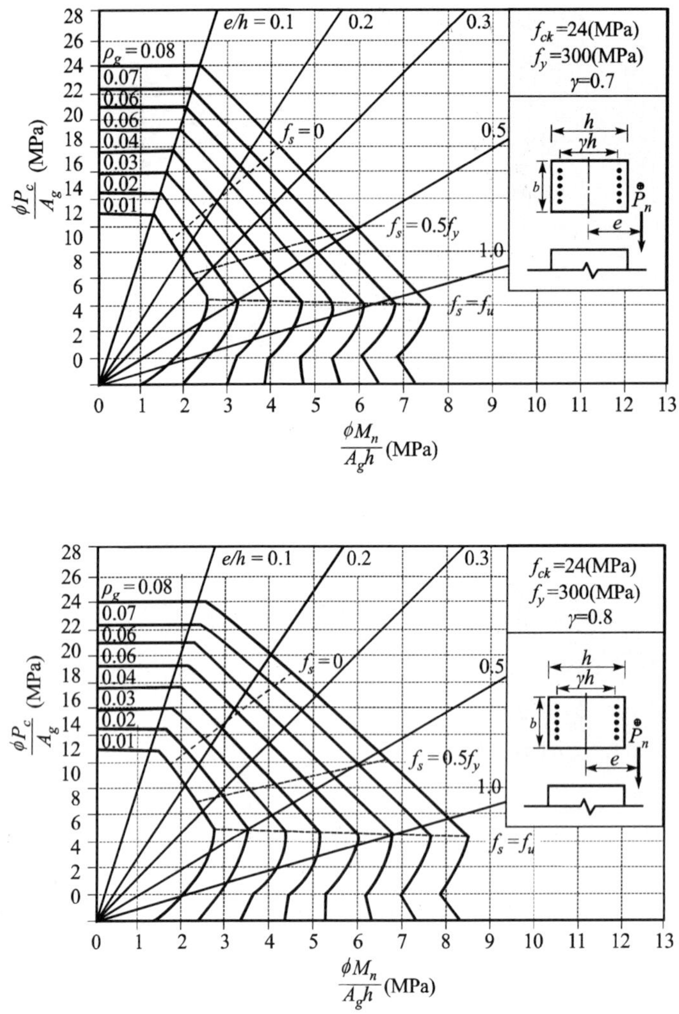

그림 B-1

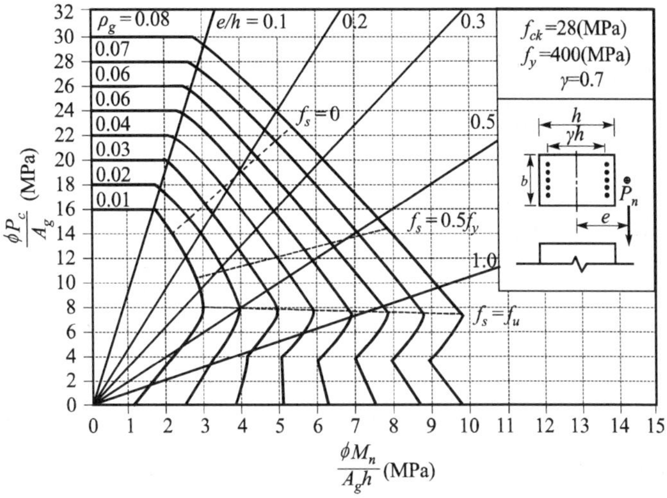

$\rho_g = 0.08$
0.07
0.06
0.06
0.04
0.03
0.02
0.01
$e/h = 0.1$
0.2
0.3
0.5
1.0
$f_s = 0$
$f_s = 0.5f_y$
$f_s = f_u$
f_{ck}=28(MPa)
f_y=400(MPa)
γ=0.7
$\frac{\phi P_c}{A_g}$ (MPa)
$\frac{\phi M_n}{A_g h}$ (MPa)

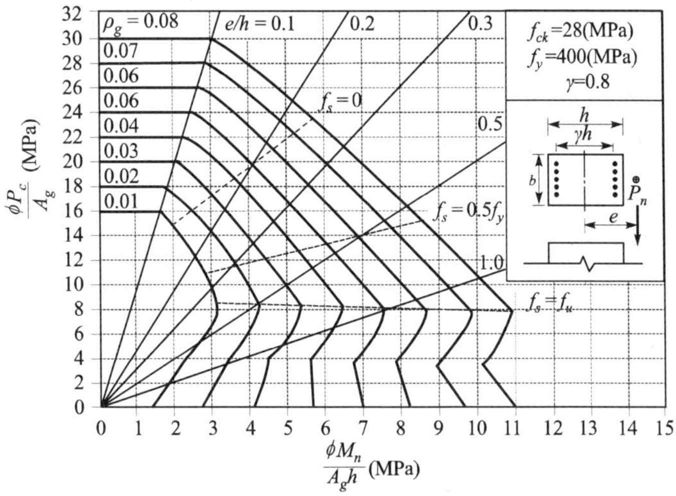

$\rho_g = 0.08$
0.07
0.06
0.06
0.04
0.03
0.02
0.01
$e/h = 0.1$
0.2
0.3
0.5
1.0
$f_s = 0$
$f_s = 0.5f_y$
$f_s = f_u$
f_{ck}=28(MPa)
f_y=400(MPa)
γ=0.8
$\frac{\phi P_c}{A_g}$ (MPa)
$\frac{\phi M_n}{A_g h}$ (MPa)

그림 B-2

C. 균열

C.1 허용균열폭과 균열의 검토

콘크리트에 발생하는 균열이 구조물의 기능, 내구성 및 미관 등 사용목적에 지장을 초래하는가에 대하여 적절한 방법으로 검토해야 한다. 그러나 균열은 여러 가지 복잡한 요인에 의해 발생되고 변하므로 이것을 정확하게 예측한다는 것은 상당히 어려운 일이다. 따라서 실험에 의해 얻어진 근사적인 식을 이용해 균열을 검토하고 있다.

내구성에 대한 균열의 검토는 콘크리트 표면의 균열폭을 환경조건, 피복두께 등으로부터 정해지는 허용균열폭 이하가 되도록 하는 것을 원칙으로 한다. 그리고 사용기간이 매우 짧은 구조물, 콘크리트 내에 있는 강재가 부식되지 않도록 표면이 잘 보호되어 있는 구조물, 가설구조물에 대한 균열의 검토는 하지 않을 수 있다. 내구성에 관한 균열폭을 검토할 경우에는 구조물에 가해질 환경조건을 고려해야 하며, 콘크리트구조기준에서는 강재의 부식에 대한 환경조건을 표 C-1과 같이 건조환경, 습윤환경, 부식성환경, 고부식성환경으로 구분하고 있다.

한편, 허용균열폭 ω_a는 구조물의 소요내구성, 환경조건, 사용목적, 부재의 조건 등을 고려하여 정해야 하는데, 2012년 개정된 콘크리트구조기준의 부록 Ⅲ.에서는 강재의 부식에 대한 콘크리트의 허용균열폭을 피복두께와 강재의 종류에 따라 표 C-2와 같이 주고 있으며, 표 C-2에 적용될 수 있는 피복두께는 100mm 이하이다. 그리고 표 C-2에 주어진 경우 외에도 물을 저장하는 수조 등과 같이 수밀성을 요구하는 구조물의 허용균열폭은 표 C-3과 같이 정의하였다.

표 C-1 강재의 부식에 대한 환경조건의 구분

건조환경	일반 옥내 부재, 부식의 우려가 없을 정도로 보호한 경우의 보통 주거 및 사무실 건물 내부
습윤환경	일반 옥외의 경우, 흙 속의 경우, 옥내의 경우에 있어서 습기가 찬 곳
부식성환경	1) 습윤환경과 비교하여 건습의 반복작용이 많은 경우, 특히 유해한 물질을 함유한 지하수위 이하의 흙 속에 있어서 강재의 부식에 해로운 영향을 주는 경우, 동결작용이 있는 경우, 동상방지제를 사용하는 경우 2) 해양콘크리트구조물 중 해수 중에 있거나 극심하지 않은 해양환경에 있는 경우(가스, 액체, 고체)
고부식성환경	1) 강재의 부식에 현저하게 해로운 영향을 주는 경우 2) 해양콘크리트구조물 중 간만조위의 영향을 받거나 비말대*에 있는 경우, 극심한 해풍의 영향을 받는 경우

*비말대(飛沫帶)는 바닷가나 호숫가에서 파도가 칠 때 튀어 오르는 물방울이 미치는 범위를 말한다.

표 C-2 허용균열폭 ω_a(mm)

강재의 종류	강재의 부식에 대한 환경조건			
	건조환경	습윤환경	부식성환경	고부식성환경
철근	0.4mm와 $0.006c_c$ 중 큰 값	0.3mm와 $0.005c_c$ 중 큰 값	0.3mm와 $0.004c_c$ 중 큰 값	0.3mm와 $0.0035c_c$ 중 큰 값
프리스트레싱 긴장재	0.2mm와 $0.005c_c$ 중 큰 값	0.2mm와 $0.004c_c$ 중 큰 값	–	–

여기서 c_c는 최외단 주철근의 표면과 콘크리트 표면사이의 최소피복두께(mm)

표 C-3 허용균열폭 ω_a(mm)

	휨 인장 균열	전 단면 인장 균열
오염되지 않은 물[1)]	0.25	0.20
오염된 액체[2)]	0.20	0.15

1) 음용수(상수도) 시설물

2) 오염이 매우 심한 물을 처리하는 시설의 경우 발주자와 협의하여 결정

표 C-2와 표 C-3으로 허용균열폭을 검토할 때에는 다음 식을 만족하여야 한다.

$$w_d \leqq w_a \tag{C.1}$$

여기서, w_d : 지속하중이 작용할 때 계산된 설계 균열폭(mm)

w_a : 내구성, 사용성(누수) 및 미관에 관련하여 허용되는 균열폭(mm)

이전 콘크리트구조기준에서는 수축에 의한 콘크리트의 변형률을 포함하고 있는데 이 변형률을 구하는 과정이 매우 복잡하여 실무설계에서 적용하는데 어려움이 있었다. 따라서 철근과 콘크리트의 변형률 차이와 균열 간격의 계산식을 수정한 모델로서 수축에 의한 콘크리트의 변형률을 직접 계산하지 않고 균열폭을 해석하는 것으로 개정하였다.

설계 균열폭은 구조기준 부록 Ⅲ에 다음의 식으로 계산하도록 제시하였다.

$$w_d = \kappa_{st} w_d = \kappa_{st}\, l_s (\varepsilon_{sm} - \varepsilon_{cm}) \tag{C.2}$$

여기서, w_d : 평균 균열폭

l_s : 평균 균열간격으로 식 (5.3) 또는 식 (5.4)에 따라 계산한다.

ε_{sm} : 균열간격 내의 평균 철근 변형률

ε_{cm} : 균열간격 내의 평균 콘크리트 변형률

평균 균열간격 l_s는 부착된 철근의 중심 간격이 $5(c_c + d_b/2)$ 이하인 경우는 식 (C.3)으로 계산하고, 부착된 철근의 중심간격이 $5(c_c + d_b/2)$를 초과하는 경우는 식 (C.4)로 계산한다.

$$l_s = 2c_c + \frac{0.25 k_1 k_2 d_b}{\rho_e} \tag{5.3}$$

$$l_s = 0.75(h - x) \tag{5.4}$$

c_c : 최외단 인장철근이나 긴장재의 표면과 콘크리트 표면 사이의 최소 피복두께

k_1 : 부착강도에 따른 계수로 이형철근은 0.8, 원형철근이나 긴장재는 1.6

k_2 : 부재의 하중작용에 따른 계수로 휨모멘트를 받는 부재는 0.5, 직접인장력을 받는 부재는 1.0을 사용한다. 편심을 가진 직접인장력을 받는 부재나 부재의 국부적인 부분의 균열을 검증할 때에는 $k_2 = (\varepsilon_1 + \varepsilon_2)/2\varepsilon_1$로 한다. 여기서 ε_1과 ε_2는 단면 표면의 인장변형률로서 둘 중의 큰 값을 ε_1으로 한다.

d_b : 철근의 지름이나 다발철근의 등가지름으로, 크기가 각기 다른 철근이 조합된 경우에는 $d_{beq} = (m_1 d_{b1}^2 + m_2 d_{b2}^2)/(m_1 d_{b1} + m_2 d_{b2})$로 계산되는 평균 철근지름 d_{beq}를 사용한다. 여기서, m_1은 철근의 지림이 d_{b1}인 철근의 개수이고 m_2는 철근의 지름이 d_{b2}인 철근의 개수이다.

ρ_e : 콘크리트의 유효인장면적을 기준으로 한 철근비로 식 (5.5)에 의해 계산

A_{cte} : 콘크리트의 유효인장면적으로 식 (5.6)에 의해 계산한다. 여기서 d_{cte}는 콘크리트 유효인장깊이로서 휨모멘트를 받는 부재는 $2.5(h-d)$와 $(h-x)/3$ 중 작은 값으로 하고, 직접인장력을 받는 부재는 $2.5(h-d)$와 $h/2$ 중 작은 값으로 한다.

$$\rho_e = \frac{A_s}{A_{cte}} \tag{C.5}$$

$$A_{cte} = b\, d_{cte} \tag{C.6}$$

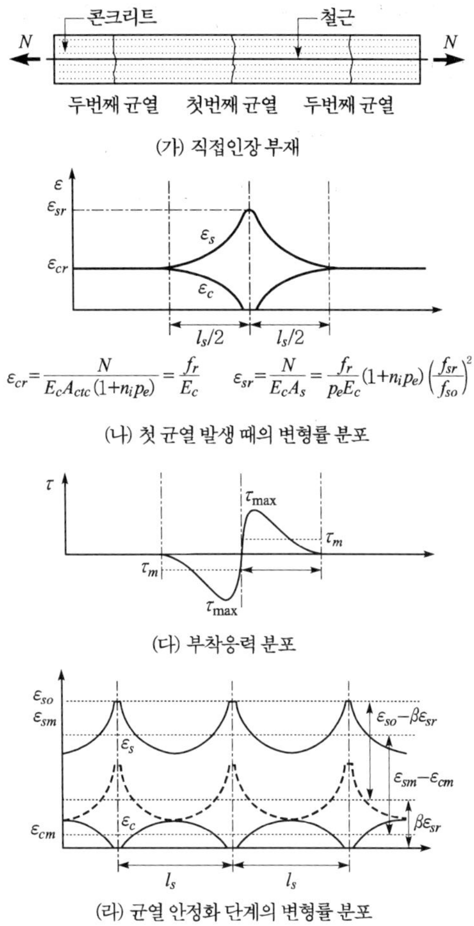

그림 C-1 균열 간격과 평균변형률을 계산하기 위한 변형률

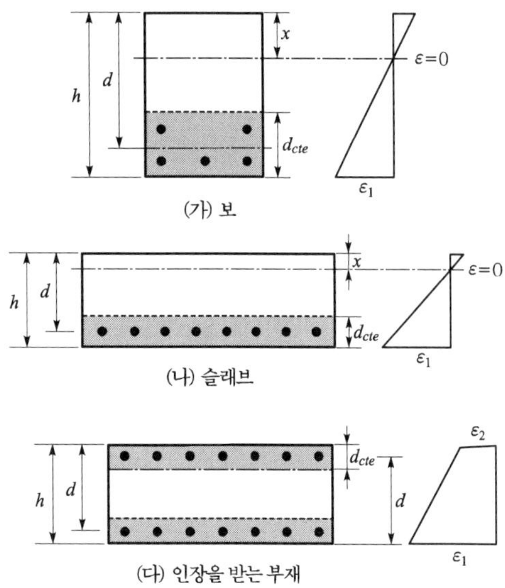

그림 C-2 보의 유효 인장 영역

평균변형률은 다음 식에 의해 계산한다.

$$\varepsilon_{sm}-\varepsilon_{cm}=\frac{f_{so}}{E_s}\left[1-\beta_1\beta_2(1+n_i\rho_e)\left(\frac{f_{sr}}{f_{so}}\right)^2\right]\geq 0.6\,\frac{f_{so}}{E_s} \tag{C.7}$$

f_{so} : 균열단면의 철근응력

f_{sr} : 균열이 발생한 직후 균열 면에서 계산한 철근응력으로, 휨모멘트가 작용하는 경우에는 균열휨모멘트 M_{cr}과 균열단면의 단면2차모멘트를 적용한다.

β_1 : 부착특성에 따른 계수로서 이형철근은 1.0, 원형철근이나 강연선은 0.5

β_2 : 하중조건에 따른 계수로서 반복하중에 대해서는 0.5, 그 외의 경우 1.0

n_i : 콘크리트의 초기접선탄성계수에 대한 철근의 탄성계수비

균열폭 평가계수 κ_{st}의 값은 구조물의 특성을 고려하여 결정할 수 있으며, 평균 균열폭을 계산할 때에는 1.0을 적용하며, 최대 균열폭을 계산할 때에는 1.7을 적용한다.

D. 접두어 및 그리스 문자

표 D-1 접두어

곱하는 배수	기호	명칭	곱하는 배수	기호	명칭
10^{12}	T	tera(테라)	10^{-1}	d	deci(데시)
10^{9}	G	giga(기가)	10^{-2}	c	centi(센티)
10^{6}	M	mega(메가)	10^{-3}	m	milli(밀리)
10^{3}	k	kilo(킬로)	10^{-6}	μ	micro (마이크로)
10^{2}	h	hecto(헥토)	10^{-9}	n	nano(나노)
10	da	deca(데카)	10^{-12}	p	pico(피코)

표 D-1 접두어

대문자	소문자	명칭	대문자	소문자	명칭	대문자	소문자	명칭
A	α	alpha	I	ι	iota	P	ρ	rho
B	β	beta	K	κ	kappa	Σ	σ	sigma
Γ	γ	gamma	Λ	λ	lambda	T	τ	tau
Δ	δ	delta	M	μ	mu	Y	υ	upsilon
E	ϵ	epsilon	N	ν	nu	Φ	ϕ	phi
Z	ζ	zeta	Ξ	ξ	xi	X	χ	chi
H	η	eta	O	o	omicron	Ψ	ψ	psi
Θ	θ	theta	Π	π	pi	Ω	ω	omega

E. 휨응력 공식 유도

그림 E-1에서와 같은 단순보에 휨모멘트 M이 작용하게 되면 중립축으로부터 상단부에서는 압축응력이 발생하며, 하단부에서는 인장응력이 발생한다. 보의 AB 단면으로부터 미세거리 dx만큼 떨어져 있는 CD 단면이 있을 때, 하중이 작용하면 ABCD 구간은 그림 E-1(b)와 같이 나타낼 수 있다.

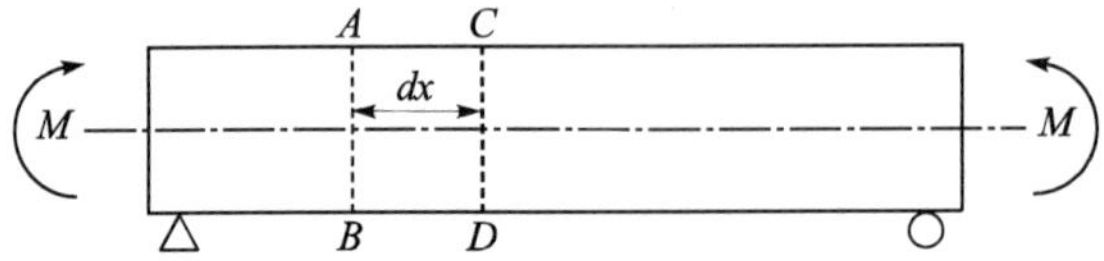

(a) 보에 하중이 작용하기 전 형상

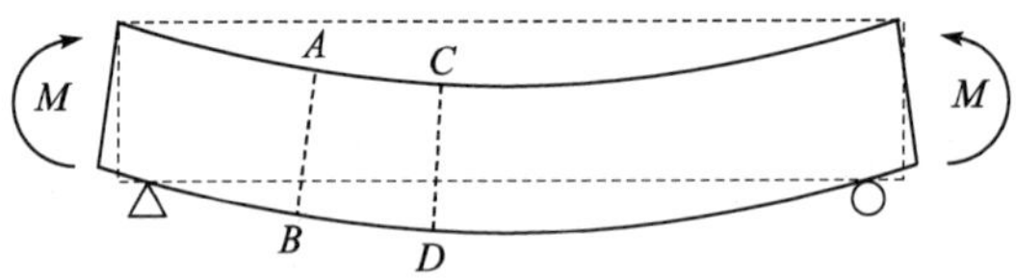

(b) 보에 하중이 작용하여 휨이 발생하였을 때 형상

그림 E-1 보에서의 변형 형상

ABCD 단면을 중심으로 자세하게 나타내면 그림 E-2와 같이 나타낼 수 있다. 중립축으로부터 y만큼 떨어진 위치에서의 변형량은 Δdx가 되며, 그때의 변형률(ε)은 다음 식과 같다.

$$\varepsilon = \frac{\Delta dx}{dx} \tag{E.1}$$

후크의 법칙(Hooke's law)에서 변형률을 대입하여 정리하면 다음 식과 같다.

$$E = \frac{f}{\varepsilon} = \frac{f}{\frac{\Delta dx}{dx}} = \frac{f}{\Delta dx}dx \tag{E.2}$$

여기서, f : 휨응력

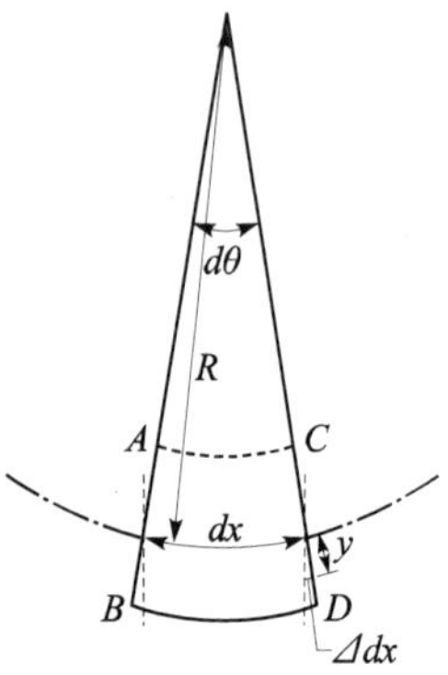

그림 E-2 보의 변형후의 형상

식 (E.2)를 Δdx에 대해서 정리하면 다음 식과 같다.

$$\Delta dx = \frac{f}{E}dx \tag{E.3}$$

그림 E-2에서 $d\theta$가 매우 작다면, 회전반경 R과 미세거리 dx가 이루는 삼각형은 y와 Δdx가 이루는 작은 삼각형과 서로 닮은 꼴이 된다. 그럴 경우, 삼각형의 비례식을 이용하여 다음 식으로 나타낼 수 있다.

$$R : dx = y : \Delta dx \tag{E.4}$$

Δdx에 대해서 정리하면 다음 식과 같다.

$$\Delta dx = \frac{y}{R}dx \tag{E.5}$$

식 (E.3)에서의 Δdx와 식 (E.5)에서 Δdx는 같기 때문에 다음 식과 같이 나타낼 수 있다.

$$\frac{f}{E}dx = \frac{y}{R}dx, \quad \frac{f}{E} = \frac{y}{R} \tag{E.6}$$

식 (E.6)을 휨응력 f에 대해서 나타내면 다음과 같다.

$$f = \frac{E}{R}y \tag{E.7}$$

힘의 평형조건에서 그림 E-1에서의 휨 모멘트 M은 보 내부에서의 휨 모멘트와 평형을 이룬다. 따라서 그림 E-3에서 미소면적 dA와 그곳에 작용하는 응력 f를 곱하고 적분하게 되면 인장력(힘)이 되고, 이 인장력과 도심에서의 거리 y를 곱하면 보 내부에서 작용하는 휨 모멘트가 된다. 이를 다음 식과 같이 나타낼 수 있다.

$$\begin{aligned} M &= \int y \times f \times dA \\ &= y \times \int f \times dA \end{aligned} \tag{E.8}$$

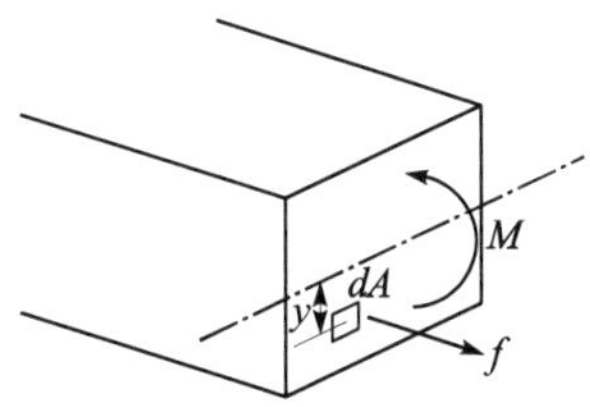

그림 E-3 보 내부 응력 및 휨 모멘트

식 (E.7)을 식 (E.8)에 대입하면

$$M=\frac{E}{R}y^2\int dA=\frac{E}{R}\int y^2 dA \tag{E.9}$$

$\int y^2 dA$는 단면2차모멘트로 I로 나타낼 수 있으며 다음 식과 같다.

$$M=\frac{EI}{R} \tag{E.10}$$

다음 식으로 정리하고, 식 (E.11)을 식 (E.7)에 정리하면 휨 응력식(E.12)을 유도할 수 있다.

$$\frac{E}{R}=\frac{M}{I} \tag{E.11}$$

$$f=\frac{M}{I}y \tag{E.12}$$

저자 소개

윤영철

- 연세대학교 토목공학과(공학박사)
- 명지전문대학 토목공학과 교수

성덕룡

- 서울과학기술대 철도전문대학원 철도건설공학과(공학박사)
- 경일대학교 철도운전시스템학부 교수

장성규

- 군산대학교 토목공학과(공학박사)
- 광주대학교 토목공학과 교수

철근콘크리트공학 **정가 22,000원**

저자 : 윤영철 · 성덕룡 · 장성규

발행인 : 임해진
발행처 : 도서출판 구미서관

발행 : 2023년 12월 29일

등록 : 1979년 6월 29일 No.9-6호
주소 : 서울시 마포구 신촌로 2길 5-15 구미빌딩
전화 : 02-333-1101
팩스 : 02-335-2201
http://www.goomibook.com

ISBN 979-11-6257-282-5 (93530)